개정판

정보기술응용

강오한 지음

생능출판

국립중앙도서관 출판예정도서목록(CIP)

정보기술응용 / 강오한 지음. -- 개정판. -- 파주 : 생능출판사, 2015
p. ; cm

ISBN 978-89-7050-823-8 93000 :₩21000

정보 기술[情報技術]
정보 통신[情報通信]

004-KDC5
004-DDC21 CIP2014038093

머·리·말

오늘날의 지식기반 사회에서 정보통신 기술은 대부분 전공 영역의 기반 기술로 자리 잡고 있으며, 나아가 다양한 분야 간의 융합에 있어서도 매우 중요한 역할을 담당한다. 이 책에서는 정보통신 기술의 기본 개념을 설명하고, 실생활에 사용되고 있는 다양한 정보통신 기술 및 용어, 그리고 최신 정보통신 기술 동향을 포괄적으로 수록하고 있다. 본 도서를 대학교 교양과정의 교재로 사용하여 학습함으로써 이후 다양한 전공 교과목을 공부하고 연구할 때 정보통신 기술을 응용할 수 있도록 기초능력을 배양한다.

최근에 IT 융합기술이 발전되면서 기존 제품의 성능이 향상되고 신기술이 개발되어 산업 및 사회에 혁신적인 변화를 일으키고 있다. IT 융합기술은 IT+BT, IT+NT, IT+ST, IT+CT 등의 형태로 추진되고 있으며, 특히 IT-BT와 IT-NT 분야에서 활발히 전개되고 있다.

이 책에서는 정보통신 기술의 주요 개념과 함께 신기술을 소개하고, 정보통신 윤리, 소셜 네트워크 서비스(SNS)와 웹의 확산에 따른 사회적 변화를 알아본다. 또한 세계적 IT 기업인 애플과 구글을 중심으로 기업의 성장과 정책, 제품과 신기술, 기술 발전 동향 등을 소개한다.

이 책은 1부에서 5부까지 크게 5개 영역으로 구성되어 있으며, 각 영역에서 다루는 내용은 다음과 같다.

1부에서는 컴퓨터와 인터넷, 스마트폰과 태블릿 PC에 관한 내용을 다룬다. 컴퓨터와 인터넷에 수록된 내용은 컴퓨터 일반, 컴퓨터 하드웨어와 소프트웨어, 인터넷의 개요에 관한 내용이다. 학습할 세부 내용은 컴퓨터 과학기술, 컴퓨터의 분류와 동작, 인터넷의 이해, 웹, 인터넷 서비스에 관한 것으로 구성되어 있다. 스마트폰과 태블릿 PC에 수록된 내용은 스마트폰과 태블릿 PC의 활용 및 기술에 관한 것으로 구성되어 있다.

2부에서는 정보통신 기술과 정보통신 윤리에 관한 내용을 다룬다. 정보통신 기술에 수록된 내용은 정보통신 기술의 현재와 미래, 미래 인터넷에 관한 내용이다. 학습할 세부 내용은 정보통신 환경의 변화와 정보통신 기술의 활용 사례, 인터넷 환경의 변화, 사물 인터넷에 관한 것으로 구성되어 있다. 정보통신 윤리에 수록된 내용은 인터넷의 양면성, 정보윤리 관련 주제의 토론 및 발표에 관한 것이다. 학습할 세부 내용은 인터넷의 순기능과 역기능, 개인정보보호, 악성코드 및 해킹, 사이버 폭력, 사이버 중독에 관한 것으로 구성되어 있다.

3부에서는 소셜 미디어에 관한 내용을 다루고 있으며, 수록된 내용은 SNS, 세상을 바꾸는 소셜 네트워크, 페이스북과 트위터 등이 있다. 학습할 세부 내용은 웹 2.0, SNS의 개요 및 활용, 페이스북과 트위터의 활용에 관한 것으로 구성되어 있다.

4부에서는 애플의 신기술과 스티브 잡스에 관한 내용을 다루고 있으며, 수록된 내용은 애플의 성장과 신기술, 스티브 잡스의 이해에 관한 것이다. 학습할 세부 내용은 애플의 성장과 성공, 애플에서 스티브 잡스의 역할, 스티브 잡스 이해하기 등에 관한 것으로 구성되어 있다.

5부에서는 정보기술 전쟁에 관한 내용을 다루고 있으며, 수록된 내용은 구글 성공의 양면성, 정보기술 관련 특허 소송에 관한 것이다. 학습할 세부 내용은 구글의 성장과정, 구글의 개인정보보호, 저작권, 정보보안에 관한 것이 있다. 이와 함께 지적재산권, 마이크로소프트-구글-애플 간의 특허소송, 삼성-애플 간의 스마트폰에 대한 특허 소송 등으로 구성되어 있다.

이 책에서는 세계적인 IT기업들의 성장과정, 신기술과 기술 동향에 관한 다양한 내용을 다루고 있다. 따라서 이 책을 학습하는 과정에서 아래 도서를 읽고 영상을 감상할 것을 적극 추천한다.

- ≪스티브 잡스≫, 안진환 옮김, 민음사, 2011
- ≪두 얼굴의 구글≫, 스코트 클리랜드 지음, 박기성 옮김, 에이콘출판사, 2012
- ≪스티브 잡스의 스탠포드 대학 졸업식 연설문≫, 2005
- 영화 〈아바타(Avatar)〉, 2009

이 책을 통하여 정보통신 관련 신기술을 이해하고 세계 정보통신 시장의 변화에 대한 흐름을 인식할 수 있기를 기대한다. 이를 통하여 전공 교과목 학습과 연구에 정보통신 기술을 활용하고 향후 IT 융합인력으로서의 역할을 수행할 수 있기를 기대한다.

2015년 2월

차 례

PART 1 정보기술 기초

PART 2 정보통신 기술과 정보윤리

Contents

Contents

제1부
정보기술 기초

CHAPTER 01

컴퓨터와 인터넷 개요

CHAPTER 01

컴퓨터와 인터넷 개요

학습목표

- ✤ 컴퓨터 과학기술의 발전에 따른 사회 변화를 설명할 수 있다.
- ✤ 자료의 표현 방식이나 성능에 따라 컴퓨터를 분류할 수 있다.
- ✤ 컴퓨터의 동작원리와 내부 코드체계를 설명할 수 있다.
- ✤ 컴퓨터의 하드웨어 구성요소를 설명할 수 있다.
- ✤ 컴퓨터의 소프트웨어 구성요소를 설명할 수 있다.
- ✤ 인터넷의 구성과 접속, 웹의 동작, 인터넷 서비스를 설명할 수 있다.

1.1 컴퓨터 일반

지식산업 중심의 정보화 시대, 디지털 경제 시대로 특징 지워지는 현대 사회는 컴퓨터와 통신기술이 급진적으로 발달하여 우리의 생활 방식에 커다란 변화를 일으키고 있다. 이러한 변화의 물결에 대응하고 21세기의 고도 정보화 사회에 적응하고 경쟁력을 확보하기 위해서는 컴퓨터 과학기술을 이해하고 컴퓨터 활용능력을 체계적으로 학습하여야 한다.

컴퓨터 과학기술의 발전에 따른 정보화 사회, 디지털 경제 시대로의 변화, 컴퓨터의 역사, 분류, 응용분야, 컴퓨터의 동작을 알아본다.

1.1.1 컴퓨터 과학기술

컴퓨터 과학기술이란 다양한 활용분야와 기능을 갖는 컴퓨터의 구조와 작동 원리 등 컴퓨터 자체에 관한 기술과 컴퓨터를 이용하여 문제를 해결하는 응용기술을 모두 포함한다. 이러한 컴퓨터 과학기술의 발전은 컴퓨터의 발달과 직접적인 관계가 있으며, 지식 중심의 산업구조와 의식구조의 변화로 이어져 21세기가 고도의 정보화 사회, 디지털 경제 시대로 변화될 것임을 예측하게 한다.

1) 정보화 사회

정보화 사회란 컴퓨터와 통신이 결합하여 시간과 공간의 벽을 넘어서 세계가 하나의 지구촌으로 연결된 사회로써 정보의 축적, 처리, 전달 능력이 획기적으로 증대되면서 정보의 가치가 산업사회에서의 물질이나 에너지 못지않게 중요해지는 사회이다. 그러므로 정보화 사회는 정보와 지식이 중요한 재화로 인식되고, 정보통신 기술이 가정, 기업 활동, 행정 등 인간의 갖가지 활동에 도입되어 인간의 사회 환경, 생활뿐만 아니라, 학교환경과 학습내용, 방법 등에 혁신적인 변화가 발생하는 사회이다.

지식사회, 정보화 사회에서는 인간이 보유한 지식과 정보가 값싼 노동력이나 원료 등 다른 생산요소를 대체한다. 바꾸어 말하면 정보와 지식이 가치창출의 원천이 되는 것이다. 토지, 공장, 원료와는 달리 지식과 정보는 누구도 배타적으로 독점할 수 없다. 또한 정보는 다른 생산 요소와는 달리 사용할수록 확장되는 것이다. 그리고 첨단 정보통신기술의 발전에 힘입어 다양한 형태로 존재하며 누구에게나 시공에 구애받지 않고 공평하게 열려 있다. 그러므로 정보화 사회에서는 정보를 창출, 획득, 가공, 전달, 이용하는 사람의 중요성이 더욱 커진다.

즉, 아이디어와 정보가 사회의 주요 자본이 되어 정보의 창출과 유통이 사회의 중심이 되는 지식 중심 사회이다. 따라서 정보화 사회에서 개개인에게 요청되는 기술과 능력은 정보를 효율적으로 수집하고 분석·종합하여 이를 효과적으로 활용할 수 있는 정보처리기술과 자신의 필요에 부응하여 정보를 창출하고 활용할 수 있는 정보생산능력이다.

세계미래학회(World Future Society)는 미래의 20대 기술을 예측하면서 다음과 같은 변화에 대비할 것을 강조하였다.

① 3D 프린터의 생산 혁명 유발
② 10년 내 간병 로봇의 현실화
③ 클라우드 컴퓨터가 일상의 조언자로 등장
④ 클라우드 기술의 적용으로 로봇 가격이 90% 저렴해 짐
⑤ 사물 인터넷(IoT: Internet of Things) 시대의 본격화
⑥ SNS 관리 전담 CEO의 등장
⑦ 스마트폰이 아프리카 정치개혁을 촉진하게 됨
⑧ 주식의 가치 대신에 인터넷 평판이 기업 가치를 좌우하게 됨

2) 컴퓨터의 역사

인간이 계산을 위해 사용한 최초의 도구가 주판이며, 17세기 중반에 파스칼(Pascal)과

라이프니츠(Leibnitz)가 덧셈과 곱셈을 할 수 있는 기계를 각각 발명하였다. 현대 컴퓨터의 기본 개념은 19세기 초에 영국의 배비지(Babbage)에 의해서 발표되었으며, 1930년대 말 하버드 대학의 에이켄(Aiken) 교수가 제작한 Mark-I로 구현되었다. 펜실베니아 대학의 존 에커트(Eckert)와 존 모클리(Mauchly) 교수가 최초의 범용 전자 디지털 컴퓨터인 에니악(ENIAC: Electronic Numerical Integrator and Calculator)을 1946년에 개발하였다. 이어서 영국 캠브리지 대학의 윌크스(Wilkes) 교수가 1947년에 에드삭(EDSAC: Electronic Delay Storage Automatic Computer)을 개발하였다. 명령어와 데이터를 주기억장치에 저장하도록 설계된 최초의 프로그램 내장형 컴퓨터인 IAS(Institute of Advanced Study)가 폰 노이만(Von Neumann)에 의해서 제작되었다. 이와 함께 1951년 최초의 전자 디지털 컴퓨터인 유니박(UNIVAC)이 상품화되었으며 새로운 형태의 컴퓨터들이 빠른 속도로 개발되었다.

Mark-I

IAS

지난 반세기 동안 과학자들에 의해서 새로운 기술의 컴퓨터가 개발되었으며 컴퓨터 산업분야에서 두각을 나타낸 사람들이 있었다. 그 중에서 컴퓨터 업계의 대표기업인 IBM(International Business Machine) 설립의 기반을 마련한 왓슨(Watson), 마이크로프로세서 시장의 최강자인 인텔(intel)을 창립하고 최고 경영자가 된 그로브(Grove), 세계 최고의 갑부이며 컴퓨터 천재로 널리 알려진 마이크로소프트(MS)의 빌게이츠, 애플을 창립하였으며 1984년에 GUI(Graphical User Interface)를 도입한 매킨토시를 발표하여 화제를 모았던 스티브 잡스(Steven Jobs) 등이 있다.

IBM 5150

애플 매킨토시

컴퓨터를 구성 소자에 따라 세대별로 구분하고 컴퓨터의 역사를 하드웨어의 발전에 따라 분류하면 다음 표와 같다.

	제 1 세대	제 2 세대	제 3 세대	제 4 세대	제 5 세대
연 대	1943~1958	1959~1963	1964~1969	1970~1989	1990~현재
회로소자	진공관	트랜지스터	집적회로(IC)	고밀도 IC 초고밀도 IC	광회로 신경망회로
기억장치	자기드럼 자기코어 자기테이프	자기코어 자기드럼 자기디스크	자기코어 자기디스크 IC 기억장치	고밀도 칩 자기디스크 LSI, VLSI	초고밀도 칩 가상기억장치 광디스크
운영체제	조작자운전 일괄처리	일괄처리	다중처리 시분할방식	시분할방식 가상운영체제 온라인	가상운영체제 병렬처리 클라이언트/서버
기억용량	2KB	32KB	2MB	8MB	무한대
대표기종	ENIAC IBM 650 UNIVAC	NCR 501 IBM 7000 CDC 6300	IBM 360 PDP-11	IBM 370 CRAY I	CRAY II Intel Core i9 IBM Watson
응용	과학계산 통계	생산관리	의사결정 예측	경영정보 로봇	시뮬레이션 생명공학
특성	부피가 큼 높은 유지비용 짧은 수명	운영체제 번역기 기억용량 대량화	CRT, OMR	소형화	신경망 컴퓨터 지식처리 광소자 초병렬 컴퓨터

3) 컴퓨터의 응용분야

빠른 처리속도, 대용량의 저장기능, 시간과 공간 제약의 해소 등으로 컴퓨터는 생활 전반에 활용되고 있다. 과학계산과 공학 분야에서 사용되던 컴퓨터는 컴퓨터 기술과 통신 기술의 발달로 의학, 예술, 교육, 인문·사회과학 분야 등으로 응용 분야가 확산되었다.

자연과학이나 공학 분야에서는 복잡한 과학계산의 신속한 처리, 비용절감과 위험성을 제거할 수 있는 모의실험(simulation), CAD/CAM/CAE 등에서 컴퓨터는 유용하게 활용된다. 의료 분야에서도 컴퓨터 기술을 적용함으로써 단층촬영(Computerized Tomograph)이나 자기공명영상(Magnetic Resonance Imaging)이 가능하게 되었다. 또한 전문가 시스템(expert system)을 이용함으로써 일반인이 의사의 전문지식을 이용할 수 있다. 인문 사회과학 분야에서도 필요한 정보의 수집, 데이터의 통계분석, 멀티미디어를 이용한 교육 등에 컴퓨터가 활용된다. 인터넷과 통신기술의 발달로 원격교육, 화상회의, 재택근무 등이 가능하게 되었다. 예술 분야에는 컴퓨터 음악, 그래픽과 애니메이션을 이용한 영화, 게임 분야 등에서 다양한 변화가 진행되고 있다.

21세기 고부가가치 산업으로 떠오르고 있는 영상매체는 컴퓨터 그래픽을 이용하여 첨단 영상기술을 적용한 것이다. 스티븐 스필버그 감독이 제작하여 흥행순위 1위를 기록한 영화 〈쥬라기 공원〉은 컴퓨터 그래픽을 이용하여 스릴과 흥미를 더해주었다. 이 영화 한 편으로 1년 만에 벌어들인 수입이 당시 국내 자동차 150만대를 수출하여 벌 수 있는 규모인 9억 달러에 해당한다. 이와 함께 2009년에 개봉되어 역대 흥행순위 1위를 기록한 영화 〈아바타(Avatar)〉는 3D 기반의 CG 기술, 이모션 캡쳐 등 새로운 IT 기술을 적용하여 27억 달러로 흥행 기록을 수립하였다.

영화 〈쥬라기 공원〉

영화 〈아바타〉

산업구조의 변화와 새로운 정보문화가 형성되어 일상생활의 일대 변혁이 예상되는 21세기 정보화 사회는 이를 맞이하는 각자의 준비에 따라 서로 다른 모습으로 다가올 것이다.

1.1.2 컴퓨터의 분류

컴퓨터는 기본적으로 중앙처리장치, 입출력장치, 기억장치로 구성되어 있으며, 종류에 관계없이 동일한 방법으로 데이터를 처리한다. 그러나 컴퓨터를 자료의 표현 방식, 사용 목적, 성능 등의 분류 기준에 따라 여러 가지로 구분할 수 있다.

1) 자료의 표현 방식에 따른 분류

① 디지털 컴퓨터

어떤 문제에 관련된 모든 양과 변수들을 표현할 때 이산형의 숫자를 사용하는 컴퓨터로 오늘날의 대부분의 컴퓨터가 여기에 속한다. 즉, 연속적인 데이터를 처리하는 아날로그 컴퓨터와는 달리 불연속적인 데이터의 조합에 의해 정보를 처리한다.

② 아날로그 컴퓨터

전압과 유압 등과 같은 아날로그 신호를 이용하여 정보를 처리하는 컴퓨터로 주로 공정 제어나 물리량의 계측을 위해 사용된다. 시간에 따라서 변화하는 데이터를 입력으로 받아 연산을 하고 그 결과를 곡선이나 그래프 등으로 출력한다.

③ 혼합형 방식의 컴퓨터

아날로그 방식 컴퓨터와 디지털 방식 컴퓨터의 장점을 이용하여 제작된 것으로 어떤 유형의 자료라도 모두 취급할 수 있다. 이런 유형의 예로는 숫자와 시계 바늘이 같이 나오는 시계를 생각하면 이해하기 쉬울 것이다.

2) 사용 목적에 따른 분류

① 범용 컴퓨터(General Purpose Computer)

재고 관리, 과학 계산, 통계 처리, 온라인 서비스 등의 다양한 업무 분야에 사용될 수 있는 컴퓨터이다. 오늘날 우리가 사용하는 대부분의 컴퓨터는 범용 컴퓨터이다.

② 전용 컴퓨터(Special Purpose Computer)

한정된 분야의 문제만을 처리할 수 있도록 설계되어 있는 컴퓨터이다. 이 컴퓨터는 주어진 작업에는 정확하고 빠르게 동작하나 다른 목적의 계산에는 적합하지 않다.

3) 성능에 따른 컴퓨터 분류

① 슈퍼컴퓨터(Super Computer)

현존하는 컴퓨터 중에서 가장 빠르고 그만큼 가격도 매우 비싸다. 슈퍼컴퓨터는 보통의 컴퓨터보다 연산속도가 수십에서 수백 배 빠른 컴퓨터로 초당 24기가 플롭스(FLOPS) 이상의 연산능력을 갖춘 컴퓨터이다. 슈퍼컴퓨터는 주로 과학 계산, 유체 역학, 항공기 설계, 우주개발 시뮬레이션 등 빠른 처리속도와 결과를 필요로 하는 업무에 적합하다. HP, 오라클, IBM 등에서 슈퍼컴퓨터를 제작하고 있다. 다음 그림은 2013년 세계에서 가장 성능이 우수한 슈퍼컴퓨터로 확인된 중국 국가슈퍼컴퓨터센터에 있는 톈허2(Tianhe-2 또는 MilkyWay-2)를 나타낸 것이다.

중국 국가슈퍼컴퓨터센터의 텐허2

② 메인프레임 컴퓨터(Mainframe Computer)

기업에서 회계, 판매, 관리 등의 대규모 데이터를 처리하기 위한 컴퓨터이며, 1950년대 초반에 개발된 최초의 다목적용 컴퓨터이다. 처리 속도가 빨라서 대기업, 병원, 은행, 보험 등과 같이 복잡하고 빠른 처리를 요구하는 업무에 많이 이용되었다. IBM 3090시리즈, 유니박(UNIVAC) 컴퓨터 등이 여기에 속한다.

③ 중형과 미니컴퓨터(Mini Computer)

기업의 모든 업무가 메인프레임에 의한 중앙집중식 처리 방식에 따라 처리되면서 유지비용과 효율상의 문제가 나타났다. 이를 해결하기 위하여 1970년대부터 부서 단위의 업무를 처리하는 미니컴퓨터가 등장하게 되었다. 메인프레임보다 소규모이고, 처리능력이 낮고, 가격이 저렴한 미니컴퓨터가 메인프레임을 대치하면서 광범위하게 사용되었다.

④ 마이크로컴퓨터(Micro Computer)

마이크로컴퓨터는 중앙처리장치로 마이크로프로세서를 장착하고 있으며, 외견상 크기가 작고 가격이 다른 형태의 컴퓨터보다 저렴하다. 개인용 컴퓨터가 가장 잘 알려져 있으며 최근에는 컴퓨터 기술이 발달되어 하나의 컴퓨터를 여러 사람이 동시에 사용할 수 있게 되었다. 이런 범주에 속하는 컴퓨터에는 처리 능력이 뛰어난 워크스테이션, 일반 탁상용 PC, 이동식 랩톱, 노트북, 휴대용으로 사용할 수 있는 태블릿 PC 등의 형태가 존재한다.

1.1.3 컴퓨터의 동작

컴퓨터는 입력장치를 통하여 데이터를 받아들이고, 그것을 처리하여 사용자가 원하는 정보를 생성하고, 출력장치를 통하여 제공하는 기능을 수행한다. 사용자가 필요로 하는 정보를 만드는 컴퓨터 시스템은 눈으로 보고 만져볼 수 있는 기계 자체인 하드웨어와 하드웨어를 동작시키는 프로그램인 소프트웨어로 구성되어 있다.

1) 데이터 처리

컴퓨터를 이용하여 작업을 수행하기 위해서는 프로그램과 데이터가 주기억장치에 저장되어 있어야 하며, 이 프로그램의 명령 순서에 따라 일을 처리하도록 되어있다. 프로그램 내장형 컴퓨터라고 하는 이와 같은 개념을 처음 창안한 과학자는 헝가리 출신의 폰 노이만(von Neumann; 1903~1957)이다.

컴퓨터에는 연산을 담당하는 연산장치, 연산 순서에 따라 연산기의 동작을 제어하는 제어장치, 프로그램과 데이터를 기억하는 저장장치, 외부와 통신하기 위한 입출력장치로 구성된다. 컴퓨터에서 핵심적인 기능을 담당하는 중앙처리장치는 연산장치와 제어장치를 포함한 것이며, PC에서는 중앙처리장치를 마이크로프로세서라고 한다.

중앙처리장치 내의 연산장치는 실제로 데이터를 처리하는 장치로 산술연산과 논리연산이 이루어진다. 제어장치는 중앙처리장치와 메모리 사이의 데이터 교환을 조절하고 모든 동작을 제어하는 기능을 담당한다. 따라서 컴퓨터에서 어떤 작업을 처리하기 위해서는 제어장치에 의해서 주기억장치에 저장된 작업 프로그램에 해당하는 명령어를 읽어서 어떤 명령어인가를 판단한다. 이어서 명령어가 데이터를 필요로 하는 것이면 해당하는 데이터를 주기억장치에서 읽어온 후, 연산장치에서 실제 연산이 이루어지며, 연산의 결과는 다시 주기억장치에 저장된다. 하나의 작업 프로그램은 많은 수의 명령어로 구성되어 있으므로 주기억장치에서 명령어를 읽고 연산하여 그 결과를 주기억장치에 저장하는 위의 과정을 반복하여 실행함으로써 하나의 작업을 완료할 수 있다.

컴퓨터 하드웨어 중에서 제어장치, 연산장치, 그리고 내부 기억장치인 레지스터를 합한 것을 중앙처리장치(CPU: Central Processing Unit)라고 한다. 레지스터 외에 컴퓨터의 기억장치에는 주기억장치와 보조기억장치가 있다. 이와 같은 구성 요소로 이루어진 컴퓨터의 구성도는 다음 그림과 같다.

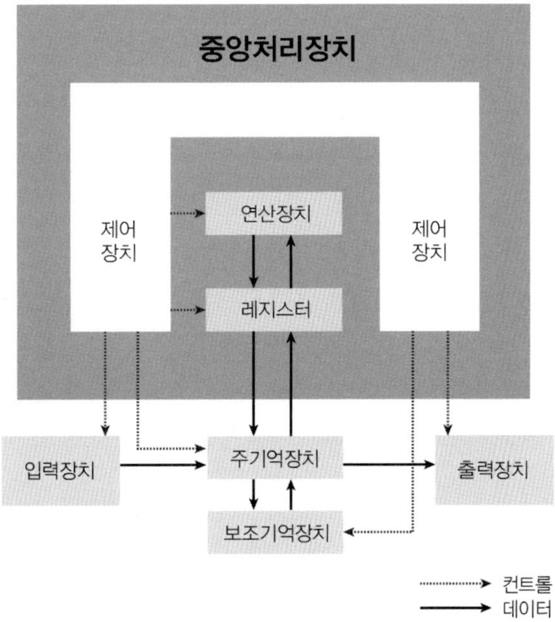

① 중앙처리장치

인간은 두뇌로 사고하고 생각에 따라 행동하게 된다. 컴퓨터도 마찬가지로 인간처럼 두뇌의 역할을 맡은 부분이 전체 컴퓨터 시스템을 제어한다. 이것이 중앙처리장치이다. 중앙처리장치는 컴퓨터 각 부분의 동작을 제어하고 연산을 수행하는 핵심적인 부분이며, 마이크로컴퓨터에서는 이것이 마이크로프로세서라고 불리는 하나의 작은 칩으로 제작된다. 마이크로프로세서의 내부는 제어장치(CU: Control Unit)와 연산장치(ALU: Arithmetic Logic Unit), 내부 기억장치인 레지스터(register)로 구성되어 있다.

ⓐ 제어장치

제어장치는 사용자나 프로그램 개발자에 의해 작성된 명령어를 순차적으로 수행되도록 하고, 명령어에 따라 장치의 동작을 지시하는 복잡한 기능들을 수행한다. 즉, 제어장치는 명령어의 수행을 관리하는 장치이며, 입출력장치의 제어, 주기억장치의 읽기와 쓰기, 주기억장치와 연산장치 사이의 데이터의 송수신, 연산장치의 작업 지시 등과 같은 컴퓨터의 동작을 제어하고 지시한다.

ⓑ 연산장치

연산장치는 입력장치를 통해 입력된 데이터를 사용하여 컴퓨터 내에서 사칙연산에 해당하는 산술적인 연산과 논리적인 연산을 수행하는 장치이다. 연산장치가 되도록 많은 연산을 수행할 수 있으면 성능이 향상될 수 있으나 연산 명령어의 종류가 많아지면 연산장치도 복잡하게 되어 시스템의 효율이 떨어진다. 연산장치 처리 속도는 MIPS(Million Instructions Per Second)라는 단위로 측정하며, 1MIPS는 1초에 100만 개의 명령어를 처리하는 속도이다.

② 응용프로세서(AP: Application Processor)

AP는 스마트폰과 같은 모바일 기기의 보급이 확산되면서 기존의 PC에서 사용되던 마이크로프로세서(CPU)에 그래픽 처리, 통신, 멀티미디어 등의 기능을 하나의 칩으로 통합한 것이다. PC 판매량이 감소되고 스마트폰의 판매량이 증가하면서 AP 시장은 폭발적으로 성장하고 있다.

삼성전자의 반도체 AP

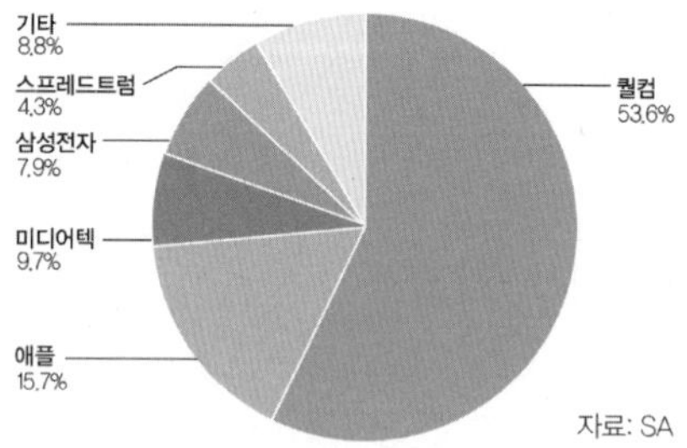

모바일 AP 시장 점유율(2013년 기준)

2) 코드 및 진법

우리는 디지털 컴퓨터에서 사용하는 프로그램이나 데이터를 문자, 숫자, 특수문자로 나타내지만 실제로 컴퓨터 내부에서는 1과 0으로 구성된 이진수(binary digit)의 형태로 표현된다. 사람들은 0에서 9까지의 숫자로 구성된 10진수를 사용하는 것이 편리하지만 디지털 컴퓨터에서는 비트(1 혹은 0)로 구성된 이진수를 사용하는 것이 편리하다. 컴퓨터에서 전기적인 신호가 발생되거나 회로가 연결된 상태를 1로 표현한다면 그 반대는 0이 될 것이다. 이러한 비트를 조합하여 컴퓨터 내부에서 숫자나 문자를 표현할 수 있으며, 8개의 비트를 모아서 바이트(Byte)라는 단위로 사용하며, 몇 개의 바이트가 모여서 하나의 워드(Word)를 이루게 된다. 십진법은 0, 1, 2, …, 9의 십진수를 사용하며, 십진수 815.5는 다음과 같이 해석한다.

$$815.5 = 8 \times 10^2 + 1 \times 10^1 + 5 \times 10^0 + 5 \times 10^{-1}$$

이진법은 0과 1을 사용하며, 이진수로 110101은 다음과 같이 해석하여 십진수로 변환할 수 있다.

$$110101 = 1\times2^5 + 1\times2^4 + 0\times2^3 + 1\times2^2 + 0\times2^1 + 1\times2^0 = 53$$

십진수를 이진수로 변환하는 방법은 먼저 십진수의 정수 부분을 반복하여 2로 나누고 나머지를 구한다. 나누기가 끝나면 마지막에 구한 나머지부터 첫 번째까지 나머지들을 거꾸로 나열하면 이진수가 된다. 십진수에 소수 부분이 있으면 소수점 이하에 반복하여 2를 곱하여 정수 부분을 구한다. 곱셈이 끝나면 처음에 구한 정수부터 마지막까지 나열하면 이진수가 된다. 이때 2를 곱한 결과의 정수 부분이 2이면 0으로 변환하고 3이면 1로 변환하여 나타낸다. 예를 들면, 25.8125를 이진수로 변환하면 다음과 같이 11001.1101로 된다.

25.8125 = 11001.1101

25 : 25/2 = 12/2 = 6/2 = 3/2 = 1/2 = 0

LSB 1 0 0 1 1 MSB

0.8125 : 0.8125×2 = 1.625×2 = (3.25)1.25×2 = (2.5)0.5×2 = 1

MSB 1 1 0 LSB

수의 표현에서 2진법과 10진법 이외에 중요한 체계는 8진법과 16진법이다. 2진수를 세 개씩 묶으면 8진수가 되고 4개씩 묶으면 16진수가 된다.

10진법	2진법	8진법	16진법
00	0000	00	0
01	0001	01	1
02	0010	02	2
…	…	…	…
13	1101	15	D
14	1110	16	E
15	1111	17	F

컴퓨터에서 문자를 나타내기 위하여 약속된 비트의 조합으로 구성된 코드가 사용된다. 영어 대문자와 소문자, 10개의 숫자, 특수기호($, +, & 등)를 합하여 64~128개의 문자를 표시하기 위하여 7비트가 필요하며, 일반적으로 많이 사용되는 표준코드로 아스키(ASCII: American National Standard Code for Information Interchange) 코드가 있다. PC에서는 전세계 언어를 하나의 코드로 체계화한 유니코드(Unicode)가 사용되고 있으며, 한글을 표현하기 위해서 유니코드와 함께 2바이트 완성형 또는 조합형 코드를 사용할 수 있다.

3) 부울 대수(Boolean Algebra)

부울 대수는 영국의 수학자인 조지 부울(George Boole; 1851~1864)이 제창한 것으로 0과 1의 2진수를 사용하여 명제의 참과 거짓을 표현한다. 논리곱(AND, ·), 논리합(OR, +), 논리부정(NOT, ')의 연산을 위해 기호를 사용하며, 컴퓨터의 논리회로에 응용된다. 논리회로는 컴퓨터에서 논리연산을 실행하기 위한 회로로 논리 게이트(Gate)로 구성된다.

1.2 컴퓨터 하드웨어

컴퓨터는 하드웨어(hardware)와 소프트웨어(software)로 구성된다. 하드웨어는 손으로 만져질 수 있는 물리적인 장치를 말하며, 소프트웨어는 하드웨어 장치를 운영하거나 이용할 수 있는 것으로 여러 가지 프로그램의 총칭이다. 개인용 컴퓨터에서 하드웨어는 컴퓨터 본체, 모니터, 키보드, 하드디스크, 각종 그래픽 카드, 프린터, 모뎀 등이며 소프트웨어는 윈도8과 같은 운영체제, 워드프로세서 프로그램인 흔글, 압축 프로그램인 알집 등이다.

컴퓨터 사용자는 소프트웨어의 사용법만 알고 있으면 컴퓨터의 내부 구조를 모른다고 해도 컴퓨터 사용에는 큰 불편함이 없다. 그러나 컴퓨터의 내부 구조와 작동 원리를 이해하고 컴퓨터를 사용한다면 보다 효율적인 활용이 가능할 것이다.

컴퓨터는 기본적으로 주기억장치, 연산장치, 제어장치, 입출력장치, 보조기억장치의 5가지 장치로 구성된다. 각 장치는 밀접한 관련이 있으며, 장치 전체가 상호 작용하여 컴퓨터의 기능을 수행한다. 여기서는 하드웨어를 중심으로 일반적인 PC의 외형과 내부 구성요소를 알아본다.

1) 컴퓨터 외형 및 내부구조

① 시스템 앞면의 구성

- 램프 : LED 램프는 전원의 상태나 하드디스크 드라이브의 작동 상황을 표시하기 위하여 사용된다.
- 버튼 : 전원 버튼은 시스템을 끄거나 켤 때 사용되며, 리셋(Reset) 버튼은 시스템을 다시 부팅할 때 사용한다.
- CD-ROM/CD-RW 드라이브 : CD-ROM을 작동시키기 위한 장치로, CD-ROM을 넣고 뺄 수 있는 버튼, 오디오를 위한 볼륨 조절 스위치와 헤드셋 연결 단자, 드라이브의 동작 상태를 나타내는 LED 등이 있다. CD-ROM 드라이브의 성능은 저장된 데이터를 읽는 속도가 기준이 되며 32배속, 72배속 등이 사용되고 있다.
- DVD-ROM 드라이브 : 이것은 주로 DVD 타이틀인 영화를 보기 위해 사용된다. CD-ROM 드라이브의 1배속은 150Kbps 정도이지만 DVD-ROM 드라이브의 1배속은 1,250Kbps 정도로 매우 빠르다.
- 블루레이 디스크(Blu-ray disc) : 전송속도가 DVD보다 4~5배 빠르고 25GB 분량의 데이터를 저장할 수 있다. DVD를 대체할 저장매체이며, 고해상도의 영상과 이미지, 음향을 구현할 수 있다.

블루레이(Blu-ray) 디스크

② 시스템 뒷면의 구성

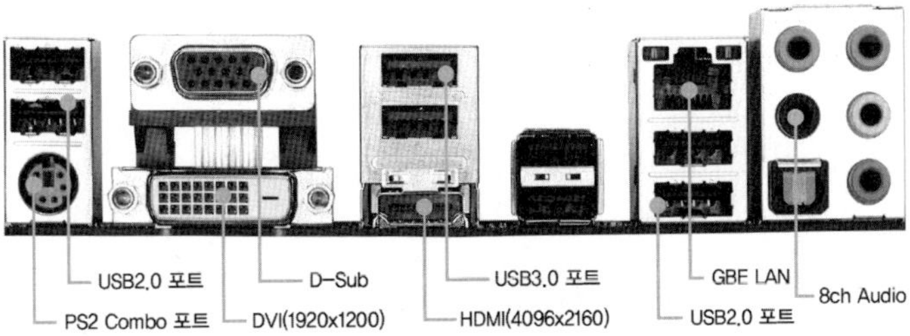

메인보드 뒷면의 구성

- 포트 : 직렬 포트는 직렬 마우스, 외장형 모뎀 등을 시스템에 연결하기 위한 접속 장치이며, 일반적으로 com1과 com2가 있다. 병렬 포트는 LPT1이라 표시되는 경우가 많으며 프린터와 같은 외부 장치를 연결할 때 사용된다.
- USB 포트 : 고속의 주변기기를 컴퓨터에 연결하기 위해 만들어진 접속 규격으로, USB를 지원하는 디지털 카메라와 캠코더, 프린터, 외장형 하드디스크, CD 또는 DVD 드라이브 등 비교적 빠른 전송이 필요한 장치를 연결할 때 사용된다.
- 디지털 오디오 출력단자 : 디지털 사운드 출력을 지원하는 포트이며, 디지털 앰프 또는 MD 플레이어를 연결하면 게임이나 영화를 감상할 때 보다 웅장한 사운드를 출력할 수 있다.

③ 시스템의 내부 구조

- 메인보드 : PC에서 가장 중요한 기능을 하는 보드로 마더보드(Motherboard)라고도 한다. 마이크로프로세서, 주기억장치, 캐시 메모리, 하드디스크 드라이브 인터페이스, 비디오 어댑터 등으로 구성되어 있으며, 중앙처리장치와 각종 옵션 카드들이 정보를 원활하게 주고받을 수 있도록 통로를 제공한다. 다음 그림은 PC의 메인보드를 나타낸 것이다.

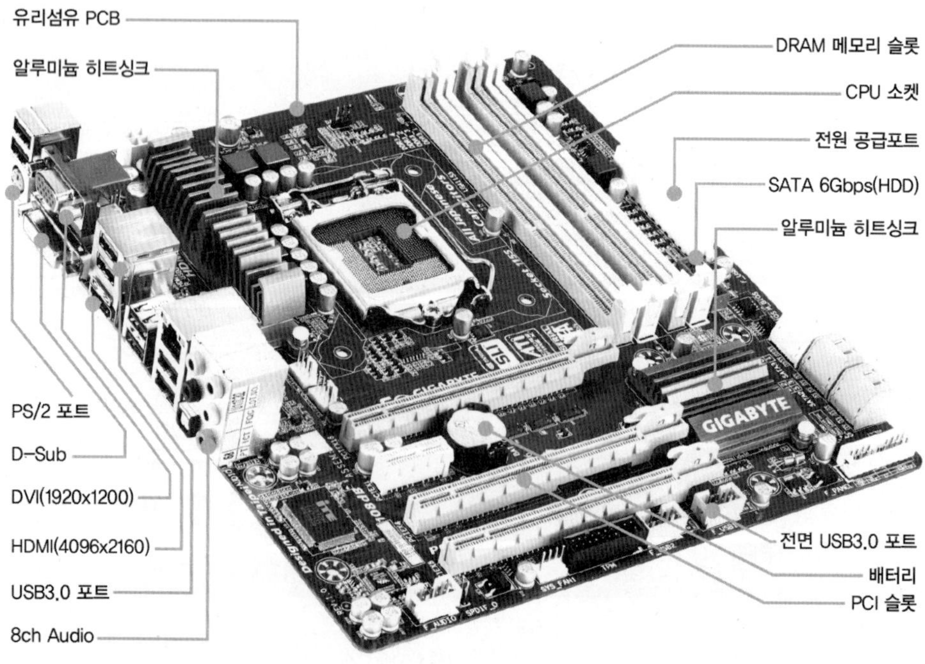

메인보드 구성

- 디스크 드라이브 : 대표적으로 하드디스크 드라이브(HDD)가 있으며 대용량의 데이터를 저장하기 위한 보조기억장치로 사용된다.
- 확장 슬롯 : PC의 기능을 확장할 때 사용되며 비디오 카드, 사운드 카드, 통신 카드 등을 장착할 수 있다. 슬롯의 종류에는 ISA, EISA, PCI 등의 방식이 있다. 비디오 카드는 모니터를 제어하는 장치로 일반적으로 컬러 모니터는 VGA나 SVGA 카드를 사용한다. 네트워크 카드는 LAN이나 인터넷 접속을 위한 장비이며, 모뎀 카드는 데이터 통신을 위한 장비로 사용된다.
- 마이크로프로세서(CPU) : 시스템의 중앙처리장치에 해당되는 부분이며, 입력된 자료에 대한 모든 처리 및 제어를 담당하는 칩이다. CPU는 많은 트랜지스터로 구성된 직접회로(IC: Integrated Circuit)이며, 데이터 저장을 위한 레지스터를 포함한다.
- 주기억장치(RAM) : 시스템이 작동할 때 운영체제, 응용프로그램, 데이터 등을 저장하며, 시스템에 전원 공급이 중단되면 저장된 내용은 지워진다.
- 인터페이스 단자 : 하드디스크, CD-ROM 드라이브 등의 기기들을 연결하기 위한 접속장치이다.
- 캐시 메모리 : 중앙처리장치와 주기억장치 사이에 위치한 고속 메모리로서, 실행되고 있는 프로그램의 일부 또는 빈번히 사용되는 데이터를 임시로 저장함으로써 주기억장치의 데이터 입출력 시간을 줄여준다.

④ 하드웨어 사양(specification)

여기서는 PC의 성능을 결정하는 중요한 하드웨어 구성 요소를 기능에 따라 분류하고, 각 구성 요소에 대하여 PC의 사양을 알아본다.

고급형 PC의 경우 쿼드코어 이상의 CPU인 Core i5, 8GB 메모리, 1TB 정도의 하드디스크 등을 갖춘 제품이 주류를 이루고 있다. 보급형과 저가형으로는 Core i3, 4GB 메모리, 500GB의 하드디스크를 갖춘 제품이 사용되고 있다.

최근 고성능 PC의 경우 Core i7로 3.4GHz의 처리속도를 가지며, 3D 그래픽 처리가 필수적인 게임 및 전자상거래용 서버로 활용되고 있다. 고성능 PC는 1TB 이상의 하드디스크와 3차원 그래픽카드, 8GB 이상의 메모리, 멀티 메모리 카드 슬롯이 장착하고 있다. 또한 기가비트 유선랜, 802.11 무선랜 카드를 장착하여 초고속 인터넷 사용뿐 아니라 무선인터넷 사용을 지원한다. 현재 상용으로 판매되고 있는 PC의 일반적인 사양의 예시는 다음 표와 같다.

구성 요소	사양	비고
CPU	3.2GHz	Intel Core i7 캐시 메모리 2MB
메모리	2GB~4GB	DDR3
HDD	500GB	SATA2
비디오	16MB~64MB의 비디오 메모리	3D 및 2D 가속기능 향상
멀티메모리 카드슬롯	20-in-1	Multi Card Slot, (SD, miniSD, microSD, SDHC 등 22개 슬롯)
CD-RW		Super-Multi
DVD-ROM		
그래픽 카드	256MB	메인보드 내장형
사운드 카드	128 POLY 이상	5.1CH, 7.1CH 등의 홈시어터를 중심으로 한 멀티미디어 시스템, 광출력 지원
LAN/모뎀	Gigabit Ethernet	가정용 인터넷의 급속한 보급
모니터	LCD 15인치 이상 평면모니터 17인치 이상	LCD 모니터 선호(고가격) 평면 모니터의 일반화
스피커	150W ~ 300W	5.1채널 지원
I/O Ports	Serial, Parallel, USB	프린터, I/O 장치

2) 중앙처리장치

중앙처리장치는 컴퓨터 각 부분의 동작을 제어하고 연산을 수행하는 핵심적인 부분이며, 마이크로컴퓨터에서는 중앙처리장치가 마이크로프로세서라고 불리는 하나의 칩으로 구성되어 있다. 현재 PC에서는 인텔(Intel) 계열의 CPU를 많이 사용하고 있다.

인텔은 이전 486 세대의 CPU와는 구별되는 586에 이르러 '펜티엄(Pentium)'이라고 이름을 사용하였으며, 펜티엄은 MMX, 펜티엄 Ⅱ, 셀러론(Celeron), 펜티엄 III, 펜티엄 Ⅳ로 발전하였다. 최근에는 2개 이상의 코어를 사용하는 듀얼코어 CPU를 시작으로 2010년에는 코어가 6개 내장된 인텔코어 i7 980이 출시되었다.

CPU의 속도는 1초당 몇 개의 작업이 처리되는지를 나타내는 클록(clock)이며, 헤르츠(Hz) 단위로 표현된다. 따라서 클록이 높으면 성능이 좋은 CPU이며, 인텔코어 i7의 경우는 3.2GHz이다. CPU는 버스를 통해 데이터나 제어신호를 주고받으며, 한 번에 전송할 수 있는 비트 수에 따라 8/16/32/64비트 등으로 구분된다. 일반적인 펜티엄 CPU는 32비트 또는 64비트이다.

3) 저장장치

컴퓨터에서 사용하는 프로그램이나 데이터는 기억장치에 저장된다. 컴퓨터는 필요한 프로그램이나 데이터를 기억장치로부터 가져와서 프로그램의 명령에 따라 처리하여 실행 결과를 얻게 된다. 컴퓨터에서 모든 자료가 주기억장치에 저장되어 연산에 사용된다는 점에서 주기억장치가 차지하는 비중은 매우 크다.

입력장치를 통하여 읽은 데이터나 프로그램을 비롯하여 컴퓨터 내부에서 계산에 필요한 수치, 명령 등의 정보를 저장하는데 사용되는 기억장치는 주기억장치와 보조기억장치로 구분된다.

(1) 주기억장치

주기억장치는 제어장치의 명령을 받아서 프로그램이 실행되기 전에 외부장치에서 읽은 프로그램과 데이터를 저장하는 곳이다.

① RAM(Random Access Memory)

데이터를 읽고 쓸 수 있는 기억장치를 RAM이라 하며 컴퓨터에서 대표적인 주기억장치이다. RAM 기억장치는 사용자의 프로그램과 데이터, 연산의 중간결과 및 최종결과 등을 일시적으로 저장한다. 또한 중앙처리장치가 데이터를 임의의 주소에 읽고 쓸 수 있으며 소요되는 시간이 일정하다는 특성을 가지고 있다. RAM 기억장치의 중요한 단점은 전원을 제거할 경우 RAM 기억장치에 저장되었던 정보를 모두 잃어버리는 것이다. 그러나 전원이 켜져 있으면 중앙처리장치에서 기억장치 내의 정보를 반복하여 읽어도 저장된 내용은 그대로 유지된다.

• DRAM(Dynamic RAM)

데이터를 저장하기 위해 내부 콘덴서를 이용하며 하나의 트랜지스터가 콘덴서를 on/off 시키게 된다. DRAM은 시간이 지나면 방전되기 때문에 계속적으로 재생시켜야 정보를 유지할 수 있다.

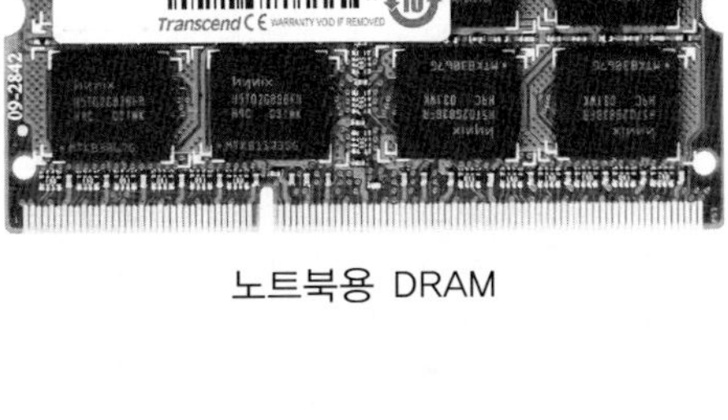

노트북용 DRAM

데스크탑 PC용 DRAM

• SRAM(Static RAM)

SRAM은 일반적인 접근시간이 25nsec 정도로 가장 빠른 RAM이다. 그러나 가격이 비싸고 하나의 데이터를 저장하는데 두 개의 트랜지스터를 사용하므로 데이터 저장용량은 DRAM이 저장할 수 있는 데이터 량의 절반이다.

SRAM

② ROM(Read Only Memory)

기억된 자료를 변경하거나 다시 기억시킬 수 없고 단지 읽을 수만 있는 장치이다. 그러나 한번 기록된 내용은 전원이 중단되어도 그 내용이 지워지지 않기 때문에 수정할 필요가 없는 프로그램을 기억시켜 놓는다. 주로 ROM에는 BIOS(Basic Input Output System)가 저장되어 있어서 컴퓨터 시스템의 각 기능이 정상적으로 동작하고 있는지 점검하며, 만약 이상이 생기면 고장이 생긴 부분을 표시하여 줌으로써 시스템의 정비를 용이하게 하고 각종 주변기기를 사용자 프로그램에서 이용할 수 있도록 한다.

NEC의 ROM

아메리칸 메가트렌드의 ROM

컴퓨터에서 기억용량을 나타내는 최소단위는 비트(bit)이며 0이나 1을 저장할 수 있다. 메모리의 크기는 일반적으로 1,024개를 의미하는 K라는 단위를 사용하여 나타낸다. 기억용량을 나타내기 위하여 다음과 같은 기본 단위를 많이 사용한다.

1Byte(바이트)	=	8bit
1KB(킬로바이트)	=	1024Byte
1MB(메가바이트)	=	1024KB = 1024x1024Byte
1GB(기가바이트)	=	1024MB

(2) 보조기억장치

보조기억장치는 주기억장치보다 속도가 느리며, 보조기억장치에 저장된 데이터는 중앙처리장치에서 처리되기 전에 주기억장치로 옮겨야 한다. 보조기억장치는 주기억장치의 기억 용량을 보완하기 위한 목적으로 사용되며, 자료 처리에 있어 중요한 역할을 담당하고 있다. 보조기억장치에는 하드디스크, 자기테이프, 광자기디스크, USB 저장장치 등이 있는데 개인용 컴퓨터에서는 다음과 같이 장치가 사용된다.

① 범용 직렬 버스(USB: Universal Serial Bus) 저장장치

컴퓨터와 주변기기를 연결하는 포트나 케이블의 규격이 다르면 주변기기 설치에 어려움을 겪을 수 있다. USB는 이러한 어려움을 해결하기 위해 컴퓨터 업체들이 협의하여 표준화된 인터페이스이다.

최근에 판매되는 64GB의 USB는 대용량의 파일을 저장할 수 있으며, 보안용 암호장치로 자료를 안전하게 사용할 수 있다. USB는 별도의 소프트웨어를 설치하지 않고 장치를 연결하면 바로 인식되므로 다양한 입출력장치를 쉽게 연결할 수 있나. 또한 주변기기에 5V의 전력을 공급할 수 있어서 컴퓨터나 차량 USB를 사용하여 모바일 기기, MP3 등을 충전하는 용도로 쓰이기도 한다.

② 하드디스크(Hard Disk)

하드디스크는 USB보다 가격이 비싸지만 기억 용량이 크고 내장형과 외장형이 사용된다. 하드디스크는 표면이 자성체로 코딩된 견고한 반도체 종류의 물질로 된 디스크이며 먼지로 오염되는 것을 방지하기 위해 밀봉되어 있다. 최근에는 PC에서 500GB 정도의 용량을 갖는 하드디스크를 사용하고 있다. 하드디스크의 인터페이스 방법에는 IDE(Integrated Drive Electronics)와 SCSI(Small Computer System Interface)가 있다. SCSI 인터페이스는 소형 컴퓨터 시스템의 인터페이스 방식을 나타내며, 모든 SCSI 디바이스를 공통으로 지원하기 때문에 하나의 제어기만으로 장치에 상관없이 모두 사용할 수 있다. IDE 인터페이스보다 전송속도가 빠르고 가격이 비싸므로 고가의 PC나 워크스테이션에 많이 사용된다.

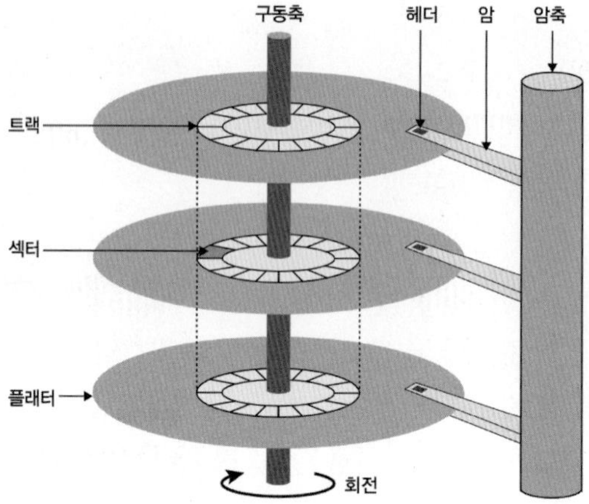

하드 디스크의 원리

③ CD-ROM/CD-RW

백과사전과 같이 내용 수정이 빈번하지 않는 자료를 저장할 때 이용된다. 이것은 음악을 위한 CD(Compact Disk)가 많은 정보를 저장할 수 있다는 점에 착안하여 컴퓨터의 보조 기억매체로 개발된 것이다. 이것은 텍스트, 그래픽, 소리 형태의 자료를 0과 1의 디지털 신호로 변화시켜 자료를 수록하며, 한 장에 650MB 분량의 자료를 저장할 수 있다. CD와 마찬가지로 CD-ROM은 읽기만 할 수 있으나 반복하여 지우고 쓸 수 있는 CD-RW가 다양하게 활용되고 있다.

④ DVD-ROM/DVD-RW/DVD-RAM

DVD는 CD와 크기는 같지만 음악, 멀티미디어 소프트웨어, 영화 등 고용량의 파일을 저장하도록 4.7GB, 9.4GB 등의 큰 용량을 가진다. DVD-ROM은 읽기만 가능하고 새로 쓰거나 지우기는 불가능하며, DVD-RW는 데이터를 지우고 다시 쓸 수 있어서 10만 회 이상 재기록이 가능하다.

⑤ 자기 테이프(Magnetic Tape)

자주 사용되지 않는 많은 양의 자료를 오래 보관하거나 이동시킬 필요가 있을 때 사용된다. 자기 테이프는 오디오 시스템에서 쓰는 테이프와 비슷한 것으로 테이프 드라이버의 읽기/쓰기 헤드에 의해 자료가 기록되고 읽혀진다.

자기 테이프

자기 테이프 레코더

⑥ SSD(Solid State Drive)

SSD는 플래시 메모리 기반의 모델을 지칭하는 것으로 용도나 외관, 설치 방법은 하드디스크와 유사하지만 자기디스크가 아닌 반도체 메모리를 내장하고 있다. 플래시 메모리는 전원이 꺼지더라도 데이터가 보존되기 때문에 하드디스크와 같은 용도로 사용할 수 있다. SSD는 하드디스크보다 빠른 속도로 데이터를 읽거나 쓸 수 있어서 프로그램 실행 속도를 단축할 수 있다. 그리고 물리적으로 움직이는 부품이 없기 때문에 작동 소음이 없으며 전력소모도 적다. 따라서 휴대용 컴퓨터에 SSD를 사용하면 배터리 유지시간을 늘릴 수 있다는 장점이 있다.

SSD(Solid State Drive)의 구조

4) 입출력장치

인간이 사용하는 정보의 형태와 컴퓨터가 사용하는 정보의 형태는 매우 다르다. 인간은 글, 그림, 수치, 도표 등의 정보의 형태를 인식하지만 컴퓨터는 모든 정보를 0과 1을 조합한 전기적 신호로 받아들인다. 인간이 인식하는 정보의 형태를 컴퓨터가 인식할 수 있는 정보 형태로 바꾸어 주는 것이 입력장치이다. 이와 반대로 컴퓨터가 처리한 정보를 인간이 인식할 수 있는 정보의 형태로 변환시켜 주는 것이 출력장치이다.

(1) 입력장치

PC에서 많이 사용하는 입력장치로 키보드, 마우스, 스캐너 등이 있다. 그 밖에 다른 입력장치로는 전자 펜, 터치스크린, 디지타이저, 자기잉크 문자인식기, 광학 문자인식기 등이 있다.

① 키보드

컴퓨터에서 가장 대표적인 입력장치이다. 문자, 숫자, Ctrl과 같은 특수키, F1~F12와 같은 기능키 등으로 구성되어 있으며, 키의 개수로 키보드의 종류를 분류한다.

② 마우스

마우스는 그림을 그리거나 명령어를 쉽게 수행할 수 있도록 하는 장치로서 마치 쥐와 같이 생겼다고 해서 이름을 마우스라고 붙였다. 매킨토시 컴퓨터에서 처음으로 상용화 되었으며, PC에서는 윈도 운영체제를 사용하면서 대부분의 명령을 마우스로 입력하게 되었다.

③ 스캐너

스캐너는 이미지 데이터를 입력하기 위한 장치로, 주로 기호 판독, 패턴 인식, 문자 인식에 많이 사용되는 입력장치이다.

④ 조이스틱

조이스틱은 컴퓨터 게임에 많이 사용하는 것으로 움직임의 변화에 따라 동작을 하게 하는 장치이다. 조정 역할을 하는 봉을 두고 봉의 변화에 따른 전기적 신호를 감지하여 이동을 인식한다.

⑤ 전자 펜

스크린에 접근하여 움직일 때 모니터(CRT)에서 나온 빛을 탐지해서 커서를 펜의 위치에 고정시킨 후 스크린에시 펜의 움직임을 주적한다.

⑥ 터치스크린

마우스를 클릭하는 대신에 손으로 스크린의 일정 부분을 접촉하면 마우스로 클릭한 것과 같은 효과를 낸다. 은행의 현금자동인출기나 관광지의 안내시스템 등에서 많이 사용되고 있다.

⑦ 웹 카메라

웹 카메라는 사진을 찍는 디지털 카메라와는 달리 동영상을 촬영하는 일종의 비디오 카메라이다. 웹 카메라가 영상을 디지털 신호로 변환하여 컴퓨터에 전송하면 인터넷을 통하여 영상회의나 채팅을 할 수 있다.

⑧ 디지타이저

디지타이징 펜을 X, Y 좌표로 구성된 입력 감지판에 접촉하면 1제곱인치 당 1,000개 정도의 점들로 그려진 영상이 컴퓨터에 보내지며, 시스템은 입력된 자료들로부터 모니터에 그 모양을 재생시킨다. 이것은 건강진단 서비스, 공학, 건축학 등과 같이 다양한 분야에서 사용되고 있다.

⑨ 문자인식기

자기잉크 문자인식기는 수표를 처리하기 위해서 은행에서 널리 사용되고 있다. 높은 정확도와 빠른 처리를 하는 장점이 있지만, 10개의 숫자와 4개의 특수문자만이 사용 가능한 단점이 있다. 광학 문자인식기는 자기잉크 문자인식기와는 달리 특수잉크가 필요하지 않고 프린트된 모든 문자를 직접 읽을 수 있다.

(2) 출력장치

대표적인 출력장치에는 모니터와 프린터가 있다. 그 밖의 출력장치로는 플로터, 출력정보를 종이 카드에 표시하는 카드 천공장치, 출력정보를 종이테이프에 천공하는 종이테이프 천공장치 등이 있다.

① 모니터

모니터는 텔레비전의 브라운관과 같이 문자나 그림을 보여주는 디스플레이 장치이며, 초기에는 흑백 스크린 디스플레이였으나 최근에는 대부분 LCD 컬러 스크린 디스플레이가 사용되고 있다.

② 프린터

프린터는 컴퓨터의 처리 결과를 문서화하기 위해 사용되는 것으로, 본체와 연결되어 본체에서 출력되는 신호를 받아 지정된 모양으로 문자나 도형을 출력한다. 프린터의 종류로는 도트 프린터, 잉크젯 프린터, 레이저 프린터, 라인 프린터, 3D 프린터 등이 있다.

3D 프린터는 문서나 그림을 프린터로 인쇄하듯이 자전거나 신발, 장난감 같은 상품의 설계도를 내려 받아 3차원으로 인쇄한다. 예를 들면, 나일론 가루로 만든 에어바이크는 별다른 조립을 하지 않고 3차원 프린터로 한 번에 인쇄할 수 있다. 이 바이크의 페달을 밟으면 일반 자전거처럼 바퀴가 굴러간다. 의학 분야의 예를 보면, 환자의 몸을 3차원으로 촬영하고 골반 뼈를 3차원 프린터로 인쇄하여 보형물을 만들면 그대로 환자에게 이식할 수 있다.

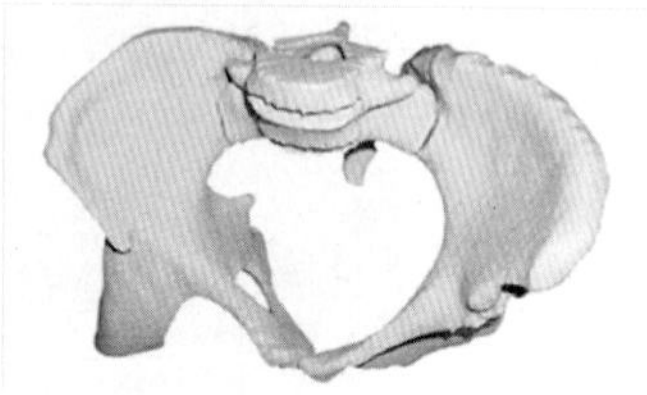

③ 플로터

이것은 컴퓨터가 만들어낸 그래프, 차트 등을 아주 정밀하게 출력하는 장치로 공학 분야에서 많이 사용된다.

(3) 입출력 포트(I/O Port)

① 직렬(Serial) 포트, 병렬(Parallel) 포트, PS/2 포트

직렬 포트는 직렬 방식을 지원하는 마우스, 디지털 카메라, 외장형 모뎀 등을 연결하는 단자이다. 병렬 포트는 프린터, 스캐너, Zip 드라이브 등을 연결하는 단자로 병렬 접속방식의 제품을 연결할 수 있으며, 직렬 포트보다 데이터 전송 속도가 빠르다.

② USB 포트

시스템에 연결하여 사용하는 모든 장치를 하나로 통합하여 사용할 수 있는 새로운 형태의 주변기기 연결방식이다. 연결한 각종 주변기기들은 시스템을 사용하는 중에도 자유롭게 설치하거나 제거할 수 있으며, 드라이브를 자동으로 설치하여 즉시 사용할 수 있다.

(4) 보조기능 장치

① 모뎀(Modem)

모뎀은 Modulation-demodulation의 약어로 변복조장치라고도 한다. 가장 기본적인 데이터통신 장비로서 PC와 호스트 또는 PC간을 전화선이나 전용회선으로 연결하여 데이터를 송수신할 수 있게 하는 장비이다. 모뎀은 컴퓨터에서 처리된 디지털 신호를 아날로그 신호로 변조시켜 전화선으로 송신하고, 수신된 아날로그 신호를 다시 디지털 신호로 복조시키는 기능을 수행한다. 모뎀은 크게 전화회선을 전송매체로 이용하는 다이얼업 모뎀과 전용회선을 이용하는 전용선 모뎀이 있으며, 이들 기능을 동시에 지원하는 제품도 사용되고 있다.

② 사운드카드(Sound Card)

오늘날의 사운드 카드들은 CD 음질의 음악과 음성, 음향 효과를 구현할 수 있으며 녹음과 재생이 가능하다. 마이크에서 나오는 아날로그 소리 신호나 전자악기의 음악을 컴퓨터에 저장 가능한 소리 파일로 변환한다. 또한 디스크나 CD-ROM에서 소리 파일을 읽어 헤드폰이나 증폭 스피커 또는 서라운드 시스템을 통해 아날로그 신호로 재생할 수 있게 한다.

③ 비디오카드(그래픽카드)

이것은 CPU에서 디지털 신호를 입력받아 제어프로세서에서 모니터의 전압 변화를 발생시켜 세 개의 전자빔을 작동시킴으로써 원하는 색상을 생성하도록 한다.

1.3 컴퓨터 소프트웨어

컴퓨터가 하드웨어와 소프트웨어에 의해 구성되어 있으므로 하드웨어의 능력이 아무리 향상되었다고 해도 그 능력을 발휘하는 소프트웨어가 없으면 컴퓨터의 종합적인 능력은 저하된다. 소프트웨어는 하드웨어 장치를 운영하거나 이용할 수 있는 것으로 크게 시스템 소프트웨어와 응용프로그램으로 분류할 수 있다. 시스템 소프트웨어에는 운영체제, 언어처리 프로그램, 유틸리티가 있으며, 응용프로그램에는 문서편집기, 통신 프로그램과 같은 패키지 소프트웨어와 사용자의 목적에 맞는 프로그램을 개발하여 사용하는 주문형 소프트웨어가 있다.

1) 시스템 소프트웨어

시스템 소프트웨어는 컴퓨터의 사용 및 동작을 관리하고 효율적으로 사용할 수 있도록 도와주는 프로그램이다. 시스템 소프트웨어는 용도와 사용 목적에 따라 컴퓨터 시스템을 운영해 주는 운영체제, 고급 언어로 작성된 프로그램을 기계어로 변환해 주는 언어처리 프로그램, 컴퓨터를 효율적으로 사용할 수 있게 도와주는 유틸리티 프로그램으로 분류할 수 있다.

(1) 운영체제

운영체제(OS: Operating System)는 컴퓨터 시스템의 주변 장치를 포함한 자원을 효율적으로 관리하고 운영하는 시스템 프로그램으로, 컴퓨터 하드웨어를 사용자가 쉽고 효과적으로 사용할 수 있도록 지원해주는 프로그램이다. 만약 운영체제가 없는 상태에서 사용자가 하드디스크에 저장된 파일을 읽는다면 하드디스크와 파일구조를 이해하고 모든 과정을 기계어로 프로그램해야 한다. 그러나 대부분의 과정을 운영체제가 대신 처리하므로 사용자가 컴퓨터 내부의 동작원리를 잘 모르더라도 컴퓨터 시스템을 편리하게 사용할 수 있다. PC에서 사용하는 운영체제에는 윈도XP, 윈도7, 윈도8, 리눅스(Linux) 등이 있으며, 워크스테이션에서는 대부분 유닉스(Unix) 또는 리눅스를 사용한다.

① 윈도XP

윈도XP는 이전 버전의 윈도와 달리 인터넷을 기반으로 만들어졌으며 여러 애플리케이션을 통합한 것이 특징이다. 분산된 장소에서 정보를 동시에 공유할 수 있는 허브 기능을 갖추었으며, 윈도 운영체제의 한계였던 도스(DOS) 기반에서 벗어나기 위해 인터넷 전화,

메신저 등의 각종 응용프로그램을 시스템 자체에 내장하고 있다. 또한, PC에서 CD를 제작할 수 있는 프로그램이 내장되어 있으며, 특정 폴더의 자료를 모두 암호화하는 '암호폴더' 기능과 함께 실시간 음성, 동영상 공유 등의 멀티미디어 기능이 제공된다.

② 윈도7

2009년에 출시된 윈도7은 이전의 윈도보다 빠르고 안정적이며 PC를 편리하게 사용할 수 있도록 설계되었다. 부팅시간이 XP에 비해 반 정도 단축되었고 종료시간도 축소되었다. 그리고 윈도 터치, 윈도 미디어 센터, 가상 하드디스크 지원 등 새로운 기능이 추가되었다.

윈도7은 1GHz 이상의 32비트 또는 64비트 프로세서, 1~2GB RAM의 메모리, 16~20GB의 하드디스크, WDDM 드라이버가 있는 DirectX 그래픽 장치가 갖추어져 있어야 한다.

③ 윈도8

2012년에 출시된 윈도8은 시작 버튼 대신 타일 모양으로 구성된 화면에서 타일을 눌러 원하는 작업을 실행시킬 수 있다. 프로그램을 설치하거나 앱 장터에서 프로그램을 다운받으면 타일 형태로 추가되며 타일을 클릭하면 작업이 바로 실행된다. 타일에는 앱을 연결하거나 프로그램을 실행시키는 기능이 있으며, 인터넷에 연결하여 실시간으로 주가와 전 세계 날씨를 알 수 있는 주식, 날씨 등의 라이브 타일이 제공된다. 타일은 사용자가 관리하기 쉽도록 타일의 크기를 바꾸어 그룹으로 보기 좋게 배치시킬 수 있다. 또한 윈도 8은 윈도 스토어를 추가하였으며, 부팅시간을 8초 이내로 단축하여 모바일 기기와 호환하여 사용하기에 편리하다.

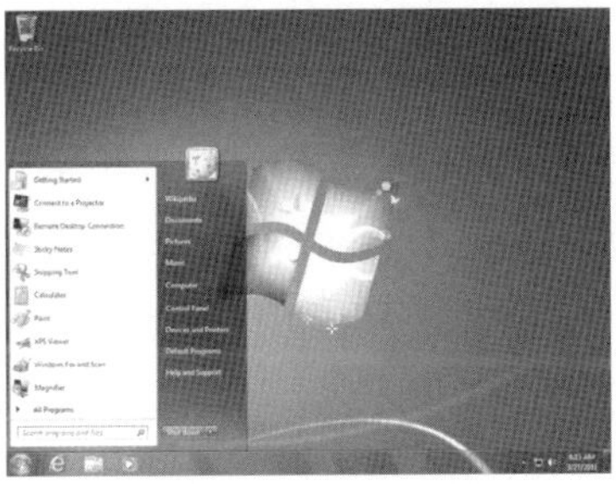

윈도7의 시작화면

윈도8의 시작화면

④ 유닉스(Unix)

유닉스는 미국의 벨(Bell) 연구소가 개발한 운영체제로, 다수 사용자를 지원하고 32비트 컴퓨터나 슈퍼마이크로 컴퓨터 등에서 많이 사용하는 강력한 운영체제이다. 특히 워크스테이션에서는 대부분 유닉스를 기본 운영체제로 사용한다. 유닉스는 C 언어로 작성되어 있으므로 소프트웨어 개발 도구들이 다양하여 프로그래머들에게 유용하다.

⑤ 리눅스(Linux)

리눅스는 핀란드 대학생이던 리누스 토발즈가 처음으로 만들었으며 1991년에 최초의 공식버전이 나왔다. 리눅스는 소스코드가 공개된 무료 운영체제로 리눅스를 사용하는 시스템은 안정성과 효율성이 높아 보급이 확산되고 있다. 또한 커널이 공개되어 있어 누구든지 자신의 목적에 맞게 수정할 수 있다. 리눅스의 특징은 멀티유저, 멀티태스킹 지원, GUI 환경, 다양한 파일 시스템, 멀티 플랫폼 등이 있다. 전 세계 웹서버의 30% 이상이 리눅스를 사용하고 있으며, 국내에서도 리눅스 관련 업체가 개발과 판매에 참여하고 있다.

리눅스의 공식마스코트 턱스(Tux)

(2) 언어처리 프로그램

컴퓨터를 이용하여 원하는 작업을 수행하거나 문제를 해결하기 위해서는 컴퓨터에게 명령을 내려야 한다. 사용자는 프로그램을 사용하여 컴퓨터에게 필요한 연산을 수행하도록 지시한다. 프로그래밍 언어는 컴퓨터의 프로그램을 작성하기 위하여 고안된 언어이다. 일반적으로 프로그래밍 언어는 사람에게 익숙한 문자, 숫자, 기호 등으로 구성되며 이를 고급언어(high level language)라고 한다. 그러나 컴퓨터에 저장되고 이해될 수 있는 언어는 0과 1로 이루어진 기계어이다. 따라서 고급언어로 작성된 명령어를 컴퓨터가 이해할 수 있는 형태, 즉 0과 1의 조합으로 변환시켜 주는 언어처리 프로그램이 필요하다. 그 종류에는 어셈블러(Assembler), 컴파일러(Compiler), 인터프리터(Interpreter)가 있다.

프로그래밍 언어를 사용하여 문제를 해결하기 위한 명령문의 집합을 프로그램이라 한다. 프로그램을 작성하는 것을 프로그래밍이라 하고, 프로그램을 작성하는 사람을 프로그래머라 한다. 대표적인 인터프리터 언어로 베이직(BASIC)이 있으며, 컴파일러 언어로 과학기술 계산용 언어인 포트란(FORTRAN), 사무처리용 언어인 코볼(COBOL), 운영체제 및 개발용으로 사용되는 C, 교육용으로 사용된 파스칼(Pascal) 등이 있다. 윈도 보급의 확산으로 비주얼 베이직(Visual Basic), Visual C++, 델파이(Delphi), 자바(Java), C# 등의 언어가 프로그램 개발에 많이 사용되고 있다. 최근에는 스크래치(Scratch), 파이썬(Python), 프로세싱(Processing)과 같은 사용이 쉬운 교육용 프로그래밍 언어들이 보급되어 초·중등생부터 대학생까지 프로그램 제작이 활발히 이루어지고 있다.

컴퓨터를 이용하여 특정한 문제를 해결하기 위한 절차의 집합을 알고리즘이라 한다. 알고리즘을 컴퓨터가 처리할 수 있도록 명령어로 나열한 것이 프로그램이다. 특정한 문제를 해결하기 위하여 프로그래밍을 할 때에는 문제의 파악 및 분석, 입출력 설계, 순서도 작성, 프로그램 코딩 및 테스트, 평가 및 문서화 등의 단계를 따른다.

2) 응용프로그램

응용프로그램은 컴퓨터에서 특정한 작업을 수행할 수 있도록 제작된 프로그램이며, 사용자의 요구에 맞추어서 제작된 주문형 소프트웨어와 표준화된 상용 소프트웨어로 제공되는 패키지 형태로 분류할 수 있다. 소프트웨어 기술의 발전으로 최근에 보급되고 있는 패키지 형태의 응용프로그램은 기능이 방대하여 이를 일반 사용자용과 전문가용으로 분류한다. 일반 사용자들이 많이 사용하는 응용프로그램에는 문서 작성을 위한 문서편집기, 표 계산과 데이터 분석을 위한 스프레드시트, 대량의 데이터 관리를 위한 DBMS, 공학 분야의 설계 작업을 위한 CAD/CAM 등이 있으며, 최근에 네트워크의 보급이 확산되면서 통신용 응용프로그램의 보급도 확산되고 있다.

(1) 문서편집과 전자출판

문서편집기 또는 워드프로세서라고 하는 응용프로그램은 문서의 입력, 편집, 출력을 쉽고 빠르게 해주는 기능을 갖는다. 문서편집기는 문서를 입력한 후 언제라도 수정과 편집이 가능한 장점을 가지고 있으며 서식이나 보고서 작성 등의 기능을 제공한다. 문서에 포함된 그림이나 표를 다양한 모양으로 배치할 수 있으며, 차트나 표를 사용하는 경우에는 윈도의 다른 응용프로그램과 연결이 가능하다.

탁상출판(DTP: Desk Top Publishing) 시스템이라는 전자출판 소프트웨어를 사용하면 책이나 신문과 같이 다양한 서체와 이미지로 구성된 문서를 쉽게 제작할 수 있다. DTP 소프트웨어를 이용하면 소규모의 출판 분야에서 원고작성, 편집, 인쇄 작업까지 일괄적으로 처리하여 활자 인쇄물과 같은 고품질의 출판물 제작이 가능하다. 현재 국내에 보급되고 있는 워드프로세서로는 '한글', 마이크로소프트의 '워드' 등이 있으며, 탁상출판 소프트웨어로는 어도비의 '인디자인(InDesign)', 제록스(Xerox)의 '벤추라 퍼블리셔(Ventura Publisher)', '퀵 익스프레스(QuarkXpress)' 등이 있다.

(2) 스프레드시트(Spreadsheet)

스프레드시트는 가계부 작성과 같은 간단한 계산을 필요로 하는 자료뿐만 아니라 예산 분석과 같은 많은 양의 수치 데이터와 복잡한 계산까지도 손쉽게 처리하고 그 결과를 차트를 나타낼 수 있는 프로그램이다. 스프레드시트는 행과 열로 구성된 셀을 기본 단위로 하며, 숫자, 연산자, 수식과 함수를 사용하여 시트를 작성한다. 그리고 이것을 기본으로 차트를 만들어 자료를 비교·분석할 수 있고, 서식을 이용하여 시트의 모양을 자유롭게 변경할 수 있다. 최근에는 회계, 자료관리, 통계, 도표작성, 수치예측 기능도 지원하고 있다. 가장 널리 알려진 스프레드시트 프로그램으로 마이크로소프트 '엑셀(Excel)'이 있다.

(3) DBMS(데이터베이스 관리 시스템)

데이터베이스는 고객, 책, 상품 등 많은 양의 데이터를 일목요연하게 저장하고 관리하는데 유용한 프로그램으로, 사용자가 원하는 형태로 데이터를 조작하거나 검색하는 기능을 갖는 소프트웨어이다. 현재 PC에서 많이 사용되는 DBMS는 마이크로소프트 '엑세스(Access)'와 'SQL Server', 오라클의 'Oracle DBMS', 'dBASE' 등이 있다.

(4) 컴퓨터 통신

PC와 네트워크의 보급이 확산됨으로써 컴퓨터 간의 통신의 필요성이 증가하게 되었다. 컴퓨터 간의 통신 기능을 지원하는 많은 소프트웨어들이 보급되고 있으며 그 기능도 다양해지고 있다. 이와 함께 인터넷 접속을 위한 웹 브라우저로 마이크로소프트의 '익스플로러(Explorer)', 구글의 '크롬(Chrome)', 모질라(Mozilla) 재단의 '파이어폭스(Firefox)' 등이 사용되고 있다.

(5) 멀티미디어와 프레젠테이션

멀티미디어는 텍스트, 음성, 이미지, 동영상을 결합하여 하나의 새로운 미디어로 생성한 것을 의미한다. 멀티미디어용 저작 도구를 사용하여 CD-ROM용 콘텐츠를 제작하거나 멀티미디어 기반의 응용프로그램이나 발표 자료를 만들 수 있다. 또한 프레젠테이션용 자료를 효과적으로 제작할 수 있는 응용프로그램이 많이 사용된다. 이러한 소프트웨어에는 마이크로소프트의 '파워포인트(Powerpoint)', 프레지의 '프레지(Prezi)', 아시메트릭(Asymetric)의 '툴북(Toolbook)' 등이 있다. 이와 함께 웹문서의 제작을 위해 매크로미디어

(Macromedia)의 '플래시(Flash)', '디렉터(Director)'와 같은 제품이 사용되고 있으며, 동영상 편집을 위해 어도비의 '프리미어(Premiere)', 소니(Sony)의 '베가스 프로(Vegas Pro)' 등이 사용된다.

(6) 컴퓨터 그래픽

고해상도 출력에 대한 요구가 증가함에 따라 그림과 차트를 나타내거나 도해(illustration)를 제공하는 그래픽 소프트웨어에 대한 관심이 더욱 증가되고 있다. 윈도에 내장된 그림판(Paintbrush), 어도비의 '포토샵(Photoshop)'과 같은 페인팅 프로그램, '일러스트레이터(Illustrator)', '코렐드로우(CorelDRAW)'와 같은 드로잉 프로그램이 있다. 이외에도 공학 설계도나 제품 디자인에 사용되는 다양한 CAD/CAM 소프트웨어가 있다.

(7) 통계 패키지

컴퓨터의 처리속도와 정확성을 이용하여 많은 양의 데이터를 통계적으로 분석하는데 도움을 줄 수 있도록 통계연산을 수행하는 소프트웨어이다. 현재 통계 분야에서 많이 사용되고 있는 패키지로 'Minitab', 'SPSS', 'SAS' 등이 있다.

(8) 통합 패키지

일반적인 업무에 공통적으로 활용되는 문서편집, 스프레드시트, 프레젠테이션 등의 기능을 하나로 통합하거나, 여러 개의 프로그래밍 언어를 하나로 통합하여 패키지로 공급하는 형태이다. 대표적인 것으로 사무용으로 사용되는 마이크로소프트의 '오피스(Office)'나 프로그램 개발에 사용되는 '비주얼 스튜디오(Visual studio)' 등이 있다.

3) 유틸리티 프로그램

컴퓨터를 쉽고 효율적으로 사용하고 관리할 수 있도록 만들어진 프로그램을 유틸리티라고 한다. 최근에는 운영체제에 다양한 유틸리티 기능을 포함하고 있으나 별도의 프로그램도 판매되고 있다. '노턴 유틸리티(Norton Utility)'와 같이 디스크 관리 기능이 뛰어난 디스크 관리 유틸리티, 파일 압축과 복원에 사용되는 유틸리티, 컴퓨터 바이러스와 관련된 백신 유틸리티, 파일 송수신과 호스트 접속을 위한 통신 유틸리티 등이 있다.

(1) 백신 프로그램

백신 프로그램은 많은 종류가 있지만 사용법은 거의 비슷하다. 크게 기본검사와 정밀검사가 있으며, 검사하고 싶은 드라이브를 지정한 후 기본검사 또는 정밀 검사를 선택하면 자동으로 검사가 시작된다. 검사 도중 바이러스가 발견되면 치료 기능을 수행할 수 있으며, 치료 후 컴퓨터를 재부팅해야 완벽하게 치료가 된다.

① V3

V3는 우리나라의 대표적인 컴퓨터 백신 프로그램이며 인터넷 상에서 간단하게 다운로드 후 설치할 수 있다. 이것은 1991년에 처음으로 발표되었으며, 최근에는 V3, V3 Lite, 개인용, 기업용, 모바일용 등 다양한 버전이 판매되고 있다.

② 알약

이스트소프트(www.altools.co.kr)의 '알약'은 실시간 바이러스 감시 기능을 갖추고 있으며 개인 사용자를 위한 무료 버전을 제공하고 있다. 현재 많은 사용자를 확보하고 있으며, V3과 함께 대표적인 백신 프로그램이다. 이스트소프트의 홈페이지에서 공개용 알약 프로그램을 다운받아 설치하면 자동 업데이트와 실시간 검사가 되기 때문에 누구나 쉽게 사용할 수 있다.

(2) 파일 압축 프로그램

압축은 파일에 저장되어 있는 정보를 압축하여 보다 적은 기억 공간에 동일한 정보를 저장하는 기술이다. 일반적으로 정보에 포함되어 있는 중복된 내용을 삭제하거나 보다 적은 길이의 코드를 사용하여 정보를 표현함으로써 저장에 필요한 공간의 크기를 줄인다. 이런 과정을 압축이라고 하며, 압축된 정보를 사용하기 위해서 다시 원래의 상태로 복원하는 과정을 압축해제라고 한다. 압축 방법에는 손실이 없는 압축 방법과 손실이 있는 압축 방법이 있다.

① 알집

▸ 압축하기

압축할 파일을 선택한 후 마우스 오른쪽 버튼을 클릭하여 '알집으로 압축하기'를 선택한다. 생성할 압축 파일의 이름을 입력하고 추가적인 선택사항을 설정한 후 [확인] 버튼을 클릭한다.

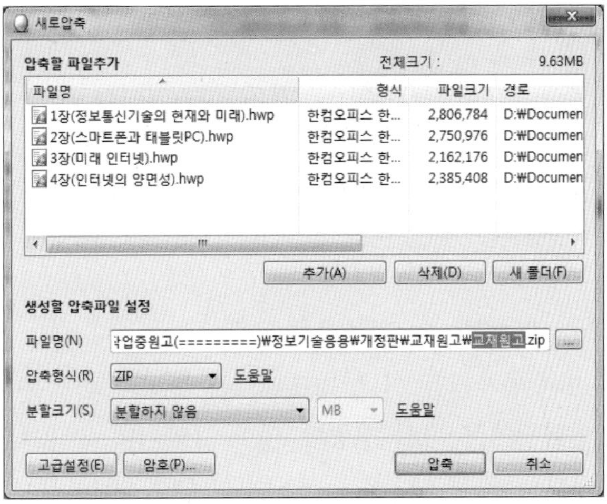

▸ 압축풀기

알집으로 압축된 파일(*.zip)을 풀기 위해서는 먼저 압축된 파일을 더블클릭 한 후 [압축풀기] 버튼을 클릭한다. 이어서 압축 파일을 풀어서 저장할 폴더를 지정한 후 [확인] 버튼을 클릭한다.

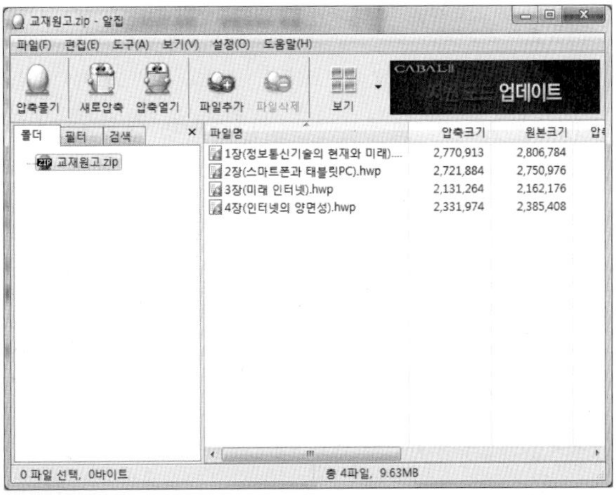

② 윈집(WinZip)

윈집 프로그램을 사용하기 위해서는 홈페이지(www.winzip.com)에 접속하여 프로그램 평가판을 다운로드 한 후 프로그램을 설치한다.

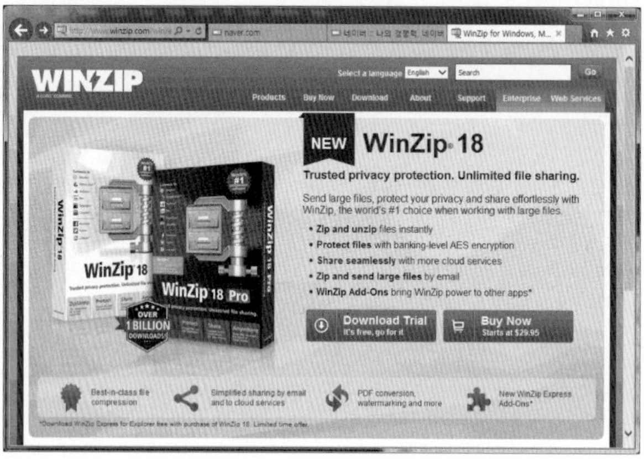

(3) FTP(File Transfer Protocol) 프로그램

FTP는 인터넷에 연결된 컴퓨터들 간에 네트워크를 통하여 파일을 송수신해 주는 기능을 수행한다. FTP는 인터넷에서 파일 전송에 대한 규약이며, 이동식 저장장치에 저장하기 어려운 대용량의 파일을 쉽게 주고받을 수 있다. 대부분의 인터넷 서비스처럼 FTP도 클라이언트와 서버 시스템을 사용하고 있다. 자신의 호스트가 아닌 다른 호스트로 접속하기 위하여 일반적으로 접속대상이 되는 컴퓨터를 서버라 하고 접속을 시작하는 컴퓨터를 클라이언트라고 한다.

FTP 프로그램을 사용하기 위해서는 명령어를 입력하고 접속을 원하는 원격지의 컴퓨터 주소를 입력해야 한다. 일단 접속이 완료되면 정해진 순서에 의해서 명령을 주고받으며 파일을 전송할 수 있다.

일반적으로 서버는 계정이 있는 사용자만이 이용할 수 있도록 사용 권한을 제한시켜 놓았다. 그러나 익명(Anonymous) 서버는 모든 사람에게 정보와 파일을 개방하기 때문에 계정이 없어도 접속이 가능하고 파일을 전송할 수 있다. 이러한 익명의 서버는 인터넷상에서 공유 소프트웨어와 각종 문서들을 보급하기 위해 만들어진 것이다. 익명의 서버에 접속할 수 있는 한 가지 방법은 계정에 anonymous, 패스워드에 자신의 전자우편 주소를 입력하면 된다.

파일 전송 서비스를 사용하기 위해서는 사용자의 컴퓨터에 클라이언트 프로그램이 있어야 한다. FTP 프로그램은 유닉스, 윈도 등의 운영체제에서 동작되는 다양한 종류가 사용된다.

▶ 알FTP 사용하기

윈도에 내장된 ftp 프로그램은 별도의 설치 과정이 없으나 직접 명령어를 입력해야 하므로 사용에 불편한 점이 있다. 그러나 알FTP와 같은 FTP 전용 프로그램이 보급되면서 사용이 쉬워졌으며, 프리웨어(freeware)이어서 인터넷의 자료실이나 www.altools.co.kr에서 무료로 구할 수 있다. 알FTP 프로그램을 사용하여 다음과 같은 순서로 파일을 다운로드할 수 있다.

① 알FTP 프로그램을 실행하면 사이트를 선택하라는 대화상자가 나타난다. 접속할 서버의 주소, 사용자 ID, 암호를 입력한다. 익명의 FTP 서버에 접속하는 경우에는 ID와 암호를 입력하지 않고 [익명 연결] 체크박스를 체크한다. 서버에 접속되었을 때 처음 나타낼 디렉토리를 [리모트 디렉토리]에 절대경로로 지정한다.

② 대화상자의 상단에는 FTP 서버의 디렉토리와 내용이 나타나며 하단에는 자신의 컴퓨터 폴더가 나타난다.

③ 대화상자에서 다운로드 파일이 저장될 폴더가 선택되었는지 확인한다.

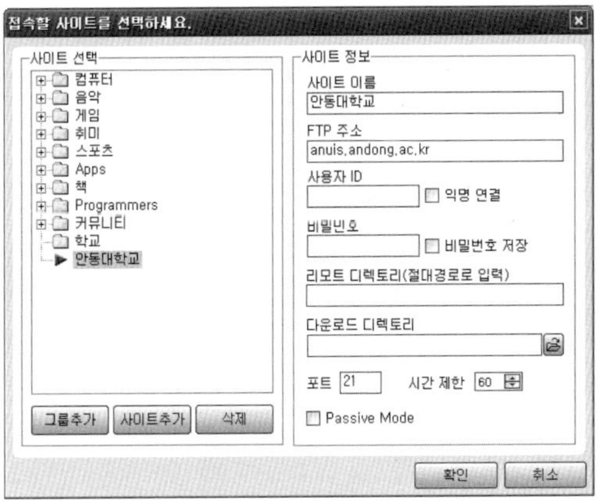

서버 정보 입력

알FTP 초기 화면

④ 서버 디렉토리에서 다운로드 할 파일을 선택하고 도구모음의 [다운로드] 버튼을 클릭한다.

저장할 폴더 선택

다운로드 시작

⑤ 다운로드가 완료되면 [접속끊기] 버튼을 클릭하여 접속을 끊는다.

▶ WS_FTP LE

전 세계적으로 4천만명 이상이 사용하고 있는 파일 전송 소프트웨어이며, Ipswitch에서 무료로 제공한다. 홈페이지(www.wsftple.com)에 접속하여 다운로드 받아 설치하면 사용할 수 있다.

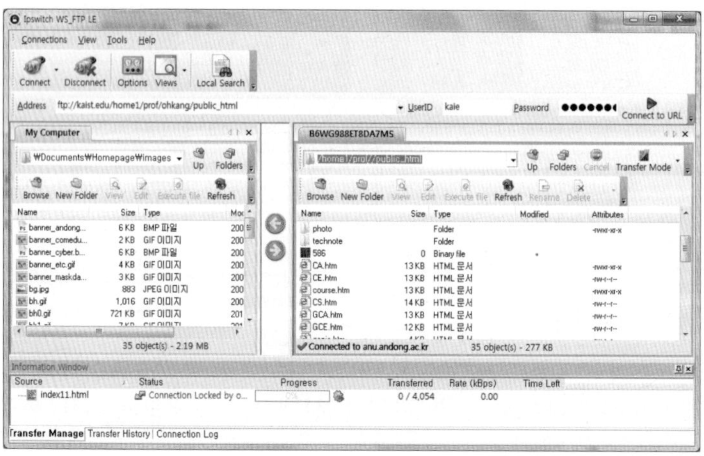

(4) 텔넷(Telnet)

텔넷은 원격접속 서비스라고 하며 인터넷에 연결된 원격 호스트에 접속할 수 있도록 도와주는 응용프로그램이다. 인터넷에 존재하는 유닉스 컴퓨터에 원격 로그인하여 호스트에 접속하면 그 컴퓨터를 자신의 책상 위에 있는 것처럼 사용한다. 즉, 사용자는 멀리 떨어져 있는 컴퓨터를 직접 가서 이용하지 않고 원거리에서 컴퓨터를 터미널처럼 사용할 수 있는 서비스이다. 텔넷을 사용하기 위해서는 접속한 컴퓨터에 자신의 계정이 있어야 한다.

▶ 텔넷 사용하기

텔넷(telnet)은 윈도에 내장된 텔넷 프로그램을 사용하거나 패키지 형태의 통신용 프로그램을 사용할 수 있다. 윈도에 내장된 텔넷 프로그램을 실행하여 다음과 같이 서버에 접속할 수 있다.

① 윈도에서 [시작] 버튼을 클릭하고 [실행]을 선택한다.
② 실행창의 [열기]에 'telnet anuis.andong.ac.kr'과 같이 원격지 서버 주소를 입력한 후 [확인] 버튼을 클릭한다.
③ 텔넷 대화상자에서 사용자 이름과 비밀번호를 입력한다.
④ 로그인을 종료할 때는 exit나 logout를 입력한다.

1.4 인터넷의 개요

인터넷이란 컴퓨터 기술과 통신 기술을 바탕으로 각기 다른 기관에 의해 구성된 네트워크들이 서로 연결되어 다양한 서비스를 제공하는 거대한 지구촌 네트워크이다. 인터넷에는 수많은 정보가 저장되어 있고 다양한 정보들이 무료로 제공되어 정보의 바다, 가상의 공간 등으로 표현된다. 인터넷을 이용하면 시간과 공간의 제약 없이 원하는 정보를 거의 실시간으로 제공받을 수 있을 뿐만 아니라 전 세계 사람들과 교류할 수 있는 기회가 제공된다. 많은 회사들이 인터넷으로 입사원서를 접수하고 면접시험을 치고 있으며, 사용자들은 온라인으로 책을 주문하고 영화를 보고 방송을 듣기도 한다. 이렇듯 우리 삶의 모습이 하나 둘씩 사이버 세상으로 흡수되면서 인터넷이 삶의 기초적인 생활수단이 되고 있다.

1.4.1 인터넷의 이해

1) 인터넷의 발전

인터넷이 전 세계의 수많은 컴퓨터들을 연결하여 거대한 네트워크를 만들기까지 40여 년의 기간이 소요되었다. 새로운 기술 개발과 멀티미디어 정보의 확산으로 인터넷의 활용분야는 더욱 확대되고 있다. 인터넷을 이용한 사이버 비즈니스, 사이버 교육, 멀티미디어 정보검색, 사이버 쇼핑몰, 미디어 서비스 등 사용 범위가 더욱 넓어지고 있다.

(1) 인터넷의 역사

인터넷의 역사는 1969년 미국 국방성이 군사적인 목적으로 추진한 알파넷(ARPAnet)에 기원한다. 미국 국방성의 ARPA(Advanced Research Projects Agency)에서는 일정지역에 대한 폭격과 같은 긴급 사태 시에도 장애를 받지 않고 기능을 발휘할 수 있는 통신망 구축을 연구하여 네트워크를 개발했는데 이것이 인터넷의 기원이다. 1983년에 군사목적으로 사용되던 MILnet이 알파넷에서 분리되고 1985년에 교육망인 BITnet이 알파넷에 통합되었다. 1986년에 연구 목적의 미국 과학재단 네트워크인 NSFnet을 구축함으로써 전국적인 규모의 네트워크를 형성하였으며, 그 이후에는 일반 상업적인 목적의 네트워크가 연결되면서 현재의 인터넷으로 발전하였다.

TCP/IP 프로토콜은 1971년에 개발된 NCP(Network Control Program) 프로토콜이 서로 다른 통신망들과 연결하는데 부적합하다는 결론을 내리고 새롭게 등장하였다. TCP/IP가 표준 프로토콜로 채택되고 사용자들이 급증함으로써 알파넷은 거대한 세계적인 네트워크로 전환되었다. 인터넷의 초기에는 전자우편, 파일전송(FTP), 뉴스그룹 등으로 전문인들이 소규모로 사용하였으나 1991년 웹 서비스가 개발되어 일반 사용자도 쉽게 멀티미디어 정보를 사용할 수 있게 되면서 폭발적인 성장을 이루게 되었다. 특히 1994년에 발표된 넷스케이프사의 네비게이터와 마이크로소프트 익스플로러와 같은 웹 브라우저의 등장은 초고속 정보통신망의 구축과 함께 인터넷 대중화에 결정적인 역할을 하였다.

(2) 인터넷의 변화

인터넷은 더 이상 가상공간이 아닌 현실이다. 인터넷은 단순히 원하는 정보를 찾는 검색 기능에서 시작하여 인터넷에서 제공하는 다양한 서비스를 통합하여 사용이 편리하도록 만든 포털(portal) 서비스가 일반화되었다. 포털은 인터넷을 시작하는 관문의 역할을 하는 곳으로 체계적인 정보 분류와 함께 정보검색, 메일, 채팅 등 다양한 서비스가 제공된다. 인터넷의 다음 단계는 개인의 필요한 일들이 인터넷을 사용하여 더 편리하게 처리될 수 있는 맞춤 서비스가 일반화되었다. 인터넷은 금융, 쇼핑, 교육, 취미, 주문형 뉴스, 관심분야 정보 제공 등 생활 자체를 인터넷으로 대부분 해결하는 환경으로 발전하였다.

인터넷의 보급이 확산되면서 새로운 유망 인터넷 비즈니스 분야들이 만들어지고 있다. 멀티미디어 콘텐츠를 제공하는 CP(Contents Provider), 가치가 있는 정보를 신속히 검색하고 주제별로 최신 정보를 정리하여 제공하는 정보 클리핑 분야, 외국의 뉴스그룹에서 필요한 정보를 번역하고 가공하여 부가가치를 생성하는 분야, 사이버 영업사원인 웹 마케터 등 다양한 새로운 직종들이 만들어졌다.

인터넷의 발전은 사회적으로 긍정적인 측면과 함께 부정적인 측면도 나타나고 있다. 인터넷의 보급이 확산되면서 새로운 사회문제가 발생되고 기술적인 한계도 드러나고 있다. 인터넷에 접근이 불가능하고 고립되는 삶은 사회의 새로운 소외계층을 만들 수 있다. 현재 사용 중인 인터넷의 기술적인 한계로 통신 속도와 주소 지정에 관한 문제가 발생되고 있다. 그러나 차세대 인터넷은 이러한 인터넷의 속도 문제를 해결하고 다양하고 풍부한 새로운 정보 제공의 가능성을 보여주었다. 차세대 인터넷 기술은 인간의 삶의 질을 한 단계 높여주고 인터넷의 보급을 가속화하여 정보의 편중을 해소할 수 있다.

2) 인터넷의 구성

네트워크에 연결된 컴퓨터가 통신을 하고 정보를 교환하기 위해서는 몇 가지의 구성요소가 필요하다. 먼저 연결할 컴퓨터와 유무선의 전송매체가 필요하며, 통신할 컴퓨터를 나타낼 컴퓨터의 주소가 사용되며, 데이터 송수신을 위한 표준화된 통신규약이 필요하다. 인터넷에서는 전송매체로 동축케이블, 광케이블, 전화선 등을 사용하며, 인터넷에 연결된 각 컴퓨터를 구분하기 위한 IP 주소를 사용하고, 데이터 송수신을 위하여 TCP/IP라는 표준 통신규약을 사용한다.

(1) 통신망의 종류

① 근거리 통신망(LAN: Local Area Network)

LAN은 건물이나 공장, 학교 등 제한된 일정 지역 내에 분산 설치된 각종 컴퓨터와 주변기기들 사이의 통신을 수행하기 위하여 신뢰성 있는 고속의 통신 채널을 제공하는 근거리 통신망이다. LAN은 10Mbps~155Mbps의 전송속도로 데이터를 송수신할 수 있다. LAN은 지역적으로 제한된 영역에 한정되며, 낮은 오류율에 의한 신뢰성 있는 고속 데이터 전송이 가능하다는 특징이 있다.

② 원거리 통신망(WAN: Wide Area Network)

WAN은 넓은 지역에 분산된 통신기기들을 연결한 네트워크로 LAN보다 통신 속도가 느리다. WAN은 전용 디지털 통신망으로 구성되며 공중교환전화망(PSTN: Public Switching Telephone Network)을 사용하기도 한다.

(2) 통신 프로토콜

이것은 컴퓨터나 원거리 통신 장비 사이에서 메시지를 주고받는 양식과 규칙의 체계이다. 현재 널리 쓰이는 LAN 프로토콜로는 TCP/IP, NetBEUI, IPX/SPX 등이 있다. TCP/IP는 초기에 WAN용으로 나온 것이지만 LAN용으로 사용되고 있으며, 네트워크 구성에 따라 반드시 TCP/IP를 사용해야 하는 경우도 있다. LAN 전용의 프로토콜인 NetBEUI는 MS에서 개발한 것이며, IPX/SPX는 NetWare 서버를 사용하는 경우에 적용되는 프로토콜이다.

① OSI(Open System Interconnection) 모델

OSI 모델은 국제표준화협회(ISO: International Organization for Standardization)가 컴퓨터 통신구조의 모델과 향후 개발될 프로토콜의 표준적인 기반을 제공하기 위해서 개발한 것이다. 이 모델은 서로 다른 컴퓨터 시스템을 상호연결하기 위한 기준을 제공하는 것으로 7개 계층으로 구성되어 있다. 각 계층이 서로 독립적으로 이루어져 한 계층의 변화가 다른 계층에 영향을 주지 않는 특성을 가지고 있다. OSI 모델에서 7개 계층은 최하위 계층인 물리계층에서 상위 계층인 데이터링크, 네트워크, 트랜스포트, 세션, 표현, 응용 계층으로 구성된다.

② TCP/IP(Transmission Control Protocol/Internet Protocol) 프로토콜

TCP/IP는 인터넷 프로토콜 중에서 가장 중요한 역할을 하는 TCP와 IP 프로토콜의 합성어로 인터넷 동작의 중심이 되는 통신 규약이다. 1960년대 말과 1970년대 초에 알파넷의 많은 컴퓨터를 상호 연결하기 위해 개발되었으며, 데이터의 흐름을 관리하고 데이터가 정확한지 확인하는 역할을 하며, 인터넷에서 사용하는 전송 프로토콜로서 주어진 패킷(Packet)을 어떻게 목적지까지 보낼 것인가에 대한 역할을 담당한다.

TCP는 '전송 제어 프로토콜'이라고 하며, 데이터 교환 과정을 제어함으로써 신뢰성 있는 데이터 교환이 이루어지도록 한다. TCP는 데이터의 흐름을 관리하고 데이터가 정확한지를 확인하는 역할을 하며, IP는 주어진 패킷을 어떻게 목적지까지 보낼 것인가에 대한 기능을 담당한다.

OSI 모델과 비교한다면 TCP는 트랜스포트 계층에 해당하고, IP는 네트워크 계층에 해당한다. 정보를 전송하는 호스트의 TCP 프로토콜은 하나의 정보를 수신자의 주소와 정보로 구성된 여러 개의 패킷으로 분리하며 생성된 패킷을 IP 층에 전달하는 역할을 한다. IP 프로토콜은 패킷을 받아서 주소를 해석하고 경로를 결정하여 전송하게 된다. 패킷을 수신한 호스트의 IP 계층에서는 패킷에 저장된 주소가 자신의 주소와 일치하면 패킷을 TCP 층에 전달한다. 수신 측의 TCP 계층에서는 패킷들을 모아서 하나의 정보를 생성한다.

(3) 인터넷의 주소체계

인터넷에서 다른 컴퓨터와 통신하기 위해서는 컴퓨터가 인터넷에 연결되어야 하고 컴

퓨터의 주소를 알아야 한다. 컴퓨터와 통신하기 위해서 2가지의 주소를 사용하는데 하나는 숫자로 표현된 IP 주소이며, 다른 하나는 사용하기 편리하고 기억하기 쉬운 문자로 구성된 도메인네임이다.

① IP 주소의 구조

인터넷은 전 세계의 많은 컴퓨터들을 연결한 대규모 통신망이다. 인터넷에 연결된 컴퓨터를 구별하기 위하여 각 컴퓨터마다 고유한 번호를 제공하는데 이를 IP 주소라 한다. IP 주소는 0에서 255까지 256개의 숫자를 표현할 수 있는 8비트 숫자 4개인 32비트로 구성된다. 네트워크 ID는 해당 컴퓨터가 소속된 네트워크에 배정된 이름이며, 호스트 ID는 해당 컴퓨터 한 대에 배정된 이름이다.

IP 주소는 네트워크의 크기에 따라 5개의 유형(Class)으로 분리되며, 인터넷에서는 주로 A, B, C 유형을 사용한다. 맨 앞자리 8자리 이진수의 최상위 비트가 0(0-127)이면 유형 A이며, 이러한 네트워크는 거의 없으나 많은 호스트가 연결되는 경우에 사용된다. 최상위 두 비트가 10(128-191)이면 유형 B이며 네트워크와 호스트의 개수가 보통인 경우에 사용한다. 최상위 세 비트가 110(192-223)이면 유형 C이며 네트워크 개수는 많지만 각각에 연결된 호스트가 적은 경우가 사용된다.

유형	네트워크 주소 범위		호스트 수(대)	용도
A	0~127	0.0.0.0~127.0.0.0	255x255x255	국가 및 대형 통신망
B	128~191	128.0.0.0~191.255.0.0	255x255	중·대규모 통신망
C	192~223	192.0.0.0~223.255.255.0	255	소규모 통신망, ISP업체
D	224~239	224.0.0.0~239.255.255.255		멀티캐스트용
E	240~225	240.0.0.0~255.255.255.255		실험용

인터넷 주소는 보통 네트워크 식별자와 호스트 식별자로 구성되는데 네트워크와 호스트에 따라서 비트 배정을 다르게 할 수 있다. 이렇게 함으로써 호스트에 주소를 할당하는데 융통성을 제공해주고, 서로 다른 크기로 구성된 네트워크를 같이 사용할 수 있다. 또한 기관의 크기에 맞는 네트워크의 구조를 설계할 수 있기 때문에 네트워크의 유지 관리가 쉽다.

② 도메인네임(Domain Name)

숫자로 표현된 IP 주소는 192.162.7.21와 같이 점(.)으로 구분되어 4단계로 표시되는데, 점으로 구분된 각 숫자에는 0~255까지의 숫자를 사용할 수 있다. 숫자로 표현된 이러한 주소를 IP 주소라고 하며 전 세계에서 중복되지 않도록 사용해야 한다. 인터넷에서 숫자로 표현된 주소를 사용하면 주소를 이해하거나 기억하기 어렵다는 단점이 있다. 따라서 숫자로 표현된 주소 대신에 영문자로 표현된 도메인네임을 사용하여 사람들이 쉽게 기억하고 사용할 수 있도록 한다. 도메인네임은 2~5개 영역으로 나누어지며 일반적인 구성은 '컴퓨터이름.기관이름.기관종류.국가이름'의 4개 영역으로 분류된다.

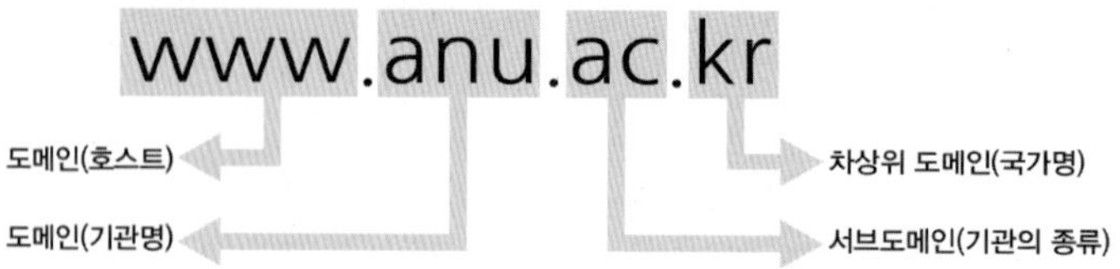

기관의 종류		국가별	
ac	학교	kr	한국
co	회사	fr	프랑스
re	연구소	ca	캐나다
go	정부기관	de	독일
ne	네트워크 관련기관	uk	영국

③ 도메인네임 시스템(DNS: Domain Name System)

인터넷에서 통신을 위하여 TCP/IP 프로토콜을 사용하며 모든 호스트는 숫자로 구성된 32비트 IP 주소를 가지고 있다. 이때 기억하기 어려운 IP 주소 대신에 기억하기 쉬운 도메인네임을 사용하는데 IP 주소와 도메인네임을 매핑시켜주는 것이 도메인네임 시스템이다. 인터넷에서 실제 컴퓨터와의 통신은 두 종류의 주소 중에서 숫자로 표현된 주소를 사용하여 통신을 한다. 따라서 사용자가 도메인네임을 입력하면 영문으로 표현된 도메인 이름을 컴퓨터가 통신할 때 사용하는 숫자로 변환시켜 주어야 한다. 이와 같이 영문자로 표현된 주소(도메인)를 숫자로 표현된 주소(IP 주소)로 변환시켜 주는 것을 도메인네임 서비스라고 하며, 도메인네임 시스템이 이러한 역할을 수행한다.

예를 들면, 사용자가 웹브라우저에서 www.anu.ac.kr 주소를 입력하면, 웹브라우저는 도메인네임 서버에게 이 도메인의 IP 주소를 질문하게 된다. 도메인네임 서버는 질문받은 도메인의 IP 주소를 자신의 데이터에서 찾아 해당 브라우저에게 응답한다. 응답을 받은 브라우저는 IP 주소를 이용하여 해당 웹 사이트의 웹서버 컴퓨터와 데이터를 주고받게 된다.

인터넷에서 자신의 도메인 이름을 다른 사람이 사용할 수 있도록 도메인네임 서버에 도메인 이름을 등록해야 한다. 도메인네임 서버에 등록되지 않은 도메인은 다른 사람이 사용하려 해도 IP 주소로 변환할 수 없기 때문에 사용할 수 없다. 이와 함께 하나의 호스트에서 여러 개의 도메인명을 갖는 가상 도메인이란 개념이 사용되고 있다. 이것은 하나의 IP 주소에서 여러 개의 도메인 이름을 사용할 수 있게 한다.

3) 인터넷 접속

인터넷에 접속하기 위해서 LAN 환경에서 전용선을 이용하는 방법, 무선통신, 케이블 TV, 위성 등을 이용하는 방법이 가능하다.

인터넷에 접속하려면 컴퓨터와 함께 모뎀 또는 네트워크 카드, 통신회선, 응용프로그램 등이 필요하다. 인터넷 접속을 위해 윈도 운영체제에서 필요로 하는 구성요소로 TCP/IP 프로토콜, 무선통신을 위한 어댑터, 윈도에서는 MS의 네트워크 클라이언트가 있어야 된다.

(1) 인터넷 접속 환경

① TCP/IP(Transmission Control Protocol/Internet Protocol)

이것은 통신규약으로 인터넷에서 컴퓨터를 연결하기 위한 표준 전송 프로토콜이다. 전이중 방식이며 신뢰성이 보장되는 전송 규약이 TCP이며, 네트워크를 경유하여 다른 컴퓨터로 정보를 선송하는데 사용하는 규약이 IP이다.

② 전화 접속 어댑터

어댑터는 사용자의 장치를 네트워크에 물리적으로 연결하는 장치이다. 따라서 전화접속 어댑터는 모뎀을 네트워크에 물리적으로 연결해주는 장치를 말한다. 전화접속 어댑터는 윈도에서 전화를 걸어 인터넷에 접속할 때 해당 프로토콜로 전화 접속을 가능하게 해주는 프로그램이다.

③ 전용선

인터넷 서비스 업체로부터 직접 회선을 할당받아 자신의 컴퓨터를 인터넷과 연결하는 방법이다. 이때 각 컴퓨터는 고유한 IP 주소를 할당받는다. 개인적으로 사용하기에는 비용이 많이 들어 주로 회사나 단체에서 이 방법을 사용한다.

(2) LAN을 이용한 인터넷 연결

LAN을 통하여 인터넷을 사용하는 경우에는 시스템에 LAN 카드가 설치되어 있어야 한다. 카드가 설치되어 있으면 윈도는 설치과정에서 카드를 인식하여 기본적인 항목을 설치한다. 윈도를 모두 설치한 후에 카드를 시스템에 설치한 경우라면 설정에서 [새로운 하드웨어 찾기]를 통해 카드 설치와 네트워킹에 필요한 기본적인 항목을 설치하면 된다. 위와 같이 LAN 카드와 기본적인 네트워킹 기능이 설치되면 바탕화면에 [내 네트워크 환경] 아이콘이 표시된다. 네트워킹에 필요한 기본적인 항목만 설치되어 있는 경우에는 TCP/IP 등을 추가로 설치해야 한다.

① 바탕화면에 있는 [내 네트워크 환경] 아이콘을 마우스의 오른쪽 버튼으로 클릭한다. [속성]을 선택하면 [네트워크 연결] 창이 나타난다.
② 네트워크 연결 창에서 [로컬 영역 연결] 아이콘을 마우스의 오른쪽 버튼으로 클릭한다. [속성]을 선택하면 [로컬 영역 연결 속성] 대화상자가 나타난다.

내 네트워크의 속성

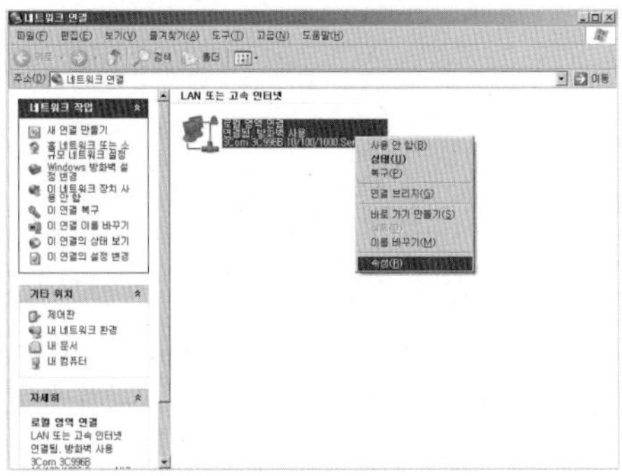
네트워크 연결의 속성

③ [로컬 영역 연결 속성]에서 '인터넷 프로토콜(TCP/IP)'을 선택한다. [속성] 버튼을 클릭하면 [인터넷 프로토콜(TCP/IP) 등록정보] 대화상자가 나타난다.

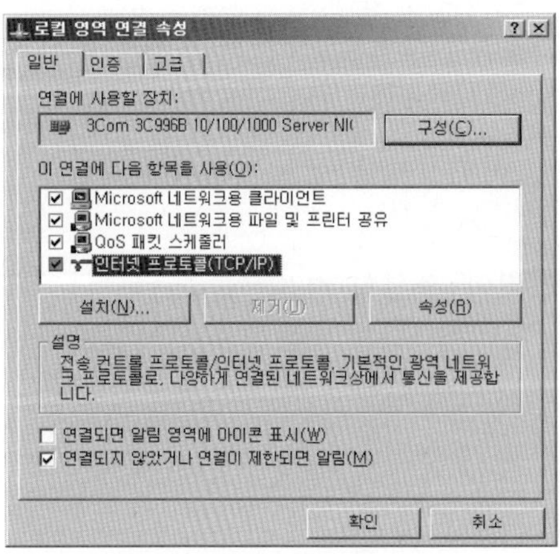

로컬 영역 연결 속성

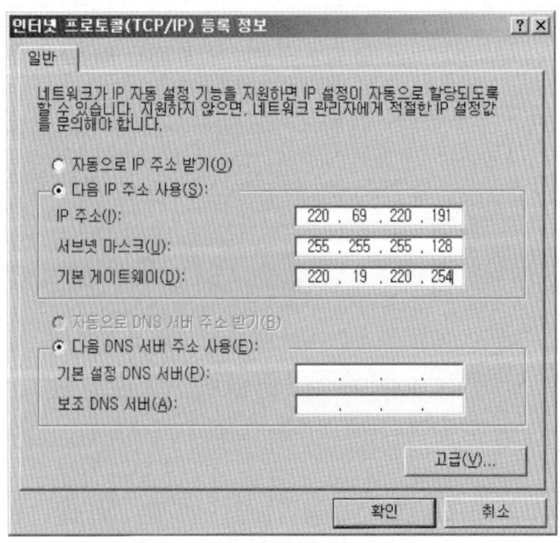

인터넷 프로토콜(TCP/IP) 등록 정보

④ [다음 IP 주소 사용] 옵션버튼을 선택하고 자신의 컴퓨터에 할당된 IP 주소를 입력한다. 서브네트 마스크는 LAN 시스템에 관련된 사항이므로 LAN 관리자에게 확인하고 값을 입력한다. 게이트웨이는 LAN에서 외부 인터넷으로 데이터가 나가거나 들어오는 통로이며, 라우터나 게이트웨이의 IP 값을 설정한다. 기본 게이트웨이에는 라우터나 게이트웨이의 IP 주소를 추가한다.

⑤ DNS는 호스트 이름과 IP 주소를 서로 변환해 주는 시스템이며, 대부분의 LAN에는 한 개의 서버가 운영된다. [다음 DNS 서버 주소 사용] 옵션버튼에 해당하는 부분은 DNS 서버의 IP 주소를 기록하는 부분이다.

⑥ [확인] 버튼을 클릭하면 TCP/IP에 관한 설정이 모두 완료된다. 새로운 설정이 적용되도록 시스템을 다시 부팅시킨다.

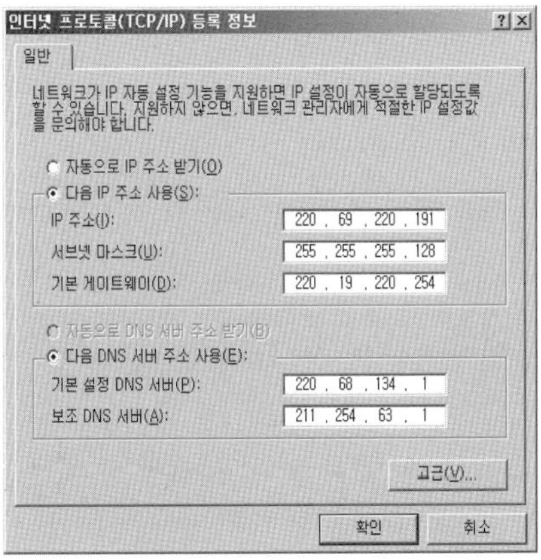

DNS 구성의 설정

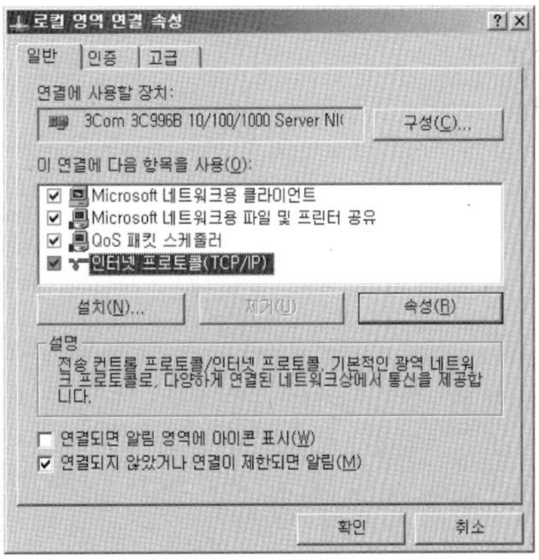

TCP/IP 설정 확인

⑦ [로컬 영역 연결 속성] 대화상자에서 [인증] 탭은 802.1x 인증을 통해 무선 네트워크 및 유선 이더넷 네트워크에 대한 인증과 액세스를 허용하는 부분이다. 그리고 [고급] 탭은 방화벽을 이용하는 것이며, 외부에서 컴퓨터로 접근하는 것을 제한 또는 차단하여 컴퓨터를 보호하도록 설정할 수 있다.

1.4.2 웹(Web, WWW, W3, World Wide Web)

웹은 인터넷에서 제공하는 서비스의 한 형태이다. 웹은 기존의 인터넷 서비스를 통합하여 편리한 사용자 환경을 제공하며, 하이퍼미디어 시스템으로 텍스트뿐 아니라 음성, 이미지, 동영상 등의 다양한 멀티미디어 정보를 통합하여 취급할 수 있는 특징을 가지고 있다. 웹은 하이퍼텍스트를 기반으로 클라이언트-서버 모델로 동작한다.

1) 웹의 개요

인터넷 사용자의 증가와 함께 좀 더 쉽고 효과적으로 정보를 검색할 수 있는 도구 개발의 필요성이 대두되었다. 웹은 1989년 분산 시스템을 구축하고 그 위에서 정보를 하이퍼미디어 형태로 검색할 수 있도록 하는 웹 프로젝트에서 시작되었다. 1993년 미국의 NCSA(National Center for Supercomputer Applications)에서 이를 위한 브라우저(Browser)인 모자익(Mosaic)을 발표함으로써 웹이 가장 인기 있는 인터넷 서비스로 등장하였다. 그 후 넷스케이프의 네비게이터(Navigator), 마이크로소프트의 익스플로러(Explorer), 구글의 크롬(chrome), 모질라 재단의 파이어폭스(FireFox) 등 윈도 기반의 브라우저들이 발표됨으로써 인터넷의 사용이 폭발적으로 증가하게 되었다. 웹은 HTML이라는 언어를 사용하여 정보를 문서로 표현하며 음성, 화상, 이미지 등 미디어 서비스가 가능한 하이퍼텍스트라는 새로운 개념을 도입하였다.

(1) 클라이언트-서버(Client-Server) 모델

인터넷은 정보들이 분산되어 관리되는 분산환경에 적합한 클라이언트-서버 모델을 기반으로 동작한다. 클라이언트는 네트워크에 있는 다른 컴퓨터에 서비스를 요청할 때 사용되는 컴퓨터이다. 서버는 클라이언트의 요구에 대한 서비스를 제공하는 컴퓨터를 나타내는 것으로 여러 가지 정보를 데이터베이스로 구축하여 저장하고 있다. 인터넷에 연결된 컴퓨터가 클라이언트나 서버로 동작하기 위해서는 해당하는 프로그램이 설치되어야 한다. 일반 사용자가 웹 서비스를 요청하기 위해 브라우저가 설치된 클라이언트 컴퓨터를 사용하며, 전자우편 서비스를 받기 위해 아웃룩 익스프레스와 같은 클라이언트 프로그램을 사용한다. 인터넷에는 웹서버, 메일서버, FTP 서버, DNS 서버 등 서비스를 제공하는 다양한 서버가 존재한다. 이들 서버는 각 서버의 역할에 해당하는 서비스를 제공하기 위해 해당하는 서버 프로그램을 설치해야 한다. 웹 서비스를 제공하는 웹서버 프로그램으로 아파치(Apache), MS IIS 등이 있다. 웹서버 프로그램은 하이퍼텍스트 문서의 송수신을 위한 HTTP를 이해하고 이에 따라 요청받은 작업을 수행하는 하나의 실행 프로그램이다.

(2) 웹의 동작 방식

① 클라이언트-서버 구조의 동작은 클라이언트인 웹 브라우저의 요청에서 시작된다.

② 클라이언트는 서버에 접속하기 위하여 URL에 입력된 주소를 사용하거나 선택된 문자 및 이미지에 링크된 주소를 사용한다.

③ 접속할 서버의 도메인네임을 읽어서 DNS를 통해 IP 주소를 찾아내거나 URL에 기록된 IP 주소를 이용하여 접속을 시도한다.

④ 클라이언트의 요청으로 DNS는 URL에 기록된 도메인 이름을 IP 주소로 변환시킨다.
⑤ 변환된 IP 주소와 URL에 지정되어 있는 HTTP, FTP 등의 접속 프로토콜을 사용하여 상대편 서버에 연결한다.
⑥ 클라이언트는 URL에서 지정한 문서를 요청하며 서버는 해당하는 문서를 클라이언트에 전송한다.
⑦ 웹 브라우저는 수신된 문서를 화면에 나타낸다.

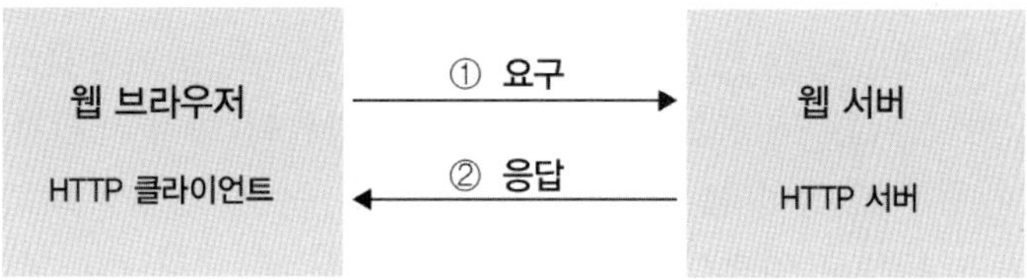

(3) 웹 관련 용어

① URL(Uniform Resource Location)

이것은 정보의 위치를 나타내는 표준 표기법으로 인터넷상에 산재해 있는 각종 정보들의 위치 표현을 통일시키기 위해 사용되는 표준이다. 즉, 인터넷에 존재하는 수많은 정보의 위치를 나타내는 것으로 정보를 찾는 표준화된 방식이다. 인터넷은 웹을 비롯한 여러 가지 서비스를 제공한다. 원격 호스트에 접속해 컴퓨터를 사용할 수 있는 Telnet, 원격 호스트에 접속해 파일을 주고받을 수 있는 FTP 등 나양한 시비스기 있다. 웹을 사용하기 전에는 이들 모든 서비스가 독립적으로 제공되었으나 웹에서는 이들 모든 서비스의 사용이 가능하다. URL은 인터넷 웹사이트, 웹 페이지 또는 웹 페이지에 포함된 그림 등과 같은 정보의 위치를 표시하기 위해 사용하는 주소를 말한다. 대부분 URL은 정보 전송에 사용되는 프로토콜, 정보를 가진 컴퓨터의 이름, 그리고 폴더 이름으로 구성된다. URL의 일반적인 구조는 다음과 같다.

접근 프로토콜://IP 주소 또는 도메인 이름/문서의 경로/문서 이름

접근 프로토콜은 http, ftp, telnet, news, mailto, file 등이 있다. 브라우저에서 웹사이트에 접속하려면 http://www.anu.edu/frame/info.htm과 같은 URL을 사용하는데 첫째 부분 http는 통신을 위한 프로토콜 이름으로 ftp, telnet 등이 올 수 있다. 그리고 '://'는 첫째 부분과 둘째 부분을 분리하는 것이며, 둘째 부분 www.anu.edu는 웹 서비스를 제공하는 호스트 컴퓨터의 주소를 나타낸다. 마지막으로 /frame/info.htm은 컴퓨터에 있는 폴더를 의미하는 것이며, URL에서는 '/' 기호를 사용해 계층적 폴더 구조를 갖는 파일 시스템에서

원하는 폴더 이름을 정한다. 자신의 컴퓨터 안에 저장된 문서를 열어 보고자 할 때 접근 프로토콜에 file을 사용할 수 있다. file을 사용하는 경우에는 IP 주소 또는 도메인 이름이 생략되며 마지막 부분에는 경로 이름을 포함한 문서의 파일명을 기록한다. 예를 들면, URL에 file://C:/internet/home/index.htm를 입력하면 /internet/home 폴더 아래에 있는 index.htm 문서를 의미한다.

② 하이퍼텍스트(Hypertext)

문서 안에 다른 문서에 대한 링크를 포함하고 있는 문서를 하이퍼텍스트라 한다. 문서의 중요한 키워드마다 다른 문서로 연결되는 링크를 만들어 여러 개의 문서가 하나의 문서인 것처럼 보여 주는 방식이다. 즉, 하이퍼텍스트는 문서 중간에 특정 키워드를 두고 문자나 그래픽 파일 등을 유기적으로 결합해 만든 문서다. 이런 하이퍼텍스트 시스템의 장점은 동일한 정보를 여러 곳에 저장할 필요가 없이 멀리 떨어진 다른 곳에 저장되어 있는 정보와 연결시켜 효율적으로 관리할 수 있다.

③ 하이퍼미디어(Hypermedia)

문자만으로 구성된 단순한 형식의 하이퍼텍스트의 범위를 넘어서, 그림, 음성, 동영상 등 다양한 형태의 멀티미디어 자료를 포함하고 있는 문서 형식이 하이퍼미디어이다.

④ 하이퍼링크(Hyperlink)

여러 정보들 사이의 동적인 연결로 URL 형식에 따라 특정 부분에 대한 관련 정보를 지정하는 것이다. 예를 들어 문서에서 문자열이나 이미지를 클릭하면 이것과 연결된 새로운 문서나 이미지를 볼 수 있다. 인터넷에서 하이퍼링크 개념을 사용함으로써 자신이 원하는 자료를 찾기 위하여 문서에서 관련 정보를 클릭하면 문서 내의 특정 위치나 다른 문서로 직접 연결이 가능하다.

⑤ HTML(HyperText Markup Language)

웹 문서를 작성하기 위하여 사용되는 표준 언어이다. 하이퍼텍스트로 구성된 웹 문서의 구조를 기술하는 언어이며, 이것으로 작성된 파일들은 .html 또는 .htm이라는 파일 확장자를 가지게 된다. HTML은 태그라는 예약어를 사용하여 텍스트 형태의 문서를 만들 수 있으며, 태그가 브라우저에 의해서 해석되고 문서의 내용이 나타난다.

⑥ HTTP(HyperText Transfer Protocol)

인터넷에서 클라이언트와 서버가 문서를 주고받는데 사용되는 통신 프로토콜이다. 이것은 웹에서 사용되는 표준 프로토콜이며 하이퍼텍스트 문서를 주고받기 위해 사용된다. 즉, 정보를 제공하는 서버 프로그램과 정보를 요청하는 브라우저 프로그램이 내부적으로 사용하는 프로토콜이다. 서버에서 작성된 문서는 클라이언트의 요구가 있을 때 이 프로토콜에 의하여 클라이언트로 전송된다.

2) 웹 브라우저

인터넷은 전 세계의 컴퓨터가 연결되어 있는 거대한 네트워크이다. 인터넷에서 방대한 양의 정보를 더욱 빠르고, 쉽고, 안전하게 활용하기 위하여 클라이언트 프로그램인 웹 브라우저를 사용한다. 브라우저의 다양한 기능을 사용하여 멀티미디어를 포함한 웹 작업을 보다 빠르고 손쉽게 할 수 있다.

(1) 웹 브라우저 소개

현재 많이 사용되는 브라우저는 마이크로소프트 익스플로러, 구글의 크롬 등이 있다. 익스플로러는 윈도에 내장되어 있으며, 윈도 환경에 가장 적합하다는 장점이 있다. 여기서는 인터넷 익스플로러 버전10에 대해서 간단히 설명한다. 이것은 윈도7 이상에서 지원되는 기본 브라우저이며, 이전 버전보다 보안이 뛰어나고 사용하기 쉽다는 장점이 있다.

(2) 익스플로러의 새로운 기능

① 추천 검색 기능(Suggested sites)

주소입력창에 주소를 일부 입력하면 기존에 방문한 사이트가 '열어본 페이지 목록'에 자동으로 나타난다. '즐겨찾기'에 추가된 사이트 중 주소창에 일부 입력한 사이트와 일치하는 것이 '열어본 페이지 목록' 아래 부분에 나타난다.

② 웹조각(Web slices)

사이트 안의 특정 서비스 중 자신이 원하는 부분을 최신 상태로 볼 수 있는 기능이다. 예를 들어 대학교 홈페이지의 공지사항을 웹조각에 추가해 놓은 후 해당 웹조각을 클릭하면 새로운 공지사항을 확인할 수 있다.

③ 바로연결(Accelerators)

웹상에서 영역을 드래그하면 화살표 아이콘이 나타나며, 이것을 클릭하면 별도의 익스플로러 창을 열지 않고 바로 검색할 수 있다.

④ 즐겨찾기모음

자주 방문하는 사이트를 저장하여 빠르게 접속할 수 있는 기능이 제공되며, 일반 문서나 파일도 추가할 수 있다.

⑤ 자동충돌복구

오류로 인한 갑작스러운 종료 시 기존 정보를 가져와 사이트를 다시 연결하여 나타낸다.

(3) 인터넷 익스플로러의 기능

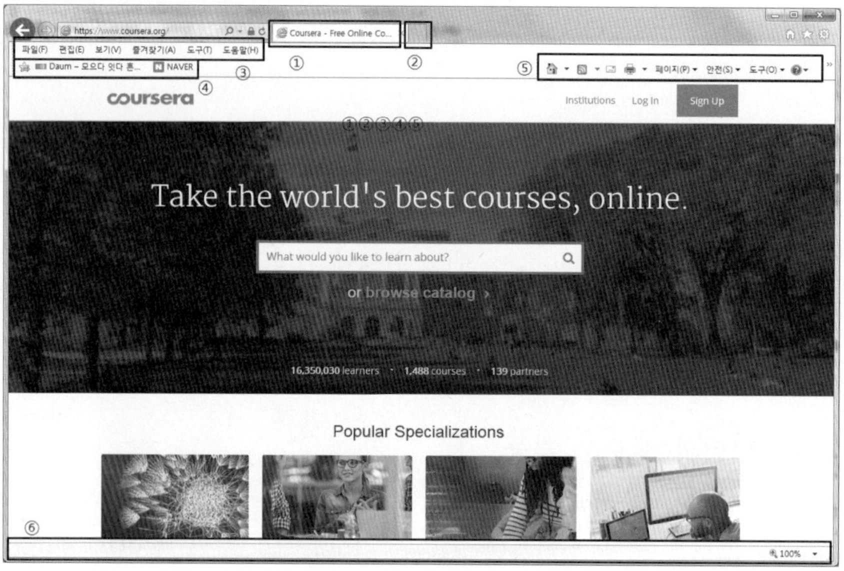

① 제목 표시 탭: 현재 접속된 웹 문서의 제목이 출력된다.
② 탭 추가: 새로운 사이트를 열 수 있다.
③ 메뉴 모음: 익스플로러의 기능이 풀다운 메뉴로 제공된다.
④ 즐겨찾기 모음: 자주 방문하는 사이트를 추가하여 바로 접속할 수 있다.
⑤ 명령 모음: 자주 사용되는 기능을 아이콘 형태로 등록해 놓은 곳이다.
⑥ 상태표시줄: 하이퍼링크에 마우스를 가져가면 URL의 정보가 나타나거나 데이터의 전송상태 등을 확인할 수 있다.

(4) URL 입력줄

여기에 URL 주소를 입력하면 해당 사이트를 찾아갈 수 있다. 입력줄의 오른쪽 끝에 있는 드롭다운 버튼을 클릭하면 자주 방문하는 사이트의 주소, 열어본 페이지 목록, 즐겨찾기가 나타난다. 이 중에서 원하는 사이트를 선택하면 주소를 입력하지 않고 바로 링크가 된다.

3) 바로가기 만들기

자주 방문할 사이트를 윈도의 바탕화면에 등록함으로써 더욱 빠르게 원하는 사이트로 접속할 수 있다. 윈도 바탕화면에 있는 아이콘을 클릭하면 익스플로러가 실행되면서 해당 사이트로 연결된다.

① 바로가기로 만들 페이지에서 마우스의 오른쪽 버튼을 클릭하면 팝업메뉴가 나타난다. 메뉴에서 [바로가기 만들기] 항목을 선택한다.
② 대화상자에서 [확인] 버튼을 클릭하면 윈도의 바탕화면에 해당 아이콘이 만들어진다.

4) 플러그인(Plug-in)

플러그인은 웹 브라우저의 기능을 확장시켜 주는 프로그램이다. 다양한 멀티미디어 정보들이 개발되고 보급됨으로써 웹 브라우저 기능만으로 처리할 수 없는 경우가 발생된다. 이와 같이 브라우저에서 처리할 수 없는 오디오나 비디오와 같은 다양한 형태의 정보를 처리하기 위한 별도의 프로그램이 플러그인이다.

플러그인이란 말의 의미가 '꽂는다'라는 뜻으로 플러그인 소프트웨어를 브라우저에 결합하여 사용한다는 것이다. 플러그인의 설치는 일반 프로그램과 같으며 설치가 끝나면 브라우저와 자동으로 연결된다. 플러그인이 필요한 웹 문서가 수신되면 브라우저는 설치된 플러그인을 호출하여 처리한다. 다음 표는 PC에서 많이 사용되고 있는 대표적인 플러그인을 나타낸 것이다.

플러그인	확장자	프로그램 설명
Acrobat Reader	PDF	어도비시스템스가 개발한 것으로 전자 문서 파일을 읽는 프로그램이다. 웹 브라우저와 통합이 뛰어나 OS에 상관없이 PDF 문서를 볼 수 있고, 고품질 인쇄가 가능하다.
ShockWave Flash	SWF	매크로미디어에서 개발한 동영상 파일 제작용 소프트웨어이며, 실행 시 지연시간이 없어 빠르게 구현할 수 있다. 플래시를 이용하는 게임, 애니메이션, 광고 등 다양한 활용이 가능하다.
QuickTime	MOV	애플이 개발한 것으로 멀티미디어 자료의 개발, 저장, 재생, 편집이 가능하다. 멀티미디어 화면을 보거나 제어할 수 있다.
Windows Media Player	AVI	마이크로소프트가 개발한 것으로 대부분의 멀티미디어 파일을 재생할 수 있다. 전 세계 라디오 방송을 청취할 수 있으며, CD나 DVD를 재생할 수 있다.

1.4.3 인터넷 서비스

웹은 인터넷에서 제공되는 서비스들 중에서 가장 대중적이라고 할 수 있다. 웹의 사용이 크게 확산된 이유는 다른 인터넷 서비스와 달리 그 기능이 다양하고 멀티미디어 정보를 다루기 때문이다. 웹은 단순한 이미지에서부터 음성, 소리, 동영상 등과 같은 멀티미디어 데이터의 사용이 가능해지면서 사용자 수가 폭발적으로 증가했다. 웹의 또 다른 특징은 인터넷에서 제공하는 다양한 서비스를 통합함으로써 사용이 쉽다는 것이다. 웹 이외에도 전자우편, 파일전송, 원격접속 등 다양한 서비스가 인터넷에서 제공된다.

1) 전자우편(E-mail: Electronic Mail)

인터넷에 연결된 컴퓨터의 사용자라면 전 세계 어디서나 서로 편지를 주고받을 수 있는 서비스이다. 전자우편은 외국의 친지나 친구들에게 보내는 안부 편지에서부터 특정 주제에 관한 토론, 소리와 그림을 저장한 이진파일의 전송 등에 이르기까지 다양한 용도로 활용되고 있다. 전자우편 기능을 사용하면 다른 사용자와 메시지를 주고받을 수 있으며, 메시지를 자신의 보관함에 저장할 수 있다. 여기서는 마이크로소프트의 아웃룩 익스프레스(Outlook Express)로 전자우편에 관한 기능을 설명한다.

(1) 전자우편 주소

인터넷에서 전자우편을 보내기 위해서는 상대방의 전자우편 주소를 알아야 한다. 전자우편 주소는 'ID@메일서버_주소'의 형식을 갖는다. 인터넷에서 특별히 전자우편을 주고받을 수 있도록 컴퓨터를 지정함으로써 전자우편을 전담해서 처리하는 컴퓨터를 메일서버라고 한다. 메일서버의 종류에는 POP(Post Office Protocol) 서버와 SMTP(Simple Mail Transfer Protocol) 서버가 있다.

- POP 방식: PC 기반에서 전자우편 전송방식은 POP 방식을 이용하며, 전송된 메일이 자신의 컴퓨터에 저장되도록 하는 방식이다.
- SMTP 방식: Unix 시스템은 SMTP에 따라 메일을 송수신한다. 메일을 사용자 자신의 컴퓨터에 저장하지 않고 전자우편 저장소에 저장하며 사용자의 요구가 있을 때 메일을 가져오는 방식이다.

(2) 아웃룩 익스프레스(Outlook Express)

아웃룩 익스프레스는 마이크로소프트에서 개발한 것으로 전자우편과 뉴스그룹 서비스를 지원하는 프로그램이다. 여기서는 아웃룩 익스프레스의 전자우편 기능을 설명한다.

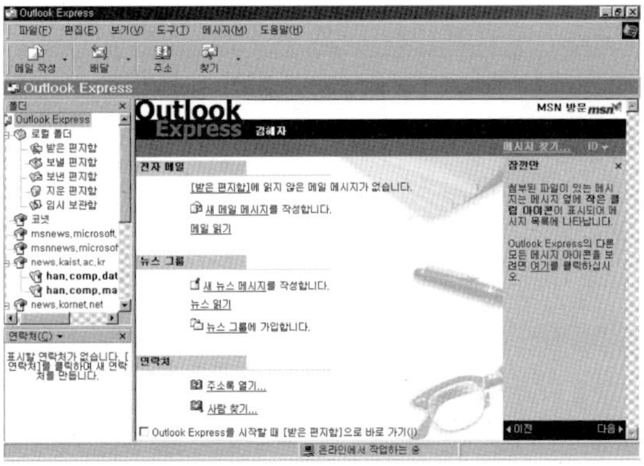

아웃룩 익스프레스의 초기화면

- 자기 계정으로 서버에 등록하기

① 아웃룩 익스프레스를 실행하고, 메뉴에서 [도구]-[계정]-[메일] 탭에서 [추가] 버튼을 클릭한 후 [메일] 항목을 선택한다.

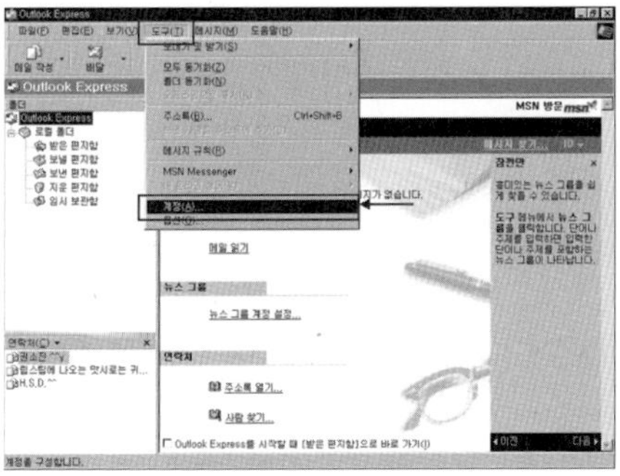

계정 항목 선택

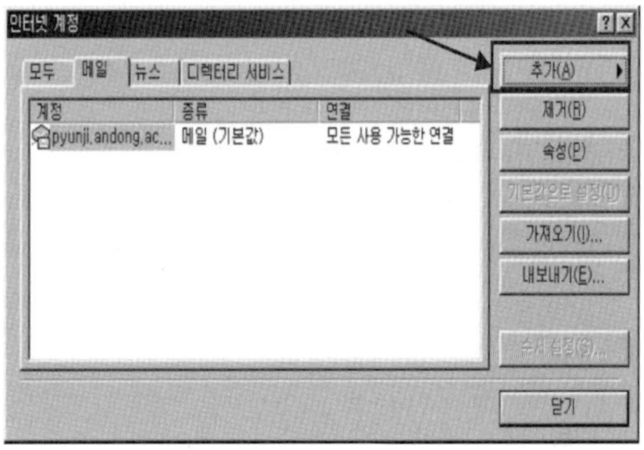

추가 버튼 선택

② 사용자 이름을 등록한 후 [다음] 버튼을 클릭한다.

③ [전자 메일 주소]에 netpass@pyunji.andong.ac.kr와 같이 자신의 주소를 등록한 후 [다음] 버튼을 클릭한다.

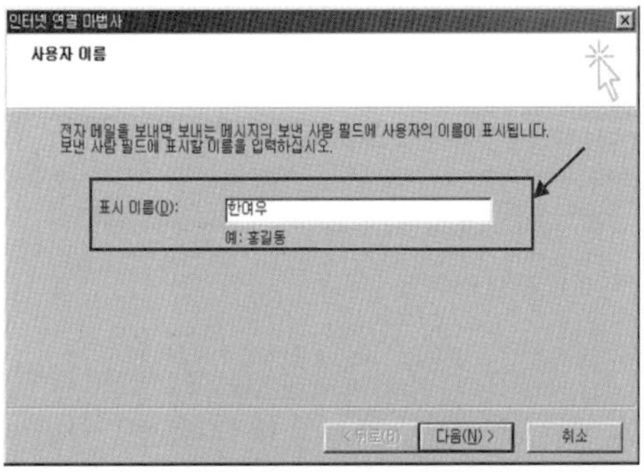

사용자 이름 등록

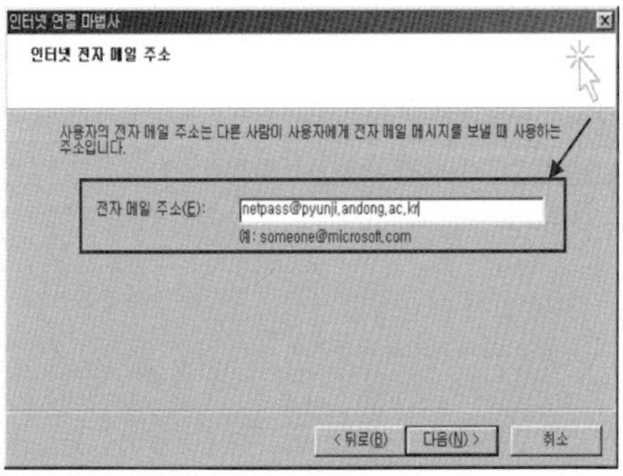

주소 등록

④ [전자메일 서버이름] 대화상자에서 [받는 메일서버]와 [보내는 메일서버]에 pyunji.andong.ac.kr를 입력한 후 [다음] 버튼을 클릭한다. 메일수신 서버의 통신 프로토콜은 일반적으로 POP3이다.

⑤ [인터넷 메일 로그온] 대화상자의 [계정 이름]에 사용자 아이디가 나타난다. 암호를 입력하고 [다음] 버튼을 클릭한다.

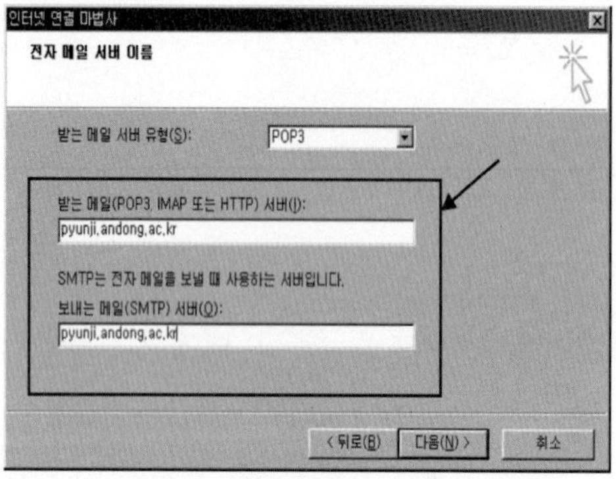

서버 등록

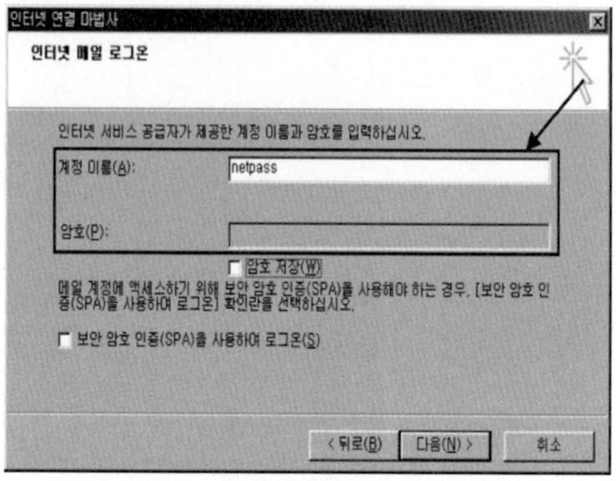

아이디와 암호 입력

⑥ 대화상자가 나타나면 [마침] 버튼을 클릭한다.

• 전자우편 메시지 읽기

메일 송수신을 위한 설정이 완료되면, 메일을 보내거나 자기에게 온 메일을 읽을 수 있다. 메일을 읽기 위해 '받은 편지함'을 클릭하면 수신된 메일을 볼 수 있다.

① 아웃룩 익스프레스를 시작하거나 도구모음의 [배달] 버튼을 누르면 현재까지 수신된 메시지가 다운로드 된다.

② 아웃룩 익스프레스의 편지함 목록에서 [받은 편지함]을 클릭하면 오른쪽 창에 메시지의 목록이 나타난다.

③ 메시지 목록에서 원하는 메시지를 더블클릭하면 별도의 창에 메시지의 내용이 나타난다.

• 메시지의 작성 및 전송

① 도구모음에서 [메일 작성] 버튼을 누르거나, 메뉴에서 [메시지]-[새로 만들기]를 선택한다.

② [받는 사람]과 [참조] 영역에 수신자의 전자우편 주소를 입력한다. 수신자가 여러 명일 경우는 콤마나 세미콜론으로 구분한다. 주소록에서 전자우편 주소를 선택하려면 [새 메시지] 창의 [받는 사람] 아이콘을 클릭한 후 원하는 이름을 선택한다.

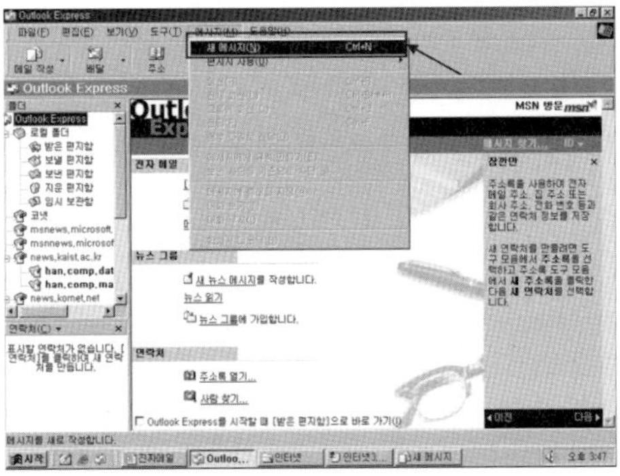

새로운 메시지 작성

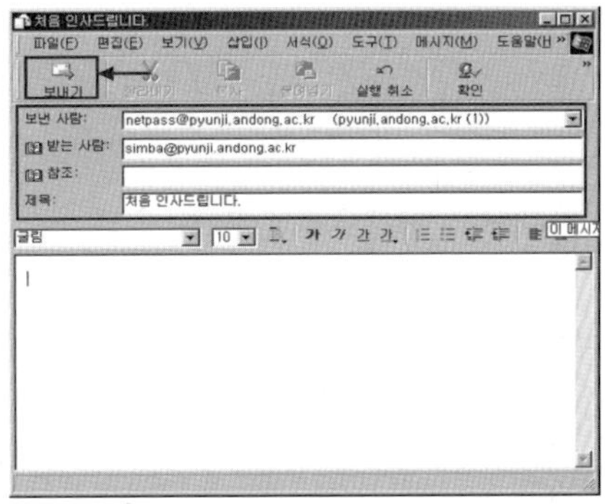

메일 보내기

③ [제목] 영역에 메시지 제목을 입력한다.

④ 첨부파일이 있는 경우에는 [붙여넣기] 버튼을 클릭하거나 [삽입]-[파일첨부] 메뉴를 선택하여 첨부할 파일을 저장한다.

⑤ 메시지 내용을 입력하고 도구모음의 [보내기] 버튼을 클릭한다.

• 주소록 관리하기

아웃룩 익스프레스에서는 주소록을 이용하여 수신자에 대한 정보를 저장하고 쉽게 검색할 수 있다. 인터넷 디렉토리 서비스에 접속할 수 있는 기능을 제공하므로 원하는 사람이나 회사를 쉽게 찾을 수 있다. 이와 함께 메일을 보내고 싶은 개별 구성원들을 모아 하나의 그룹을 작성함으로써 구성원들에게 메일을 반복하여 전송하는 불편을 줄일 수 있다.

• 주소록 사용

① 메뉴에서 [도구]-[주소록]을 선택하거나 도구줄에서 [주소] 버튼을 누른다.

② [파일]-[새 연락처] 버튼을 클릭하면 [속성] 대화상자가 나타난다.

③ 등록할 사람의 정보를 입력하고 [추가] 버튼을 클릭하면 주소록에 한 명이 등록된다. 같은 방법으로 여러 사람을 주소록에 등록할 수 있다.

새 연락처 선택

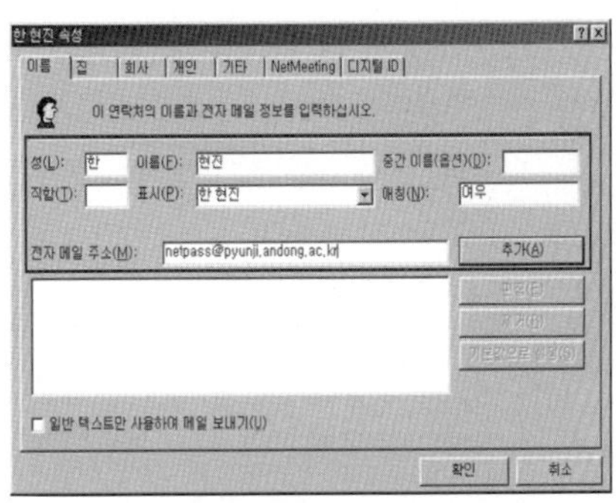

새 등록자 정보 입력

④ 여기서 만든 주소록을 전자우편을 보낼 때 사용할 수 있다. 새 메시지를 작성할 때 도구줄의 [받는 사람] 아이콘을 클릭하면 [받는 사람 선택] 대화상자가 나타난다. [이름]에서 수신자를 선택하고 [받는 사람]이나 [참조] 버튼을 클릭한 후 [확인] 버튼을 클릭한다. [새 메시지] 대화상자에 수신자가 입력된 것이 나타난다.

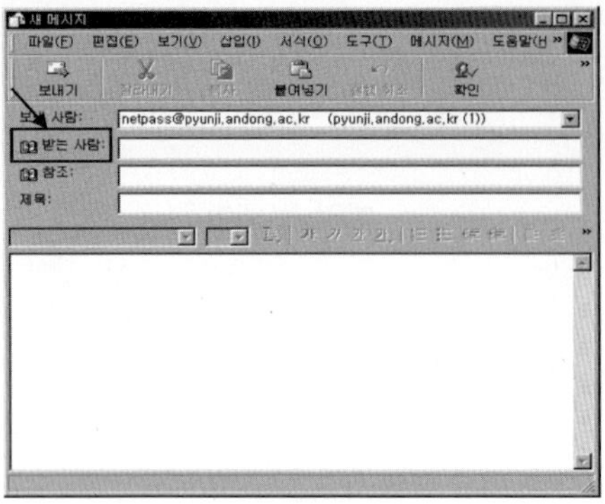

받는 사람 선택

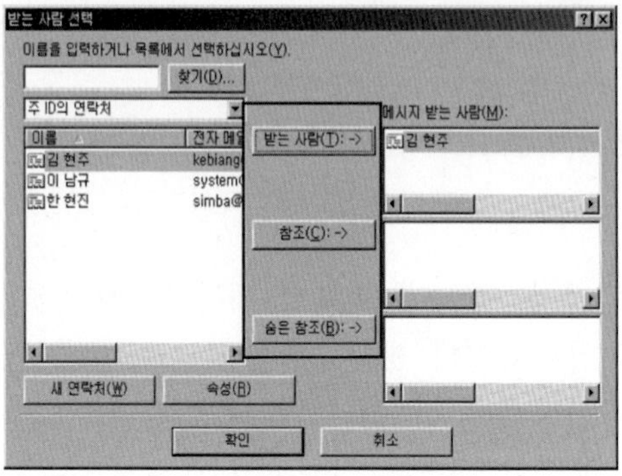

주소록에서 받은 사람 선택

- 그룹 지정

① 메뉴에서 [도구]-[주소록]을 선택한다.

② [새 그룹] 버튼을 클릭하면 [속성] 대화상자가 나타난다.

③ [그룹 이름]에 이름을 입력하고 [구성원 선택] 탭을 클릭하여 그룹에 추가할 사람을 주소록에서 찾아 연결한다. 또는 [새 연락처]를 클릭하여 등록하고자 하는 사람의 전자우편 주소를 등록하고 [추가] 버튼을 클릭한다. 그룹에 속한 모든 구성원을 등록하여 그룹을 만든다. 새 메시지 작성 시에 [받는 사람]이나 [참조]에 그룹이름을 입력하면 그룹에 속한 모든 구성원들에게 메일이 발송된다.

새 그룹 선택

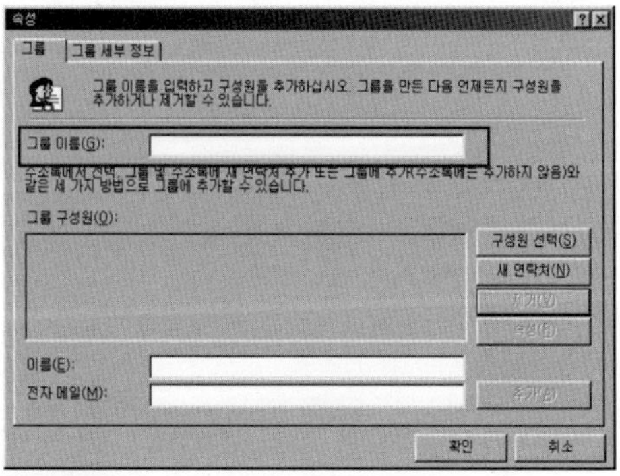

새 그룹 등록

• 유용한 기능들

■ 메시지에 편지지나 그림 사용

① [메시지]-[편지지 사용]을 클릭하고 원하는 편지지를 선택한다.

② [새 메시지]-[서식]-[배경]-[그림]을 선택하여 그림을 추가한다.

■ 메시지에 서명 넣기

① [도구]-[옵션]-[서명] 탭을 선택한 후 서명을 입력한다.

② [서명] 대화상자에서 [보내는 모든 메시지의 서명 추가]의 체크박스에 체크한다.

■ 전자우편 제목에 특정 단어를 포함한 메시지의 분류

제목에 '광고'라는 단어를 포함한 전자우편을 '광고편지함'에 저장하는 방법을 알아보자.

① [도구]-[메세지 규칙]-[메일]-[새로 만들기] 탭을 선택한다.

② [새 메일 규칙] 대화상자에서 [규칙의 조건선택]에 [제목란에 특정단어 포함]의 체크박스에 체크한 후 [규칙의 동작 선택]에는 [지정된 폴더로 이동]에 체크한다.

③ [규칙 설명]에서 [특정단어 포함]을 클릭하여 '광고'라는 단어를 추가한다. [지정된 폴더]에는 새 폴더를 만들어 이름을 '광고편지함'으로 한 후 [규칙 이름]을 정하고 [확인]을 누른다.

■ 메시지에 링크, 그림 및 파일 삽입

① 메시지에 링크나 그림을 삽입하려면 [새 메시지] 창의 [서식] 메뉴에서 [서식 있는 텍스트]를 클릭하여 HTML 서식을 이용할 수 있도록 설정한다. 선택한 메뉴 앞에 검은 점이 나타난다.

② 메시지에서 그림이나 파일을 표시할 위치를 선택하여 클릭하거나 파일이나 웹 페이지 링크로 사용할 문자열을 선택한다.

③ 링크를 삽입하려면 [삽입]-[하이퍼링크]를 클릭한 후 대화상자에 [하이퍼링크 정보]를 입력한다. 그림을 삽입하려면 [삽입]-[그림]을 클릭하고 [찾아보기] 버튼을 누른 후 원하는 그림 파일을 찾아 더블클릭한다. 파일을 삽입하려면 [삽입]-[파일첨부]을 선택한 후 삽입할 파일을 더블클릭한다.

2) 기타 서비스

(1) 메신저(Messenger)

메신저는 사용자들의 편의를 위해 제공되는 것으로 인터넷 상의 교류를 위한 도구이다. 대화상대 목록에 지인들을 추가하여 대화상대가 온라인 상태인지 확인하고, 실시간으로 메시지를 주고받을 수 있다. 원하는 상대와 일대일 채팅이 가능하며, 여러 사람과도 메시지를 주고받을 수 있다. 파일전송도 가능하여 대화상대와 사진 및 음악 파일을 빠르게 교환할 수 있다. 그밖에 음성채팅, 화상채팅, 게임, 국제전화 등 다양한 기능을 제공하고 있다. 특히 메일이 수신되거나 대화상대의 접속 상태를 즉시 알 수 있어서 편리하다.

(2) 웹하드

일정한 용량의 저장 공간을 확보해 이동식 저장장치를 사용하지 않고 어느 곳에서나 자신이 작업한 문서나 파일을 저장 · 열람 · 편집하고, 다수의 사람과 파일을 공유할 수 있는 인터넷 파일관리 시스템이다. 웹하드는 신속하고 안정적이며, 어떠한 상황에서도 안정된 파일 송수신을 보장하는 다양한 기술을 적용하여 언제나 빠르고 확실한 웹 기반의 파일 저장 공간을 제공한다.

(3) 블로그

웹로그는 웹(web)과 기록(log)이라는 두 단어가 합쳐 만들어진, 웹 항해기록이라는 뜻의 단어다. 인터넷을 항해하다가 발견한 흥미로운 링크에 짧은 글을 덧붙이는 것이 웹로그의 전형적인 초기형태였다. 웹로그가 점차 대중화되면서 이를 블로그(blog)라고 줄여 부르게 되었고, 내용이나 성격이 다양해졌다. 뉴스나 사회문제, 새로운 기술이나 상품에 관한 소식을 담는 블로그가 있는가 하면, 소박한 일상을 글이나 사진으로 담아내는 블로그도 있다. 자신의 취미나 관심분야에 대한 블로그를 만들기도 하고, 가족이나 친구들과의 교류를 목적으로 블로그를 운영하기도 한다. 블로그는 실제 생활에서 이루어지는 어떠한 활동을 모델로 삼아 웹에서 재구현한 것이 아니라 웹에서 태어난 독자적인 표현방식이다. 그래서 글의 길이가 비교적 짧고 하이퍼링크를 적극적으로 사용하는 등 웹 환경에 맞는 특징들을 갖는다.

생각해보기

○ **다음 글을 읽고 소프트웨어 산업의 중요성과 전문 인력 양성의 필요성에 관련된 자료들을 조사하고 향후 변화에 대한 대처방안을 정리해보자.**

에릭 슈밋(Schmidt) 구글 회장은 강연에서 "한국 산업이 미래를 위해 어떤 준비를 해야 하느냐"는 질문에 "과거 조선·자동차·철강 등에 집중 투자하는 현명한 판단을 했지만 앞으로는 소프트웨어 산업을 육성하는 것이 바람직하다"고 말했다. 미래에는 모든 산업에 소프트웨어적 요소가 들어간다는 것이다.

소프트웨어는 21세기 창조경제시대 국가경쟁력을 견인하는 핵심이다. 패키지 소프트웨어, IT 서비스는 지식 창출의 도구이며, 임베디드 소프트웨어는 휴대폰, 자동차 등에서 제품의 고도화가 가능하며, 금융, 의료 등의 분야에서는 서비스 혁신을 촉진하는 산업의 결정체이다. 개발원가 중 소프트웨어 비중은 통신기기 53%, 자동차 52%, 항공 51%, 의료서비스 46%에 이른다. 적은 비용으로도 쉽게 창업할 수 있고, 하드웨어와 달리 생산의 인력의존도가 높아 고용창출 효과가 큰 산업이다. 2010년 기준으로 매출 10억 원당 고용유발계수는 소프트웨어가 11.6명으로 제조업 6.7명의 1.7배에 이른다.

선진국은 소프트웨어 경쟁에서 앞서가고 있으나 우리는 글로벌 경쟁력이 미흡한 실정이다. 세계 소프트웨어 시장 규모는 2012년 기준으로 1조 3,000억 달러 정도이며, 이것은 반도체의 4배, 자동차의 1.5배로 매우 큰 시장이다. 미국은 패키지 소프트웨어, 독일과 일본은 임베디드 소프트웨어 등의 기업이 시장을 주도하고 있다. 우리나라 기업들은 게임, 보안, 일부 특화 소프트웨어를 제외하고는 선진국 대비 품질·기술·생산성이 취약하다.

세계 소프트웨어 시장은 자동차, 반도체, 휴대폰을 합한 1조 3,000억 달러 규모이며, 국내시장은 게임, 인터넷을 포함하여 세계시장의 2.8%인 369억 달러 정도이다. 다음 그림은 2012년 기준으로 산업별 세계 시장규모와 분야별 소프트웨어 시장을 나타낸 것이다.

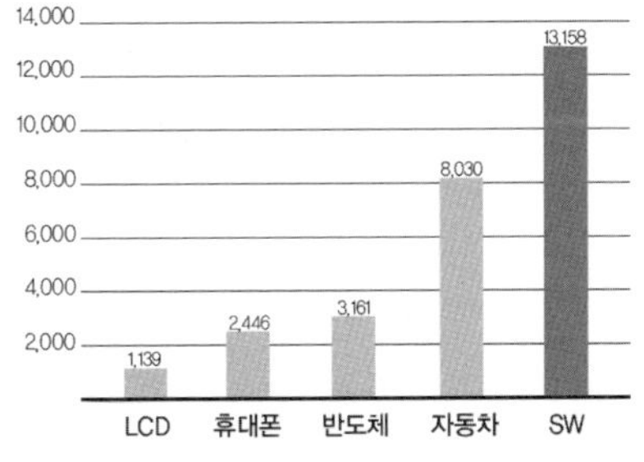

산업별 세계 시장규모(2012년 현재)

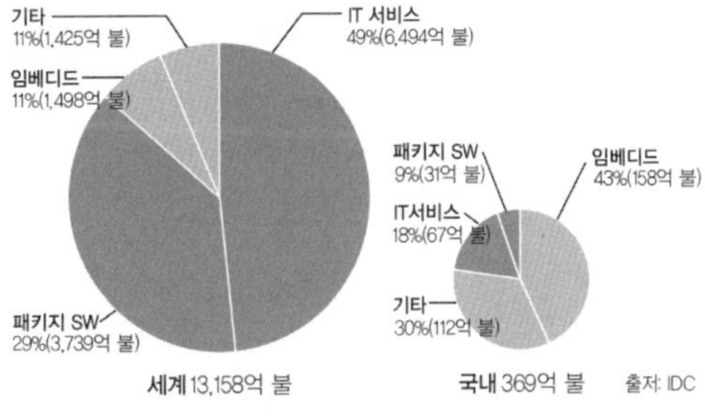

분야별 소프트웨어 시장규모(2012년 현재)

생각해보기

소프트웨어 융합 촉진을 통한 새로운 수요창출 및 산업경쟁력이 제고되어야 한다. 임베디드 소프트웨어, 클라우드 컴퓨팅과 같은 인터넷의 새로운 산업을 통한 소프트웨어 융합이 확산되어야 한다.

소프트웨어로 지역 혁신역량 강화와 삶의 질 향상이 추진되어야 한다. 소프트웨어를 활용한 맞춤형 지역특화산업을 지원하기 위해 지역 소프트웨어 거점의 R&D·교육·창업지원 기능을 강화하여 소프트웨어 융합클러스터로 성장하도록 지원할 필요가 있다.

미국 CNN은 2010년과 2011년 연속 '소프트웨어 개발자'를 최고 직업으로 꼽은 바 있다. 대학 소프트웨어 교육의 내실화를 통한 고급인력을 양성해야 한다. 대학 교과과정을 기업 맞춤형으로 개편하고 인턴십, 멘토링 등 산학협력을 확대하여 현장수요에 부합하는 고급인력 교육이 필요하다.

생각해보기

다음 글을 읽고 소프트웨어 산업의 중요성과 소프트웨어 교육의 필요성에 관련된 자료들을 조사하고 초등학교부터 대학교까지 체계적인 교육 방안을 정리해보자.

스마트폰에 음성인식 기능이 처음 도입되었을 때 "인생이란 무엇인가?"라고 물었던 기억이 난다. 〈인생이란 무엇인가〉를 쓴 세계적인 문호 톨스토이의 "우리는 이 세상에 살고 있는 것이 아니라 이 세상을 지나가고 있다"라는 대답이 나왔다면 감흥이 크지 않았을 것 같다. 대답은 '여러 증거를 종합해 보면 인생은 초콜릿인 것 같다'라는 것이었다. 당신이 소프트웨어(SW) 개발자라면 어떤 대답을 하겠는가? 디지털경제 시대의 도래와 함께 SW기술 분야에서는 인문학적 통찰력과 사용자 경험을 융합한 인간중심적 SW가 새로운 패러다임으로 정착되고 있다.

최근 제조업 중심의 산업경제 시대에서 디지털경제 시대로 변화되면서 SW기술은 새로운 지식의 창출, 제품의 고도화, 서비스 혁신을 촉진하는 국가 경쟁력의 핵심이 되고 있다. SW는 생산의 인력의존도가 높아 고용창출 효과가 크고 적은 비용으로 창업할 수 있어서 우리나라 산업 환경에 적합하다. 세계 SW 시장 규모는 자동차, 반도체, 휴대폰을 합친 것과 같을 정도로 크게 성장하였다. 시가 총액으로는 SW 기업 중 규모가 가장 큰 애플이 6,000억 달러인 반면 자동차 1위 기업인 도요타가 2,657억 달러로 SW 기업이 압도적으로 크다. 컴퓨터를 비롯한 모바일 기기의 보급으로 향후 20년 이내에 현재 직업의 47%가 사라질 것으로 예측하고 있으나 SW 산업은 좋은 일자리를 더 많이 창출할 것으로 예측되고 있다.

한 저널은 "소프트웨어가 세상을 먹어 치우고 있다"고 하였다. 스마트폰, 무인자동차, 무인항공기, 영화, 빅데이터 등 전 산업분야에서 하드웨어의 비중이 줄어들고 SW의 비중과 역할이 더욱 커지고 있다. 벤츠의 CEO는 "이제 자동차는 기름이 아닌 소프트웨어로 달린다"고 말했다. 자동차 특허의 90%, 스마트폰 가격의 85%가 SW에 해당하며, 개발원가 중 SW 비중은 통신기기 53%, 자동차 52%, 항공 51%, 의료서비스 46%에 이른다.

디지털경제 시대에서는 저렴한 노동 생산성으로 경쟁력을 확보하는 데 어려움이 있다. 우리나라가 향후 생산할 자동차는 애완동물처럼 주인을 알아보고 말하는 대로 움직이는 무인 기능이 필수적이다. 우리가 판매할 운동화는 기존 운동화에 센서 칩을 부착하여 사용자의 신체 지수를 실시간으로 측정할 수 있는 헬스케어 제품으로 판매되어야 경쟁력이 살아날 수 있다. 과거에는 SW가 단순히 하드웨어의 보조적 역할을 하였으나 디지털경제 시대에서는 SW 역량이 제조업 경쟁력의 핵심이 된다.

생각해보기

디지털경제 시대의 도래와 함께 교육 분야에서도 새로운 변화가 일어나고 있다. 최근 영국·미국·핀란드·중국 등 선진국들은 디지털 경제를 이끌어갈 창의적이고 융합적인 인재를 양성하기 위해 SW 교육을 강화하였다. 영국은 금년부터 초·중등학교 모든 학년에서 컴퓨팅(Computing) 과목을 필수과목으로 개설하였다. 디지털경제 시대를 살아갈 젊은 세대들이 세계적인 경쟁력을 갖도록 교육과정에 SW를 도입하였다.

성장하는 아이들에게 디지털경제 사회에서 글로벌 경쟁력을 키워주고 국가 경쟁력을 확보하기 위해서는 대학교뿐만 아니라 초 · 중등 교과에서 SW 교육이 체계적으로 이루어져야 한다. 우리 정부는 SW가 혁신과 성장, 가치창출의 중심이 되고 개인 · 기업 · 국가의 경쟁력을 좌우하게 되는 '소프트웨어 중심사회'를 선포하고 SW 교육 강화를 포함한 실천 전략을 발표하였다. 내년부터 초등학교와 중학교에서 SW 교육을 실시하고, 2018년에는 고등학교에서 SW를 정규교과목으로 지정하는 등의 '초·중등 SW 교육 활성화 방안'을 발표하였다.

최근에 선진국들은 SW기술 경쟁에서 빠른 속도로 앞서가고 있으나 우리나라는 글로벌 경쟁력이 미흡한 실정이다. 금년도에 미국 대학생들의 취업 선호도를 조사한 결과 자바(Java) 개발자가 1위로 나타났다. 대학생들의 취업률 향상을 위해서 디지털경제 시대에서 생존 역량을 강화할 수 있는 SW 개발 전문인력이 양성되어야 한다. SW 교육을 통해 창의적 · 논리적 사고력, 문제해결 능력이 겸비된 SW 개발 전문인력의 양성이 디지털경제의 핵심이 될 것이다.

생각해보기

○ 다음 글을 읽고 하드웨어 기술 발전에 따라 나타날 수 있는 새로운 컴퓨터의 형태와 활용 분야를 예측하여 정리해보자.

하드웨어와 소프트웨어 기술의 발전에 힘입어 새로운 개념과 기술이 적용된 고성능 컴퓨터들이 개발되고 있으며, 연산속도와 기억용량은 지수 함수적으로 증가하는 반면 크기와 가격은 획기적으로 감소되고 있다. 21세기 디지털 시대에 '변화'는 피할 수 없는 선택이다. 실리콘 칩에 넣을 수 있는 트랜지스터의 수가 18개월 내지 24개월마다 배로 증가된다는 인텔의 공동 창업주인 고든 무어(Moore)가 제창한 이 법칙은 40년 동안 계속되어 왔다. 머리카락 굵기의 1000분의 1에 해당하는 0.1미크론 회로선폭을 목표로 하는 초소형 공정기술의 개발되었으며, 이러한 초정밀 공정기술은 1GB DRAM을 탄생시켰다. 현재 생산되고 있는 최첨단 DRAM 메모리 셀 기술은 30nm 정도이며, 1~10nm 노드의 미세화 실현을 위해 노력하고 있다.

현재 생산되고 있는 프로세서는 10억 개 이상의 트랜지스터가 내장하고 있으며, 자동차가 PC와 같은 속도로 기술 발전이 이루어졌다면 2010년 이후 중형 자동차의 가격은 30달러 이하가 되었을 것으로 예측되었다. 최근에 스마트폰이나 태블릿과 같은 휴대용 단말기의 보급이 확산되면서 DRAM의 수요가 크게 증가하고 있다. 이러한 모바일 기기에서 DRAM의 집적도는 제품의 생산과 판매에 있어서 매우 중요한 요소가 된다.

❖ '생각해보기'에 대한 글쓰기 및 발표

의견정리

참고자료

연습문제

01. 컴퓨터에서 작업 처리를 위한 구성요소인 입력장치, 출력장치, 연산장치, 제어장치, 저장장치의 기능을 설명하라.

02. 컴퓨터는 회로소자, 기억장치 등의 구성소자에 따라 1세대에서 제5세대로 분류하라.

03. 컴퓨터에서 사용하는 2진수는 8진수, 10진수, 16진수로 변환할 수 있다. 각각의 변환 방법을 설명하라.

04. 컴퓨터에서 사용하는 기억용량의 단위인 비트(bit), 바이트(Byte), 워드(Word), 킬로바이트(KB), 메가바이트(MB), 기가바이트(GB)를 비교 설명하라.

05. 주기억장치로 사용되는 RAM, ROM의 차이점을 설명하라.

06. 하드디스크의 인터페이스 방법인 IDE, SCSI, EIDE의 특징을 설명하라.

07. 입출력 포트(Port)인 직렬 포트, 병렬 포트, USB 포트를 설명하라.

08. 시스템 소프트웨어, 응용프로그램, 유틸리티의 차이점을 설명하라.

09. 운영체제인 Unix, Linux, 윈도8의 차이점을 설명하라.

10. 유틸리티 프로그램인 알집, FTP, Telnet, V3의 기능을 설명하라.

11. 인터넷의 보급과 발전에 따라 새롭게 나타날 직종과 사업 분야에 관하여 설명하라.

12. 인터넷에 의한 사회 변화의 긍정적인 측면과 부정적인 측면에 대하여 설명하라.

13. TCP/IP 계층구조를 그림으로 나타내고 각 계층의 기능을 설명하라.

14. DNS, URL, Hypertext, Hypermedia, Hyperlink를 예를 들어 설명하라.

15. 아웃룩 익스프레스에서 친구들을 그룹으로 등록하고 전자우편을 발송하라.

제1부
정보기술 기초

CHAPTER 02

스마트폰과 태블릿 PC

CHAPTER 02

스마트폰과 태블릿 PC

학습목표

- 스마트폰 운영체제의 종류와 특징을 설명할 수 있다.
- 스마트폰에서 위치기반 서비스를 예를 들어 설명할 수 있다.
- 스마트폰에서 음성인식 서비스를 예를 들어 설명할 수 있다.
- 스마트폰에서 동작/모션기반 서비스를 예를 들어 설명할 수 있다.
- 스마트폰의 발전 과정을 세대별로 분류하고 특징을 설명할 수 있다.
- 이동통신 서비스를 위한 다중접속의 종류와 특징을 설명할 수 있다.
- 현재 판매중인 고성능 PC의 사양을 설명할 수 있다.
- 저장장치의 용량 단위와 데이터통신 속도의 단위를 설명할 수 있다.
- 태블릿 PC의 최신 모델에 대한 사양을 설명할 수 있다.

2.1 스마트폰의 활용

최근에 스마트폰 이용자수는 급격히 증가하고 있다. 아래 그림은 방송통신위원회에서 발표한 스마트폰 가입자수의 변화를 나타낸 것이다. 2009년 아이폰으로 시작된 스마트폰 열풍은 짧은 기간에 스마트폰 시장을 급성장시켰다. 2011년 3월엔 이용자가 1,000만 명을 넘어섰고, 같은해 10월 말엔 2,000만 명을 돌파하였다. 2012년에는 스마트폰 가입자수가 전년도보다 3배 정도 급격히 증가하여 3,000만 명을 넘어섰다.

현재 세계적으로 가장 많은 판매량과 최신 기술이 적용된 스마트폰은 삼성의 갤럭시와 애플의 아이폰이라고 할 수 있다.

전 세계 휴대폰 가입자는 2012년 66억 명을 넘었으며, 스마트폰은 우리 생활의 다양한 분야에서 광범위하게 활용되고 있다. 스마트폰을 사용하여 인터넷, 일정관리, 방송시청, 게임 등 사람들이 필요로 하는 대부분의 일을 이동 중에 처리할 수 있게 되면서 이동성(mobility)이 생활에서

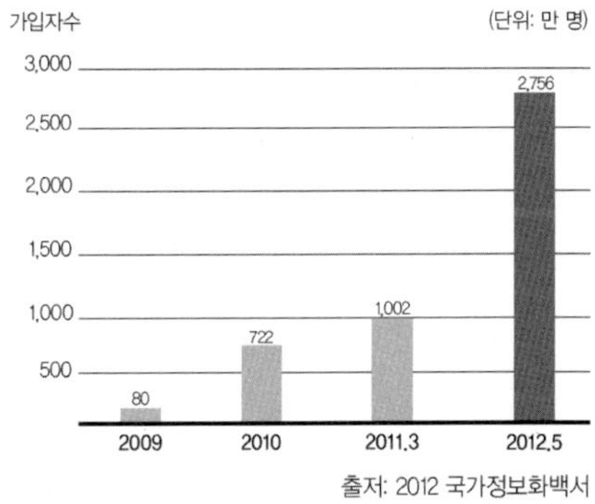

스마트폰 가입자수의 변화(방송통신위원회)

매우 중요한 부분을 차지하게 되었다. 4세대 이동통신인 LTE의 도입으로 통신 속도가 빨라지면서 스마트폰의 수요가 크게 증가하였고, 전 세계 휴대폰에서 스마트폰의 비중이 40%까지 증가하였다.

최근 스마트폰을 사용한 빠르고 간편한 모바일 결제 서비스의 사용자가 급속히 증가하고 있다. 스마트폰을 사용한 결제 서비스에는 애플의 '애플 페이'를 비롯한 다음카카오의 뱅크월렛카카오, 구글의 '구글 월렛', LG유플러스의 페이나우 등이 있다. '애플 페이'는 스마트폰 카메라로 신용카드를 촬영하여 등록한 후 신용카드 결제 대신에 스마트폰의 홈 버튼에 손가락을 대고 결제 단말기에 접촉하면 간단히 결재가 완료된다.

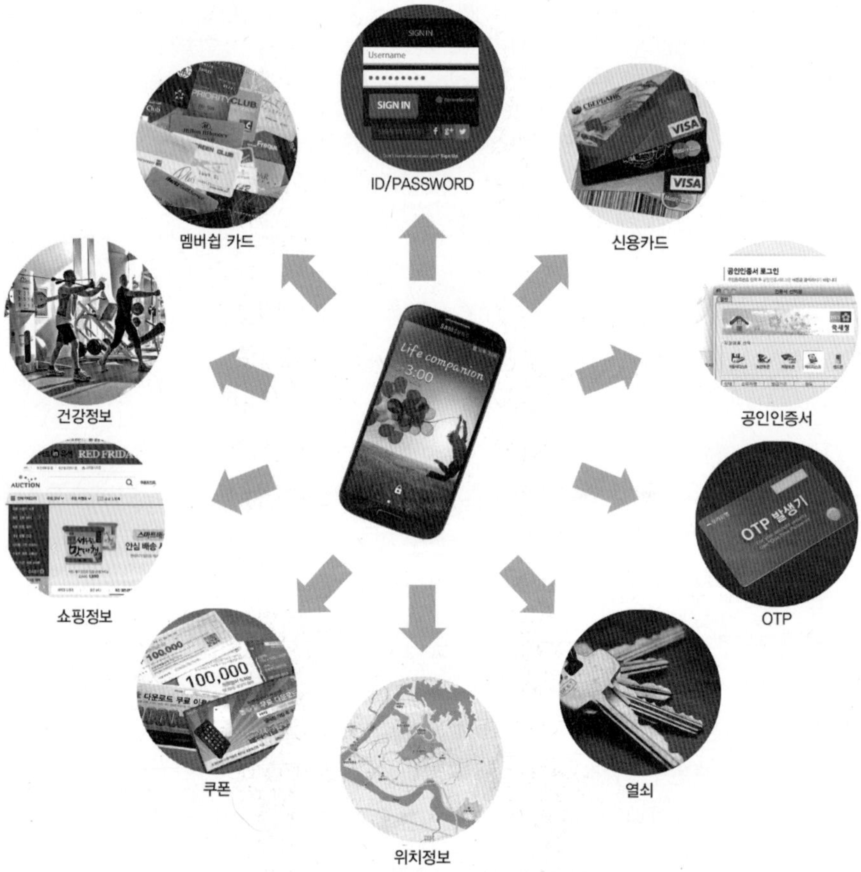

사이언티픽 아메리카가 2011년 선정한 '세계를 바꿀 10가지 아이디어'에 스마트폰을 이용한 헬스 모니터가 포함되어 있다. U-헬스는 이러한 아이디어를 구현한 하나의 예가 된다. 이것은 유비쿼터스(ubiquitous)와 헬스케어(healthcare)의 약어로 정보통신 기술과 의료가 접목된 형태이며, Tele-Medicine, Tele-Health 및 e-Health 등을 포괄한다. 환자가 병원을 찾지 않더라도 언제 어디서나 질병의 예방·진단·치료·사후관리를 받을 수 있는 건강관리 및 의료서비스를 의미한다. 유비쿼터스 정보기술을 활용하여 언제, 어디서, 누구나 안전하고 자유롭게 이용할 수 있는 건강관리 및 의료서비스를 제공하는 것이다. U-헬스 산업은 IT·BT·서비스 등이 복합된 대표적인 융합 신산업이며 미래 성장 동력이다. 아래 그림은 U-헬스 산업 관련 기술의 변화와 특징을 나타낸 것이다.

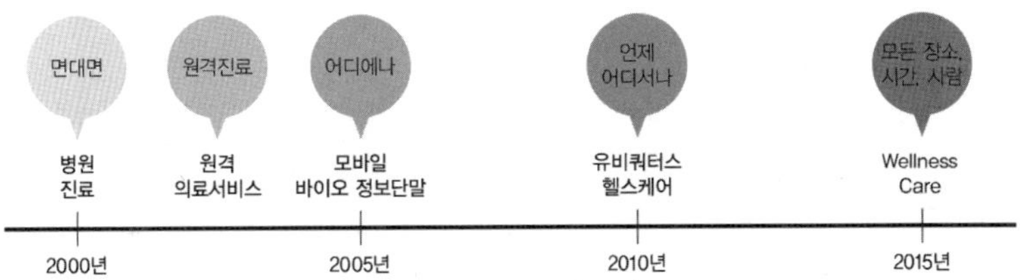

U–헬스산업 관련 기술의 변화와 특징

2.1.1 스마트폰 운영체제

스마트폰 동작에서 통신 기능과 함께 중요한 역할을 하는 것이 운영체제(OS: Operating System)이다. 대표적인 스마트폰 운영체제에는 안드로이드와 iOS가 있다. iOS는 애플에서 개발하여 아이폰에 사용하는 운영체제이며, 친근한 사용자 인터페이스와 다양한 애플리케이션이 지원된다는 것이 장점이다. 아이폰의 운영체제는 iOS5, iOS6 형태로 이름을 나타내며, 여기서 숫자는 새로운 버전을 나타낸다. 안드로이드는 구글에서 개발한 운영체제이며, 스마트폰 제조사인 삼성, LG, 모토롤라 등에서 생산된 스마트폰에 사용된다. 따라서 iOS와 비교할 때 개방형 시스템이라는 장점이 있다. 구글의 안드로이드 버전은 디저트 이름을 붙여서 나타낸다. 2008년 1.0 버전인 '애플파이'를 시작으로 '바나나브레드(1.1버전)', '컵케이크(1.5)', '프로요(2.2)', '진저브레드(2.3)', '아이스크림샌드위치(4.0)', '젤리빈(4.1)' 등으로 구분된다.

애플은 2014년 개발자 대회(WWDC)에서 스마트폰과 태블릿에서 사용하는 운영체제인 iOS8과 함께 새로운 프로그램 언어인 '스위프트(Swift)'를 발표하였다. iOS8은 이용자가 구입한 앱이나 영화를 가족과 공유할 수 있도록 하였으며, 건강 정보를 종합 관리할 수 있는 '헬스킷' 기능과 가정 내 조명 · 전원을 관리하는 '홈킷' 기능을 지원한다.

구글은 2013년에 안드로이드 운영체제의 최신 버전인 킷캣(Kitkat)을 발표하였으며, 구글과 LG전자는 넥서스5에 킷캣을 탑재하였다. 마이크로소프트에서 모바일 기기용으로 개발한 운영체제인 윈도 모바일(Windows mobile)은 삼성, LG, HTC 등에서 생산된 스마트폰에 사용된다.

최근에 발표된 운영체제인 타이젠은 애플과 구글에 대항하기 위해 삼성전자가 인텔과 함께 주도하는 '타이젠 연합'이 개발한 운영체제이다. 타이젠은 스마트폰 · 태블릿뿐만 아니라, TV · 자동차 · 시계 등 모든 전자기기에서 쓸 수 있어서 사물인터넷(IoE) 환경에 적합한 운영체제이다. 다음 그림은 2013년 3분기 기준으로 세계 모바일 OS의 시장 점유율을 나타낸 것이다.

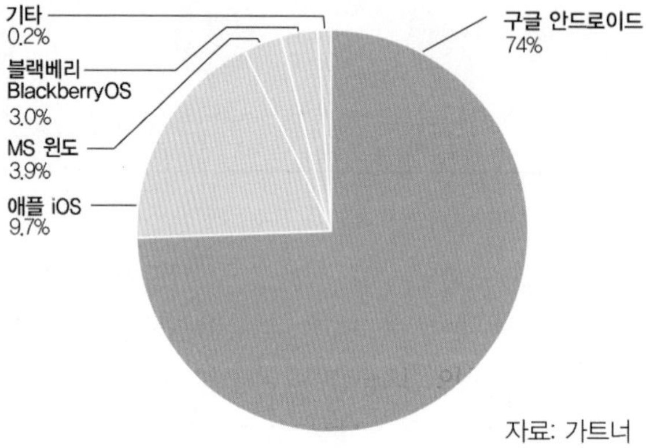

자료: 가트너

이외에도 심비안, 림 등의 운영체제가 사용되고 있다. 세계 휴대폰 시장에서 가장 많은 스마트폰을 판매하는 우리나라이지만 스마트폰 운영체제에 대한 점유율은 매우 낮은 상태이다.

애플이 iOS8과 함께 독자적인 프로그램 언어인 스위프트를 발표함으로써 SW 개발사가 보다 혁신적인 애플 기기용 앱을 만들 수 있게 되었다. 구글은 2007년과 2011년에 '다트(Dart)'와 '고(Go)'라는 언어를 공개했고, 페이스북은 '핵(Hack)'이라는 언어를 발표하였다.

2.1.2 스마트폰 앱

증강현실(AR: Augmented Reality)은 실세계의 형상에 3차원 가상물체를 겹쳐 보여주는 기술이다. 이 기술을 스마트폰에 적용하면 카메라를 통한 실세계와 함께 앱과 결합된 주변 지역의 다양한 정보를 얻을 수 있다. 이를 위해 스마트폰에 장착된 위치센서(GPS), 방향센서, 카메라 등을 사용한다. 네덜란드 회사인 레이어(Layar)는 증강현실 기술을 적용한 '레이어 리얼리티 브라우저(Layar Reality Browser)'라는 프로그램을 개발하여 아래와 같은 다양한 서비스를 제공한다.

○ Casper: 하늘을 날고 있는 비행기에 스마트폰을 비추면 그 비행기의 위치와 기종,

출발 및 도착지 정보를 알 수 있다.

- Tweeps Around: SNS와 결합된 앱이며, 스마트폰으로 주변을 비추면 사람들이 그곳에서 기록한 트위터 메시지를 볼 수 있다.
- Spot by Locals: 유럽 주요 도시의 숙소, 음식점, 관광지 등에 대한 정보와 사람들이 남긴 평가를 볼 수 있다.
- Funda: 부동산에 대한 정보를 얻을 수 있는 기능으로 스마트폰을 통해 자기 주변에 매물로 나온 정보를 알 수 있다.

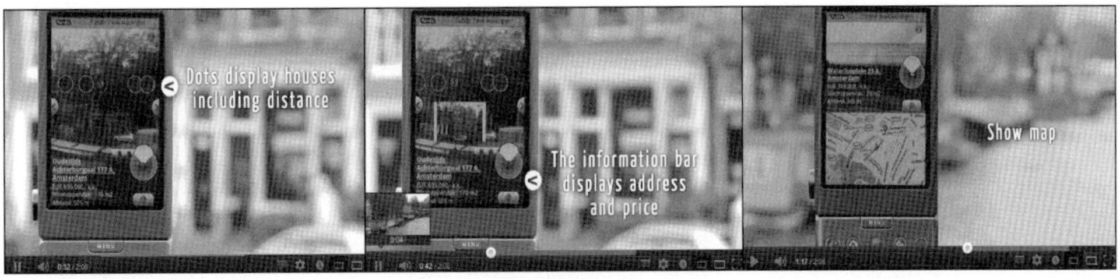

참조 www.youtube.com/watch?v=b64_16K2e08

2.2 스마트폰의 기술

2.2.1 애플 아이폰의 기술

애플의 신사옥 '애플 캠퍼스2'는 우주선 모양으로 설계되어 화제를 모았다. 사옥을 원형으로 디자인하여 급변하는 IT 시장에 효율적으로 대처할 수 있도록 직원들 간의 정보 공유와 소통을 강조하였다. 애플 캠퍼스2는 미국 최대 크기의 건물로 직경 477미터이며, 4층 높이의 1만 3천 명을 수용할 수 있다. 연구시설, 1000석 규모의 대강당, 지하 주차장, 피트니스 센터 등이 있다. 건물의 옆면은 통유리로 제작되고 사옥의 중앙과 주변에는 6000그루의 나무가 심어져 마치 숲 속에 있는 느낌을 받도록 설계되었다.

애플이 첨단기술을 적용하여 출시한 스마트폰 아이폰6는 운영체제가 iOS8, 해상도는 1334×750이며, 두께는 7.1mm로 매우 얇다. 이것은 4G LTE를 지원하며, Ultrafast Wireless를 탑재하였다. 이와 함께 최근에는 새로운 개념의 디자인과 장거리 무선충전 기술이 적용된 아이폰을 개발하여 관심을 모으고 있다.

애플은 아이폰을 개발하면서 아이폰 고유의 디자인을 설계하였다. 앱의 아이콘 모양을 둥근 사각형으로 설계하였으며, 유동성과 적응력 향상을 위해 키보드 대신 터치스크린을 사용하였다. 이와 함께 터치스크린의 장점을 살릴 수 있는 '밀어서 잠금해제'라는 획기적인 잠금장치를 개발하였다.

둥근 사각형의 아이콘

터치 스크린

밀어서 잠금해제 기능

스마트폰에는 여러 가지 센서가 장착되어 있으며, 이 센서들의 기능을 활용한 다양한 앱들이 개발되어 사용되고 있다.

센서	기능 및 활용
RGB	· 광원의 색을 분석해 화면 밝기, 선명도 조절 · 햇빛의 량으로 기상예보에 응용
기압	· 기압차를 측정하여 산이나 계단을 오를 때 소모되는 칼로리 측정 · 의료분야에 응용
온도습도	· 쾌적한 생활환경 표시 · 기상예보에 응용
자이로	· 회전상태를 감지해 단말기를 기울여 화면 넘김이 가능 · 스마트폰을 위성 자세 제어에 응용

센서	기능 및 활용
GPS (위성항법장치)	· 현재 위치를 파악해 지도 앱 작동 · 기상예보나 인간 심리분석에 응용
자기장	· 자기장 변화를 측정하여 정확한 방위를 알아냄 · 태양폭발 등 우주 기상예보에 응용
마이크로폰	· 사용자 음성 인식 · 소음과 심리와의 상관관계에 응용

1) 음성인식 기술

애플 아이폰의 시리(Siri)나 삼성의 S보이스는 사람의 음성을 인식하여 해당 명령을 실행하는 기능이다. 아이폰에 대화하듯이 날씨, 검색, 메시지 읽기 등의 다양한 기능을 수행할 수 있다. 프로농구나 야구 · 축구 등의 경기 결과와 함께 선수 개인 및 팀의 성적을 알려주고, 재미있는 영화와 출연 배우의 프로필 등 묻는 것마다 바로 대답한다.

아이폰의 운영체제 iOS6부터 음성인식 기능인 시리가 지원되었다. 시리는 '사랑해'라는 말에 "우리는 그럴 수 없는 사이라는 것을 아시잖아요" 또는 "우린 아직 모르는 게 너무 많아요"와 같이 재치있고 다양하게 응답한다. "저의 스승 중 한 분은 '사랑은 지성을 넘어선 상상의 승리'라고 말씀하셨는데, 전 아직도 이게 무슨 말인지 이해가 되지 않아요"와 같은 철학적인 답변까지 한다. 이와 같은 답변은 미국의 작가이자 언론인인 멘켄(Mencken)의 사랑에 관한 명언을 인용한 것이다. 아래 내용은 사용자의 질문에 대해 시리가 답변한 것을 나타낸 것이다.

참조 아이폰 4S의 음성인식 기술(www.youtube.com/watch?v=TbJldUklxzs)

2) 위치기반 서비스

위치기반 서비스(LBS: Location Based Service)는 이동통신망이나 위성항법장치(GPS) 등을 통해 수집한 위치정보를 바탕으로 이용자에게 서비스를 제공하는 시스템이다. LBS는 GPS 기반 하에서 제조업체들의 배송추적 서비스로 활용되기 시작하여 다양한 기업용 시장으로 확장되었다. 최근에는 스마트폰의 보급과 더불어 일반 사용자의 위치기반 서비스에 대한 관심이 고조되었다. 처음 방문하는 지역에서 유용하게 사용할 수 있는 앱, 택배 물품의 위치를 조회할 수 있는 앱 등 스마트폰 사용자의 편의를 위한 앱이 보급되고 있다.

위치기반 서비스에 SNS를 접목한 형태의 앱이 출시되고 있다. 스마트폰에서는 사용자가 자신의 위치정보를 특정인이나 SNS를 통해 전송할 수 있다. 스마트폰에 내장된 GPS 감지 기능을 사용하여 위치정보를 전송한다. 포스퀘어(Foursquare), 고왈라(Gowalla), 룹트(Loopt), 씨온(SeeOn) 등이 잘 알려져 있다. 이 서비스들을 통해 사용자들은 자신의 위치를 기록하고 SNS를 통해 전송한다.

포스퀘어는 사용자들의 위치정보를 기록하는 체크인 개념을 도입하였다. 이 서비스는 다양한 분야의 마케팅에 활용되고 있다. 스타벅스는 일정 수의 스타벅스 지점에서 체크인하면 특별한 배지를 제공한다. 배지를 획득하여 한 매장의 지점장이되면 전국 어떤 매장에서나 쓸 수 있는 쿠폰을 받을 수 있다. 하버드 대학교는 학교 안의 장소들을 일정 횟

수 체크인하면 'the Harvard Yard' 배지를 제공하여 학생들의 방문을 유도한다. 또한 학교를 탐방하는 방문자와 학생들을 위해 그 장소에 대한 팁을 제공한다.

미국의 통신사 버라이존은 친구들이 어디에 있는지 경로를 추적하는 서비스를 제공하는 룹트(Loopt)를 개발하여 유료화에 성공하였다. 이것은 아이폰 앱을 통해 트위터, 페이스북과 연계하여 위치를 공유할 수 있다.

국내 업체에서 서비스하는 씨온(SeeOn)은 내가 있는 곳, 자주 가는 곳, 좋아하는 장소에서 스토리 작성을 통해 주변 친구들과 이야기할 수 있다. 또한 장소의 주인을 가리는 캡틴 경쟁, 활동을 통한 캡 획득, 레벨업 등의 부가 기능을 가진 서비스이다. 안드로이드용 애플리케이션 서치유(Search U)는 실시간으로 친구의 위치 확인이 가능하다. 이 서비스는 주로 약속이 있는 지인들 사이에서 서로의 위치를 확인할 때 유용하다.

향후 위치기반 서비스의 주요 활용 분야는 공익이나 지역기반 광고시장이다. 범죄 예방을 위해 112, 119 등의 긴급통화와 LBS를 결합한 서비스가 유용하게 사용될 수 있다. 스마트폰 사용자의 현재 위치를 기반으로 하는 지역 상점, 식당 등을 소개할 수 있다.

3) 동작/모션인식 기술

스마트폰에서 동작/모션인식 기술은 다양한 센서에 의해 기능이 구현된다. 물체의 움직임이나 위치를 인식하는 센서로서, 지자기 센서(geo-magnetic sensor), 가속도 센서(accelerometer sensor) 등의 각종 센서와 고도계(altimeter), 자이로(gyro) 등의 기능이 하나의 칩에 들어가 있는 복합 센서이다. 나침반, 만보기, 내비게이션 기능은 물론 화재나 노약자 등 인명 사고 시 위치 추적이나, 휴대폰의 움직임대로 게임을 즐길 수 있는 3차원 입체 게임 등에 활용할 수 있다. 이러한 기술이 적용된 스마트폰을 소개하는 아래와 같은 재미있는 TV 광고도 소개되었다.

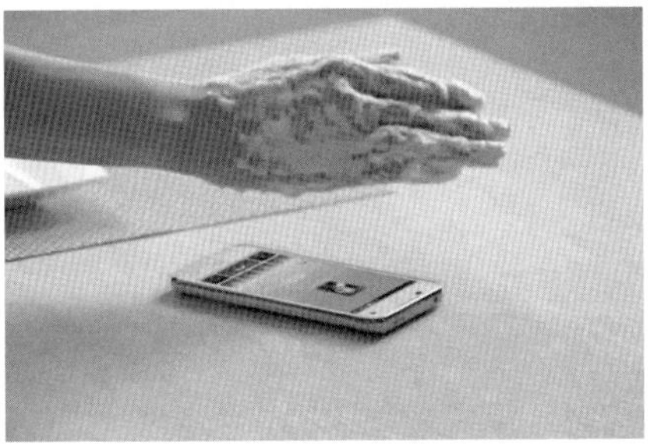

4) 그래픽과 3D 애니메이션 기술

컴퓨터에서 3D 애니메이션은 가상의 X, Y, Z축으로 입체공간을 만들고, 그 공간에서 3

차원(3D) 캐릭터를 사용하여 움직임을 재현한 것이다. 스티브 잡스가 설립한 픽사(Pixar)는 세계 최초의 3D 애니메이션인 '토이 스토리'를 제작하였으며, 현재 가장 성공한 애니메이션 제작사이다. 이러한 그래픽과 3D 애니메이션 기술은 스마트폰을 비롯한 애플의 기기에 다양한 형태로 적용되고 있다.

(1) 컴퓨터 그래픽 기술

일반적으로 영화의 CG 영상은 '모션 캡처' 기술을 사용하여 제작한다. 배우들이 얼굴과 몸에 센서를 부착하여 연기를 하고 이를 카메라로 찍어 컴퓨터 그래픽화화하는 방식이다. 영화 '반지의 제왕' 등이 모두 이와 같은 모션 캡처 기술을 이용해 만든 작품이다. 영화 아바타는 '이모션 캡쳐'라는 새로운 컴퓨터 그래픽(CG) 기술을 적용하였다. 이 기술은 감정(emotion)까지 묘사한다는 의미에서 이름이 붙여졌다.

이모션 캡처 기술을 적용하기 위해 배우들은 초소형 카메라가 달린 장비를 머리에 쓰고 연기한다. 카메라를 통해 얼굴을 360도 촬영하며, 얼굴 근육과 눈동자 움직임, 심지어 땀구멍과 속눈썹 떨림까지 정밀하게 기록할 수 있다. 영화에서는 연기와 CG의 경계를 구분할 수 없을 정도로 놀라운 시각적 효과를 나타내고 있다. 아바타의 세트장에는 250여대의 카메라를 설치해 다양한 각도에서 배우들의 모습을 촬영한다. 이러한 기술을 적용함으로써 아바타는 영상의 절반 이상을 CG로 제작했음에도 애니메이션이 아닌 실사 영화의 느낌을 준다. 아래 그림은 아바타의 이모션 캡쳐 장면을 나타낸 것이다.

5) 지도 서비스

애플은 플라이오버(Flyover)라는 3차원 그래픽과 위성사진을 활용한 새로운 지도 서비스를 발표하였다. 위성에서 찍은 거리 사진들을 보는 각도에 따라 서로 다른 형태로 나타난다. 애플은 지도 서비스를 바탕으로 한 단계 진화한 네비게이션 시스템인 '턴 바이 턴(turn by turn)' 내비게이션을 발표하였다. 이 내비게이션은 익명의 통신원들로부터 수집된 교통정보를 실시간으로 전송받아 서비스한다.

2.2.2 이동통신 기술의 발전

휴대폰은 1983년 미국의 모토롤라사가 처음으로 상용화하였다. 휴대폰과 함께 이동통신 기술의 발전 단계를 세대(generation)로 구분한다. 예를 들면, 3G, 4G는 각각 3세대, 4세대를 뜻한다. 이동통신 기술은 데이터 전송 속도에 따라 1세대부터 LTE(Long Term Evolution)인 4세대까지 발전하였다.

1세대 이동통신은 음성 통화 중심의 아날로그 방식이다. 1990년대 디지털 방식의 2세대 이동통신이 상용화되면서 문자메시지나 이메일 같은 서비스가 가능해졌다. 3세대 기술이 적용되면서 스마트폰이 본격적으로 상용화되었다. 음성과 대용량 데이터를 동시에 전송하는 기술이 스마트폰에 적용되면서 무선 인터넷 검색이나 대용량 동영상 재생, 증강현실 앱, 게임 등 다양한 기능을 사용하게 되었다. 2010년부터 적용되기 시작한 4세대 LTE는 100Mbps 이상의 전송속도를 지원하는 것으로 3세대 통신망보다 5배 이상의 빠른 데이터 전송속도를 갖는다.

음성통화만 기능했던 1세대 휴대폰이 이동통신 기술의 발달과 함께 진화하여 스마트폰으로 발전하였다. 2011년 이동전화 가입자는 5,300만명 정도이며, 2012년 스마트폰 가입자는 3천만명에 이르고 있다. 스마트폰 보급의 확대로 데이터 통신량이 급증하게 되고 모바일 인프라의 변화도 가속화되었다. 아래 표는 휴대폰의 발전 과정을 세대별 특징과 함께 나타낸 것이다.

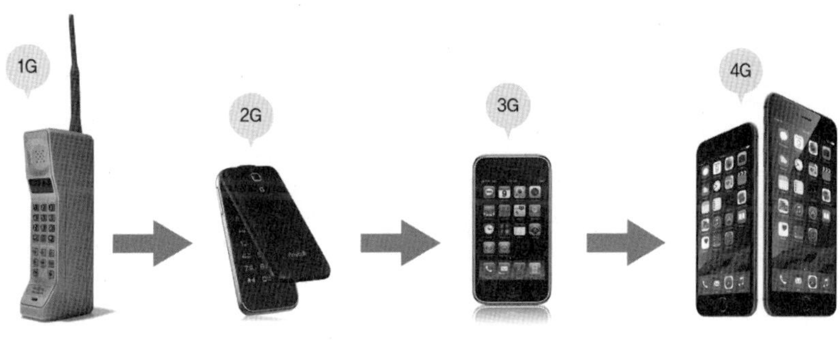

구분	1G(세대)	2G(세대)	3G(세대)	4G(세대)
시기	1980~1990년대	1990~2000년대	2000~2010년대	2010년 이후
데이터 종류	아날로그	디지털	디지털	디지털
데이터 전송 속도	–	14.4~64kbps	144kbps~114.4Mbps	100Mbps 이상
콘텐츠 유형	음성	음성, 문자	음성, 문자, 영상, 인터넷	음성, 문자, HD영상통화, 초고속 인터넷

1) 다중접속 기술

이동통신은 사용자가 이동하는 중에도 통신이 가능하도록 해 주는 통신시스템이며, 일반적으로 휴대전화인 셀룰러(cellular) 이동통신을 의미한다. 이동통신에서 다수의 사용자에게 서비스를 제공하는 데 걸림돌이 되는 것은 한정된 전파 자원, 거리에 따른 전파의 감쇄, 부족한 전력의 문제 등이 있다. 이러한 문제점을 해결하는 방안으로 제시된 것이 셀룰러 시스템이다.

셀룰러 시스템은 서비스 대상 지역을 벌집 모양과 같이 여러 개의 정육각형의 셀로 분할하고 각 셀마다 셀의 중심에 기지국(base station)을 두고 그 셀의 영역에 존재하는 사용자들은 해당 기지국과 통신하게 된다. 이동통신은 공유하는 공간을 매체로 하는 전파를 사용해야 하므로 동시에 여러 명이 사용하는데 어려움이 있다. 이를 해결하기 위한 방법이 다중접속 기술이다.

우리나라는 1996년 세계 최초로 CDMA 이동통신 상용 서비스를 시작함으로써 막대한 경제적 파급효과와 함께 모바일 강국으로 도약하게 되었다. 다중접속(Multiple Access)은 동일한 주파수 대역에 다수의 사용자가 서비스에 접속할 수 있도록 하는 기술이다. 다중접속의 종류에는 시분할다중접속(TDMA), 주파수분할다중접속(FDMA), 코드분할다중접속(CDMA)이 있다. 다음 그림은 다중접속 방식의 개념을 나타낸 것이다.

다중접속 방식의 개념

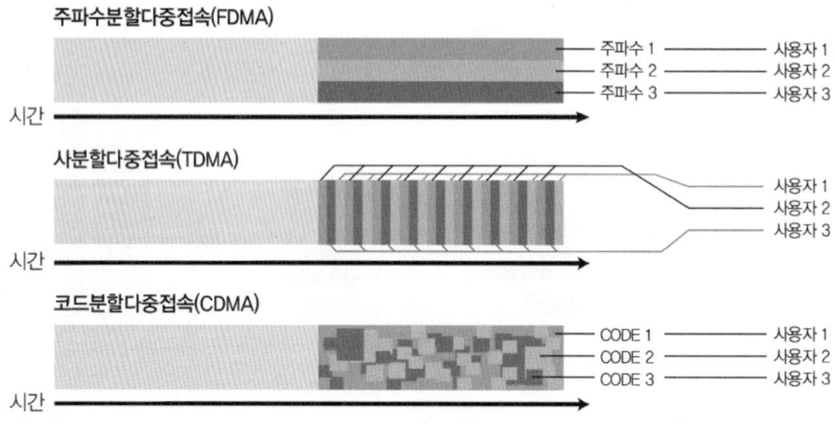

출처: ko.wikipedia/wiki/CDMA

2) 모바일 인터넷전화(m-VoIP)

m-VoIP(mobile-Voice over Internet Protocol)는 휴대폰으로 와이파이(Wi-Fi), 3G망과 같은 이동전화 데이터망을 이용해 인터넷전화를 사용하는 것이다. 기존 유선전화의 경우 회선

교환방식인 PSTN(Public Switched Telephone Network)을 이용한다. 이 방식은 전화를 끊을 때까지 발신자와 수신자 사이의 회선이 독점적으로 사용된다. 따라서 일정 수준의 통화 품질은 보장되지만 망 증설 비용이 크고 사용료가 비싸다.

VoIP는 인터넷을 이용하여 전화를 사용한다. VoIP를 이동성 정도에 따라 고정 VoIP(Fixed VoIP)와 m-VoIP로 분류한다. 초고속 인터넷망을 이용하면 고정 VoIP이고, 이동 통신망을 기반으로 한 고속하향패킷접속(HSDPA)이나 와이브로와 같은 무선 인터넷망에 기반을 두면 m-VoIP이다. VoIP는 기존의 인터넷망을 활용하기 때문에 같은 VoIP 사용자간에는 통신비용이 발생하지 않는다. 최근 스마트폰 보급이 확산되면서 VoIP는 m-VoIP로 진화했다. m-VoIP에서는 음성을 데이터 신호로 변조하여 이동전화 데이터망을 이용하여 통신한다. 국내에서는 다음, 스카이프(Skype) 등이 m-VoIP 서비스를 제공하고 있다.

2.3 태블릿 PC

2.3.1 컴퓨터 하드웨어

1) 마이크로프로세서(CPU)

최근까지 컴퓨터의 성능은 빛의 속도로 발전하였나. 새로운 하드웨어 기술이 개발되어 트랜지스터를 지속적으로 소형화함으로써 하나의 반도체 칩에 넣을 수 있는 트랜지스터의 수는 크게 증가하였다. 실제로 반도체 용량은 평균 2년마다 2배씩 개선됐고, 그 결과 소비자들은 더욱 강력한 성능의 개인용 컴퓨터와 랩톱, 스마트폰 등을 저렴한 가격으로 구매할 수 있게 되었다.

개인용 컴퓨터의 처리 속도를 결정하는데 중요한 역할을 하는 하드웨어는 중앙처리장치(CPU, 마이크로프로세서)라고 할 수 있다. 현재 전세계 PC에서 CPU의 80%가 인텔의 칩을 사용하고 있으며, 운영체제의 90%가 MS 윈도를 사용하고 있다.

현재 판매 중인 인텔이나 AMD CPU는 3.0GHz(30억Hz) 이상의 성능을 나타내고 있다. 최근에는 하나의 CPU에 2개 이상의 코어(core)를 사용하는 다중 코어 CPU가 생산됨으로써 CPU의 성능이 더욱 향상되었다. 2005년에 2개의 코어를 갖춘 듀얼 코어(dual core)의 인텔 펜티엄(Pentium)과 AMD 애슬론(Athlon)이 발표되었으며, 2007년에는 4개의 코어를 갖춘 쿼드 코어(quad core) CPU가 생산되었다. 2010년에는 6개의 코어를 내장한 헥사 코어(hexa core) CPU인 인텔의 '코어 i7 980X 익스트림 에디션(Extreme edition)'도 출시되었다. 다중 코어 CPU는 동시에 여러 가지 작업을 처리하는 멀티태스킹(multi-tasking) 환경에서 성능이 더욱 향상된다.

현재 상용화되어 판매되고 있는 샌디브릿지 구조의 '인텔 코어 i7' 고성능 CPU의 사양을 알아보자. 샌디브릿지 구조는 32나노 공정으로 제조되어 CPU와 그래픽 처리기 사이의 전송속도가 빠르며, 고성능· 저전력으로 설계되었다. 쿼드 코어로 구성되었으며, 3.4~3.8GHz의 매우 빠른 속도로 동작한다.

CPU에도 신기술이 적용되어 2011년에 128비트를 처리하는 휘어지는 CPU가 탄생하였다. 이것의 성능은 70년대 최초 컴퓨터 수준이며, 전자태그(RFID)에 바로 적용할 수 있다. 이 CPU를 사용하면 둥근 모양의 PC나 휘어져도 파손되지 않는 IC카드의 제작이 가능하다.

스마트폰이나 태블릿과 같은 모바일 기기의 보급이 확산되면서 애플리케이션 프로세서(AP: Application Processor)가 개발되었다. AP는 기존의 PC에서 사용되던 마이크로프로세서(CPU)보다 크기가 작고 가격이 저렴하며, CPU에 그래픽 처리, 통신, 멀티미디어 등의 기능을 하나의 칩으로 통합하였다.

PC 판매량은 줄고 스마트폰과 태블릿이 판매되면서 AP 시장은 폭발적으로 성장하고 있다. 성장하는 AP 시장 주도권을 잡기 위한 IT 업체들 간의 경쟁은 더 치열해지고 있다. 삼성에서 개발한 AP는 8개의 연산장치를 가지고 있으며, 인텔의 태블릿 PC용 AP는 구글의 안드로이드와 MS의 윈도8 운영체제를 지원한다.

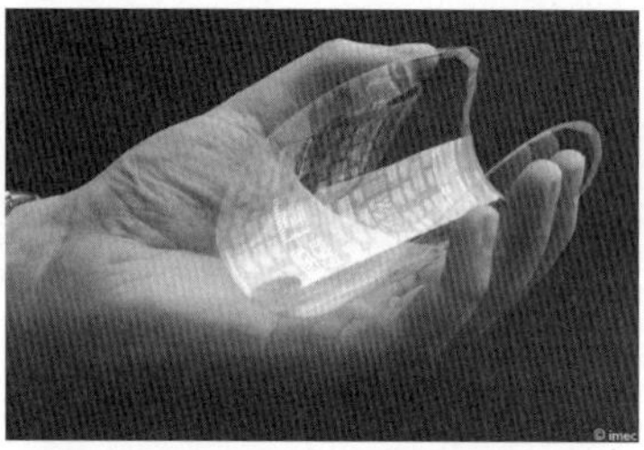

2) 외장형 하드디스크

스마트폰, 태블릿 PC 등 모바일 기기가 빠른 속도록 확산되면서 사진, 영화, 음악 등 멀티미디어 파일이 많아졌으며 이를 저장할 수 있는 대용량 저장장치가 필요하게 되었다. 사용자들은 모바일 기기의 데이터 저장량을 최소화하고 멀티미디어 콘텐츠를 외장형 하드디스크에 저장하는 방법을 사용한다. 최근에는 테라바이트(TB) 용량의 외장 하드디스크가 출시되고 있으며, USB 3.0 인터페이스를 탑재하여 초고속 데이터 통신을 통해 대용량 파일도 빠르게 옮길 수 있다. 2012년 웨스턴 디지털에서 출시한 외장형 하드디스크는 MP3 음악파일 100만개 정도를 저장할 수 있는 4TB의 용량을 제공한다.

3) 무어의 법칙(Moore's Law)

무어의 법칙은 1965년 고든 무어(Gordon Moore)가 만든 법칙으로 마이크로칩의 밀도가 18개월마다 2배로 증가한다는 것이다. 이것은 컴퓨터의 성능이 거의 5년마다 10배, 10년마다 100배씩 개선된다는 내용을 포함한다. 이 법칙은 컴퓨터의 처리속도와 메모리의 양이 2배로 증가하고, 비용은 상대적으로 떨어지는 효과를 나타낸다. 이 법칙은 '인터넷은 적은 노력으로도 커다란 결과를 얻을 수 있다'는 메트칼프의 법칙(Law of Metcalfe), '조직은 계속적으로 거래 비용이 적게 들어가는 쪽으로 변화한다'는 가치사슬을 지배하는 법칙과 함께 인터넷 경제 3원칙으로 알려져 있다.

4) 데이터 단위

컴퓨터에서 처리하는 데이터의 규모가 커지고 하드웨어 기술이 발전함으로써 주기억장치와 함께 하드디스크나 USB 메모리와 같은 보조기억장치의 용량이 크게 증가하였다. 또한 CPU의 처리속도나 데이터의 전송속도도 빠르게 변화하고 있다.

컴퓨터의 성능은 3.2GHz와 같이 주파수 단위인 헤르츠(Hz)를 사용하여 나타낸다. CPU의 속도를 나타낼 때 클럭(clock)을 사용하는데, 이는 CPU가 1초당 몇 단계의 작업을 처리할 수 있는지를 측정해 이를 주파수 단위인 헤르츠로 나타낸 것이다. 즉, 클럭 속도가 CPU의 성능을 나타내는 기준으로 사용된다. 최근에 생산되는 컴퓨터에는 하나의 CPU에 2개 이상의 코어(core)를 사용하는 다중 코어 CPU가 사용되고 있다. 코어 수가 많으면 동시에 처리할 수 있는 작업이 늘어나 컴퓨터의 성능이 향상된다. 아래 내용은 이러한 기억장치 용량이나 컴퓨터의 성능을 나타낼 때 사용하는 단위의 일부를 나타낸 것이다.

저장용량 단위				
1KB(Kilo Byte)	= 2^{10}bytes	= 1,024B	= 10^{3}B	천
1MB(Mega Byte)	= 2^{20}bytes	= 1,048,576B	= 10^{6}B	백만
1GB(Giga Byte)	= 2^{30}bytes	= 1.074×10^{9}B	= 10^{9}B	십억
1TB(Tera Byte)	= 2^{40}bytes	= 1.099×10^{12}B	= 10^{12}B	조
1PB(Peta Byte)	= 2^{50}bytes	= 1.126×10^{15}B	= 10^{15}B	천조

시간 단위		
1ms(mili second)	= 10^{-3}second	천분의 일
1us(micro second)	= 10^{-6}second	백만분의 일
1ns(nano second)	= 10^{-9}second	십억분의 일
1ps(pico second)	= 10^{-12}second	일조분의 일
1fs(femto second)	= 10^{-15}second	천조분의 일

2.3.2 태블릿 PC의 기술

'태블릿 PC'는 스마트폰보다 크고 노트북보다 작은 휴대용 PC이며, 2010년 애플이 아이패드를 출시하면서 시장이 형성되었다. 무선랜과 이동통신으로 데이터 통신 기능을 지원하며, 전원을 켜면 바로 부팅되므로 이동하면서 사용하기에 편리하다. 세계 태블릿 시장의 규모는 2011년 200만대, 2012년 300만대 정도이다. 애플이 독주하여 2010년에 시장의 90% 이상을 점유하였으나 최근 삼성·구글·MS·아마존 등이 신제품을 발표하면서 50% 수준으로 하락하였다. 2012년에 출시된 제품으로 애플의 '뉴 아이패드', 마이크로소프트의 '서피스', 구글의 '넥서스', 아마존의 '킨들파이어' 등이 있다.

태블릿은 들고 다니면서 사용하기 편리하여 장소에 구애받지 않고 인터넷을 통한 일상 업무를 처리할 수 있다. 구글은 아이패드를 사용하여 인터넷에서 지메일, 캘린더, 연락처 관리 등 다양한 서비스를 쉽게 사용할 수 있도록 하였다. 삼성에서는 갤럭시노트를 출시하면서 입력장치로 디지털펜을 사용하여 차별화를 시도하였다.

하드웨어 측면에서 태블릿의 차별화는 CPU, 통신 속도, 화면의 크기, 해상도, 카메라 등으로 이루어진다. 삼성은 태블릿 중에서 가장 높은 화면 해상도인 300PPI(Pixel Per Inch)를 '넥서스 10'에 적용하였다. 다음 표는 각 업체에서 최근 출시한 태블릿의 사양을 비교하여 나타낸 것이다.

	삼성		애플	구글	아마존
모델명	갤럭시탭 10.5	갤럭시노트 10.1 2014e	New iPad	넥서스 9	킨들파이어 HD
크기/무게	175.3x256.7x8.6 /575g	262x180x8.9 /597g	185.7x241.2x9.4 /652g	120x198.5x10.4 /340g	120x190x11.4 /413g
CPU	1GHz Dual Core	1.4GHz Quad Core	A5X Dual Core	Tegra 3 Quad Core	TI OMAP 4 Dual Core
디스플레이	10.1형 WXGA TFT LCD	255.8mm WXGA PLS	2048x1536	7인치 1280x800	7인치 1024x600
용량	16/32GB	16GB	16/32/64GB	8/16GB	8GB
카메라	300만 화소	500만 화소	500만 화소	120만 화소	-
외장메모리	-	64GB	-	-	-
기타	모델 세분화	터치펜 내장	최고 경쟁력	안드로이드	전자책, 게임 등 특화

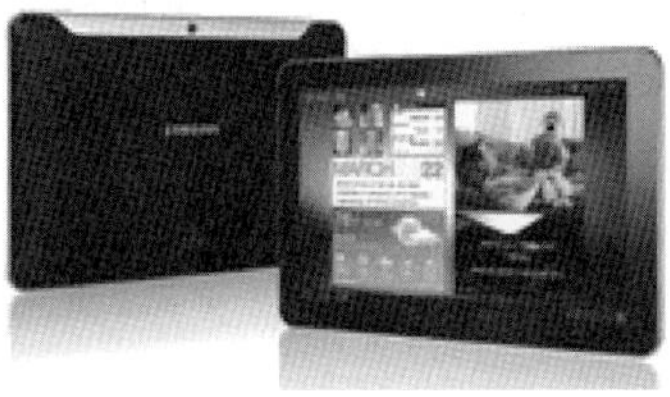

2015년 전 세계 태블릿 PC의 출하량은 1억6천850만 대이며, 애플이 시장 점유율 30%로 1위를 차지하였다. 이어서 삼성전자, 레노버(중국), 아마존, 에이수스(대만) 순으로 나타났다. 다음 그림은 2016년까지 최근 3년간 테블릿 PC의 시장 점유율을 나타낸 것이다. 여기서 태블릿 PC는 1024×600픽셀 이상의 디스플레이 해상도와 7인치 스크린을 갖는 장치이다.

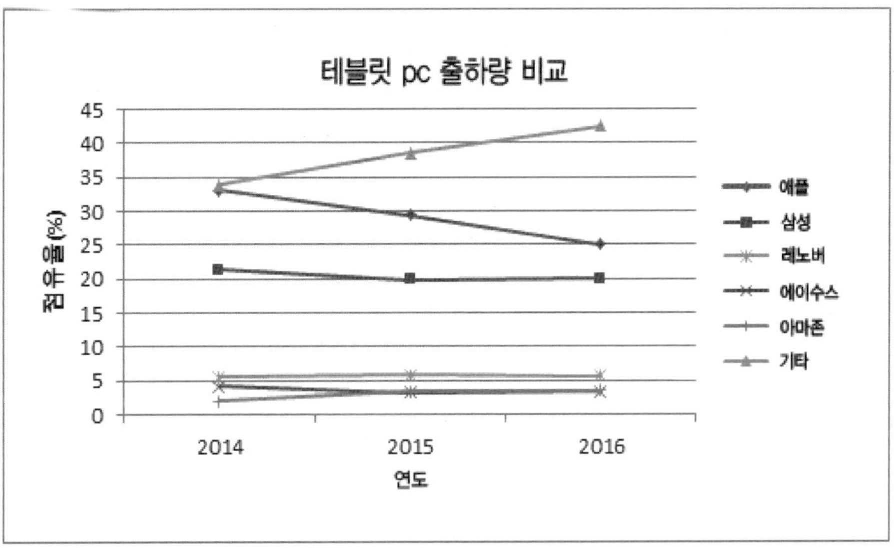

생각해보기

○ IBM은 2017년까지 인간처럼 오감(五感)을 갖는 컴퓨터가 나올 것으로 전망했다. 스마트폰이 오감을 갖는다면 어떤 일을 할 수 있는지 아래 글을 참조하여 정리해 보자.

► 시각 : 컴퓨터는 사물 등 시각 정보를 미세한 단위로 분석하고 해석할 수 있다.
- 미술관에서 스마트폰에 그림을 보여주면 그 그림에 대한 정보를 얻을 수 있다.
- 엑스레이나 자기공명영상(MRI) 등 의료 정보도 분석할 수 있게 된다.

► 청각 : 소리의 진동과 주기 등을 분석해 인간이 알아채지 못하는 정보를 파악할 수 있다.
- 아기의 울음소리를 분석해 기분이 좋은지 나쁜지, 무엇이 필요한지 등을 알 수 있다.
- 소리의 변화를 측정해 산사태나 다리 붕괴의 조짐을 읽을 수 있다.

► 후각 : 컴퓨터 등의 센서가 인간의 호흡에서 냄새와 분자를 분석해 건강 상태를 알아낼 수 있다.
- 의사들이 천식, 신장질환, 간질 등의 진단에 도움을 얻을 수 있다.
- 냄새로 유해 박테리아를 감지하고 하수시스템의 오염도를 측정할 수 있다.

► 미각 : 컴퓨터가 인간이 선호하는 맛을 내는 조리법을 개발하는 것이 가능하다.
- 당뇨병 환자가 일정 혈당량을 유지할 수 있는 식단을 짤 수 있다.

► 촉각 : 컴퓨터의 촉각 능력이 특정 촉각의 인식뿐 아니라 표현도 가능할 정도로 발전한다.
- 압력, 자외선, 센서 등을 통해 비단, 면 등 다양한 천의 질감을 인식할 수 있다.

생각해보기

○ 로사 전 아일랜드 더블린대학교 석좌교수는 '아이폰 5'를 발표한 애플에 대해 아래와 같은 의견을 제시하였다. 이에 대한 자신의 생각을 정리한 후 학우들과 토론해보자.

아이폰 5의 기록적인 판매량은 그동안 축적된 평판 덕택이다. 아이폰 5는 혁신적이고 비전이 넘치는 제품을 기대했던 많은 애플 팬에게 실망이었다. 스티브 잡스는 구글과 안드로이드 스마트폰 회사들을 도둑이라 지칭하며 전쟁을 선포했었다. 하지만 오히려 이들을 따라 하는, 체면을 구기는 신세가 되었다. 아이폰 5의 커진 화면은 삼성 갤럭시 폰의 큰 화면이 소비자들에게 어필하자 마지못해 선택한 것이다. 아이폰5에 자체 맵(map)을 넣기 위해 구글 맵을 없애기로 한 결정도 성급했다.

애플 웨이(Apple way)라면 한마디로 자부심인데, 이 자부심이 안에서부터 무너지고 있다. 아이폰 5의 새 커넥터 케이블이야말로 소비자들에게 물건 구입을 강요하게 하는 애플의 전형적인 오만함의 일례이다.

아이폰 5의 경쟁적인 가격은 중국에서 폭스콘 노동자들이 없었다면 불가능했을 것이다. 최근 벌어진 폭스콘의 38년 역사를 통틀어 최대 규모의 소요와 연이은 근로자들의 자살 사건은 노동조건이 개선되지 않고 있음을 보여준다.

✤ '생각해보기'에 대한 글쓰기 및 발표

의견정리

의견정리

참고자료

연습문제

01. 스마트폰에서 사용되는 운영체제에 대해 종류, 특징, 시장 점유율 등을 설명하라.

02. 스마트폰이 개인의 헬스 모니터로 사용될 수 있다. 이를 위한 방법과 기술을 설명하라.

03. 자신이 사용하는 스마트폰 앱들을 나열하고 유사한 기능을 갖는 다른 앱들을 조사하라.

04. 음성인식 기술을 적용한 스마트폰 앱을 구상해보고 음성인식 기능의 효과를 설명하라.

05. 위치기반 서비스를 적용한 스마트폰 앱을 구상해보고 그에 따른 효과를 설명하라.

06. 동작/모션인식 기술을 적용한 스마트폰 앱을 구상해보고 그에 따른 효과를 설명하라.

07. 4G 스마트폰의 특징을 설명하고, 그 다음 세대에 개발될 스마트폰의 사양을 설명하라.

08. 미래 인터넷이라고 하는 사물 인터넷(IoT: Internet of Things)의 개념을 설명하라.

09. 아래 그림은 모바일 기기를 기반으로 하는 이동통신 기술개발의 현황과 전망을 나타낸 것이다. 각 세대별 핵심 기술과 그 기술을 적용한 주요 응용분야를 설명하라.

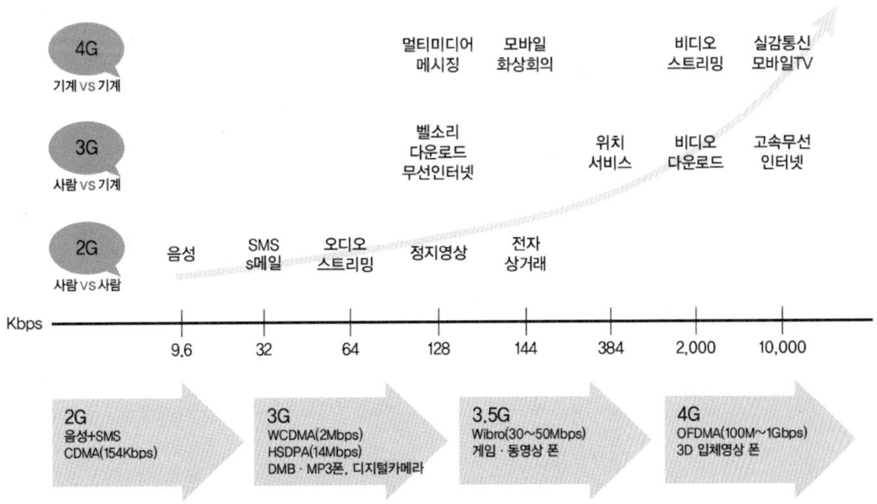

10. 다중접속 방식인 TDMA, FDMA, CDMA의 개념을 실생활과 연계된 예를 들어 설명하라.

11. 국내에서 m-VoIP의 대중화를 위한 문제점이 무엇인지 설명하라.

12. 현재 출시된 성능이 가장 우수한 마이크로프로세서(CPU)의 사양을 조사하라.

13. 국내 반도체 기술의 발전을 무어의 법칙(Moore's Law)과 연계하여 설명하라.

14. 아래 내용을 컴퓨터에 저장하는 경우 각각의 용량은 어느 정도인지 예측하라.

① 유튜브에 하루 업로드하는 동영상
② 영화 '아바타'
③ 브리테니커 백과사전
④ 영한사전
⑤ 하루 분량의 신문
⑥ A4 용지 1장의 문서

15. 태블릿 PC의 최신 모델에 대한 사양을 업체별로 조사하여 비교하라.

제2부
정보통신 기술과 정보윤리

CHAPTER 03

정보통신 기술과 미래 인터넷

CHAPTER 03

정보통신 기술과 미래 인터넷

학습목표

- ✤ 정보통신 기술의 변화를 예를 들어 설명할 수 있다.
- ✤ 유비쿼터스 컴퓨팅 기술의 적용 사례를 설명할 수 있다.
- ✤ 클라우드 컴퓨팅 기술의 적용 사례를 설명할 수 있다.
- ✤ IT 융합기술의 형태와 융합에 필요한 기반기술을 설명할 수 있다.
- ✤ 구글에서 연구하고 있는 신기술과 기술의 적용분야를 설명할 수 있다.
- ✤ 소셜커머스, 오픈 마켓의 특징을 설명할 수 있다.
- ✤ 증강현실 기술이 적용된 사례를 예를 들어 설명할 수 있다.
- ✤ 웹 3.0 환경의 미래 정보통신 기반 구조를 설명할 수 있다.

3.1 정보통신 기술의 현재와 미래

월드와이드웹(World Wide Web, WWW)은 1991년 팀 버너스 리(Tim Berners Lee)에 의해서 만들어졌다. 웹 창시 20주년이 지나면서 인터넷으로 인하여 세상이 크게 변하였다. 최근에 다양한 매체를 통해 전해지는 새로운 용어로 TGiF가 있다. 최신 정보통신 기술의 활용을 대변하는 Twitter, Google, iPhone, Facebook을 줄여서 사용하는 것이다. 인터넷 환경의 변화와 함께 새로운 용어들이 만들어지고 있다. 2012년 미국 CBS 방송은 인터넷이 우리에게 준 선물로 아래와 같은 새로운 용어들을 선정하였다.

- 메신저
- 이메일
- 스마트폰
- 음악/이미지 공유
- 웹 시리즈
- 실시간 뉴스
- 위키피디아
- 소셜 네트워킹
- 인터넷 스타
- 밈(Mime)
- 온라인 연애
- 온라인 쇼핑/상거래
- 온라인 TV쇼
- 리믹스 음악
- 실시간 영화 감상
- 핵티비즘(Hacktivism)
- 위성위치확인시스템(GPS)
- 공동 명분으로 단결(재스민 혁명)

2011년에 사이언티픽 아메리카는 세계를 바꿀 10가지 아이디어를 선정하여 발표하였다. 인간 뇌와 비슷한 컴퓨터 칩, 인지하는 컴퓨터, 미래 예측 데이터 수정구슬, 손바닥 지갑, 인터넷 단일통화 비트코인, 박테리아를 잡는 나노 항생제, 광물을 추출하는 미생물 광부, 스마트폰 헬스 모니터, 다년생 농작물, 전기차용 액체 전지가 선정되었다.

인지하는 컴퓨터는 인간의 뇌와 닮은 컴퓨터이다. 스스로 풀어야할 문제를 선택하고, 피곤하면 잠시 쉬어야겠다고 결정하며, 경험을 통해 미래를 예측한다. 인터넷 단일통화 비트코인은 '공개키 암호화' 기술과 P2P(Peer to Peer) 기술로 구현한 일종의 전자화폐이다. 비트코인은 익명성과 공개성을 가지고 있다. 이것은 각각 고유한 주소가 부여된 지갑 파일의 형태로 저장된다. 비트코인을 사용하면 모든 거래는 주소를 기반으로 이루어진다. 아래 그림은 사이언티픽 아메리카가 선정한 세계를 바꿀 10가지 아이디어를 나타낸 것이다.

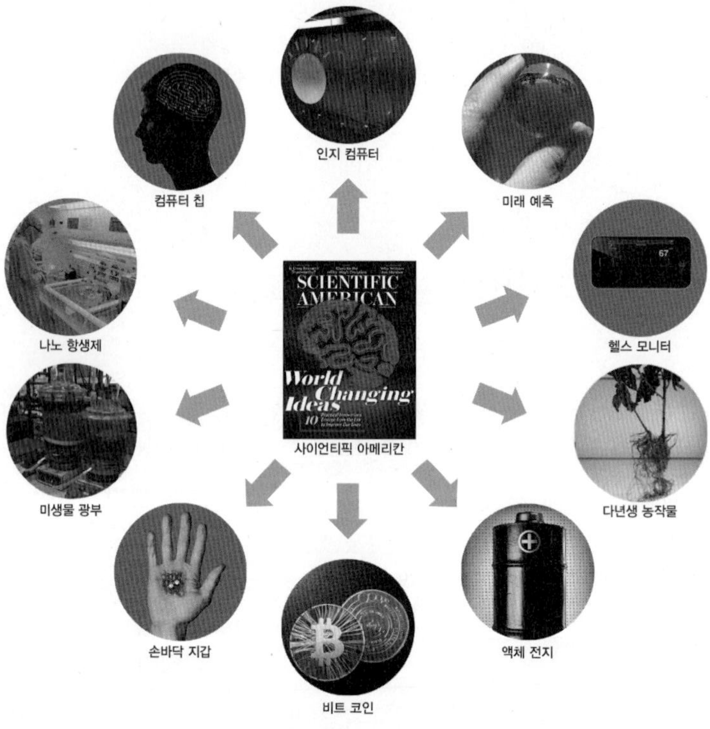

비트코인(bit coin)에 대해 더 알아보자. 비트코인은 별도의 발행 회사가 없고 정부나 중앙은행의 통제 없이 다자간 파일공유(P2P) 방식을 통해 이용자들끼리 직접 거래가 이루어진다. 비트코인 사이트에서 계좌를 만들 수 있으며, 인터넷을 통해 이용자들이 실시간에 돈을 주고받을 수 있다.

'디지털 가상화폐'로 알려진 비트코인은 2009년에 등장하였으며 사용 범위가 확대되고 영향력이 커지고 있다. 미국에서는 5만여개 소매점에서 통용되고 있으며, 중국 · 일본 · 유럽 등에서도 활발히 거래되고 있다. 독일은 비트코인을 세금 납부에 사용할 수 있는 화폐로 인정하였으며, 중국에서는 인터넷 포털인 바이두가 거래 수단으로 받아들임으로써 투자자들이 비트코인으로 몰렸다. 2012년 5달러 정도였던 1비트코인 가격은 2013년 말에 500달러를 넘어섰다. 2013년까지 발행된 비트코인 수는 1200만개이며, 과다 발행에 따른 부작용을 막기 위해 2145년까지 발행량을 2100만개로 제한하였다. 우리나라에서는 2013년에 비트코인 거래소인 코빗(korbit)이 만들어졌으며, 일반 상거래에서 사용되지 않지만 해외 물품 구입에 거래되고 있다.

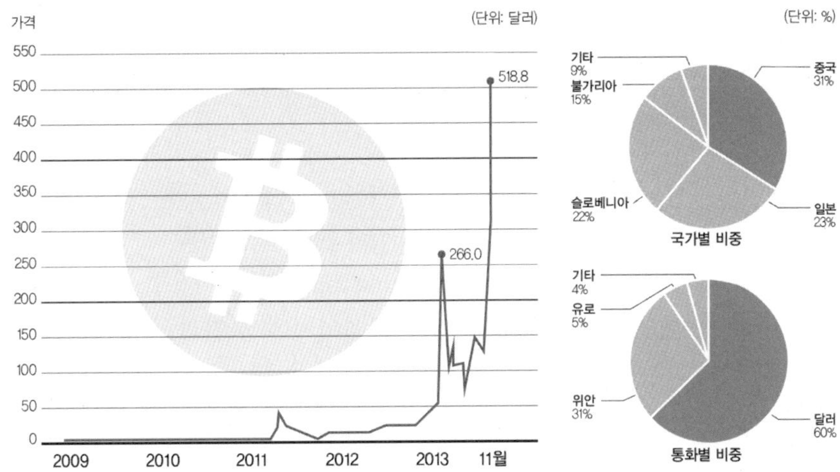

자료: bitcoincharts.com

3.1.1 정보통신 환경의 변화

1) 정보통신 기술의 현황

미래 인터넷은 유비쿼터스 컴퓨팅 환경을 기반으로 발전될 것이다. 1998년에 소개된 유비쿼터스의 개념은 정보통신 환경에서 일반화되었으며, 현재 다양한 응용과 서비스 모델들이 연구되고 있다. 클라우드 컴퓨팅과 사물 인터넷(Internet of Things)은 유비쿼터스 컴퓨팅 환경에서 핵심 기술이 된다. 이들의 융합으로 만들어지는 미래 인터넷 환경은 클라우드 컴퓨팅을 기반으로 세계를 구성하는 모든 사물들이 고유의 식별자를 가지고 서로 통신하고 협업한다. 사람이 그들을 추적하거나 관리하고 제어하며, 사물 스스로 다른 사물과 통신하여 사람에게 도움이 될 수 있는 다양한 정보를 제공한다.

(1) 정보통신 기술의 현황

클라우드 컴퓨팅은 인터넷 기반의 컴퓨팅 기술을 의미한다. 하드웨어나 소프트웨어를 인터넷 상의 서버에 설치하며, 서버에 접속된 클라이언트에서는 필요할 때마다 이것을 빌려서 사용한다. 클라우드 컴퓨팅을 통해 언제 어디서나 필요한 컴퓨팅 자원을 빌려서 다양한 방식으로 사용할 수 있다. 컴퓨팅 자원은 애플리케이션일 수 있고, 애플리케이션을 개발할 수 있는 개발 환경일 수 있으며, 클라우드 서버가 제공하는 무한에 가까운 저장 공간과 계산 능력의 하드웨어 자원일 수도 있다.

클라우드 컴퓨팅과 사물 인터넷의 융합은 컴퓨팅 환경 뿐만 아니라 관련 산업의 패러다임을 변화시키고 있다. 이와 같이 미래 인터넷은 무한한 활용분야의 구현을 통해 유비쿼터스 컴퓨팅 시대로의 도약을 가능하게 할 것이다.

① TGiF(Twitter, Google, iPhone, Facebook)

TGiF는 트위터, 구글, 아이폰, 페이스북을 줄여서 쓰는 단어로 정보통신 기술과 서비스를 대표하는 것이라고 할 수 있다. 트위터는 팔로워(follower)와 140자 이내의 단문 메시지를 주고받는 서비스이다. 구글은 인터넷에서 필요한 정보를 얻는 대표적인 검색엔진이다. 아이폰은 언제 어디서든 SNS(Social Networking Service)를 이용할 수 있게 해주는 대표적인 스마트폰이다. 페이스북은 자신의 미니 홈페이지에 사진과 글을 올리고 지인들과 대화하고 정보를 주고받는 대표적인 SNS이다.

② 스마트TV

인터넷과 미디어가 결합한 스마트TV는 콘텐츠를 인터넷에서 실시간으로 다운로드 받아 볼 수 있고, 뉴스·날씨·이메일 등을 바로 확인할 수 있는 통신 센터의 역할을 한다. 스마트TV는 기존처럼 보는 것만으로 끝나는 것이 아니라 다양한 부가적인 기능을 추가하여 TV 하나로 복합적인 일들을 할 수 있다. TV에 인터넷 기능을 결합함으로써 각종 앱을 설치하여 웹 서핑, VOD 시청, SNS, 게임 등의 다양한 기능을 사용할 수 있다. 스마트TV는 인터넷TV 또는 커넥티드TV 라고도 하며, 최근에 출시된 기기는 TV와 휴대폰, PC의 3개 스크린을 바꿔가면서 데이터의 끊김이 없이 동영상을 볼 수도 있다. 다음 표는 스마트TV와 기존 TV들의 특성을 비교하여 나타낸 것이다.

구분	전통 TV	케이블TV/IPTV	인터넷TV/웹TV	스마트TV
전달방식	방송전파	케이블/인터넷망	인터넷망	인터넷망
양방향 서비스	없음	부분적으로 있음	있음	있음
콘텐츠	지상파 방송사가 확보한 콘텐츠	케이블·통신 사업자가 확보한 콘텐츠	온라인상에 존재하는 대부분의 콘텐츠	온오프라인 모든 콘텐츠
애플리케이션	없음	자체 제작 또는 협력사업자가 제작·공급하는 소수의 앱	셋톱박스 사업자가 제작·공급하는 앱	지원협력업체 개발사의 앱을 포함한 다수의 앱 제공
요금체계	무료(TV 시청료)	유료	부분적으로 유료	유·무료 혼합
예시	KBS/MBC/SBS ABC/CNN/NBC	GS강남방송 /CJ헬로비전 /Qook/Comcast	가전제조사 인터넷TV /AppleTV	삼성 스마트TV /LG 스마트TV /GoogleTV /AppleiTV

출처: 2011 한국인터넷백서

(2) 정보통신 기술의 미래

미래에 새로운 차원의 응용프로그램과 서비스, 그리고 시장을 창출할 기술로 평가받는 것 중에 사물 인터넷이 있다. 사물이 만들어낸 정보를 인터넷을 통하여 공유할 수 있는 환경이 만들어진다. 센싱과 액츄에이션(actuation) 기능을 통해 세상과 상호작용을 하는 것이다. 진화된 컴퓨팅 능력, 통신 기능을 기반으로 사물 스스로가 주체적으로 인터넷에 연결되어 정보의 생산자와 소비자의 역할을 하게 된다.

뇌 과학자들은 인간의 뇌 구조와 기능을 통해 인터넷의 미래를 예측할 수 있다고 하였다. 인간의 뇌는 약 1000억개의 뉴런을 갖고 있기 때문에 오늘날의 인터넷은 인간의 뇌에 비교하면 아직 유아기에 머물러 있다는 것이다. 오늘날 인터넷은 초기 10년 동안 무려 850배의 성장률을 기록하였다. 인터넷은 아직도 폭발적인 증가세를 계속하고 있어서 조만간 인간의 뇌에 육박하는 컴퓨터와 병렬식 네트워크를 갖게 된다. 이러한 인터넷 환경에서는 인간의 의식과 같은 것이 생겨날 수도 있다. 그 결과 인터넷의 하이퍼텍스트는 인간처럼 서로 연관성을 지으면서 다른 사이트로 이동이 가능하며, 이러한 인터넷에 연결되는 컴퓨터의 수는 꾸준히 증가할 것이다. 구글과 마이크로소프트 등 세계적인 IT기업들은 클라우드 컴퓨팅을 위해 몇 백만대의 컴퓨터를 병렬로 연결시켜 미래를 준비하고 있다.

(3) 사물 인터넷(IoT: Internet of Things)

사물들이 인터넷으로 연결돼 서로 통신을 하면서 정보를 교환하는 사물 인터넷은 새로운 정보혁명의 주체로 향후 모든 산업분야에서 혁신을 일으킬 것으로 예상된다. 사물 인터넷은 사물에 부착된 센서를 활용해 정보를 수집하고 통신하면서 서로 교감한다. 자동차, 교육, 농업, 도시개발, 헬스케어 등 다양한 분야에 적용된 사물 인터넷의 정보혁명은 현재 우리 주변에서 진행되고 있다.

대도시 지역에서 주차공간에 설치된 센서를 통해 주차할 수 있는 공간을 스마트폰 앱으로 알려주는 '스마트 주차' 시스템, 사람들의 움직임이나 목소리를 감지하여 인구 밀집도를 파악하고 광장에 설치된 가로등의 조명을 자동으로 조절하여 전기를 절약할 수 있는 '스마트 가로등' 시스템 등이 사물 인터넷을 적용한 것이다. 이외에도 음식물 쓰레기에 담긴 쓰레기의 무게를 실시간으로 측정하거나 사람의 신체 활동량을 측정하고 소비된 칼로리를 파악하여 스마트폰 앱과 연결함으로써 정보 교환이 가능하다. 이러한 사물 인터넷은 사물들이 센터와 칩을 통해 서로 연결됨으로써 사람의 개입 없이도 실시간으로 정보를 주고받을 수 있도록 한다. 그 결과 사물 인터넷으로 인해 인간의 삶에 새로운 혁명이 예고되고 있다.

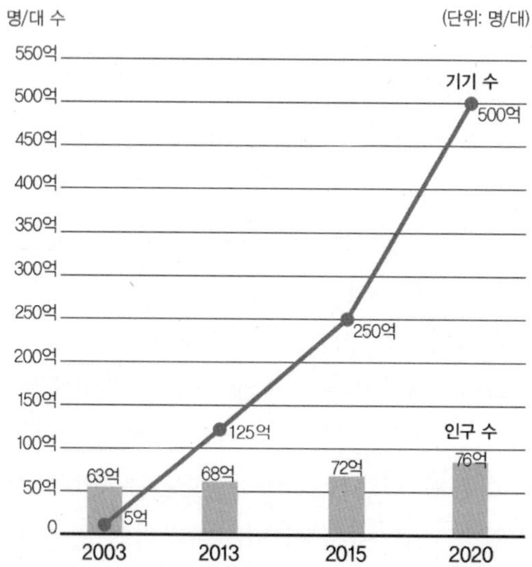

자료: 시스코

다음 그림은 사물 인터넷 관련 연구를 수행하는 실험실 모습과 영화 아바타에서 사물이 교감하는 장면을 나타낸 것이다.

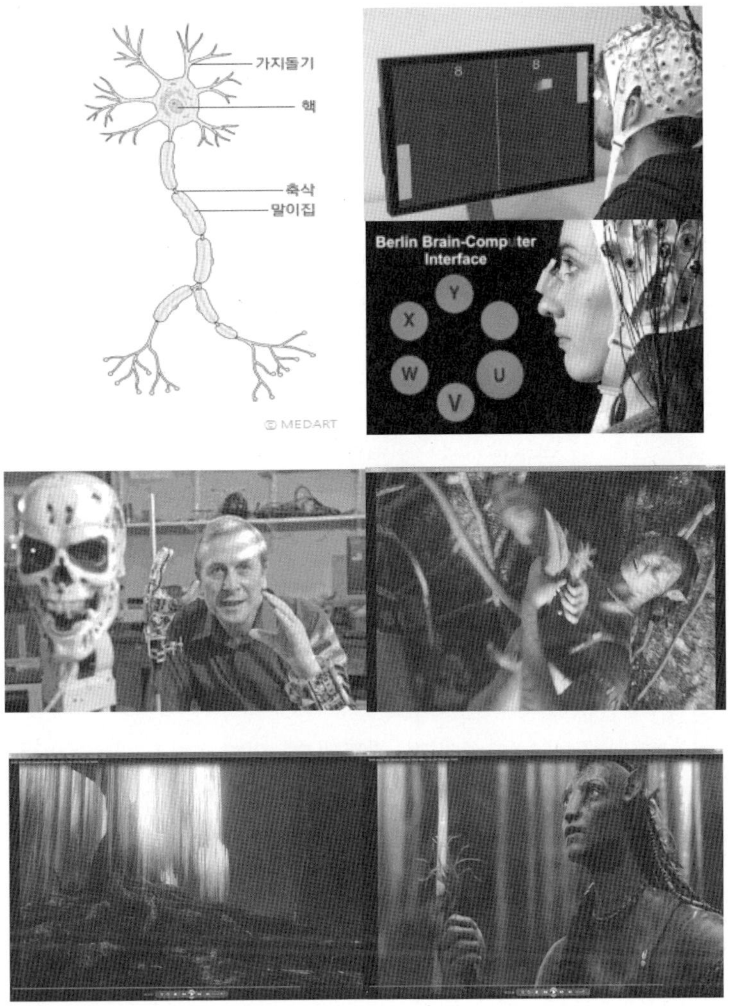

2) 유비쿼터스 컴퓨팅

유비쿼터스(Ubiquitous)는 라틴어에서 유래한 것으로 '언제 어디서나' 또는 '동시에 존재한다'라는 뜻이다. 유비쿼터스 시대에는 실세계의 각종 사물과 환경 전반에 컴퓨터가 장착되며, 컴퓨터를 환경 안에 효과적으로 융합하여 외부로 드러나지 않도록 한다. 즉, 사용자가 거부감을 느끼지 않고 언제 어디서나 존재하는 특수한 기능의 컴퓨터를 편리하게 이용할 수 있게 된다.

유비쿼터스 컴퓨팅은 현재의 컴퓨터에 어떠한 기능을 추가하는 것이 아니라 자동차,

안경, 가방과 같은 일상적인 사물에 각각의 역할에 부합되는 컴퓨터 기능과 네트워크 장치를 추가한다. 그 결과 물체와 인간, 물체와 물체 간의 효과적인 정보 교환 및 활용이 가능하게 된다. 이러한 유비쿼터스 세상에서 요리는 스마트 기기를 통해 자동으로 만들어질 수 있다. 스마트 전자레인지는 인터넷에 연결된 컴퓨터로 요리전문가에게 조리법을 물어본다. 또한 냉장고와 전자레인지 간의 정보 교환을 통해 피자를 조리하는 스마트 전자레인지는 냉장고에 요리 재료가 충분한지를 확인한 후 냉동된 요리 재료를 녹여줄 것을 요청할 수 있다. 아래 그림은 유비쿼터스 컴퓨팅의 기반구조와 구성요소, 유비쿼터스 컴퓨팅이 적용된 사회 각 영역의 모습을 나타낸 것이다.

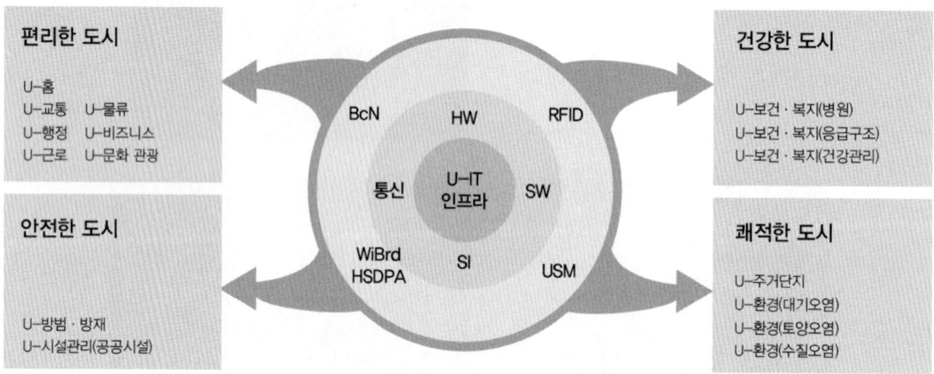

유비쿼터스 컴퓨팅의 구성요소는 태그, 네트워크, 인터페이스 등이 있다. 태그는 사물이나 인간의 위치를 파악하고, 움직임에 대한 정보를 실시간으로 파악하여 반응하는데 필요하다. 네트워크는 충분한 IP 확보와 USN(Ubiquitous Sensor Network)을 포함한 통합 네트워크망이 구축되어야 한다. 정보기기를 광대역 통신망에 연결하고 언제 어디서나 네트워크에 연결할 수 있는 환경을 구축해야 한다. 인터페이스는 손목에 착용하는 PDA, 적외선을 이용한 키보드, 웨어러블 IT 기기 등이 사용될 수 있다.

유비쿼터스 컴퓨팅을 위해서는 IT SoC(System on Chip), MEMS(Micro Electro Mechanical Systems), 나노 기술, 차세대 전지 등이 개발되고 구현되어야 한다. IT SoC는 칩 자체가 하나의 시스템으로 작동할 수 있도록 마이크로프로세서와 디지털 신호처리 장치, 메모리, 베이스밴드 칩, 임베디드 소프트웨어 등을 집적시킨 칩이다. SoC의 개발은 휴대폰의 소형화 및 전력 효율 향상과 관련이 있다. 동영상, 그래픽 등의 복합 처리기능을 요구하는 액정표시장치(LCD), DMB 단말기 등을 포함한 모든 IT 제품의 경량화·소형화·고기능화·저전력화 등을 가능하게 하는 핵심 반도체 기술이다.

MEMS는 소형화와 지능화가 요구되는 미래 환경에 대응하기 위한 핵심 기술이다. 전자·기계·광 기술 등을 융합하여 마이크로 단위의 작은 부품 및 시스템을 설계하고 제작하여 응용하는 기술이다. 유비쿼터스 네트워크나 초소형 휴먼 인터페이스 분야의 핵심요소인 3차원 미세 구조물, 센서 및 구동 장치 등을 소형화 및 고정밀화하여 복합화를 가능하게 하는 시스템화 기술이다.

나노 기술(nano technology)은 나노미터 크기의 원자나 분자를 조작하여 물질의 구조나 배열을 제어함으로써 나노 특유의 특이성을 이용한 새로운 기능 및 우수한 특성을 추출하는 기술이다. 이와 관련하여 공정, 기능, 구조, 부품 및 시스템 등 다양한 영역에서 기술개발을 추진하고 있다.

차세대 전지는 스마트폰, 태블릿 등 각종 휴대용 단말기와 산업용 전원, 하이브리드 자동차, 전기 자동차 등의 동력원으로 중요성이 확대되고 있다. 전지의 소형화와 고출력이라는 상반된 요구를 모두 수용하기 위해서는 안전성의 문제가 발생된다. 현재 사용되는 것은 리튬 이온 전지와 리튬 2차 전지가 대표적이다. 새로운 휴대용 기기가 개발됨에 따라 리튬 2차 전지가 지속적으로 발달되고, 향후 기기 수요에 따라 연료전지와 초고용량 커패시티(capacity) 등이 개발되어야 한다.

(1) 유비쿼터스 네트워크

유비쿼터스 네트워크에서는 모든 정보기기가 광대역 통신망에 접속되고 언제 어디서나 네트워크에 연결할 수 있는 환경을 제공한다. 유연하고도 확장 가능한 유무선 통신망, 끊김이 없는 이동성 인터페이스, 상황인식, IPv6(Internet Protocol version 6), 각종 초소형 칩 및 센서 인프라와의 연동 등의 기술이 사용된다. 수십억 개의 단말, 조 단위의 센서, 칩, RFID(Radio Frequency Identification) 태그들 간의 접속이 원활히 이루어져야 한다. 또한 대용량의 정보흐름을 효과적으로 처리하고 관리할 수 있어야 한다.

유비쿼터스 사회에서 네트워크를 통한 정보량은 비약적으로 증가한다. 미래 지식정보사회는 모든 정보단말, 가전기기, 사물 등이 하나의 네트워크에 연결되는 광대역 통합망(BcN) 기반의 네트워크 사회로 빠르게 진화한다. 네트워크, 콘텐츠, 응용 서비스 등 다양한 산업 간의 경계가 모호해지면서 통합된 새로운 정보산업이 등장하게 된다.

무선 주파수기술을 이용하여 데이터를 주고받는 무선랜(Wireless Local Area Network)이 사용된다. 이와 함께 단거리 라디오 전파 통신을 사용하여 저전력으로 다양한 기기들을 연결시켜 주는 블루투스(Bluetooth) 기술이 적용된다. 블루투스에서는 무선연결을 통해 모든 장치를 자동으로 인식한다. 키보드, 마우스, 마이크, 디지털카메라, 휴대폰 등 다양한 기기들이 블루투스를 사용하여 통신할 수 있다. 유비쿼터스 컴퓨팅을 위해서는 네트워크 기술을 포함하여 센싱 기술, 상황인식 기술, 상호작용 기술, 보안 기술 등이 구현되어야 한다.

전자·스마트 태그, 전자라벨, 무선식별 등으로 불리는 RFID는 유비쿼터스 컴퓨팅 환경에서 매우 중요한 기능을 수행한다. RFID는 생산에서 판매에 이르는 전 과정의 정보를 초소형칩에 내장시켜 이를 무선주파수로 추적할 수 있도록 한 기술이다. RFID는 유통분야에서 일반적으로 물품관리를 위해 사용되며, 바코드를 대체할 차세대 인식기술이라고 할 수 있다. RFID를 사용하면 제품이 공장에서 출고되어 판매처의 진열대에 전시되는 전체 과정을 추적할 수 있다. 소비자가 이 태그를 부착한 물건을 선택하면 대금이 자동으로 결제되고, 재고 및 소비자 구매 패턴의 파악까지 포괄적으로 이루어진다. RFID 판독기는 초당 수백 개까지 RFID 태그가 부착된 제품의 데이터를 읽을 수 있다. 대형 할인점에 적용될 경우 물건이 계산대를 통과하면 자동으로 가격이 집계되므로 시간을 크게 단축할 수 있게 된다.

(2) 유비쿼터스 컴퓨팅의 활용

유비쿼터스 컴퓨팅은 카드, 병원, 자동차, 웨어러블(wearable) 컴퓨터 등 다양한 영역에 활용되고 있다. 유비쿼터스 컴퓨팅 환경에서 카드는 운전면허증 · 의료보험증 · 여권 · 주민등록증을 국제표준에 맞는 한 개의 스마트카드로 통합할 수 있다. 그리고 이 카드는 세계 어디서나 통용되며, 몇 초만에 출입국 관리가 처리될 수 있다.

유비쿼터스 컴퓨팅 환경에서 병원은 의사를 보조하여 컴퓨터가 환자의 진료 기록을 분석해 진단서를 발급하고, 수술에는 많은 첨단 로봇이 동원된다. 예를 들면, 의사가 환자를 검진할 때 컴퓨터 화면에 여러 가지 유형의 환자진료 정보가 제공된다. 의사는 혈액검사 · 심전도검사 · 단층촬영이 필요하다고 보고 주문을 입력한 뒤 자신의 ID를 입력하여 전자서명을 한다. 혈액 샘플에는 바코드가 붙고 샘플은 자동으로 검사실로 보내진다. 다음 그림은 의료 분야에 유비쿼터스 컴퓨팅 기술이 적용된 예를 보여주는 것이다.

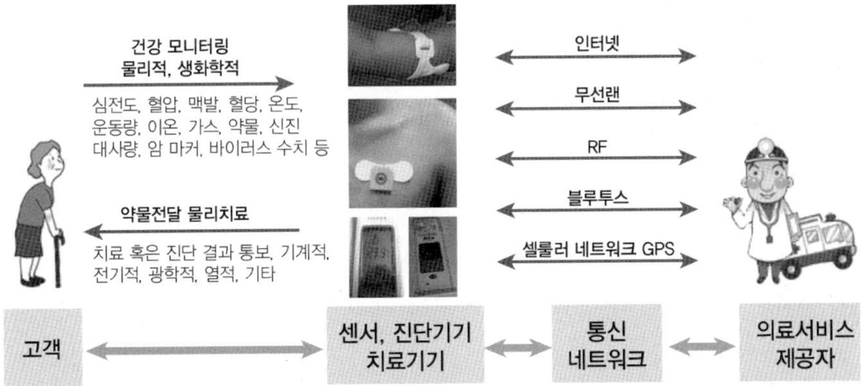

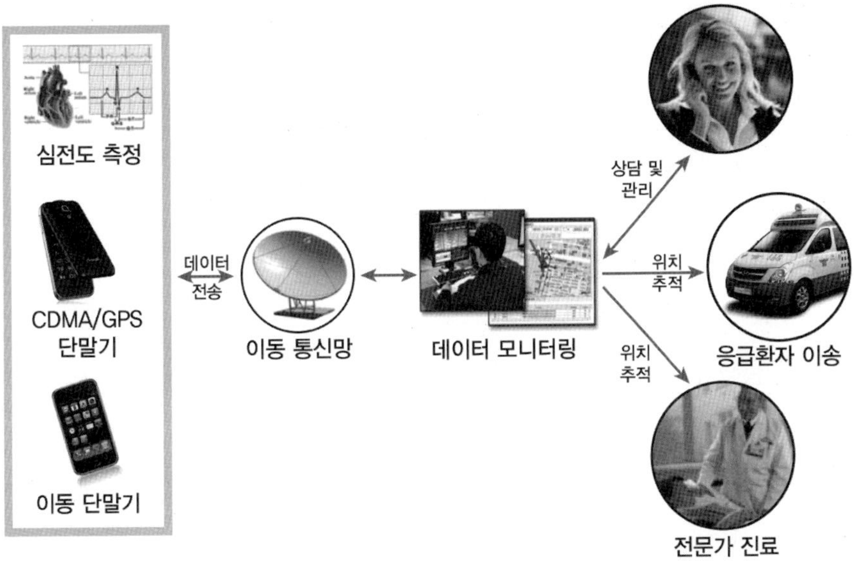

출처: melab.snu.ac.kr

유비쿼터스 컴퓨팅 환경에서 자동차는 '모바일 오피스'라고 할 수 있다. 자동차가 지능을 갖추고 있어서 목적지를 설정해 놓으면 안전하게 알아서 이동한다. 운전자는 차안에서 업무를 보고 방송·영화·게임 등 다양한 멀티미디어 서비스를 받을 수 있다.

유비쿼터스 컴퓨팅 환경에서 웨어러블 컴퓨터는 착용형 또는 의복 형태의 개인용 컴퓨터를 의미한다. 건강관리와 같은 의료분야, 택배 및 창고관리와 같은 물류분야 등 다양한 분야에서 활용되고 있다. 일반 사용자를 위한 범용의 웨어러블 컴퓨터는 일상생활은 물론 패션에까지 그 영역을 넓히고 있다.

3) 클라우드 컴퓨팅

클라우드 컴퓨팅(Cloud computing)은 서버나 저장장치와 같은 하드웨어, 문서작성이나 그래픽 작업을 위한 소프트웨어, 툴이나 라이브러리와 같은 개발 플랫폼 등을 인터넷을 통하여 빌려서 쓰고 사용한 만큼 요금을 지불하는 서비스이다. 클라우드 컴퓨팅은 사용자 중심의 아키텍처이며, 가상화 기술을 적용하여 소수의 컴퓨팅 자원을 다수의 컴퓨팅 자원처럼 사용한다. 클라우드 컴퓨팅 아키텍처는 그리드(Grid) 컴퓨팅 아키텍처를 기반으로 발전하였으며, 유틸리티 컴퓨팅 아키텍처의 새로운 패러다임이다.

(1) 가상화 기술

가상화는 서버, 스토리지, 네트워크 등 IT 자원에 대해 물리적인 성질이나 경계를 가리고 논리적인 이용단위로 변환해서 제공하는 기술이다. 가상화의 목적은 사용자 측면에서 인프라를 단순화시키고, 유휴 장비의 활용률을 높이며, 서비스 장애에 대해 신속히 대응하는 것이다. 또한 TCO(Total Cost of Ownership)를 절감하고 신속한 확장이 가능하도록 한다. 가상화 기술은 애플리케이션, 데스크톱, 서버, 스토리지, 네트워크 등에 적용할 수 있다. 이들 각각에 대한 가상화는 서로 다른 특징을 갖고 고유한 기능을 제공한다.

애플리케이션 가상화는 사용자의 PC에 개별적으로 설치되어 있는 애플리케이션을 가상화를 통해 제공한다. 사용자는 필요한 애플리케이션을 자신의 PC에 설치하지 않고도 사용할 수 있다. 애플리케이션 가상화를 통하여 클라우드의 SaaS(Software as a Service) 구현을 위한 기반기술을 제공한다.

데스크톱 가상화는 서버와 클라이언트 측면의 두 가지 구현이 가능하다. 서버 측면의 데스크톱 가상화는 사용자의 데스크톱에서 Windows Vista, Windows 8 등 다른 기종의 데스크톱을 가상으로 소유할 수 있도록 한다. 클라이언트 측면의 데스크톱 가상화는 PC 안에 이기종의 가상 데스크톱을 운영할 수 있도록 한다. 데스크톱 가상화를 통해 개인 작업 공간과 회사 작업 공간의 분리가 가능하게 된다. 데스크톱 가상화는 클라우드의 DaaS(Desktop as a Service) 구현을 위한 기반기술을 제공한다.

서버 가상화는 데이터센터에 있는 다수의 물리적인 서버 워크로드들을 소수의 가상 서버로 통합하여 물리적인 비용, 관리 비용, 전력량을 포함한 서버 자원의 활용도를 높일 수 있다. 서버 가상화는 클라우드의 IaaS(Infrastructure as a Service) 구현을 위한 기반기술을 제공한다.

스토리지 가상화는 필요로 하는 스토리지 공간 대신 Thin-provisioning이라는 기술을 통해 최소 공간만을 가상으로 할당하여 서비스 구현이 가능하도록 한다. 이것은 이기종의 스토리지 시스템 통합이 가능하도록 환경을 제공한다. 스토리지 가상화는 클라우드의 IaaS 구현을 위한 기반기술을 제공한다.

네트워크 가상화는 하드웨어 장치 형태로 존재해 왔던 스위치, 방화벽, 기타 보안장비들을 가상 머신으로 구현한다. 그리고 네트워크 자원들이 하나의 공유된 물리적인 환경에서도 내부적으로는 가상화를 통해 분리되어 동작하게 한다. 이와 같이 네트워크 가상화는 하나의 시스템에서 다수의 이용자에게 독립된 서비스 제공이 가능하도록 IaaS 구현의 기반기술을 제공한다.

다음 표는 다양한 컴퓨터 시스템 구조를 설명하고 클라우드 컴퓨팅과 비교하여 특징을 나타낸 것이다.

시스템 구조	설명	특징
그리드(Grid) 컴퓨팅	인터넷 상의 분산된 다양한 자원을 공유하여 가상의 슈퍼컴퓨터처럼 활용하는 방식임	그리드 컴퓨팅은 인터넷 상의 모든 컴퓨팅 자원을 통합하여 사용하며, 클라우드 컴퓨팅은 서비스 제공 사업자의 서버 네트워크를 빌려서 사용함
유틸리티 컴퓨팅	서버, 스토리지 등 컴퓨팅 자원을 보유하지 않으며, 가스나 전기처럼 사용량에 따라 요금이 부과됨	클라우드 컴퓨팅의 요금 부과 방식과 동일함.(Pay as you Go)
서비스 기반 컴퓨팅	서버에 응용소프트웨어와 데이터를 저장해두고 필요할 때마다 접속해서 사용함. 모든 작업은 서버가 처리함	특정 기업의 서버를 이용한다는 측면에서 서비스 제공자의 가상화된 서버를 이용하는 클라우드 컴퓨팅과 구분됨. 그러나 최근에는 이러한 구분이 명확하지 않음
네트워크 컴퓨팅	서버 기반의 컴퓨팅처럼 응용소프트웨어를 서버에 두지만 사용자 컴퓨터의 자원을 이용해 작업을 처리함	클라우드 컴퓨팅은 사용자 컴퓨터가 아니라 클라우드 상의 IT 자원을 이용하는 방식임

(2) 클라우드 컴퓨팅의 서비스 모델

클라우드 컴퓨팅의 서비스 모델에는 SaaS, PaaS, IaaS 등이 있다. SaaS(Software as a Service)는 소프트웨어를 서비스하는 형태이며, 로컬 컴퓨터나 데이터 센터에 애플리케이션을 설치하는 대신 인터넷에 접속하여 애플리케이션을 사용할 수 있도록 한다. PaaS(Platform as a Service)는 플랫폼을 서비스하는 형태이며, 온라인 애플리케이션을 제작하고 이를 제공할 수 있는 클라우드 인프라와 개발도구를 제공한다. IaaS(Infrastructure as a Service)는 인프라를 서비스하는 형태이며, 사용자가 데이터를 저장하거나 애플리케이션을 실행할 수 있도록 하드웨어를 제공한다. 일반적인 서버 호스팅과 웹하드 서비스도 이 모델에 속한다.

클라우드 컴퓨팅은 Private 클라우드와 Public 클라우드로 분류할 수 있다. Private 클라우드는 한 기업이나 조직에서만 사용되는 클라우드 시스템이다. Public 클라우드는 일반 사용자를 위해 인터넷 기반으로 운영되는 클라우드 시스템이다. 이에 해당하는 서비스에는 Amazon Web Service, Google Apps 등이 있다. 아래 표는 Public 클라우드와 Private 클라우드 시스템의 장단점을 비교하여 나타낸 것이다.

	Private 클라우드	Public 클라우드
장점	- 특정 업무 중심의 애플리케이션 구성 - 보안수준 및 신뢰성이 높음 - 네트워크 대역폭에 제약이 없음 - 인터넷 접속 기능에 제약이 없음 - 서비스 수준 관리(SLM)가 가능함	- 활용도가 증가됨 - 최소의 투자로 최대의 성과를 얻음 - 이용한 만큼 비용을 지불함.(Pay as you Go) - 서비스를 적기에 제공함 - 높은 수준의 탄력성이 있음 - SaaS 활용이 용이함
단점	- 장비 및 하드웨어 비용이 소요됨 - 가상화 기술을 위한 비용이 필요함 - 데이터센터 구축에 비용이 소요함 - 높은 인력 비용이 소요됨 - 탄력성이 낮음	- 고객사의 통제 권한이 부족함 - 매월 이용료를 납부하는 번거로움이 있음 - 지원 비용이 증가됨 - 전문적인 서비스 제공이 어려움

(3) 클라우드 컴퓨팅의 활용사례

① 서비스형 소프트웨어(SaaS) 분야

㉠ 사무용 애플리케이션

- www.google.com/enterprise/apps/business : 문서도구, 스프레드시트, 프레젠테이션, 지메일, 캘린더, 드라이브 등 비즈니스에 적합한 다양한 앱을 제공한다.
- acrobat.com : 아도브(Adobe)가 제공하는 클라우드 서비스와 워드프로세서, 스

프레드시트, 프레젠테이션 등 애플리케이션을 제공한다.

- office.microsoft.com : 마이크로소프트의 워드, 엑셀, 파워포인트, 원노트의 온라인 버전을 제공한다.

㉡ 사진, 동영상 및 오디오 편집기

- fotoflexer.com : 페이스북, 마이스페이스와 연동되는 온라인 사진 편집기를 제공한다.
- jaycut.com : 온라인 동영상 편집기이며, 제작 영상을 유튜브에 바로 업로드 할 수 있다.
- photoshop.com : 포토샵의 기본기능을 온라인에서 무료로 이용할 수 있다.
- pixlr.com : 사진 편집 등 웹에서 포토샵의 모든 기능을 사용할 수 있다.

㉢ 가상 회의 도구

- abobe.com/acom/connectnow : 파일과 메모, 화이트보드, 오디오 및 비디오 컨퍼런스 기능을 제공한다.
- lotuslive.com/meetings : IBM에서 제공하는 유료 온라인 가상회의 도구이다.
- webex.com : 시스코(Cisco)에서 제공하는 온라인 협업 패키지이다.

㉣ 고객, 인사, 프로젝트 관리 등을 위한 비즈니스 앱

- employease.com : 기업의 인사 관련 업무를 온라인에서 이용할 수 있다.
- projectmanager.com, clarizen.com : 프로젝트 관리 소프트웨어이며, 자원관리 등의 도구를 제공한다.
- salesforce.com : 온라인 판매, 고객관리 등을 위한 도구를 제공한다.
- weboffice.com, zoho.com : 데이터베이스 생성, 프로젝트 관리, 채용, 인사, 고객관리 등의 기능을 사용할 수 있다.

② 서비스형 플랫폼(PaaS) 분야

- force.com : 기업들이 salesforce.com에서 제공받는 클라우드 환경에서 사용할 애플리케이션을 제작할 수 있도록 서비스를 제공한다.
- cloud.google.com : 구글의 클라우드 환경에서 애플리케이션을 제작하는데 필요한 온라인 플랫폼을 제공한다. 자바(Java)와 파이썬(Python)을 사용할 수 있다.
- www.windowsazure.com : 윈도 환경의 애플리케이션을 제작하는데 필요한 인프라와 플랫폼을 제공한다.

③ 서비스형 인프라(IaaS) 분야

- SK TCloud, Ndrive, KT uCloud : 국내 업체들이 제공하는 웹하드 서비스이다.
- Cafe24, SK TCloud Biz, KT uCloud CS : 국내 업체들이 제공하는 서버 호스팅 서비스이다.
- aws.amazon.com(AWS EC2, AWS S3) : 아마존(Amazon)에서 제공하는 서버 호스팅과 웹하드 서비스이다.

4) 미래형 융합 기술

첨단기술 산업을 6T라고 하며, 정보기술(IT: Information Technology), 생명공학기술(BT: Biology Technology), 나노기술(NT: Nano Technology, 초정밀기술), 환경공학기술(ET: Environment Technology), 우주항공기술(ST: Space Technology), 문화콘텐츠기술(CT: Culture Technology)을 포함한다. 융합기술은 이와 같은 신기술을 결합하여 시너지(synergy) 효과를 얻는 것이다. 융합기술을 적용함으로써 기존 제품의 성능이 향상되고 신기술의 개발로 산업 및 사회에 혁신적인 변화가 일어나게 된다. 융합(convergence)은 IT를 중심으로 IT+BT, IT+NT, IT+ST, IT+CT 형태의 융합기술과 BT+NT, BT+CT, ST+NT 등 상호결합 기술에 중점을 두고 있다.

IT 융합은 특히 IT-NT와 IT-BT 분야에서 활발히 전개되고 있다. 최근 자동차, 조선, 항공 등 기간산업에 IT의 활용 비중이 점차 높아지고 있다. 이에 따라 정부에서는 아래 그림과 같이 자동차, 조선, 국방, 건설, 의료 등 우리나라 5대 주력산업과 IT의 융합 기술개발을 위해 연구에 착수하였다.

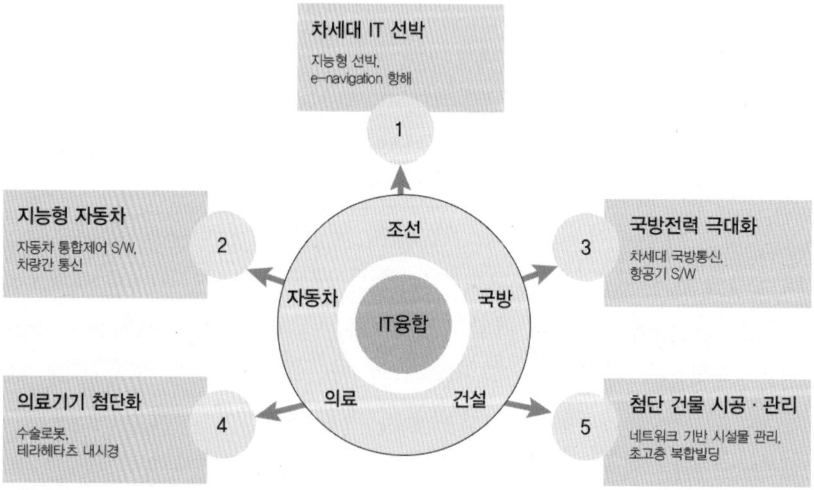

아래 그림은 융합을 위한 IT, BT, NT의 요소기술과 IT-BT, IT-NT, BT-NT 융합의 응용분야를 나타낸 것이다. 융합을 위한 요소기술은 IT에서 컴퓨터, 반도체, 유무선통신, 정보보호 등이 있다. BT에서 요소기술은 유전공학, 바이오장기, 분자생물학, 신약 등이 있다. NT에서 요소기술은 나노신소재, 나노구조체, 나노공정, 정보저장 등이 있다.

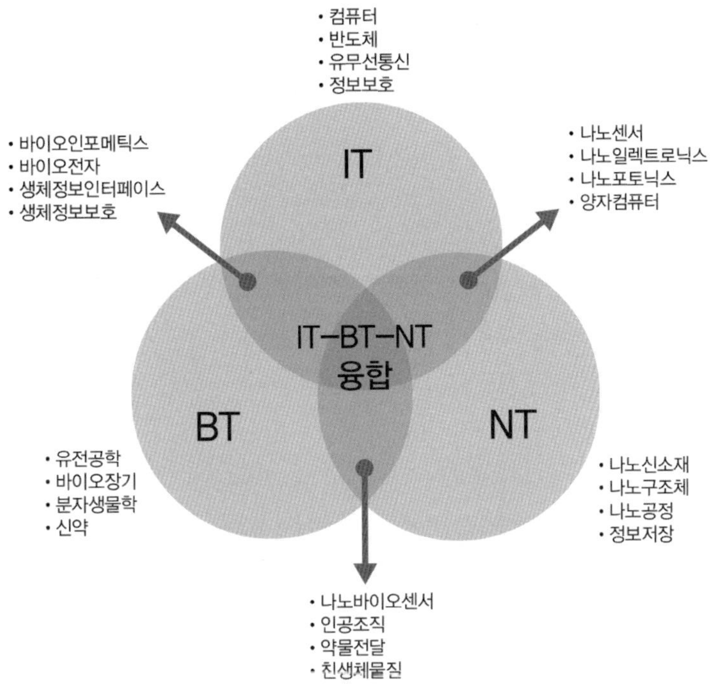

(1) IT-NT 융합

IT-NT 융합의 응용분야는 나노센서, 나노일렉트로닉스, 나노포토닉스, 양자컴퓨팅 등이 있다. 서비스와 제품으로는 인체내장형 로봇, 교감형 단말기, 정보저장 기기, 정보처리 부품 등이 있다. IT-NT 융합기술은 원자 또는 분자 레벨의 나노기술을 정보통신 기술에 접목하여 고성능·소형화·이동성 등을 획기적으로 높일 수 있는 새로운 핵심 기술이다. 나노센서는 나노 수준의 정보를 감지할 수 있도록 구조체를 제작하고 제어할 수 있는 기술이다. 나노일렉트로닉스는 반도체 트랜지스터 소자의 기술적 한계를 극복하기 위한 것이며, 관련 기술에는 나노 수준의 전자소자 기술, 나노공정 기술, 나노 SoC 기술 등이 있다. 나노포토닉스는 CD, DVD 등 광디스크 기술의 한계를 극복기 위한 것이며, 신개념의 광메모리 기술, 나노입자 형광광 저장기술 등이 있다. 양자컴퓨터는 초고성능, 광대역성을 목표로 양자를 이용한 컴퓨터 및 통신 분야를 연구하는 것이며, 관련 기술에는 양자컴퓨터 기술, 양자점광통신소자 기술, 양자통신 기술 등이 있다.

(2) IT-BT 융합

IT-BT 융합의 응용분야는 바이오인포매틱스, 바이오센서칩, 바이오전자·컴퓨터, 생체정보인터페이스, 생체정보보호 등이 있다. 서비스 및 제품으로는 원격진료, 자가진단, 맞춤의약, 생체인식시스템, 바이오컴퓨터 등이 있다. IT-BT 융합에서는 기존의 정보통신 기술을 생명체 현상과 접목하여 생물학적인 원리와 특성을 활용한 새로운 IT 제품 및 서비스를 창출한다. 생물학 관련 정보를 생성·가공·공유·서비스하기 위해 바이오 정보처리 소프트웨어, 바이오 정보감지 소자, 생체정보 모니터링 시스템, 생체정보 보호모듈 등의 소프트웨어와 하드웨어가 필요하다.

(3) BT-NT 융합

BT-NT 융합의 응용분야는 나노바이오센서, 인공조직, 약물전달, 친생체물질 등이 있다. 서비스 및 제품으로는 인공장기와 근육, 유전자 치료, 지능형 약물전달 시스템, 입는 바이오센서 등이 있다.

(4) IT-NT-BT 융합

IT-NT-BT 융합기술은 정보기술(IT), 나노기술(NT), 생명기술(BT)을 결합한 미래형 기술이다. 생체인식 기술, 각종 바이오칩 등이 이에 해당된다. 의료 분야와 함께 식품가공 분야나 군사 분야까지 적용 범위가 확대되고 있다.

다음 그림은 융합기술 분야의 미래 유망 서비스를 나타낸 것이다. 유망 서비스에는 지능형 실감통신 서비스, U-디지털 헬스 서비스, 환경, 안전 및 국가보안 서비스 등이 있다. 이러한 서비스가 실현되기 위해서는 미래 사회의 다양한 요구를 수용할 수 있어야 하며, 서비스를 위한 고도의 첨단 전략기술들이 개발되어야 한다.

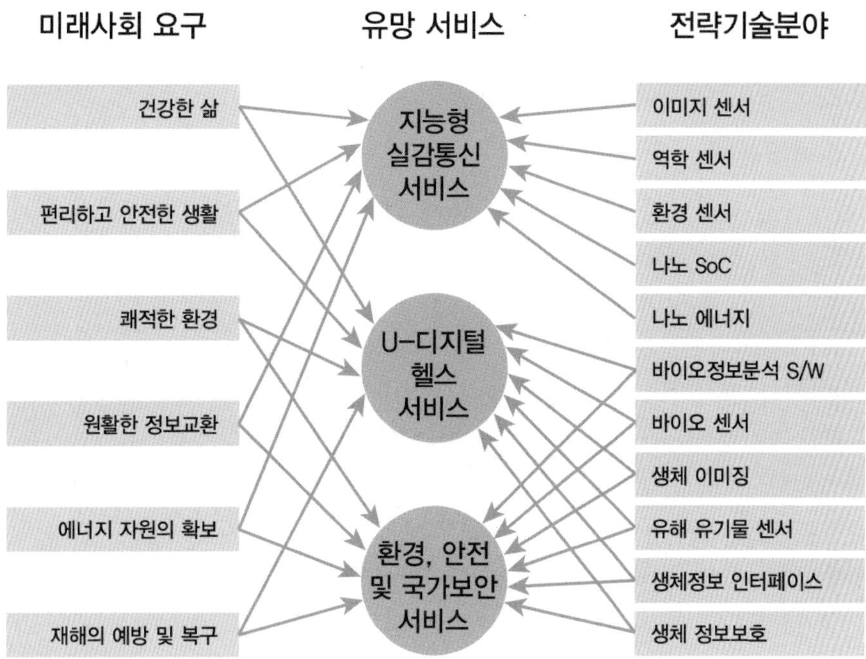

(5) IT 기반 융합기술 사례

MIT의 미디어랩은 작은 공간의 기숙사 안에 컴퓨터 장치를 넣어, 벽면 · 방바닥 등을 축구장이나 볼링장 · 우주정거장으로 변화시켜 사이버 체험이 가능한 기술을 개발하고 있다.

이스라엘에서는 인체에 바이오 물질을 투입시켜 눈 · 코 · 입 · 팔 · 다리 등 모든 신체 상태를 실시간으로 컴퓨터로 보내고, 그 정보를 아바타로 저장하는 시스템을 개발하고 있다. 몸 상태에 이상이 발견되면 아프기 전에 미리 치료할 수 있도록 한다.

미국의 벨 연구소는 정보통신에 사용되는 에너지 소모량을 지금의 1000분의 1로 줄이는 방법을 찾고 있다. 인터넷 사용량이 급증하면서 에너지 사용량이 증가한 것에 대한 대응책이다. 이것이 현실화되면 정보통신을 이용하는 데 1년간 소요되는 에너지로 1000년 동안 사용할 수 있게 된다.

뉴저지 주립대학에서는 실시간으로 사회적 이슈를 분석하는 연구를 수행하고 있다. 예를 들면, 유엔 사무총장이 북한 핵 문제에 대한 연설을 하는 경우 SNS를 통해 들어오는 다양한 반응을 북한, 핵 등 20~30개의 키워드별로 실시간으로 분석할 수 있다. 연설이 끝나는 동시에 연설에 대한 반응을 키워드에 따라 성별 · 나이별 · 지역별로 출력할 수 있다.

3.1.2 정보통신 기술의 활용 사례

1) 슈퍼컴퓨터의 활용

(1) 슈퍼컴퓨터

슈퍼컴퓨터는 연산처리 속도가 매초 10억 회 이상이며 주로 과학기술 계산 전용으로 사용된다. 예를 들면, IBM에서 개발한 슈퍼컴퓨터인 로드러너(Roadrunner)는 페타(peta, 1000조) 급의 성능을 갖고 있어서 10만대 이상의 PC를 합친 규모의 연산능력이 있다. 이 컴퓨터에는 AMD 마이크로프로세서 옵테론(Opteron) 1만 6000여개와 '셀 브로드밴드 엔진' 1만 6000여개가 장착되어 있다. 로드러너는 미국 LA에 지진이 발생할 경우 시내의 모든 건물이 각각 어느 정도의 충격을 받을지 예측할 수 있다. 슈퍼컴퓨터는 연산 속도를 높이기 위해 다중처리 방식, 파이프라인 처리 방식, 병렬처리 방식 등을 사용하고 있다. 이러한 슈퍼컴퓨터는 지구 온난화 예측, 신약 개발, 노후한 핵무기의 안전성 검증 등 각종 연구에 활용될 수 있다. 이러한 슈퍼컴퓨터를 활용한 연구와 신제품 개발의 중요성이 강조되면서 슈퍼컴퓨터의 보유 능력이 그 나라의 과학기술 수준을 판단하는 척도로 작용하고 있다.

(2) 슈퍼컴퓨터 현황

슈퍼컴퓨터는 국방, 우주 개척, 재난 예방, 에너지 분야 등 국가안보와 관련된 분야에 크게 공헌해왔다. 최근 바이오, 자동차, 전자, 신소재, 항공・우주개발 등 주요 산업분야에서 슈퍼컴퓨터의 사용이 증가되고 있다. 일기예보를 만들기 위해서는 전 세계 곳곳에서 실시간으로 측정한 기상관측 자료를 고속 통신망을 통해서 수집한다. 수집된 기상관측 자료량은 매우 방대하며 이것을 일기예보용 프로그램인 수치예측모델의 입력 데이터로 변환시켜 계산하게 된다. 이때 일기예보용 프로그램 계산을 정해진 시간 안에 신속히 완료하는 것이 중요하다. 현재 기상청에서 업무에 활용하는 슈퍼컴퓨터는 6억명이 동시에 1년간 계산해야 풀 수 있는 계산량을 1초만에 계산할 수 있는 성능을 가지고 있다.

다음 표는 현재 우리나라에서 사용하고 있는 대표적인 슈퍼컴퓨터의 사양을 나타낸 것이다. 표에서 1tera FLOPS(Floating-point Operations per Second)는 초당 1조번의 부동 소수점 연산을 수행하는 것을 의미한다. 2015년에 세계에서 가장 빠른 슈퍼컴퓨터로 선정된 중국 국방과학기술대학의 텐허(Tianh)-2는 33.8Tera FLOPS의 성능을 가지고 있다.

시스템 이름	해온(해담: 백업/연구용)	TACHYON-II
보유 기관	기상청	KISTI
아키텍처	MPP(Massively Parallel Processor)	Cluster
모델	Cray XE6	Sun Blade 6275
프로세서	12-core 64bit AMD Opteron 6100	Intel Xeon X5570(Nehalem)
상호연결망	Gemini (custom)	IB 40G 8x QDR
프로그래밍 모델	F77/90/95, C/C++, UPC MPI(Message Passing Interface), OpenMP Cray compiler(custom)	C, MPI, OpenMPI
OS	CLE(Cray Linux Env)	Redhat Enterprise Linux
서비스 및 활용	날씨/기후 연구	범용
이론적 최고성능	379(해온)/379(해담) tera FLOPS	300 tera FLOPS
제조사	Cray Inc.	Oracle(SUN)

Top500 슈퍼컴퓨터 사이트(top500.org)에서는 전 세계 슈퍼컴퓨터의 순위를 지속적으로 발표하고 있다. 2012년 세계에서 가장 빠른 슈퍼컴퓨터는 미국 에너지부 국립연구소에 있는 세쿼이어(Sequoia)가 선정되었다. 세쿼이어는 IBM이 제작한 것이며, 한 시간의 연산 속도가 전 세계 인구와 비슷한 67억 명이 휴대용 계산기로 쉬지 않고 320년 동안 계산해야 하는 정도로 빠르다. 세쿼이어는 2위를 차지한 일본 후지쓰의 K 컴퓨터보다 연산 속도 면에서 1.55배 빠르다. 세쿼이어는 노후화된 핵무기의 수명 연장에 필요한 모의실험 등에 사용된다. 미국은 상위 10위 슈퍼컴퓨터 가운데 3대, 중국과 독일이 각각 2대, 일본, 프랑스, 이탈리아가 각각 1대를 보유하고 있다. 아래 그림에서 왼쪽은 세쿼이어를 나타낸 것이며, 오른쪽은 슈퍼컴퓨터를 제조하는 회사의 생산량에 따른 순위를 나타낸 것이다.

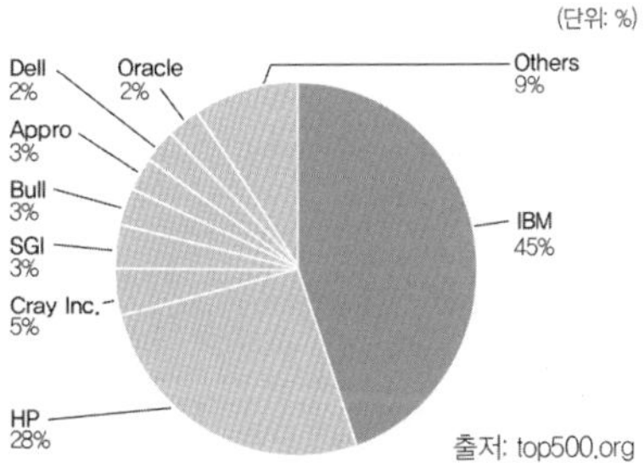

슈퍼컴퓨터 생산량 순위(2012년 현재)

다음 그림에서 왼쪽은 슈퍼컴퓨터의 국가별 사용량을 연도에 따라 나타낸 것이며, 오른쪽은 아시아 지역 국가들에 대한 데이터를 나타낸 것이다.

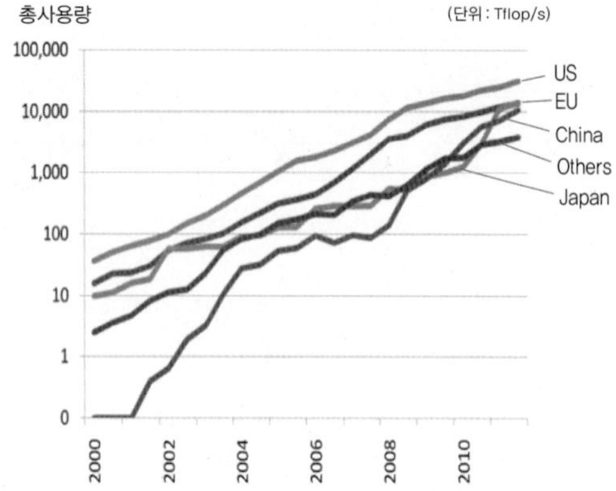

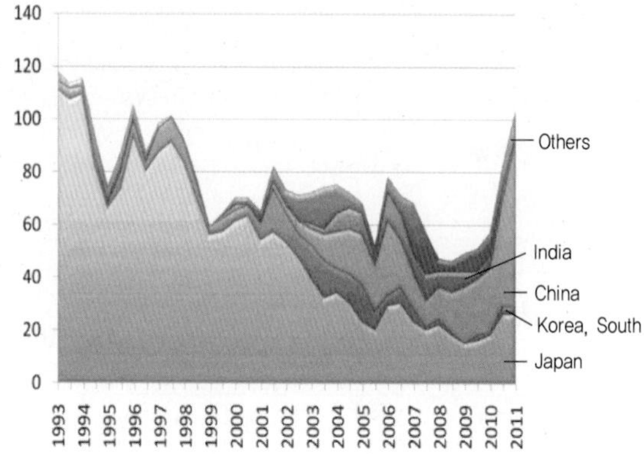

출처: top500.org

(3) 슈퍼컴퓨터 활용 사례

IBM이 개발한 슈퍼컴퓨터 왓슨(Watson)은 퀴즈쇼 '제퍼디'에 출연해 퀴즈왕들을 물리쳤으며, 건강보험회사에서 관련 업무를 지원하고 있다. 왓슨의 자료 처리속도와 언어 이해 능력을 의료분야에 적용하는 것이 IBM의 오래된 목표였으며, 최근에는 암 진단에 활용되고 있다. 왓슨이 대량의 자료를 토대로 새로운 정보를 찾아내는 데이터 마이닝(mining)을 통해 의사들의 암 진단 및 치료방법의 선택을 돕는다. 암센터는 왓슨 컴퓨터를 효과적으로 활용함으로써 암 진단과 치료가 더욱 빠르고 정확해질 것으로 예상하고 있다. 왓슨 컴퓨터를 활용하고 있는 암센터는 1884년에 세워진 세계에서 가장 오래되고 규모가 큰 민간 암 전문병원이다. 왓슨에 텍스트북, 의학저널, 개인 의료기록 등의 자료와 복잡한 암 시나리오를 입력하며, 이를 활용한 암 진단 및 치료 방안이 빠르게 제시된다. IBM은 2015년 자료분석 사업으로 160억달러의 수입을 올린다는 목표를 설정하였으며, 이 가운데 일부를 왓슨이 담당할 예정이다.

2) 지리정보시스템의 활용

(1) 지리정보시스템

지리정보시스템(GIS: Geographic Information System)은 컴퓨터를 이용하여 지리정보를 기초로 데이터를 가공하고 교통·통신 등과 같은 지형 관련 분야에 적용할 수 있도록 설계된 정보 시스템이다. 스마트폰을 포함한 모바일 기기의 확산과 IT 기술의 발달로 지리정보가 다양하게 활용되고 있다. 응급 구조, 재난 및 범죄 신고 등 공공 서비스에 지리정보가 활용되고 있다.

최근에는 지도와 데이터의 무한결합이 추진된 사례들이 발표되고 있다. 지도는 단순 정보의 제공에서 벗어나 데이터와 결합하여 새로운 가치를 창출하고 있다. 구글 어스는 간단한 마우스 조작으로 지구 반대편의 도로 표지판까지 식별할 정도로 선명한 사진을 제공한다. 검색 업체들은 위성사진이나 거리 사진을 지도와 결합하였고, 지리정보시스템은 인구통계나 범죄 발생 정보 등 다양한 데이터와 결합되고 있다. 정부와 기업은 이를 바탕으로 각종 사회통계학적 자료를 결합해 활용하고 있다. 건축물 대장과 지도를 결합하면 노후건물 밀집 지역을 한눈에 볼 수 있다. 우리나라는 아직도 공공 정보에 대한 민간의 접근이 상당히 제한되어 있다. 공공 정보는 민간 정보보다 방대하고 광범위하며, 막대한 자원이 투입된 최대의 디지털 국가 자산이다. 이러한 지리정보를 활용한 간단한 예를 살펴보자.

아래 왼쪽 그림은 서울 대치동 학원가의 10대 청소년 밀집도를 조사한 것이다. SK텔레콤 기지국의 고객 통화량 트래픽을 분석해 10대 유동인구의 분포를 조사하였다. 하루 1000명 미만부터 5000명까지 지역을 1000명 단위로 색을 구분해 나타내었다. 이 지도는 청소년 유해시설의 입점을 막거나 안전시설 확충 계획 수립 등의 의사 결정에 활용될 수 있다.

아래 오른쪽 그림은 서울 지하철 강남역 일대에서 70대의 신용카드 소비패턴을 나타낸 것이다. 한 금융사의 카드결제 자료를 지도와 결합한 결과 신논현, 역삼, 양재역 부근과 청담동 일대에서 결재가 가장 많은 것으로 나타났다. 반면에 20대를 분석한 지도에서는 강남역 부근에서 결재가 가장 많은 것으로 나타났다.

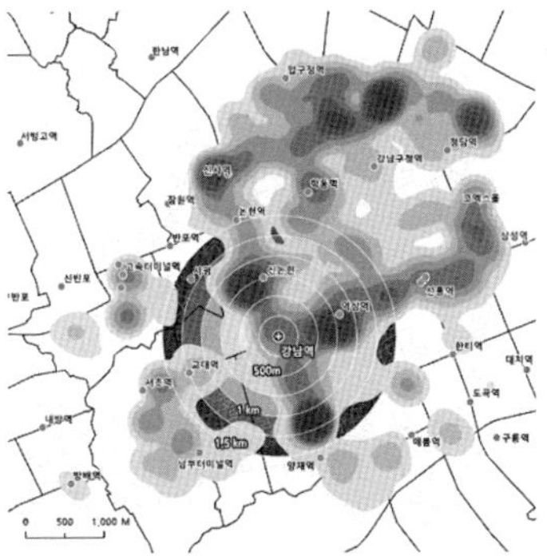

출처: news.chosun.com

(2) 지역분석 시스템 지오비전

IT가 도입되자 기업들은 지리적 패턴과 수치를 시각화해 기상도처럼 매출과 고객층 변화를 지도에 나타내어 경영적 판단에 활용하고 있다. 이와 같은 고급 정보를 이제 개인도 활용할 수 있게 되었다. 국내 9개 통신, 금융, 부동산, IT 업체들은 자신이 보유한 정보를 모아 새로운 지역분석 시스템인 지오비전(Geovision)을 발표하였다. 각 업체들이 그동안 쌓아온 영업 정보는 개인정보 보호 대상이어서 공개할 수 없었다. 그러나 지리정보를 이용해 개인정보를 침해하지 않고도 이 정보들을 통합할 수 있게 되었다. 금융기관은 고객의 결제정보에 좌표를 부여해 이를 공간 단위로 제공한다. 그리고 결제정보를 특정 지역 단위로 집계해 지리정보로 바꾼다. 통신회사는 개인 이용자 정보 대신 무선통신 기지국 트래픽을 분석해 시간대 및 연령대별 유동 인구를 추출한다. 최종적으로 이들 기업이 보유한 정보를 지도와 결합시키게 된다. 이를 통해 개인 이용자들은 과거에 구하기 힘들었던 자료도 쉽게 접할 수 있다. 예를 들어, 사이트에 접속해 매장 오픈 예정지역을 지도에 표시한 뒤 업종을 선택하면 유동 인구, 동일 업종 월평균 매출, 고객 1인당 소비 금액, 시간대나 연령대별 평균 매출액, 경쟁 매장 분포도 등의 정보를 생성할 수 있다.

3) 구글의 신기술 활용

구글(Google)이 추진하고 있는 사업은 일상생활을 포함하여 IT, 우주항공, 금융, 사회사업 등 다양한 분야로 영역이 확대되고 있다. 사람의 힘으로 움직이는 모노레일 연구, 저소득층 주거 안정을 위한 펀드 조성, 통신망 확충 등이 좋은 예이다. 구글의 엔지니어들은 공식적으로 20%의 시간을 새로운 아이디어를 개발하는 데 사용한다. 구글의 다양한 새로운 서비스의 배경에는 '20% 룰(rule)'이 있다. 구글 직원들은 업무 시간의 20%를 회사 업무가 아니라 자신이 하고 싶은 일을 하는 데 사용한다. 구글에는 벌을 키우는 것과 같은 이해하기 힘든 업무를 맡은 직원도 있다. 구글 본사 주변에 설치된 몇 개의 벌통을 관리한다. 벌을 키우는 정확한 용도는 알려지지 않았다. 세계 최대 인터넷 기업 구글은 상상하기 어려울 정도로 다양한 분야에 투자하고 연구하는 회사이다.

(1) 스마트 안경 프로젝트

미국 캘리포니아에서 열린 구글 개발자 컨퍼런스에서 구글의 공동 창업자 세르게이 브린이 '구글 안경(Google glass)'을 쓰고 나와 참가자들에게 제품을 소개하였다. 2013년에 출시된 '구글 안경'은 안경처럼 쓰고 다니는 스마트폰이다. PC를 사용하지 않고, 스마트폰이 없어도 24시간 구글을 통해 정보를 주고받을 수 있다.

구글의 안경은 카메라가 내장된 일종의 착용 가능한 스마트폰으로 볼 수 있다. 안경에

는 카메라와 마이크, 자이로스코프 센서, 눈동자 움직임 추적장치, 적외선 감지기 등이 필요하다. 안경에는 디스플레이가 장착되어 있고, 배터리가 안경의 다리에 내장되어 있다. 오른쪽 눈 상단에 위치한 조그마한 스크린으로 데이터가 투영된다. 음성 명령으로 사진을 찍거나 메시지를 보낼 수 있다. 마이크에 대고 'OK, Glass'라고 말하면 시야 측면으로 메뉴가 뜬다. 메뉴에는 사진 촬영, 비디오 녹화, 구글 맵 사용, 전화 걸기 등을 실행하는 다양한 아이콘이 나타난다. 구글 안경은 2013년에 출시되었고, 2015년부터 상용화되어 판매되고 있다.

(2) 무인 자동차

구글이 개발한 무인 자동차(self driving car)는 미국 실리콘밸리 마운틴뷰(Mountain View) 시내를 주행하고 있다. 차 안에 사람은 있지만 직접 운전은 하지 않는다. 차 위에 카메라와 전자장비가 달려있고, 카메라와 센서가 사방 60m를 감지해 스스로 움직인다. 센서가 차량 내 컴퓨터와 연결돼 도로 상황을 스스로 판단하면서 주행한다. 구글의 지도 서비스가 주변 환경 정보를 실시간으로 차량에 전송한다. 2010년 시범운행을 시작한 무인 차량은 25만㎞를 달리는 동안 한 번도 사고를 내지 않았다. 구글의 무인 자동차가 네바다주의 면허를 취득함으로써 무인 자동차의 상용화가 현실로 다가오고 있다.

참조 구글 무인자동차의 주행(www.youtube.com/v/cdgQpa1pUUE)

(3) 우주 탐사 프로젝트

인터넷 기반 서비스를 확장해온 구글이 최첨단 기술을 실험하기 위해 '구글 X'라는 실험 단지를 운영하고 있다. 구글 X에서 실험 중인 아이디어 중 하나는 '우주 엘리베이터'다. 지구 밖으로 연결된 일종의 나노 튜브를 통해 데이터를 주고받고, 궁극적으로는 우주선을 타지 않고도 인간이 우주로 나갈 수 있도록 한다. 우주 탐사를 촉진하기 위해 달 탐사 프로젝트인 '루나X 프라이즈'를 발표하였다. 구글은 로봇을 달에 보내 달 표면을 걸어 다니게 하고 데이터를 지구로 전송하는 데 성공한 기업이나 개인에게 3000만달러를 주겠다고 하였다. 또 화성 표면을 촬영해 지도로 만들어 인터넷에 공개하고 있다.

미국 캘리포니아에 있는 구글 본사 건물 1층 천장에는 '스페이스십1'이라는 소형 우주선이 매달려 있다. NASA와 공동 기술개발 협정을 맺고, 행성과 행성 간에 인터넷을 이용할 수 있는 우주인터넷 프로젝트도 추진하고 있다. 이 외에도 구글 맵을 위한 지도 제작에 투입될 로봇 측량사, 옷처럼 입을 수 있는 컴퓨터, 원격 조종으로 물을 줄 수 있는 정원 등이 구글 X에서 진행되고 있다. 2014년에 개봉된 영화인 〈인터스텔라(Interstellar)〉처럼 행성을 찾아 여행하고 탐사하는 것이 가까운 미래에 실현될 가능성이 있다.

미국 서부의 모하비 사막에는 우주기술 벤처들이 모여 있는 '스페이스 밸리'가 있다. 현재 스페이스 밸리에 있는 20개 이상의 팀이 달에 착륙할 수 있는 로봇을 만들고 있다. 구글은 로봇 탐사선을 달에 착륙시켜 표면에서 500m 이상 전진하면서 동영상과 이미지를 지구로 전송하면 3000만달러를 주겠다고 현상금을 걸었다. 이와 함께 우주탐사와 관련하여 1997년 한 기업인이 1000만달러의 현상금을 걸었다. 순수 민간 자본으로 만들고, 세 명의 우주인이 고도 100㎞까지 여행하고, 귀환 2주일 뒤에 같은 우주선으로 다시 우주여행에 성공하는 조건이었다. 이외에도 IT 연구와 개발에 관련하여 다양한 영역에서 현상금이 걸려있다. 환자 몸을 스캔해 15가지 병을 진단할 수 있는 무게 2.2kg 이하의 의료기기를 만들면 1000만달러, 온실가스를 제거 및 이동시키는 상업적 기술에는 2500만달러의 상금이 걸린 것도 있다. 1L당 42.5㎞를 달릴 수 있는 자동차를 만들면 10만달러의 상금이 주어지고, 바다에 유출된 기름을 제거할 수 있는 아이디어를 제안하여 140만달러의 현상금을 받은 사례도 있다.

(4) 풍력, 태양광 발전사업

태양광 발전을 위한 패널이 미국 캘리포니아 구글 본사 주차장 천장 윗면을 가득 메우고 있다. 구글은 신재생 에너지가 차세대 성장 사업이 될 것으로 예상하고 있다. 캘리포니아 모하비 사막에 있는 태양광 발전소 건설에 2천억원을 투자하였다. 4천만 달러를 투자해 아이오와주에 풍력발전 설비를 만들고 여기서 생산한 전기에너지를 판매한다. 구글은 미국 노스다코다주에 대규모 풍력 발전단지를 조성하기 위해 4천만 달러를 투자하였다.

4) 세티(SETI) 프로젝트

(1) 역사

SETI(Search for Extra Terrestrial Intelligence)의 기본 개념은 거대한 생명체가 존재할 가능성이 높은 행성에 대해 주파수 대역의 신호를 분석하고 특정한 반복 패턴을 보이는 인공적으로 만들어진 전파신호를 찾아내는 것이다. SETI의 전신인 오즈마(Ozma) 계획은 1960년대부터 시작되었지만 현재까지 외계 생명체의 흔적을 찾지 못하고 있다. 외계로부터의 신호는 전파망원경으로 수신한다. 전파망원경이 수신한 전파 신호 속에는 별의 탄생이나 블랙홀에서 나오는 호킹 복사(Hawking radiation) 등 다양한 자연의 전파가 포함돼 있다. 여기서 인공적인 전파를 가려내기 위해서는 높은 연산 능력을 갖는 슈퍼컴퓨터가 필요하게 된다. SETI 프로젝트는 전 세계에서 쉬고 있는 컴퓨터 자원을 활용하는 분산 컴퓨팅의 형태로 발전하였다. SETI@home은 전 세계에 연결된 개인용 컴퓨터로 구성된 네트워크가 슈퍼컴퓨터의 역할을 수행하여 신호를 분석한다. SETI@home은 BOINC(Berkeley Open Infrastructure for Network Computing)이라는 분산 컴퓨팅을 지원하는 오픈 플랫폼 프로그램에서 작동된다. 현재 BOINC는 마이크로소프트 윈도, 맥 OS, 리눅스 등 다양한 운영체제에서 구동할 수 있는 버전이 사용되고 있다.

(2) 수행 단계

SETI@home 프로젝트는 몇 단계의 과정을 거쳐 이루어진다. 먼저 프로젝트의 수행을 위한 정보는 푸에르토리코에 위치한 지름 305m의 세계 최대의 단일 전파망원경인 아레시보(Arecibo) 천문대의 수신기에서 수집된다. 수집된 데이터는 용량이 매우 크기 때문에 분산 컴퓨팅 기술을 이용하여 처리한다. 버클리 대학에서 데이터를 일정 단위로 작게 나누어 전 세계의 BOINC 소프트웨어가 설치된 개인용 컴퓨터로 전송한다. 개인용 컴퓨터에서 데이터의 분석이 이루어지며, 분석된 결과는 다시 버클리 대학으로 보낸다. 그림은 아레시보 천문대를 나타낸 것이다.

현재까지 어떤 외계 지적생명체의 증거를 발견하지 못했지만 여러 가지 기록을 남기고 있다. SETI@home 프로젝트는 전 세계에서 520만대 이상의 PC가 참여한 분산 컴퓨팅 프로젝트이다. 2001년에는 총 1제타(zetta, 10의 21제곱)의 부동 소수점 연산을 수행하여 기네스 세계기록으로 인정되기도 했다. 2009년에 전 세계 27만대 정도의 PC가 이 프로젝트에 참여하였으며, 초당 평균 610테라 플롭스(tera FLOPS)의 부동 소수점 연산을 기록하였다.

(3) 프로젝트 참여

인터넷에 연결된 개인용 컴퓨터가 있다면 누구나 무료 소프트웨어를 다운로드 받아 실행시킴으로써 SETI@home 프로젝트에 참여할 수 있다. 이 프로그램은 사용자 개인용 컴퓨터의 CPU, 디스크 공간, 네트워크 대역폭의 일부를 이용하여 작업한다. 일반적으로 사용자가 다른 작업을 하지 않을 때 화면 보호기의 형태로 작동하며, 사용자가 컴퓨터 자원의 사용 정도를 설정할 수 있다. 처리 속도를 높이기 위하여 화면 보호기를 끄고 백그라운드로 작업을 진행하도록 설정할 수 있다.

2006년에 새로운 업그레이드 프로그램인 'SETI@home Enhanced'가 발표되었다. 이것은 외계에서 오는 전파를 좀 더 자세하게 분석할 수 있도록 변경된 프로그램이다. Astropulse는 새로운 타입의 SETI 프로젝트로서 기존의 SETI@home의 확장이다. 기존의 SETI@home은 종래의 AM이나 FM 라디오와 같이 좁은 주파수 대역에서 외계신호를 찾지만 Astropulse는 더 넓은 대역에서 외계신호를 찾기 위한 프로그램이다. 이는 외계생명체로부터의 신호뿐만이 아니라 빠르게 돌고 있는 펄서(Pulsar)라든지 블랙홀, 또는 아직 알려지지 않은 새로운 형태의 천문 현상도 함께 찾기 위한 프로그램이다. 따라서 기존의 SETI@home Enhanced보다 더 많은 연산을 필요로 하고 처리 시간도 오래 걸리기 때문에 최소 사양 이상인 PC에만 작업을 전송한다.

(4) SETI KOREA 프로젝트

2008년 개관한 국립과천과학관에는 세계적으로 유례를 찾기 힘든 대중용 외계인 탐색 전용 전파망원경이 설치되어 있다. 전파망원경은 지름 7.2m이며, SETI@home 프로젝트를 벤치마킹하여 외계 지적생명체 탐사를 목적으로 한다. 과학관은 이를 위해 이 전파망원경을 이용해 우주에서 오는 약한 전파신호를 포착하고 분석하는 작업을 하며, 향후 은하평면 주변 및 외계 행성계를 대상으로 탐사작업을 추진한다.

3.2 미래 인터넷

다음 그림은 2012년에 한국인터넷진흥원에서 시행한 인터넷 이용 실태조사에서 인터넷 이용자 수의 변화와 인터넷 이용 목적(복수응답)을 나타낸 것이다. 인터넷 이용자 수는 최근까지 지속적으로 증가하여 2011년에 3700만 명을 넘어섰다.

인터넷을 이용하는 목적으로 자료 및 정보 획득, 여가활동, 커뮤니케이션 등이 큰 비중을 차지하였다. 인터넷 이용자들 중에서 92%는 인터넷을 사용하여 자료 및 정보 획득을 하고 있는 것을 알 수 있다. 또한 인터넷 이용자의 89% 정도는 여가활동이나 커뮤니케이션을 위해 인터넷을 사용하고 있는 것으로 확인되었다.

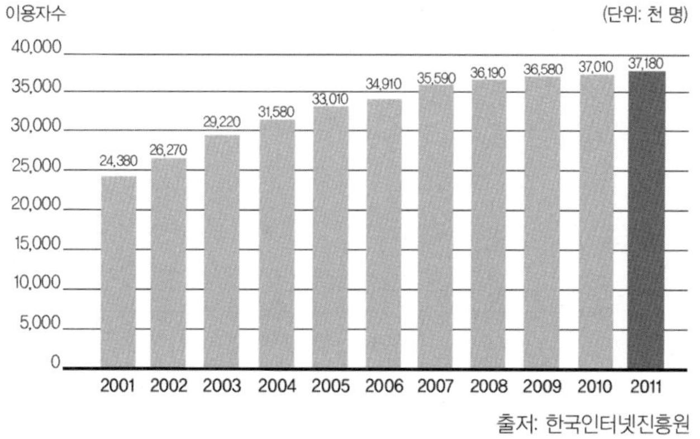

인터넷 이용 실태조사 (2012년 현재)

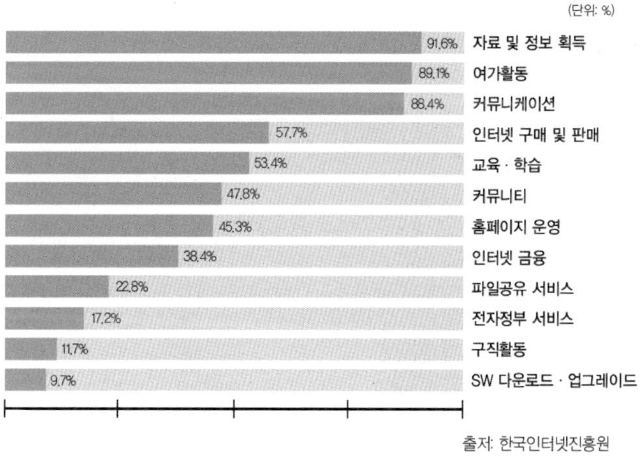

인터넷 이용 목적 (2012년 현재, 중복응답)

참조 인터넷의 역사(www.youtube.com/watch?v=9hlQjrMHTv4)

3.2.1 인터넷 환경의 변화

인터넷은 정치·경제·사회·문화 등 다양한 측면에서 큰 변화를 가져왔다. 예를 들면, 정치적인 측면에서 전자 투표, 전자 소송, 인터넷 재판, 전자정부 시스템, SNS 등이 도입되거나 확산되었다. 경제적인 측면에서 T-커머스, U-커머스, 모바일 앱(앱스토어), 전자책 시장, 소통 마케팅 서비스가 시행되었다. 사회적인 측면에서 SCADA(Supervisory Control and Data Acquisition), U-스마트시티, 모바일 오피스, 웹 3.0, 원격진료 서비스, 행동인식 서비스, 증강현실 등이 출현되었으며, 문화적인 측면에서 개인정보 보호, 저작권, 게임 및 인터넷 중독, 디지털 기마족, 디지털 이중자아 등의 새로운 변화가 형성되었다.

1) 인터넷과 경제

인터넷이 발전하면서 소셜커머스와 같은 새로운 형태의 상거래가 형성되었다. 이것은 온라인 공동구매 형태이며, 일정 수 이상의 구매자가 모이면 파격적인 할인가로 상품을 제공한다. 소셜커머스는 페이스북, 트위터 등의 소셜 네트워크 서비스(SNS: Social Network Service)를 통하여 정보 교류가 이루어지는 전자상거래의 일종이다.

(1) 인터넷 쇼핑몰

인터넷 쇼핑몰은 사이버몰이라고도 하며, 인터넷을 통하여 제품을 주문하고 판매하는 전자상거래 사이트이다. 기업과 소비자 사이에 이루어지는 전자상거래의 가장 대표적인 형태이다. 소비자는 직접 상점을 찾지 않고도 가격·품질 등에 따라 상품을 비교하면서 한자리에서 값싸게 구매할 수 있다. 운영자는 적은 비용으로 매장을 개설하고, 운영비를 절감하여 상품 가격을 낮출 수 있는 장점이 있다. 아래 그림은 인터넷 쇼핑몰인 '안동장터'와 '예스24'의 화면을 나타낸 것이다.

(2) 인터넷 경매

경매는 물품 판매자가 구매자를 모집하여 가격신청을 받아 최고가격을 부르는 사람과 매매계약을 하는 형태이다. 인터넷 경매는 전자상거래 방식의 일종으로 웹 사이트에서 경매가 이루어진다. 즉, 회사가 웹사이트를 통해 사이버 장소를 제공하고, 여기에서 회원들 간에 매매거래가 이루어질 수 있도록 서비스하는 경매이다. 인터넷 경매 사이트로 이베이(eBay), 옥션(Auction), 온세일(OnSale), 유비드(uBid) 등이 있다. 아래 그림은 이베이와 옥션의 사이트를 나타낸 것이다.

(3) 오픈 마켓

오픈 마켓은 개인과 소규모 판매업체 등이 온라인상에서 상품을 거래하는 중개 방식의 인터넷 쇼핑몰이다. 오픈 마켓은 시스템을 제공한 대가로 상품 등록자로부터 수수료를 받아 수익을 얻는다. 오픈 마켓은 중간 유통마진이 없어서 저렴한 가격으로 판매할 수 있는 것이 장점이다. 아래 그림은 대표적인 오픈 마켓인 '인터파크'와 'G마켓' 사이트를 나타낸 것이다.

(4) 소셜커머스의 등장

소셜커머스는 SNS를 통해서 이루어지는 온라인 공동구매 방식의 전자상거래이다. 페이스북, 트위터 등 SNS의 사용량이 급증하면서 생성된 거래 방식이다. 일정 수 이상의 구매자를 모아 할인된 가격으로 상품을 판매한다. 상품의 구매를 원하는 사람들이 할인을 성사시키기 위해 공동구매자를 모으는 과정에서 주로 SNS를 이용한다. 일반적으로 공연, 레스토랑, 카페, 미용 관련 소규모 사업자의 상품이 대량 판매되고 있지만 최근에는 레저, 패션, 가전, 식품 등 다양한 상품으로 확대되고 있다. 소셜커머스가 높은 할인율이 제공되는 것은 판매업체가 박리다매와 홍보 효과를 기대하기 때문이다. 소셜커머스의 소비자들은 SNS를 통해서 자발적으로 상품을 홍보하면서 구매자를 모으기 때문에 마케팅 비용이 거의 들지 않는다는 장점이 있다. 대표적인 소셜커머스 업체로 그루폰(Groupon), 티켓몬스터, 쿠팡, 헬로우디씨 등이 있다.

소셜커머스의 가장 큰 문제점은 서비스의 질과 양의 문제이다. 구매할 시점의 조건과 서비스를 이용할 시의 조건이 다른 경우가 있고 가끔 사기를 당하는 경우도 발생하고 있다.

(5) 인터넷·모바일 뱅킹

인터넷 뱅킹은 계좌개설, 잔액조회, 거래명세조회, 자동이체 등의 은행 업무를 인터넷에서 수행하는 행위이다. 모바일 뱅킹은 인터넷 접속이 가능한 휴대폰을 이용해 언제 어디서나 은행의 거래조회, 신용카드거래, 계좌이체 등 다양한 서비스를 받을 수 있는 금융거래이다. IC칩 방식은 휴대폰에 내장된 스마트카드에 자신의 금융정보 등을 저장한 방법으로 보안성이 강한 특징이 있다. 휴대폰에 모바일 뱅킹용 프로그램을 다운로드하여 거래 시 프로그램을 실행하거나 휴대폰과 은행 시스템 사이에 거래 내용을 문자로 전송해 업무를 처리한다.

(6) 전자서명과 공인인증서

전자서명은 전자문서를 작성한 사람의 신원과 전자문서의 변경 여부를 확인할 수 있도록 하는 고유정보이다. 전자서명은 개인키와 이와 대응되는 공개키로 구성된 공개키 기반구조에서 이루어진다.

공인인증서는 인터넷상에서 자신의 신원을 증명할 수 있도록 공인된 인증기관을 통해 발급되는 전자인증서이다. 인증서의 버전, 일련번호, 유효기간, 가입자 정보, 발급기 및 전자서명 알고리즘 정보 등이 포함된다.

(7) 전자화폐와 사이버머니

전자화폐는 화폐단위를 디지털화한 것으로 정보통신회선을 통하여 자금결제가 이루어지는 화폐이다. 은행 또는 발행자가 IC 카드 또는 네트워크에 연결된 컴퓨터 시스템을 통하여 일정한 화폐가치를 전자기호로 저장하고 그 지급을 보장한다.

사이버머니는 물리적으로 눈에 보이지는 않지만 실제 돈과 같은 효력을 발휘하며 사이버 금융거래와 쇼핑을 위한 지불 수단으로 인터넷에서 사용되는 가상 화폐이다.

2) 인터넷과 사회

(1) 웹 3.0

1991년 웹이 만들어진 후 10년 정도의 주기로 새로운 버전이 개발되었으며, 현재 사용되고 있는 웹은 웹 3.0의 단계라고 할 수 있다. 아래 표는 웹의 특성을 발전 단계에 따라 비교하여 나타낸 것이다.

	웹 1.0	웹 2.0	웹 3.0
사용 시기	1991~2000년	2000~2010년	2010~2020년
정보 이용자	인간	인간	인간, 기계
정보 생산	검색 엔진	자유로운 정보 제공	지능화된 웹
성격	일방적 정보 전달형	사용자 참가형	완전 쌍방향형
의사소통	일방적	포털에서 양방향	자유로움
콘텐츠	생산주체가 존재	사용자 스스로 참여	개인 맞춤형
검색	검색엔진 내부	사이트의 자료 (Open API)	이용자 맞춤형 검색
제공 서비스	웹 미디어	웹 플랫폼	웹 플랫폼
기술적 특징	HTML, ActiveX 등	XML, Tag, RSS 등	지능적 시맨틱 웹

웹 1.0은 인터넷상에서 포털(portal)을 바탕으로 정보를 수집하여 보여주는 형태이며, 사용자는 포털에서 제공하는 서비스를 자신이 원하는 대로 사용할 수 있다. 웹 2.0은 사용자가 직접 데이터를 다룰 수 있는 웹 플랫폼을 제공하며, 정보를 더 쉽게 공유하고 서비스 받을 수 있도록 구성되어 있다. 커뮤니케이션 측면에서 웹 1.0은 사람과 기계, 웹 2.0은 기계와 기계 또는 사람과 사람이 대상이 된다. 콘텐츠의 구조적 측면에서 웹 1.0은 문서나 페이지 형태이며, 웹 2.0은 태그가 붙은 개체 형태로 구성된다. 이러한 특징을 갖는 웹 2.0이 최근 새로운 형태의 웹 3.0으로 진화하고 있다.

웹 2.0은 참여, 공유, 개방으로 사람들을 연결하여 사회적 연결성은 높지만, 공유된 정보를 연결하는 정보적 연결성은 낮다. 이러한 웹 2.0의 한계를 극복하고 지능화된 웹 환경을 구축하기 위해 웹 3.0이 출현하였다. 시맨틱 웹이 주류를 이루는 웹 3.0 시대는 지식기반 사회에서 최적화된 정보를 연결하기 때문에 정보적 연결성이 매우 높은 것이 특징이다.

웹 3.0의 핵심 키워드는 시맨틱 검색, 실시간 웹, 클라우드 컴퓨팅, 모바일 서비스 등이 있으며, 지능형 서비스를 위해 필요한 기술들이라고 할 수 있다. 웹 3.0은 컴퓨터가 정보 자원의 뜻을 이해하고 논리적 추론까지 함으로써 이용자의 패턴을 추론해 사용자에게 적합한 서비스를 제공할 수 있는 지능형 웹이다.

(2) 증강현실

증강현실(Augmented Reality)은 사용자가 눈으로 보는 현실세계에 가상 물체를 겹쳐 보여주는 기술이다. 현실세계에 실시간으로 부가정보를 갖는 가상세계를 합쳐 하나의 영상으로 보여주므로 혼합현실이라고도 한다. 실세계와 가상환경을 융합하는 복합형 가상현실 시스템이며, 1990년대 후반부터 미국과 일본을 중심으로 연구가 진행되고 있다. 실세계를 가상세계로 보완해주는 개념인 증강현실은 컴퓨터 그래픽으로 만들어진 가상환경을 사용하지만 주역은 현실세계이다. 컴퓨터 그래픽은 실세계에 필요한 정보를 추가로 제공하는 역할을 한다. 사용자가 보고 있는 실사 영상에 3차원 가상영상을 겹침으로써 실세계와 가상화면과의 구분이 모호해지도록 한다. 증강현실의 세 가지 중요한 특징은 실제 이미지와 가상 이미지의 결합, 실시간의 상호작용, 가상 이미지를 실세계와 결합한 3차원 영상이라고 할 수 있다.

가상현실(Virtual Reality) 기술은 가상환경에 사용자를 몰입하게 하여 실제 환경을 볼 수가 없다. 그러나 실세계와 가상의 객체가 혼합된 증강현실 기술은 사용자가 실제 환경을 볼 수 있어서 보다 나은 현실감과 부가정보를 제공한다. 예를 들면, 스마트폰 카메라로 주변을 비추면 인근에 있는 상점의 위치, 전화번호 등의 정보가 입체영상으로 표기된다. 이러한 증강현실로 현실세계의 정보를 더 생생하고 재미있게 사용할 수 있다. 아래 그림은 증강현실 기술을 적용한 앱을 실행하여 나타낸 것이다.

다음 그림은 GUI, 유비쿼터스, 가상현실, 증강현실 환경에서 컴퓨터, 실세계, 인간 사이의 상호작용이 어떤 형태로 이루어지는지 차이점을 비교하여 나타낸 것이다.

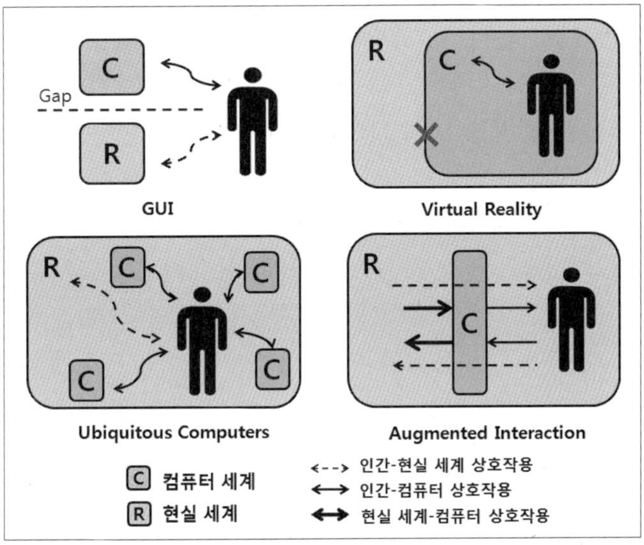

참조 What's the Next Telephone? Augmented Reality & Eye Tracking (www.youtube.com/watch?v=RC6_XpBW6ww)

(3) 전자정부 활용

전자민원 사이트에서는 다양한 행정서비스를 온라인으로 처리함으로써 언제 어디서나 고객의 접근과 이용이 가능한 서비스 형태의 정부이다. 전자정부 서비스, 온라인 발급 및 열람, 온라인으로 주민등록 신청, 토지대장 열람, 공시지가 확인 등이 서비스 된다.

3.2.2 사물 인터넷

미래 인터넷은 기존 인터넷의 문제점 및 미래 서비스 요구사항을 바탕으로 혁신적 개념에서 새롭게 설계·구축되는 인터넷을 의미한다. 인터넷의 보급이 확산되고 용도가 다양해짐에 따라 인터넷이 일상생활의 한 부분이 되었다. 인터넷에서 다양한 기기들이 서로 통신하고 정보를 주고받음으로써 인간의 가치를 높이고 있다. 이러한 인간의 가치를 향상시키는 사물지능통신(M2M: Machine-to-Machine)이 다양한 분야에 활용되고 있다. 사물지능통신은 인터넷 플랫폼을 인간 대 사물, 사물 대 사물 간의 영역으로 확대하고, 사물을 통해 지능적으로 정보를 수집하고 처리하여 상호 전달하는 서비스이다. 사물지능통신은 u-헬스, 스마트 홈, 시설물 관리, 원격감시 등 서비스 적용 범위에 제한이 없다.

M2M은 기계와 기계간에 통신을 하는 것이다. 각종 센서와 기기를 유·무선통신망에 연결해 정보를 실시간으로 수집한 후 이를 필요한 분야에 활용한다. 에너지와 수송, 농업, 원격 검침, 스마트 의료, 건설 등 활용분야가 다양하다. 차량과 차량 간에 주행 정보를 주고받거나 환경오염을 감시하고 날씨 정보를 수집하는 데도 활용된다. 교통 상황과 차량 위치를 알려주는 단말기를 버스에 설치하고 단말기가 수집한 교통 상황을 다른 버스로 전달한다. 버스들은 혼잡한 도로 상황과 최단 거리 정보를 주고받으며 가장 빠른 길을 찾아 주행할 수 있다.

건물의 온도와 습도, 조명을 조절하는 스마트 건물 관리 시스템을 구축할 수 있다. 건물 내부의 밝기, 온도와 습도, 전기 사용량을 파악하는 각종 센서와 환풍 장치, 냉난방 장치가 실시간으로 정보를 주고받게 되어 에너지를 절약할 수 있다.

M2M은 최근 농업 분야에도 적용되어 연료를 일반 장비보다 적게 쓰는 트랙터와 파종기를 만들었다. GPS를 이용해 밭의 작황을 2㎝ 간격 단위로 관리할 정도로 정교한 농업이 가능하다.

1) 인터넷 발전 계획

인터넷의 역사는 1980년대의 PC 보급, 1990년대의 웹, 2000년대의 초고속 통신망과 유비쿼터스, 2010년대의 스마트기기와 클라우드 컴퓨팅을 기반으로 혁신적인 변화가 이루어졌다. 미래 인터넷은 초광대역 기반의 정보통신망, 다양한 스마트 기기, 방대한 분량의 콘텐츠를 수용해야 한다.

정보통신 기술의 발전에 따른 변화의 물결은 1960년대의 메인프레임 컴퓨터를 시작으로 2010년대의 모바일 기기를 통한 스마트 혁명에 이르기까지 10년 주기로 정보기술 혁명이 이루어졌다. 향후 2020년대는 만물지능혁명의 시대로 발전되어 사람, 기기, 콘텐츠, 자연, 인간의 감성이 교감하는 융합의 시대가 형성된다. 이를 위해 유무선 통합 기가(Giga) 네트워크, 5G 모바일 기기, 센서/RFID 시스템, 미래 인터넷이 통신하는 환경으로 진화될 것이다.

2011년까지 세계 휴대폰의 10% 정도만 인터넷에 접속되었으며 나머지 90%가 잠재적 구성요소로 남아있었다. 에릭 슈미트(Eric Schmidt) 구글 회장은 사람, 세상, 모든 것이 상호 소통하는 시대가 다가오고 있다고 하였다. 미래 인터넷은 사람, 사물, 시스템이 고유 식별 번호를 가지고 연결되어 통신하는 만물지능통신망 환경을 제공한다. 이러한 통신망을 바탕으로 인공지능이 부가된 시스템은 인간의 판단·인식·처리 기능을 보완하거나 대체하여 새로운 가치를 창출하는 형태로 발전된다. 현재의 인터넷은 새로운 서비스의 출현, 트래픽의 증가 등으로 한계에 이르고 있다. 이러한 인터넷의 한계를 극복하기 위해 전 세계적으로 새로운 기술 개발과 투자를 확대하고 있다. 다음 표는 방송통신위원회에서 발표한 미래 인터넷의 요구사항을 나타낸 것이다.

요구 사항	특 징
이름 기반 콘텐츠 중심 네트워크	IP 대신 콘텐츠 이름을 사용. 콘텐츠를 전송하여 이동 시에도 위치에 상관없이 단절이 없는 서비스 보장
완전한 이동성 제공	다양한 무선 환경에서 접속이 끊어지더라도 콘텐츠의 송수신 및 작업상태를 유지하는 기술로 긴 지연시간도 수용할 수 있는 네트워크 개발
네트워크 가상화	물리적인 네트워크 및 IT 자원 등을 논리적으로 분리 및 통합함으로써, 고가용 클라우드를 연결할 뿐만 아니라 개별 인터넷 서비스에 적합한 네트워크를 효율적으로 제공
의미 기반 지능형 검색	'키워드에 의한 정보 검색'에서 향후 '웹상의 자료'에 의미를 부여하고, 네트워크가 이를 알아서 처리함으로써 사용자 의도에 맞는 맞춤형 검색결과가 제공되는 시맨틱 웹으로 발전
보안성 강화	안전성이 보장되는 망 및 서비스 구조를 설계하고, 해킹이나 바이러스 등 외부 공격의 방어를 위한 네트워크 보안은 물론, 서명 등을 활용한 콘텐츠 자체의 보안으로 진화

국내에서는 2010년 '미래 인터넷 종합계획 전담반'을 발족하여 미래에 대비한 인터넷 발전계획을 수립하였다. 다음 표는 미래를 대비한 인터넷 발전계획의 세부추진 정책과제와 주요 내용을 나타낸 것이다.

미래 인터넷은 현재보다 범위가 넓고 강력한 인프라로 발전할 것이다. 스마트TV, 실감형·감성형 원격 서비스 등 새로운 서비스가 출현될 것이다. 사용자 중심의 보편성, 이동성, 지능형 서비스가 보급되고 무선 인터넷 및 SNS의 영향력이 확대될 것이다.

정책과제	주요 내용
세계 최고의 스마트 네트워크 구축	무선인터넷·비디오 등에 의한 트래픽 폭증, 다양한 융복합 서비스에 대응하기 위해 네트워크를 양·질적으로 고도화하는 스마트 네트워크 구축
개방·협업형 미래인터넷 기술 개발	스마트 네트워크를 뒷받침하기 위한 미래인터넷 기술 개발을 추진, 점진적 접근(인터넷 속도 향상) 및 혁신적 접근(패러다임 전환) 병행
미래를 선도하는 서비스 모델 발굴	클라우드 서비스, 사물지능통신, 스마트워크 등 미래인터넷 서비스 모델을 발굴하여 스마트 네트워크에 대한 투자 유인을 제고
글로벌 테스트베드 조성	세계 최고의 네트워크를 적극 활용, 글로벌 테스트베드를 조성하여 개발된 기술 및 시범 서비스 결과를 실증함으로써 상용화 촉진
산업기반 강화 및 안전한 이용환경 조성	글로벌 경쟁력을 갖춘 인터넷 기업이 배출될 수 있도록 개방 및 융합형 생태계 환경에 적합한 미래인터넷 산업기반 강화, 보안성 및 신뢰성이 강화된 안전한 인터넷 구축

2) 인터넷의 변화 예측

세계 최대 이동통신 전시회인 MWC(Mobile World Congress)에서는 이동통신과 관련된 첨단기술이 소개되고, 인터넷을 포함한 미래 정보통신 기술의 흐름을 파악할 수 있다. 2011년 바르셀로나에서 개최된 MWC에서 IT 업체의 CEO들은 미래 정보통신의 변화를 예측하였다. 마이크로소프트의 CEO인 스티브 발머(Steve Ballmer)는 미래는 사람과 사물, 사물과 사물이 소통을 주도할 것이라고 말하였다. 시스코 CEO인 존 챔버스(John Chambers)는 모바일 인터넷을 지원하는 M2M, IoT 기반의 네트워크 경제시대가 도래할 것으로 예측하였다.

(1) 국내 정보통신 환경의 변화

우리나라에서는 IT기술에 바탕을 둔 21세기 선진 일류국가를 실현하기 위하여 'Super IT Korea'를 구상하여 추진하고 있다. 1990년대의 초고속 정보통신망 구축 사업이 시작되었으며, 향후 유무선 통합 기가 네트워크 구축이 추진될 것이다. 이를 기반으로 사람, 기기, 사물, 시스템이 연결된 지능형 융합통신망 인프라가 형성된 사회로 도약한다. 다음 그림은 성공적인 'Super IT Korea' 실현을 위한 기본방향, 추진전략 등을 나타낸 것이다.

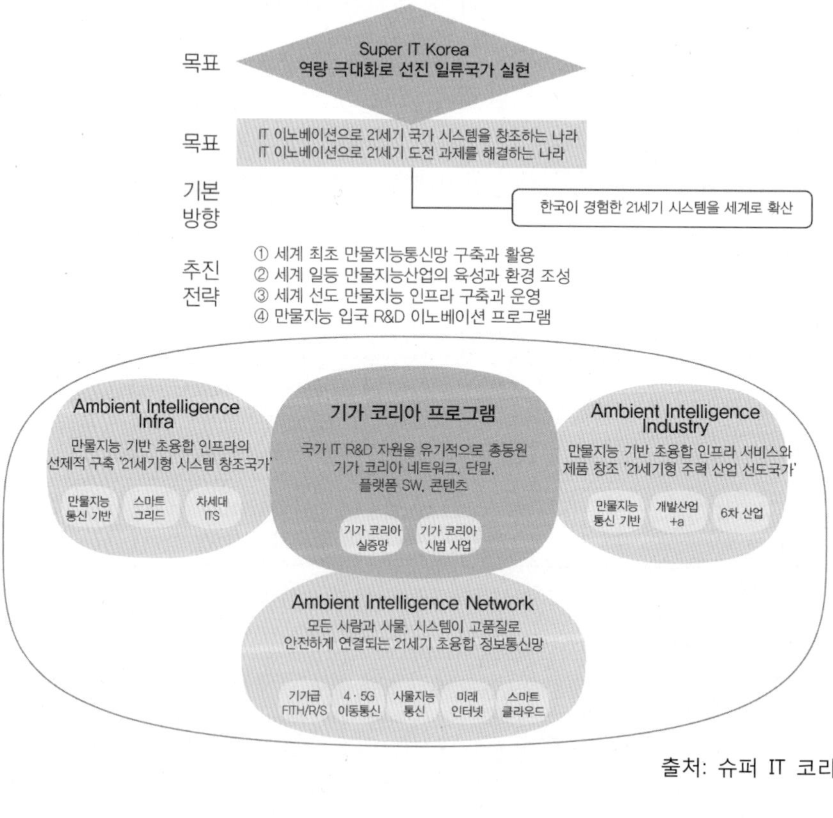

출처: 슈퍼 IT 코리아 2030

아래 표는 정보통신 기술의 변화를 시대별로 나타낸 것으로 시대별 키워드와 핵심 기술 및 기기를 확인할 수 있다. 정보통신 기술에서 향후 10년 동안의 키워드는 '스마트'라고 할 수 있으며, 스마트 네트워크에 사람 · 사물 · 시스템이 접속된 인터넷이 서비스된다. 2020년대에는 만물지능통신망이 구축되고 사람 · 사물 · 시스템의 쌍방향 지능 인터넷이 서비스된다. 2030년대에는 만물공감통신망이 구축되고 사람 · 사물 · 시스템의 인지형 공감 인터넷이 서비스된다.

년도	키워드	핵심 기술 및 기기
1960	컴퓨터	메인 프레임
1980	PC	PC, 전용선
1990	인터넷	PC, 인터넷
2000	유비쿼터스	PC, 초고속 인터넷, 모바일 단말, 방송 · 통신 · 인터넷 통합
2010	스마트	스마트폰, 스마트패드, 스마트 TV, 클라우드 컴퓨팅, 스마트 자동차, 스마트 네트워크
2020	만물지능	3D/4D 모바일, 실감형 3D/4D TV, 스마트 자동차, 스마트 신호등, 스마트 홈, 스마트 그리드, 스마트 로봇, 만물지능통신망
2030	만물공감	만국어 통번역 모바일, 실감형 홀로그램 TV, 오감 디스플레이, 가사 로봇, 공공망 로봇, 스마트 그리드, 지능형 ITS, 만물공감통신망

지난 10년간 모바일 기기의 보급에 따른 트래픽은 1000배 증가하였으며, 2015년까지 30배 증가하고, 그 후 5년간 다시 30배 증가할 것으로 예측되었다. 2020년에는 60억 명의 모바일 가입자, 20억 명의 인터넷 가입자, 1조 개의 접속 디바이스가 존재할 것으로 예측되었다. 다양한 스마트 기기와 IT 장비들의 보급이 확산되면서 인터넷을 통한 데이터 의존도는 급속히 심화되고 있다. 개인용 단말기의 확산을 포함하여 외부 사물이나 환경에 내장되는 단말기의 수는 기하급수적으로 늘어날 수 있다. 스마트 환경이 구축되면 RFID, 센서, 카메라, 액추에이터 등을 사용하여 실내 환경, 수질, 대기, 가축 등 모든 사람·사물, 환경에 대한 모니터링이 가능하다. 모니터링을 통한 데이터는 폭발적으로 증가할 것이므로 이러한 정보들을 관리하고 가공하여 새로운 서비스를 창출하는 것이 미래 인터넷에서 해결해야 할 과제이다. 이를 위하여 세계적인 SNS 기업과 선진국 정부에서는 빅데이터 전략을 수립하고 새로운 서비스 개발에 주력하고 있다. 다음 그림은 미래 인터넷을 위한 R&D 추진 계획을 나타낸 것이다.

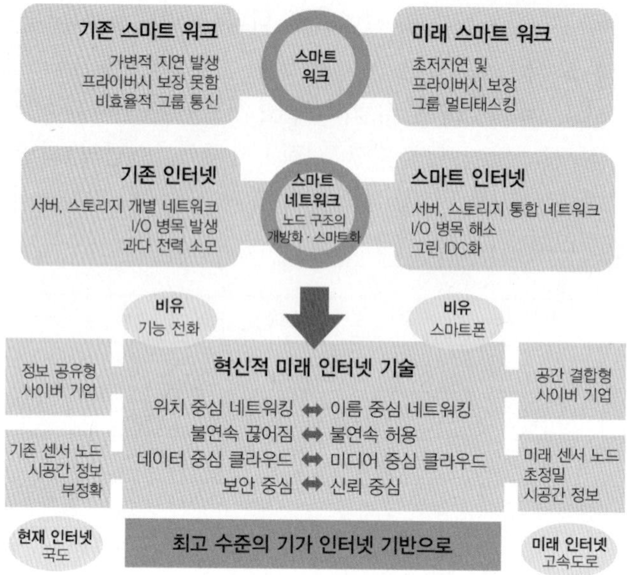

출처: 이영희, 미래 R&D 추진 계획, FNet 2010 그랜드 콘퍼런스

(2) 국외 정보통신 환경의 변화

미국은 21세기 성장엔진으로 네트워킹 및 정보기술(NIT: Networking and Information Technology)을 강조하고 있다. 미국은 NIT의 세계적인 경쟁력을 확보하기 위하여 NIT 적용 6대 우선순위 분야를 제시하였다. 또한 다음 표와 같이 향후 추진할 NIT 연구 7대 분야를 설정하고 미래에 대비하고 있다.

우선순위 분야	내 용
NIT와 사람	페이스북, 트위터, 위키피디아 등 SNS - 지난 20년간 20억 인구 참여
NIT와 물리적 세계	인터넷이 가상 세계에서 세계를 포용 - 이종적인 인간, 사이버, 물리시스템 간의 소통
대규모 데이터 관리	매년 1.2제타바이트의 디지털 정보가 신규생성 - 정보를 수집, 저장, 보존, 관리, 분석 및 공유하는 종합 시스템이 과제
신뢰 가능한 시스템 및 사이버 보안	모든 NIT 요소의 핵심 - 현재 시스템은 방어자보다 공격자에게 유리함. 전력, 교통, 의료분야 적용을 위한 백지 상태의 기초 연구 필요
확장 가능한 시스템 및 네트워킹	인터넷 시스템 아키텍처의 근본적 혁신이 필요 - 스케일 다운, 스케일 아웃, 스케일 업 등
소프트웨어 생성 및 진화	소프트웨어 역할과 시스템의 복잡성 급증 - 스마트 빅뱅, 사회 구조로서 소프트웨어의 신뢰성 향상
고성능 컴퓨팅	국가적 시스템 운용을 위한 인프라 - 국가 규모의 교통 시스템, 전염병 확산, 기후 변화 시스템 운용을 위해 인프라로서 슈퍼컴퓨팅의 처리 및 네트워킹의 중요성

출처: 슈퍼 IT 코리아 2030

기존의 웹 2.0은 향후 더욱 지능화되고 개인화된 형태로 진화하게 된다. 이러한 웹은 현재와 다른 새로운 정보통신 기반을 필요로 한다. 이에 대비하여 IT 선진국에서는 트래픽, 데이터 저장, 전력 소비, 신뢰성 등 기본적 요구조건을 고려한 아래와 같은 미래 정보통신 기반 구조를 설계하여 추진하고 있다.

분야	미국	EU	일본	한국
네트워크	• 대규모 통합 네트워크 • 미래 인터넷 아키텍처	• 서비스 인터넷 사물 인터넷	• 재팬 기가 네트워크 • 신세대 통신망(NGWN)	• 기가 코리아 • UBcN
플랫폼	• 고성능 컴퓨팅	• 인텔리전트 시스템	• 유니버설 PF • NW 시큐리트 기반 • 센서 네트워크	• 센서 네트워크
애플리케이션	• SW의 설계와 생산성 • 고신뢰 SW와 SW 환경기술	• 지식 인터페이스	• RFID 스마트 센서	• 내장형 SW • 디지털 콘텐츠
인터페이스	• 컴퓨터와의 상호작용과 정보 관리		• 네트워크 로봇 • 휴먼 커뮤니케이션	• 서비스 로봇
단말			• 정보가전 등 유니버설 어플라이언스	• 스마트 TV 등 • 스마트 디바이스
기반	• NITRD (NIT Res. & Dev.)	• 양자 컴퓨터 • 양자 정보통신 NW	• 양자 정보통신 NW	• 미래 인터넷

출처: 슈퍼 IT 코리아 2030

(3) 빅데이터의 시대

빅데이터(Big data)는 전통적 처리방법으로 수집 · 저장 · 검색 · 분석이 어려운 데이터를 의미하는 것으로, 방대한 양(Volume), 형태의 다양성(Variety), 빠른 생성 속도(Velocity)의 특징이 있다. 빅데이터 활용 사례를 보면, 구글 독감 동향 서비스(google.org/flutrends)는 독감 관련 검색어 빈도 분석을 통해 독감 환자 수 및 유행 지역을 예측하며 미국 질병통제본부보다 예측력이 뛰어난 것으로 나타났다. 아마존의 도서 추천 시스템은 고객의 도서 구매 데이터를 분석하여 추가로 구매할 것으로 예상되는 도서를 추천하며 할인쿠폰을 지급한다.

빅데이터(Big data)는 2012년 다보스포럼에서 미래 10대 기술 중의 하나로 선정되었다. 스마트폰, SNS, 모바일 인터넷 등의 영향으로 데이터 분량이 폭발적으로 증가함으로써 이들 데이터의 처리 기술이 새로운 비전으로 떠올랐다. 빅데이터의 효율적인 관리를 통해 다양한 영역에서 더 가치 있는 정보와 서비스를 제공할 수 있고, 기업의 새로운 비즈니스 모델 개발, 국가의 공공분야 서비스 강화와 경쟁력 확보 등이 이루어질 수 있다.

스마트 기기의 확산, SNS 사용, 콘텐츠의 증가 등으로 미래 인터넷의 정보와 데이터 전송량은 폭발적으로 증가하게 된다. 이러한 빅데이터 처리와 트래픽 문제는 미래 인터넷에서 해결해야 할 과제 중 하나이다. 전 세계 데이터 량이 2020년까지 2010년 대비 50배가 되어 테라(tera, 10^{12}), 페타(peta), 엑사(exa), 제타(zetta) 단위로 급증할 것으로 전망하고 있다. 미국 연방정부 과학기관들은 매년 페타바이트 규모의 데이터를 수집하고 있으며, 향후 5년에 걸쳐 증가율이 가속화될 전망이다. 또한 세계적으로 매년 엑사바이트(10억 GB)의 데이터를 전송할 것으로 예상하고 있다.

아래 그림은 전 세계 디지털 정보량의 증가 추이를 나타낸 것이다. 2011년 전 세계 디지털 정보량은 1.8제타바이트 정도이며, 2010년 이후 빅데이터 시대로 접어들어 디지털 정보량이 급격히 증가하는 것을 알 수 있다.

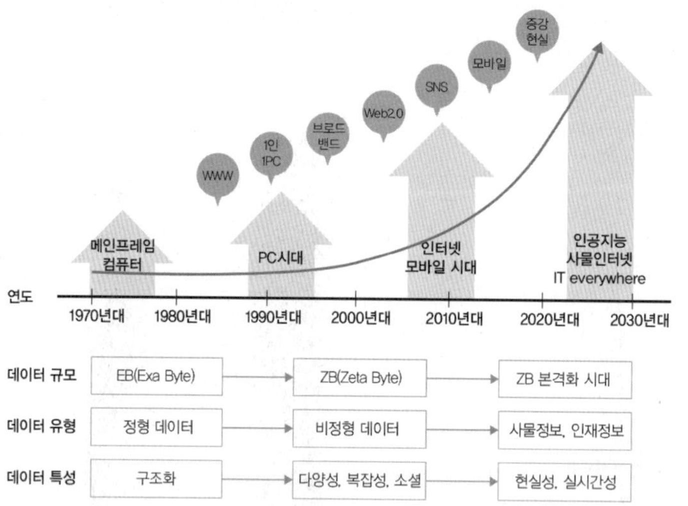

출처: 슈퍼 IT 코리아 2030

전 세계 디지털 정보량의 증가 추이

미래 2030년을 전망한 '슈퍼 IT 코리아 2030'에서는 향후 만물지능 통신망이 구축되고 인간과 지능화된 사물들이 상호 소통하는 시대가 될 것으로 전망하고 있다. 이러한 환경에서는 엄청난 량의 데이터가 생산·저장·전송되고, 이를 이용한 새로운 서비스가 창출된다. 방대한 데이터를 실시간으로 전송하기 위해서는 기가 네트워크 기반의 스마트 인터넷이 보급되어야 한다.

스마트폰의 보급과 함께 시작된 스마트 혁명은 클라우드 컴퓨팅을 적용한 스마트 TV가 개발되고, 업무를 처리하는 방식이 획기적으로 변화되는 스마트 워크, 스마트 교육, 스마트 의료 등 미래 인터넷을 기반으로 사회 전반에 혁명적인 변화가 예상된다. 방대한 수량의 유비쿼터스 IT 단말기에서 수집된 데이터들이 실시간으로 전송되기 위해서는 초당 수백 기가바이트를 전송할 수 있는 백본 네트워크가 구축되어야 한다.

생각해보기

○ 다음 상황은 미래 인터넷에서 일어날 수 있는 일상생활의 하나를 보여주는 것이다. 사람·사물·시스템이 함께 하는 만물지능통신 환경에서 스키장으로 여행가는 가족의 모습을 설명한 것이다. 이와 같이 미래 인터넷 환경에서 나타날 수 있는 다양한 상황들을 예측하여 정리해보자.

- 여행지로 출발할 때 차량에 장착된 정보 시스템이 운전자 취향에 맞는 여행 경로를 운전자와 상호작용으로 안내해 준다. 운전하고 가는 동안에는 노면 정보나 타이어 공기압, 연료 소비량 등의 정보를 실시간으로 제공받는다.

- 여행 중에 차량의 정보 시스템은 주변 명소들에 대한 정보를 수집하여 그 장소를 지날 때 설명해 주고, 사진 촬영을 놓쳤을 때는 뒤따라오는 다른 가족에 연락하여 사진을 찍어서 전송해 줄 것을 요청한다.

- 정보 시스템은 집에 있는 장치들에서 정보를 획득하여 가족의 취향에 맞춰 숙소의 온도 및 조명을 조절한다. 숙소의 거울을 통해 이메일을 확인할 수 있고, 뉴스 시청 및 화상 전화 통화도 가능하다.

- 가족들의 스키 장비에 달린 초소형 카메라가 주변 사진 및 동영상을 자동 캡처하여 개인의 디지털 메모리에 저장하고, 이를 디스플레이로 확인한다.

- 스키복은 체온 조절 및 바이오리듬에 따라 색상이 변경되며, 장갑은 약속 시간이나 상태를 알려준다.

- 호텔의 오락 시스템은 가족의 운동 이력과 지능형 센서가 보낸 슬로프 상태 예측 정보를 바탕으로 스키 코스를 제안한다.

생각해보기

○ '집단지성이란 무엇인가?'에서 저자는 인터넷의 미래에 대한 관점을 아래와 같이 다섯가지 제시하였다. 이들 중에서 자신이 지지하는 관점이 어떤 것인지 생각해보고 자신과 다른 관점을 갖는 학생과 지지 근거에 대해 토론해보자. 두 개 이상의 관점을 지지할 수도 있다.

- 인터넷이 과도하게 부풀려져 있다는 관점이다. 인터넷은 예전부터 늘 해오던 일을 더 빠르게 하고, 더 많은 사람들에게 손을 뻗을 수 있게 해주는 도구일 뿐이라는 것이다.
- 인터넷은 당연히 사회에 큰 영향을 미치지만, 인터넷이 일반화되기까지는 극도의 낙관주의자들이 주장하는 것처럼 짧은 시간이 아니라 훨씬 오랜 시간이 걸릴 것이라는 입장이다.
- 웹이 이미 사회에 커다란 영향을 미치고 있는데, 그 영향은 대개 부정적이라고 주장한다.
- 인터넷은 대개는 우리에게 이득을 선사할 것이라는 주장이다.
- 인터넷은 지금까지는 대체로 유익한 것이고 막대한 잠재력을 지니고 있지만 유해한 것으로 돌변할 수 있다는 관점이다.

생각해보기

○ **빅데이터 처리와 관련된 아래 글을 읽어보고 향후 국가 및 개인의 차원에서 필요한 대응방안을 정리해보자. (출처: 조성준 서울대 산업공학과, 빅데이터센터 교수)**

빅데이터는 기존 데이터베이스 시스템으로 수집·저장·관리·분석하기 힘들 만큼 방대한 양의 데이터 집합을 뜻한다. 빅데이터는 비즈니스 전반을 바꿔놓고 있다. 고객들의 구매 패턴을 분석해서 본인도 모르는 필요 상품을 추천하고, 소셜미디어에 올라간 글을 분석하여 사회의 트렌드를 파악한 후 소비자들이 원하는 신제품을 개발한다. 제조 공정에 설치된 센서로부터 쏟아지는 데이터를 분석하여 불량의 원인을 찾아내 제거하고, 신입사원의 전공이나 인·적성을 파악해서 일을 잘할 수 있는 부서에 배치한다. 냉난방기 사용 데이터를 분석하여 어디서 에너지가 낭비되고 어떻게 효율을 높일 수 있을지 파악하고, 항공기로 밭에 뿌려놓은 센서로부터 온도와 습도를 실시간으로 추적한다. 범죄의 종류·발생장소·시간을 분석하여 경찰을 효율적으로 배치하고, 전화 통화 및 송금 데이터를 분석하여 테러 조직을 찾아낸다.

경험과 상식을 바탕으로 한 의사 결정에서 사실과 데이터 등 구체적 근거를 바탕으로 한 의사 결정으로 전환하는 것은 근시인 복싱 선수가 라식 수술을 받고 난 뒤 상대 선수의 움직임을 선명하게 볼 수 있게 된 것이나 마찬가지다. 구글이나 페이스북 등 빅데이터 분석이 본업인 기업을 제외하면 자체적으로 빅데이터를 보유하고 있는 기업은 많지 않다. 그러나 소셜미디어 같은 빅데이터를 누구나 이용할 수 있기에 빅데이터 분석을 할 수 없는 기업은 없다. 이제 모든 기업은 한 차원 높은 의사 결정을 위해 어떤 단계를 밟아야 할지 실행 전략을 세워야 한다. 이때 가장 중요한 것은 빅데이터를 분석할 전문가 확보와 관련 인프라 구축이다.

데이터 광산에서 정보를 캐어 가공하고 중요한 의사 결정을 위한 결정적인 증거로 변환하는 사람을 분석가 또는 데이터 과학자라고 한다. 이들은 데이터를 처리하는 컴퓨팅 기술, 수학과 통계 방법을 구사하는 모델링 기술, 해당 비즈니스에 대한 이해 등을 갖추고 있다.

✤ '생각해보기'에 대한 글쓰기 및 발표

의견정리

의견정리

참고자료

연습문제

01. 인터넷에서 사용하는 단일 통화인 비트코인(Bitcoin)을 설명하라.

02. 상용화된 스마트TV를 찾아 기능과 특징을 비교하여 설명하라.

03. 유비쿼터스 컴퓨팅이 향후 교육 분야에 어떤 변화를 가져올지 설명하라.

04. U-Class의 적용 사례를 찾아보고 강의실 환경의 구성을 설명하라.

05. 유비쿼터스 컴퓨팅이 향후 교통 분야에 어떤 변화를 가져올지 설명하라.

06. 대학교에 유비쿼터스 네트워크와 함께 스마트 캠퍼스가 구축된 사례를 조사하고, 어떤 서비스가 지원되는지 설명하라.

07. 클라우드 컴퓨팅의 서비스 모델인 SaaS, PaaS, IaaS의 개념과 서비스의 사례를 설명하라.

08. 구글에서 서비스하고 있는 클라우드 컴퓨팅의 개념과 내용을 설명하라.

09. IT와의 융합을 위한 ST와 CT의 요소기술을 각각 나열하고 설명하라.

10. IT+ST 융합기술로 가능한 응용분야를 나열하고 설명하라.

11. IT+CT 융합기술로 가능한 응용분야를 나열하고 설명하라.

12. BT+NT, BT+CT, ST+NT의 융합기술로 가능한 응용분야를 각각 나열하라.

13. 금년에 발표된 세계에서 가장 빠른 컴퓨터를 찾아 성능 및 사양을 확인하고, 사용 용도를 설명하라.

14. 슈퍼컴퓨터가 유전자 분석, 지진 분석, 우주 탐사에 활용된 사례를 찾아 설명하라.

15. 인간과 슈퍼컴퓨터의 체스 게임에 대한 기록과 승률을 조사하라.

16. 인간처럼 생각하는 컴퓨터가 상용화되기 위해 향후 개발되어야 할 중요한 기술이 무엇인지 설명하라.

17. 지리정보시스템이 공익 분야에 사용되는 사례를 들고, 그에 따른 효과를 설명하라.

18. 지리정보시스템이 기업의 사업에 적용된 사례를 들고, 그에 따른 경제적 효과를 설명하라.

19. 스마트 안경인 구글의 '구글 글래스'와 삼성의 '갤럭시 기어'의 활용분야를 예를 들어 설명하라.

20. 구글의 무인 자동차가 실용화되기 위해 남은 과제가 무엇인지 설명하라.

21. 구글이 '구글 글래스'의 시제품을 선보였고, 이어서 마이크로소프트가 증강현실 기술을 활용한 스마트 안경을 발표하였다. 이들의 차이점이 무엇인지 설명하라.

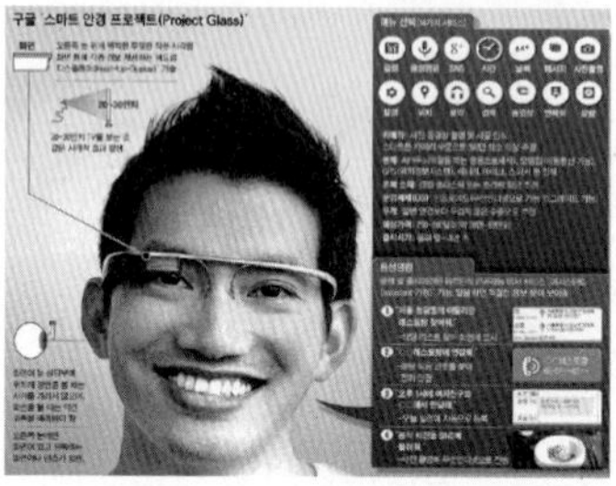

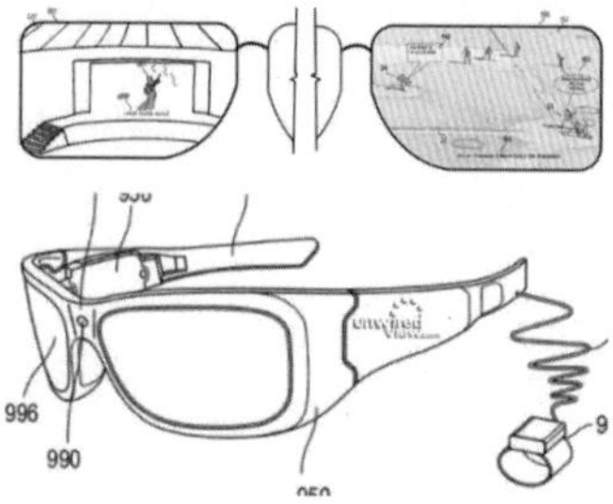

22. 외계 전파신호를 탐지하는 'SETI KOREA' 프로젝트에서 어떤 일을 하는지 설명하라.

23. 인터넷 경매를 통한 상품거래 절차와 방식을 설명하라.

24. 웹 2.0과 웹 3.0의 차이점을 설명하고, 웹 3.0 진입을 위해 해결해야 할 과제를 설명하라.

25. 증강현실이 의료분야에 적용된 예를 찾아보고 그 효과를 설명하라.

26. 증강현실을 적용한 앱을 찾아보고 그 효과를 설명하라.

27. 증강현실과 가상현실의 차이점을 설명하라.

28. 미래 인터넷 환경에서 일어날 수 있는 다양한 상황을 우리의 일상생활과 연계하여 설명하라.

29. 2012년 스페인 바르셀로나에서 개최된 MWC 홈페이지를 방문하여 국내 IT 기업들의 활동을 조사하라.

30. 사물지능통신(M2M)의 개념을 설명하고, 농수산업 분야에 적용 시 나타날 수 있는 변화를 설명하라.

31. 지능화된 통신 서비스인 사물지능통신(M2M)과 관련하여 현재 국내에서 추진하고 있는 사업을 조사하고 그 내용을 설명하라.

32. IoT(Internet of Things)의 개념을 설명하고, 교통 분야에 적용 시 나타날 수 있는 변화를 설명하라.

33. RFID 기술이 적용된 사례들을 조사하고, RFID 기술을 사용하는 애플리케이션을 구상하라.

34. 빅데이터의 개념을 설명하고, 이를 사업에 활용하여 성공한 사례를 조사하라.

35. 빅데이터를 의료와 공공분야에 활용하는 경우 어떤 효과가 있는지 예를 들어 설명하라.

36. 2012년 대통령 선거에서 후보들이 득표를 위해 빅데이터를 어떻게 활용하였는지 조사하라.

37. 2012년 미국 대통령 선거에서 후보들이 득표를 위해 빅데이터를 어떻게 활용하였는지 조사하라.

38. 구글이 개발한 인공지능 프로그램 알파고(AlphaGo)와 세계 프로 바둑 선수들 간의 바둑 게임에 대한 승률을 조사하라.

실습과제

01. 추신수 선수가 소속된 텍사스 레인저스(Texas Rangers)의 홈구장은 알링턴 파크(The Ballpark in Arlington)에 있는 '레인저스 볼파크'이다. 구글 맵스(maps.google.com)에 접속하여 홈구장을 3차원 이미지로 검색하여 출력하라.

02. 2013년 자료에 따르면 국내 IT업계 5대 이슈는 다음과 같다. 이 내용을 참조하여 금년도의 IT업계 이슈들로 어떤 것이 있는지 검색하라.

① 시대의 변화를 읽지 못하고 기존 기술을 고집하던 노키아, 소니, 샤프 등 전통 IT기업들의 몰락

② 삼성과 애플의 스마트폰 시장에서 계속되는 법정 분쟁

③ 가입자 확보를 위한 통신사들의 LTE 경쟁

④ 스마트폰이 PC를 대체하는 모바일 시대의 도래

⑤ 방대한 량의 데이터를 분석하는 빅데이터 처리와 언제 어디서나 데이터 접속이 가능한 클라우드 컴퓨팅

제2부
정보통신 기술과 정보윤리

CHAPTER 04

인터넷의 양면성

- 4.1 인터넷의 순기능과 역기능
- 4.2 개인정보보호
- 4.3 악성코드와 해킹
- 4.4 사이버 범죄
- 4.5 사이버 중독

CHAPTER 04

인터넷의 양면성

학습목표

- ✤ 사이버 공간의 특성을 설명할 수 있다.
- ✤ 인터넷의 순기능과 역기능을 예를 들어 설명할 수 있다.
- ✤ 개인정보보호의 중요성과 대응방안을 설명할 수 있다.
- ✤ 분산서비스거부(DDoS) 공격의 절차와 대응방안을 설명할 수 있다.
- ✤ 악성코드의 종류와 해킹에 대한 대응방안을 설명할 수 있다.
- ✤ 사이버 언어폭력과 명예훼손에 따른 피해를 설명할 수 있다.
- ✤ 인터넷 중독의 피해를 예를 들어 설명할 수 있다.
- ✤ 인터넷 게임 중독의 피해를 예를 들어 설명할 수 있다.
- ✤ 스마트폰 중독의 피해를 예를 들어 설명할 수 있다.

4.1 인터넷의 순기능과 역기능

인터넷은 지난 40년 동안 인간의 생활 전반에 획기적인 변화를 초래하였다. 2012년 현재 국내 인터넷 이용자수는 4천만명, 인터넷 이용율은 80%에 이르고 있다. 세계 인터넷 이용자 수는 20억명, 이용율은 30%로 증가하고 있다. 기가급 유무선 통합 인터넷이 구축되면서 인터넷 관련 시장 규모도 폭발적으로 성장할 것이다.

최근에 일어나고 있는 IT 생태계의 변화는 모바일 기기와 클라우드 컴퓨팅, SNS 등에 기반한 스마트 혁명으로 발전되고 있다. 이러한 인터넷의 혁명적인 발전과 함께 다양한 형태의 역기능도 발생하고 있다. 다음 표는 인터넷 특성에 따른 순기능과 역기능을 나타낸 것이며, 그림은 인터넷 역기능을 영역별로 구분하여 나타낸 것이다.

	순기능	역기능
익명성 및 전파성	- 표현의 자유 증대 - 네트워크 이론에 의한 시장 기회 확대	- 명예훼손, 사이버 폭력, 불법유해정보의 유통 - 개인정보침해, 주민번호 도용, 인터넷 사기
공유성 및 글로벌성	- 정보와 지식의 공개 및 공유 - 편리성 및 자율성 제고	- 불법, 청소년 유해정보의 유통 - 지적재산권 침해 - 규제 및 통제 불능
비물질적 가치관	- 비물질 중심의 가치관 확산 - 유형물 중심의 자산개념에서 무형물의 재산적 가치 제고	- 아바타, 아이템 거래 확대 등 신규시장 등장 - 게임머니, 사이버머니의 등장과 유통 확대
사이버성 및 첨단성	- 시공을 초월한 커뮤니티 형성 - 생활공간 확장 및 게임 등 엔터테인먼트 제공	- 첨단기술 개발에 따른 스트레스 - 몰입 및 중독현상 등 정체성 혼란

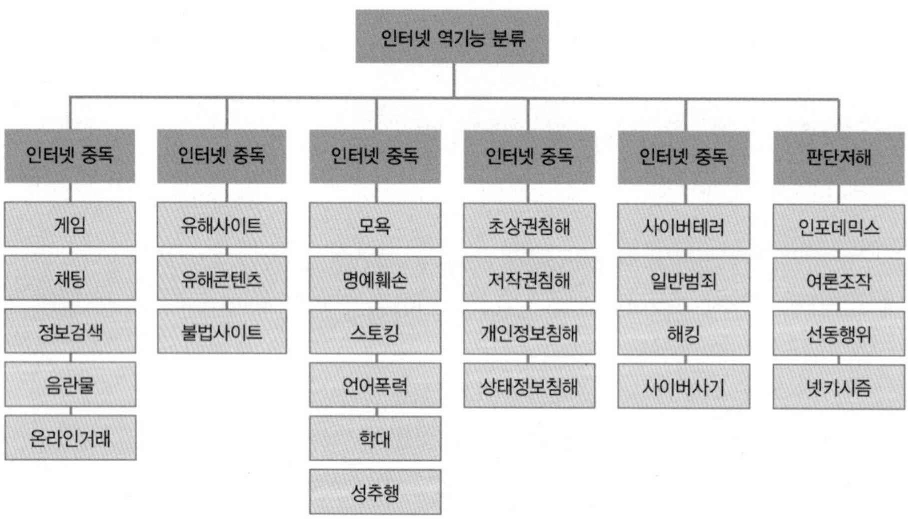

무엇으로 보이나요?

4.1.1 인터넷 윤리교육

1) 사이버 공간의 이해

사이버 공간의 특성은 매체적 측면과 문화적인 측면에서 설명할 수 있다. 매체적 측면의 특성에는 비대면성, 시·공간적 제한 탈피, 멀티미디어, 디지털 정보저장 등이 있다. 비대면성의 특성은 상대에게 자신을 노출시키지 않고 익명성을 유지할 수 있으며, 자신을 노출시켰을 때 나타날 각종 문제점들에 구애받지 않고 자유롭게 의사를 표현하는 것이다. 이와 함께 현실세계에서 하지 못하였던 다양한 자아의 표출이 가능하다. 그러나 이것은 자신의 존재를 감추기 위해 타인의 명의를 훔치거나, 자신도 모르게 상대방의 명예를 훼손시키는 등의 문제를 발생시킨다. 사이버 공간에서는 시·공간적 제한을 탈피함으로써 시간과 공간의 제약을 받지 않고, 취미와 목적이 맞는 사람끼리 공동체를 형성하여 정보를 공유할 수 있다. 멀티미디어적 특성은 아바타를 이용하여 시각적으로 자신을 표현하고 멀티미디어를 활용한 상호작용을 가능하게 한다. 디지털 정보저장의 특성은 다양한 정보를 사이버 공간에 기록하고 저장할 수 있으며, 검색 기능을 이용하여 쉽게 자료를 찾을 수 있도록 한다.

문화적 측면에서 사이버 공간의 특성에는 익명성, 개방성, 가상성 등이 있다. 익명성은 자신을 감추고 활동하는 것이며, 현실세계에 존재하는 다양한 제약에서 벗어나 누구나 평등하게 자신의 의사를 표현하고 공감대를 형성할 수 있게 한다. 그러나 이러한 익명성은 잠재된 감정을 솔직하게 표출하고 개방적인 태도를 가지게 됨으로써 말과 행동에 대한 책임감을 약화시켜 탈억제의 근원이 되기도 한다. 개방성은 사이버 공간이 누구에게나 개방되어 있으며, 누구나 의사표현에 대해서 자유롭고 자료를 공유할 수 있는 평등한 공간이 되도록 한다.

가상성은 현실로부터 벗어나 새로운 세계를 경험할 수 있는 것을 의미하여, 현실에서 불가능했던 일들이 사이버 공간에서는 일어날 수 있음을 뜻한다. 이로 인하여 가상세계에 빠져 현실을 망각하게 되는 문제점이 있다. 자신에게 잠재된 극단적 사고나 행동이 더 쉽게 나타날 수 있어서 새로운 사고방식을 하게 되며, 이는 사람들에게 신선한 충격을 주고 더 쉽게 전파되는 경향을 보이기도 한다.

사이버 공간은 실세계와는 달리 제약이 거의 따르지 않으며 관심분야가 같은 사람들끼리 쉽게 관계형성이 된다. 그리고 빠른 전파성을 가지고 있어서 정보가 여러 사람들에게 빠른 속도로 공유되는 특성이 있다. 이로 인하여 잘못된 정보들이 쉽게 확산될 수 있으며, 누가 자료를 접근하였는지 명확하지 않아 잘못된 정보가 확산되면 수습이 힘들다.

(1) 사이버 공격성

사이버 공격성의 유형에는 언어폭력, 사이버 성폭력, 명예회손, 사이버 테러, 해킹 등이 있다. 이에 대한 대응방안은 심리적 측면과 법적, 기술적, 교육적 대응방안을 생각할 수 있다. 심리적 측면의 대응방안에는 인터넷을 벗어나 스포츠나 게임을 통하여 공격충동을 정화시킬 수 있다. 또한 교육을 통하여 공격행위에는 처벌이 따른 다는 것을 알게 함으로써 충동행위를 억제시킬 수 있다. 법적 대응방안은 해킹, 바이러스 유포, 폭력 등의 행위에 대하여 법률적으로 대응하는 것이다. 기술적 대응방안은 법적, 교육적 대응방식을 보완할 수 있는 방식이며, 새로운 공격성이 나올 때마다 대처하는 것이 용이하다. 교육적 대응방안은 올바른 가치관과 행동양식을 심어주는 방식으로, 사전·사후 모두 가능한 대응방안이다

(2) 자아정체성

정체성에는 개인이 속한 집단에 대한 귀속감을 의미하는 집단 정체성과 독립된 고유한 존재로서의 정체의식인 개별적 정체성이 있다. 개별적 정체성은 시간과 상황이 바뀌어도 여전히 자기 자신은 동일한 존재라는 것이다. 자아정체성은 자신만의 고유한 일관성을 유지하고자 하는 것으로, 자신에 대하여 통합된 관념을 가지고 있는지에 관한 것이다. 자아정체성이 형성되었다는 것은 성격, 취향, 가치관, 인간관, 미래관 등이 명료하며 이런 점들이 지속적이고 통합성을 가지고 있을 때 이루어지는 결과이다.

청소년기는 급격한 신체적 발달, 성적 성숙, 인지능력 발달 등으로 심한 고민과 갈등을 하는 시기이며, 이 시기에 자아정체성 확립을 잘못하면 방향성을 잃게 된다. 에릭슨(Erikson)은 청소년기를 자아정체성의 위기라고 표현하였으며, 이는 노력여하에 따라 성공과 실패가 좌우될 수 있음을 의미한다.

사이버 공간에서는 다양한 형태로 자아정체성이 형성될 수 있다. 사이버 공간은 현실과는 달리 자신이 원하는 모습을 자유롭게 표현할 수 있어서 다양한 자기 연출이 가능하다. 또한 현실에서처럼 정체성이 하나에 국한되지 않고 아바타, 별명, 게시판 등 다양한 방법으로 자신을 표현할 수 있어서 복합 정체성의 형성이 가능하다. 사이버 공간에서는 자신이 드러나지 않기 때문에 자신이 원하는 역할을 다양하게 실험해 볼 수 있어서 다양한 정체성의 실험무대가 될 수 있다.

(3) 공동체 특성

공동체는 일반적으로 공통의 지역과 역사, 가치를 공유하는 유사 네트워크의 집합체이다. 사이버 공동체는 통신망에 연결된 컴퓨터를 통해 일어나는 일련의 지속적이고 다양한 상호작용의 집합체이다. 또한 가상공간에서 정보를 교환하고 공동의 주제나 관심사를 공유하는 사람들로 구성된 집단이다. 주제에 대한 관심에 따라 특정한 경계 내에서 반복적인 접촉을 통해 사회적 관계가 가상공간에 만들어진 것이다.

사이버 공동체의 특징은 열린 공동체로 시·공간에 제약이 없다. 구성원이 이질적이고 취미, 관심사 등을 기반으로 형성된다. 나이, 지위, 성별에 관계없이 공통의 관심사에 의하여 만들어졌기 때문에 모두 평등하다. 자발적 참여와 상호작용으로 이루어지며, 자신을 감추고 참여하는 것이 가능하므로 책임감이 떨어진다.

사이버 공간의 집단행동에는 동조, 복종 등이 있다. 동조는 집단속에서 개인의 판단이 틀리더라도 다수의 판단에 자발적으로 따라주는 행위를 말한다. 동조는 정보가 부족하거나 불확실한 경우에 잘 나타나며, 정보가 정확하더라도 타인들의 일치된 견해는 자신도 모르는 사이에 동조를 이끈다. 복종은 자신의 의사와 상관없이 강제적으로 따르는 것이다.

집단에서의 수행은 사회적 촉진 현상이 나타난다. 예를 들면, 사이클 선수가 혼자 달리는 것보다 다른 선수와 함께 달릴 때 더 낳은 결과가 나온다는 것이다. 또한 사회적 태만의 현상이 나타난다. 예를 들면, 줄다리기에서 집단의 참여자가 많아질수록 개인의 공헌도나 참여도가 떨어진다는 링겔만(RingelMann) 효과가 나타난다.

사이버 공동체는 무임승차 효과와 방관자 효과가 나타난다. 무임승차 효과는 여러 사람이 공동 작업을 수행할 경우 다른 구성원들이 잘하리라 믿고 노력을 게을리 하는 것이다. 방관자 효과는 위기에 처한 사람이 발생했을 경우 도와줄 사람이 많을수록 아무도 도와주지 않고 방관자처럼 지켜보는 현상이며, 이에 따른 원인으로는 책임의 분산, 평가의 우려, 다수의 무지 등이 있다.

2) 인터넷 윤리교육

(1) 인터넷 윤리

윤리(倫理)에서 '윤(倫)' 자는 무리, 질서 등을 뜻하고,'리(理)'자는 이법, 도리 등을 의미한다. 윤리는 사람과 사람 사이의 관계를 나타내는 것으로 인간관계의 이법을 의미한다. 윤리의 목적은 사회의 분열 방지, 인간의 고통 완화, 인간의 행복 증진, 이익 갈등을 정의롭고 질서있게 해결하며, 칭찬과 비난, 보상과 처벌, 죄책감을 부과한다.

인터넷 윤리가 필요한 이유는 다양하다. 컴퓨터와 인터넷 사용의 빠른 확산에도 불구하고 인터넷 윤리의식의 향상에는 큰 변화가 나타나지 않고 있다. 익명성으로 인하여 자신도 모르는 사이에 사이버 폭력을 행하게 된다. 타인의 저작권을 침해하였다는 것을 알고도 불법 다운로드 혹은 복사를 한다. 인터넷에서 자신의 권리가 침해당해도 대응을 하지 않는 경우가 많다. 자신도 모르는 사이에 인터넷 중독에 빠져 일상생활에 문제가 발생한다. 인터넷 윤리학의 4가지 도덕원리로 존중, 책임, 정의, 해악금지의 원리가 있다.

- ❍ 존중의 원리: 타인의 지적재산권, 사생활, 다양성을 인정하고 존중한다.
- ❍ 책임의 원리: 사이버 공간에서의 예절과 규범을 준수하고, 책임의식을 가져야 한다.

○ 정의의 원리: 정보의 공정성, 진실성, 비편향성, 완전성을 추구하며 타인의 기본적 자유와 권리를 침해하지 않는다.
○ 해악금지의 원리: 타인에게 피해를 주지 않고, 건전하고 바람직한 사이버 공동체를 형성한다.

정보화 사회에서는 탈억제(disinhibition) 효과가 나타난다. 온라인상에서 익명성, 비대면성 등으로 인하여 스스로 억제하는 힘이 약해지고, 쉽게 공격적이 되거나 쉽게 분노를 표현한다. 리차드 루빈(Richard Rubin)은 다음과 같이 정보통신기술이 지닌 7가지 유혹이 정보화 사회에서 도덕 기준을 훼손한다고 주장하였다.

유혹	내용
속도	정보의 수집과 유포의 전달 속도가 증가하여 비윤리적인 행위가 짧은 시간에 이루어질 수 있다.
프라이버시와 익명성	인터넷상에서는 사생활이 보호되고 본인을 노출하지 않아도 활동이 가능하다. 따라서 자신도 모르게 비윤리적인 행위를 하게 되며, 아무도 모르게 어떤 일을 해냈다는 흥분감과 도덕적 무감각 상태를 초래한다.
매체의 본질	전자매체의 특성상 원래의 정보가 제거되거나 훼손되지 않은 상태에서 훔쳐가는 것이 가능하다. 이런 특성으로 인하여 위반자는 실제로 훔친 것이 없고, 피해자는 도난당한 것이 없다는 생각을 갖는다.
심미적 매료	크래커와 같이 자신의 기술이나 기능을 이용하여 다른 사람들이 설정한 보안장치를 무력하게 만들고, 이를 자신이 큰일을 해냈다는 그릇된 성취감을 갖게 된다.
최소 투자에 대한 최대효과	작은 노력으로 불특정 다수에게 접근하여 최대의 효과를 낼 수 있다는 특징 때문에 비도덕적 행동을 유발시키게 된다.
국제적 범위	정보를 훔치거나 이윤을 얻기 위해 단시간에 전 세계적으로 활동하는 것이 가능하게 됨으로써 사람들로 하여금 비윤리적 행위를 유발시킨다.
파괴력	정보통신기술이 오용될 경우 그에 따른 파괴력이 매우 크고, 비윤리적 행위를 유발시킨다. 예를 들어 새로운 바이러스를 유포시키는 것에서 쾌감과 만족감을 찾는다.

(2) 인터넷 윤리교육의 내용

인터넷 보급률 증가 및 인터넷 이용 연령의 확대되면서 인터넷 윤리교육의 필요성이 강조되고 있다. 이와 함께 최근 스마트폰과 같은 모바일 기기의 사용이 급증하면서 인터넷 역기능의 발생률이 급증하고 있다. 인터넷 중독, 개인정보침해, 인터넷사기, 저작권침해, 사이버폭력 등으로 인한 각종 문제를 인식하고 빠른 대처법으로 피해를 줄이기 위해서 인터넷 윤리교육이 필요하다. 인터넷 역기능 문제 중 하나는 저작권침해, 사이버폭력 등을 행하였다는 사실을 스스로가 지각하지 못하는데 있다. 본인의 사소한 행동 하나가 다른 사람에게 어떤 영향을 끼치는지 올바른 가치관을 심어주어야 한다.

인터넷 윤리교육의 목표는 정보화 사회의 특징을 올바로 이해하고 이를 바탕으로 정보통신 윤리의 중요성을 인식하여 바르게 대처할 수 있는 능력과 태도를 기르는 것이다. 다음 표는 인터넷 윤리교육의 목표 및 내용을 영역에 따라 분류하여 나타낸 것이다.

영역	교육목표	교육내용
통신예절	사이버 공간에서 건전한 통신문화 조성을 위한 예절의 습득	• 전자메일, 채팅 사용법 • 게시판/자료실 사용법 • 동호회 활동 시 예절 • 익명의 허위사실 유포방지
불건전 정보유통	음란물 피해로부터 학생을 보호하고 학생들에게 성에 대한 건전한 가치관을 확립	• 건전한 성교육 • 통신상의 음란물 유해성 • 음란물 대처요령
통신중독·게임	학생들에게 올바른 통신 및 게임 사용 습관을 습득하도록 함	• 통신중독 개념 • 통신중독 자각증상 • 통신중독 대처요령
사이버 성폭력·매매춘	각종 사이버 성폭력/매매춘으로부터 학생을 보호하고 스스로 대처할 수 있는 능력을 기름	• 사이버 성폭력/매매춘의 실태 • 사이버 성폭력/매매춘에 대한 대처요령
언어변형	한글문화를 아름답게 유지·발전시키기 위해 통신상에서 언어 사용습관을 올바르게 함양	• 언어변형 실태 • 한글의 우수성 및 표준표기법 • 통신 시 올바른 언어사용능력
개인정보의 오·남용	개인의 사생활 보호를 위해 타인의 개인정보를 존중하는 문화를 정착	• 개인정보 보호의 필요성 • 개인정보의 오/남용 피해사례 • 개인정보 보호요령
통신사기·도박	통신사기·도박으로부터 보호하여 건전한 인터넷 문화를 정착	• 통신사기/도박의 범죄성 • 통신사기/도박 사례, 대처요령 • 올바른 전자상거래 이용법
해킹	인터넷 자원의 공공성을 유지·발전시키기 위해 해킹행위를 하지 않는 문화를 정착	• 해킹의 개념, 범죄성 • 해킹피해의 심각성 • 해킹 방지요령
바이러스 유포	바이러스 유포에 따른 피해의 심각성을 이해시키고 올바른 컴퓨터 활용문화를 정착	• 바이러스피해의 심각성 • 바이러스로 인한 손실 • 바이러스 발견 및 대처요령
저작권 침해	저작자의 재산권을 보호하고 창의력을 발전시키기 위해 저작권에 대한 인식을 함양	• 저작권의 개념 및 범위 • 저작권침해의 범죄성 • 지적소유권보호의식의 생활화

* 출처: 한국교육학술정보원 정보통신윤리교육의 목표 및 내용체계(유재택 외, 2000)

4.1.2 인터넷 저널리즘과 네티켓

미디어 리터러시(media literacy)는 미디어가 제공하는 정보를 객관적으로 판단하고 이용하는 능력인 정보 해독력이다. 멀티미디어 콘텐츠의 제작과 이용에서 기술적, 문화적, 사회적, 비판적 능력 측면에서 미디어 리터러시 교육에 포함될 내용은 다음과 같다.

분류	내용
기술적 능력	- 미디어 기기의 접근성 및 이용성 - 운영시스템과 프로그램에 대한 이해력 - 전문용어들에 관한 이해
문화·사회적 능력	- 미디어가 제공하는 내용에 관한 열린 마음과 호기심 - 새로운 미디어 통신과의 창의적, 구상적인 친숙 - 법적 윤리적 측면의 책임감 있는 행동 능력 - 정보사회에서의 새로운 업무형태와 내용에 관한 적응 능력
비판적 능력	- 미디어와 이의 발달에 대한 비판적 평가 - 자신의 미디어 이용행위 판단능력

사이버 언어의 특징은 익명성 보장, 세대간 격차 증대, 나이와 상관없이 그들만의 언어 사용, 대화 상대의 성향이나 기분에 따른 언어 사용 등이 있다. 사이버 언어의 장점은 강한 공동체 의식 형성, 줄임말로 언어 사용 시간 단축, 기존 문자와 다른 다양한 감정표현, 새로운 문화 주도의 자부심 형성 등이 있다. 단점은 개인적인 생활에만 집중, 한글의 파괴, 세대 간 의사소통 단절, 욕설, 비방, 음담패설의 남발 등이 있다. 사이버 언어의 유형은 다음과 같다.

유형	일상 언어	사이버 언어
축약과 줄임말	게임, 깜짝 놀라다, 버스 카드 충전	겜, 깜놀, 버카추
소리에 따라 적음	축하, 착한	추카, 차칸
의성어와 의태어	하하하, 놀랍다, 황당하다	ㅎㅎㅎ, 허걱, 헐
은어와 속어	불법다운로드, 거짓말하네	불펌, 앵까네
이모티콘	웃는 얼굴	:) 또는 :-)

네티켓(Netiquette)은 네트워크와 에티켓의 합성어이며, 인터넷 공간에서 지켜야 할 예의범절이다. 네티켓은 법적 제재에 의존하는 타율적 해결보다는 네티즌 스스로 자율적으로 사이버 공간의 문제를 미리 방지하고 이성적으로 해결해 나가자는 적극적인 의미를 갖는다. 1994년 미국 플로리다대학교의 버지니아 셰어 교수가 제시한 '네티켓의 핵심원칙'

이 세계적으로 인정되어 그 기준이 되고 있다.

① 인간임을 기억하라.
② 실제 생활에서 적용된 것처럼 똑같은 기준과 행동을 고수하라.
③ 현재 자신이 어떤 곳에 접속해 있는지 알고, 그곳 문화에 어울리게 행동하라.
④ 다른 사람의 시간을 존중하라.
⑤ 온라인상의 당신 자신을 근사하게 만들어라.
⑥ 전문적인 지식을 공유하라.
⑦ 논쟁은 절제된 감정 아래 행하라.
⑧ 다른 사람의 사생활을 존중하라.
⑨ 당신의 권력을 남용하지 마라.
⑩ 다른 사람의 실수를 용서하라.

❏ 방송통신심의위원회의 네티즌 윤리강령

정보통신 환경의 변화에 따라 사이버 공간의 이용이 급증하고 있다. 네티즌은 사이버 공간에서 유익한 정보를 서로 나누고 건전한 인간관계를 형성하며 다양한 경험을 쌓는다. 또한 사이버 공간을 통해 정보사회의 성숙한 인간으로 성장하며 인류사회 발전에 기여한다.

사이버 공간의 주체는 네티즌이다. 네티즌은 사이버 공간에서 표현의 자유와 권리를 가지고 있으며, 동시에 의무와 책임도 지니고 있다. 이러한 권리가 존중되지 않고 의무가 이행되지 않을 때 사이버 공간은 무질서와 타락으로 붕괴될 것이다. 이에 사이버 공간을 모두의 행복과 자유, 평등이 실현되는 공간으로 발전시킬 수 있도록 '네티즌 윤리강령'을 제정하여 실천할 수 있도록 하였다.

❏ 네티즌 기본 정신

① 사이버 공간의 주체는 인간이다.
② 사이버 공간은 공동체의 공간이다.
③ 사이버 공간은 누구에게나 평등하며 열린 공간이다.
④ 사이버 공간은 네티즌 스스로 건전하게 가꾸어 나간다.

❏ 행동 강령

① 우리는 타인의 인권과 사생활을 존중하고 보호한다.
② 우리는 건전한 정보를 제공하고 올바르게 사용한다.

③ 우리는 불건전한 정보를 배격하며 유포하지 않는다.
④ 우리는 타인의 정보를 보호하며, 자신의 정보도 철저히 관리한다.
⑤ 우리는 비속어나 욕설 사용을 자제하고, 바른 언어를 사용한다.
⑥ 우리는 실명으로 활동하며, 자신의 ID로 행한 행동에 책임을 진다.
⑦ 우리는 바이러스 유포나 해킹 등 불법적인 행동을 하지 않는다.
⑧ 우리는 타인의 지적재산권을 보호하고 존중한다.
⑨ 우리는 사이버 공간에 대한 자율적 감시와 비판활동에 적극 참여한다.
⑩ 우리는 네티즌 윤리강령 실천을 통해 건전한 네티즌 문화를 조성한다.

4.2 개인정보보호

4.2.1 개인정보의 중요성

1) 개인정보 관리

개인정보 보호를 위한 가장 기본적인 조치는 비밀번호의 효율적인 관리이다. 미국의 인터넷 서비스업체인 AOL은 최악의 비밀번호 25가지를 선정하여 발표하였다. 가장 쉽게 찾아낼 수 있는 최악의 비밀번호 1위부터 3위는 각각 'password', '123456', '12345678'로 나타났다. 또한 키보드 자판의 좌측 상단에 위치한 알파벳 'qwerty'를 비롯해 'abc123', 'monkey' 등이 10위권 내에 들었다. 이 밖에 'baseball', '111111', 'iloveyou', '123123', 'football', '654321' 등과 같이 쉽게 유추될 수 있는 것들이 25위 내에 들었다.

최근에 스마트폰과 같은 모바일 기기의 사용이 급증하면서 모바일 기기를 통한 개인정보 유출 위험이 더욱 커지고 있다. 개인의 위치 정보를 이용하는 LBS, GPS 관련 분야의 서비스가 확산되면서 모바일 기기를 통한 불법 위치추적과 함께 그에 따른 부작용도 커지고 있다.

애플 기기를 통한 개인정보 유출이 어떤 형태로 이루어지는지 예를 보도록 하자. 해커 집단이 아이폰, 아이패드 등 애플 기기에 부여된 고유번호 100만개가 저장된 데이터베이스를 파일 공유 사이트에 공개했다. 이 집단은 출처가 미국 연방수사국(FBI) 요원의 컴퓨터라고 하였으며, FBI가 일반 소비자의 애플 기기 사용 내역을 자세히 파악하고 있다고 하였다. 애플 기기의 고유번호는 개별 기기의 작동 상황을 확인하기 위해 제작 단계에서 붙여놓은 것이며, 사용자의 주소를 포함한 다양한 개인 정보를 담고 있다. 사용자의 위치와 취향 등을 반영한 광고에 사용되고, 응용프로그램 개발자들은 이를 이용해 해당 기기에서 자사 애플리케이션이 작동 중인지를 실시간으로 확인할 수도 있다. FBI 요원으로부터 해킹한 파일에는 1200만개의 고유번호와 사용자의 이름, 전화번호, 주소 등 개인정보가 저장돼 있었다고 해커들이 주장했다.

아래 그림은 스마트폰의 위치추적 기능을 이용하여 일정 기간 동안 사용자가 방문한 지역을 지도 위에 나타낸 것이다. 사용자가 자주 방문한 지역은 색깔이 진하고 영역이 크게 나타난다. 이러한 정보들이 사용자의 동의가 없이 수집되고 불법 광고나 범죄에 악용된다면 심각한 사회 문제가 발생될 수 있다.

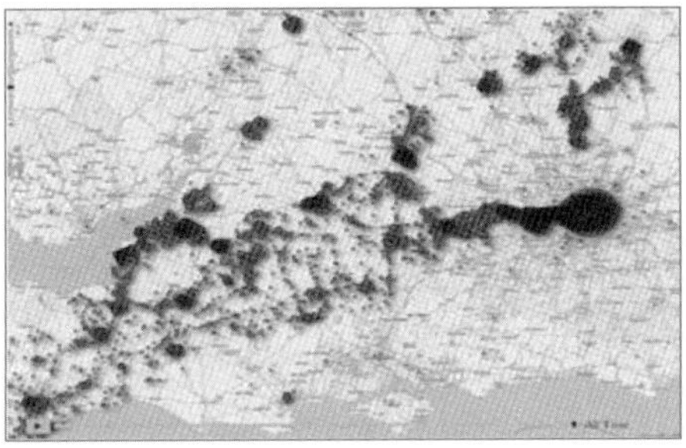

※ OECD의 개인정보 보호 8개 원칙

원칙	내용
수집제한	- 적법하고 공정한 방법으로 개인정보를 수집 - 정보주체에게 수집사실 통보와 함께 승인을 받아야함 - 민감한 개인정보의 수집을 제한
목적명시	- 정보수집의 목적을 명확히 제시 - 명시된 목적 안에서 정보를 이용
정확성 확보	- 사용목적과 범위가 부합 - 이용 목적 범위에서 정확성, 완전성, 최신성 유지
이용제한	- 명시된 목적 외에 다른 용도로 사용이 불가함. 단 정보주체의 동의 또는 법률의 규정에 의한 경우는 예외
안전성 확보	- 수집된 개인정보가 분실, 훼손, 도용, 변조, 불법적인 접근이 이루어지지 않도록 합당한 안전조치 마련
개인 참여	- 자신과 관련된 정보에 대하여 존재확인, 열람, 이의제기, 정정, 삭제, 보완 청구권을 가짐
공개	- 개인정보의 사용과 관련된 운용 및 정책은 공개를 원칙 - 개인정보 관리자의 신원, 주소를 쉽게 파악할 수 있어야 함
책임	- 개인정보 관리자는 위의 7가지 원칙들이 지켜지도록 조치를 취해야 하는 책임이 있음

2) 개인정보의 경제적 가치

개인정보 유출 사건에 대해 법원이 판결한 사례를 알아보자. 국민은행에서 직원의 실수로 3만여명의 개인정보가 저장된 파일이 이메일에 첨부되어 동일한 수의 회원에게 발송된 사고가 발생하였다. 메일 전송 직후 이메일 전송을 강제로 중단시켰지만 이미 37,000명의 회원에게 이메일 발송이 완료된 상태였다. 이 사건에 대해 법원은 주민등록번호, 이름, 이메일 주소까지 유출된 1,024명에게는 20만원, 이름과 이메일만 유출된 2명에게는 10만원을 배상하라고 판결하였다.

또 다른 예로 법원은 SK브로드밴드를 상대로 개인정보 유출로 피해를 본 2,600명이 낸 소송에서 1인당 10만~20만원까지 지급하라는 판결을 내렸다. 판례에 따르면 개인정보는 정도에 따라 최소 10만원, 최대 20만원의 가치를 지닌 것으로 평가받는다. SK컴즈에서 발생한 3,500만 명의 유출 사고의 경우 최대 7조원의 피해 보상이 예상된다. 그러나 해킹 사고를 당하면 개인정보는 10~100원 정도에 불법으로 거래되기도 한다. 개인정보 데이터베이스에는 이름, 아이디, 이메일주소, 비밀번호, 주민등록번호, 전화번호, 주소 등 상세한 개인정보가 수록되어있다. 이러한 정보들이 관리 부실이나 해킹으로 유출되어 불법으로 유통되고 악용됨으로써 심각한 피해가 발생되고 있다.

개인정보를 보호하는 방법에 대해 알아보자. 인터넷 사이트에 가입할 때는 약관을 잘 보고 과도하게 개인정보를 요구하고 있는지 확인해야 한다. 인터넷에서 회원으로 가입할 때는 주민등록번호의 대체수단인 아이핀(i-PIN)을 발급받아 사용하는 것이 좋다. 비밀번호는 영문, 숫자 등을 조합해 8자리 이상으로 설정하고 주기적으로 교체해야 한다. 주민등록번호, 생년월일, 전화번호 등 유추하기 쉬운 번호를 사용하면 안 된다. PC방이나 공용 PC를 이용한 후에 개인정보를 저장해 놓거나 사용한 인터넷 페이지를 닫지 않고 그대로 두면 위험하다. 스마트폰을 사용한 금융거래, 쇼핑 등이 활성화되면서 스마트폰에 중요한 정보들을 저장하는 경우가 많다. 스마트폰은 분실될 위험이 크므로 초기 비밀번호를 설정하고 개인정보 저장을 최소화해야 한다. 개인정보 오남용 피해 예방을 위한 10계명은 아래와 같다.

- ❍ 회원 가입 시 과도한 개인정보를 요구하지 않는지 약관을 잘 살핀다.
- ❍ 특별한 목적이 없이 불필요하게 가입한 사이트는 탈퇴한다.
- ❍ 비밀번호는 영문·숫자 등을 조합해 8자리 이상으로 설정하고 주기적으로 변경한다.
- ❍ P2P, 웹하드 공유 폴더에 개인정보 파일이 저장되지 않도록 한다.
- ❍ PC방이나 공용 PC에서는 개인정보를 저장하지 않는다.
- ❍ 인터넷에서 자료를 다운로드 하는 경우에는 악성코드가 포함되었는지 의심해 본다.
- ❍ 회원가입이 필요한 경우에는 주민등록번호 대신 아이핀을 사용한다.

○ 스마트폰에 개인정보를 저장하지 않는다.
○ 스마트폰 초기화면에 비밀번호를 설정한다.
○ 개인정보 유출이 의심되면 개인정보침해신고센터를 이용한다.

3) 개인정보의 침해

개인정보 침해는 당해 정보주체와 관련된 정보가 도용, 변경, 유출, 훼손 등 오용되거나 남용됨으로써 정보 주체의 자기정보 통제권이 침해되는 것이다. 개인정보는 수집되어 저장 및 관리, 이용 및 제공, 파기될 때가지 생명주기를 갖는다. 개인정보의 침해는 각 단계에서 개별적으로 발생할 수도 있지만 대부분의 경우 여러 단계에서 복합적으로 발생된다.

단계	내용
수집	- 동의 없는 개인정보 수집 및 수집 시 고지사항 불이행 - 동의 및 고지 없는 개인정보 주체 외로부터의 수집 - 법정 대리인의 동의 없는 개인정보의 수집 - 서비스 이용과 관련 없는 과도한 개인정보의 수집 - 해킹 등 불법 수단에 의한 개인정보의 수집
저장 및 관리	- 조작내부 취급자에 의한 개인정보의 유출, 훼손, 변경 - 외부인의 불법적 접근에 의한 개인정보 유출 및 훼손, 변경 - 사업자의 인식부족, 과실 등으로 인한 개인정보의 공개 - 기술적, 관리적 조치마비로 인한 개인정보 유출 - 개인정보 관련 고객의 의의 제기에 대한 불응 또는 미조치
이용 및 제공	- 동의 없는 개인정보의 무단 제공 및 공유 - 당초 수집 시에 고지한 이용목적을 넘어서는 개인정보의 이용 - 타인의 개인정보를 무단으로 이용하는 경우
파기	- 수집 및 목적 달성 후 개인 정보의 미파기 - 개인정보 삭제 요구의 불응

(1) 수집 단계의 침해

개인정보의 수집 경로는 서비스 이용계약 체결을 위해 개인정보 주체로부터 직접 수집하는 경우가 있으며, 웹사이트 회원가입, 오프라인에서의 회원가입 신청서 작성 등이 있다. 또한 개인정보 주체 이외로부터 수집하는 경우가 있으며, 게시판에 공개된 정보의 수집, 명함, 졸업명부, 전화번호 등이 있다.

수집 방법에는 회원 가입과 같은 서비스 제공 및 이용 관계에 의한 방법, 해킹 등 불법 수단에 의하여 수집하는 경우, 쿠키 정보의 수집, 스파이웨어 등 정보의 자동수집, 교통카드나 RFID 등에 의한 수집이 있다.

○ 수집단계의 침해 유형별 사례

침해 유형	침해 사례
개인정보 수집 시 미고지	인터넷 쇼핑몰에서 회원으로 가입할 때 개인정보를 제공하였으나, 제공한 개인정보의 수집 및 이용목적, 보유기간, 회원탈퇴 방법 등 관련 사항이 고지되어 있지 않음
동의 및 고지 없는 개인정보 주체 이외로부터의 수집	웹 사이트에서의 인물정보 서비스 제공 등을 통하여 개인정보를 수집
법정 대리인의 동의 없는 개인정보의 수집	게임 사이트가 법정대리인의 동의 없이 아동을 회원으로 가입시켜 게임, 아이템 등을 결재함으로써 부모의 인지 없이 요금이 청구함

(2) 저장 및 관리 단계의 침해

침해 유형	침해 사례
사업자의 인식부족, 과실 등으로 개인정보 공개	쇼핑몰 운영자가 상품의 품질에 대해 이의를 제기한 소비자의 신상정보 및 거래정보를 게시판에 공개함 성형외과 병원이 고객의 성형수술 전후의 사진을 웹사이트에 무단 게재함
기술적 관리적 조치 미비로 인한 개인정보 유출	사업자의 업무실수로 고객의 신용카드번호 및 신상정보 등이 유출된 사건
개인정보와 관련된 고객 항의 등에 대한 불응 또는 미조치	웹사이트 가입자가 회원탈퇴를 원하였으나 탈퇴 방법이 없거나, 사업자가 탈퇴를 이행하지 않음으로써 이용요금이 부가되거나, 광고성 전자우편이 수신됨

(3) 이용 및 제공 단계의 침해

침해 유형	침해 사례
타인 개인 정보의 도용 등을 통한 무단 이용	타인의 사진 및 전화번호 등을 무단 게재함으로써 개인의 명예훼손 및 정신적 피해를 발생시킴
정보주체의 동의 없는 개인정보의 무단 제공 및 공유	웹사이트 사업자가 정보 주체의 동의 없이 보험, 카드 등 제휴업체에 개인정보를 제공하고, 제휴업체들은 제공받은 개인정보를 활용하여 마케팅을 함
수집 시에 고지한 이용목적을 넘는 개인 정보 이용	이동통신사가 고객의 정보를 활용하여 요청하지 않은 유료 부가서비스를 무단으로 가입시킴

(4) 파기 단계의 침해

침해 유형	침해 사례
수집 및 목적 달성 후에도 개인정보를 파기하지 않는 경우	웹사이트 회원 탈퇴 후에도 지속적으로 광고성 전자우편을 전송
	이동통신사가 자사의 서비스 이용 해지고객의 개인정보를 파기하지 않고 보관

4.2.2 개인정보 유출 사례와 대응방안

1) 개인정보 유출 사례

개인정보 유출은 스팸 메일이나 거짓 광고를 통해 빈번히 이루어진다. 스팸 메일이란 용어는 호멜 회사의 '스팸 통조림' 론칭 전략에서 유래된 것이다. 소비자가 지겨워할 때까지 계속해서 광고전단 종이를 집어넣는 광고 전략이다. 최근에는 G마켓, 옥션, 11번가 등 인터넷 쇼핑몰에 광고를 올린 후 쇼핑객을 상대로 할인쿠폰 등 경품을 제공하는 명목으로 개인정보를 수집한다. 경품을 받으려면 반드시 개인정보를 입력해야 한다. 100% 증정한다는 광고 문구로 구매력이 있는 소비자에게만 경품을 주는 방식도 사용되고 있다. 개인정보 수집 목적을 숨기고 거짓 광고로 소비자를 유인하고, 취득한 개인정보를 본인이 모르게 불법적으로 거래한다.

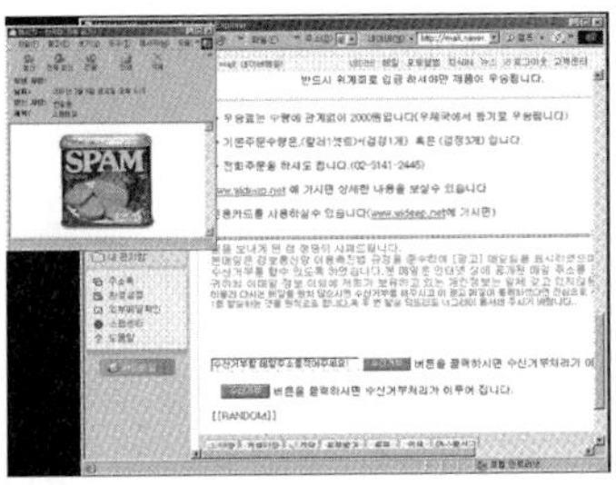

아래 그림은 한국인터넷진흥원에서 조사한 개인정보 침해 상담 건수를 나타낸 것이다. 상담 건수가 매년 증가하는 추세이며, 특히 2011년에는 개인정보 유출 사고가 대형으로 자주 발생함으로써 상담 건수도 급격히 증가하게 되었다.

개인정보 또는 프라이버시 침해로 인한 피해의 주된 유형은 사업자의 관리소홀로 인해 개인정보가 유출되는 것이었으며, 67%로 가장 큰 비중을 차지하였다.

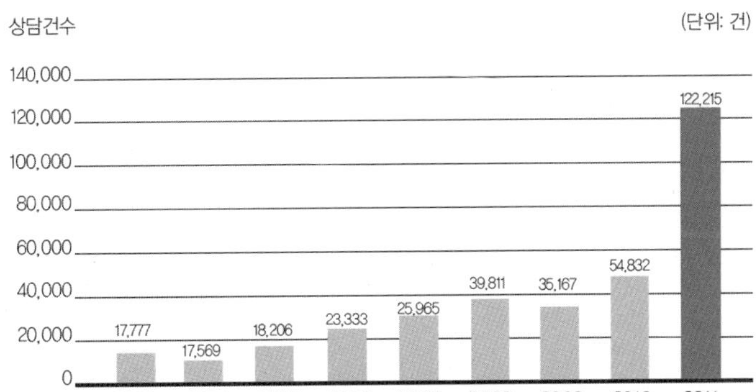

출처: 한국인터넷진흥원

개인정보 침해 상담 건수

국내에서 발생한 주요 개인정보 유출 사고로는 2006년 120만명의 리니지 명의 도용, 2007년 1026만명의 국민은행 정보 유출, 2008년 1080만명의 옥션 해킹, 2011년 현대캐피탈에서 175만명, SK컴즈에서 3500만명, 한국엡손에서 35만명, 넥슨의 메이플스토리 회원 1천320만명의 개인정보가 유출되었다. 2012년에는 한국교육방송공사(EBS)에서 422만명의 개인정보가 유출되었으며, KT 휴대전화 가입자 873만명의 개인정보가 해킹을 당하였다.

3500만명의 개인정보가 유출된 SK컴즈의 네이트·싸이월드 해킹 사고는 중국에 있는 해커가 주도하였고 개인정보가 중국으로 넘어갔다. 해커가 한국인의 개인정보를 악용해 인터넷, 은행, 온라인 게임, 주요 정부 사이트 등 해킹에 이용한다면 2, 3차 피해가 발생될 수 있다.

2) 개인정보 유출 대응방안

(1) 아이핀(i-PIN: Internet Personal Identification Number)

인터넷을 이용한 금융거래에서 신원을 확인하기 위한 개인 식별 수단으로 주민등록번호를 사용하는 경우가 있다. 주민등록번호는 노출되기 쉬우며 개인의 신상정보를 포함하고 있어, 노출되었을 경우 발생하는 피해 범위가 커지며 해결이 어려운 단점이 있다.

아이핀은 인터넷상 개인 식별번호를 의미하는 것으로 인터넷에서 회원가입 시 주민등록번호를 사용하지 않고도 본인임을 확인할 수 있다. 아이핀은 개인의 신상정보를 포함하고 있지 않아 개인정보 노출로 인한 신상정보 유출 피해를 예방할 수 있다. 발급 및 폐기 과정이 간단하며 인터넷 홈페이지 이용이 간소화되고 보안기능이 강화될 수 있다. 아이핀은 다음 기관에서 발급받을 수 있다.

기관명	SIREN24	NICE i PIN	KCB 아이핀 Korea Credit Bureau	아이핀	공공 I-PIN
	서울신용 평가정보	나이스 신용 평가정보	코리아 크레딧 뷰로	한국신용 평가정보	공공 아이핀센터
주소	siren24.com	idcheck.co.kr	ok-name.co.kr	vno.co.kr	gpin.go.kr

(2) 쿠키(cookie)

특정 홈페이지를 접속할 때 생성되는 정보를 저장해두는 임시 파일이다. 방문한 사이트에서 검색하거나 구매한 상품에 관한 내용들이 저장되며 사용자가 재접속 시 이를 이용하여 정보에 보다 빠르게 접속할 수 있도록 한다. 쿠키의 단점은 외부에 노출되었을 때 개인 사생활 침해 및 정보유출이 발생될 수 있다는 것이다.

○ 쿠키 삭제

- 브라우저의 '도구' → '인터넷 옵션' → '일반' 탭 선택
- '검색기록'에서 '종료할 때 검색 기록 삭제' 체크
- '삭제' 선택 후 다음 화면에서 검색기록 항목을 체크하고 '삭제' 버튼 선택

○ 쿠키 설정

- 브라우저의 '도구' → '인터넷 옵션' → '개인정보' 탭 → '사이트' 버튼 선택
- 웹사이트 주소란에 사용자가 지정할 웹사이트의 주소 입력
  - 허용 : 지정된 웹사이트의 쿠키를 컴퓨터에 저장하도록 선택
  - 차단 : 지정된 웹사이트의 쿠키를 컴퓨터에 저장하지 못하도록 선택

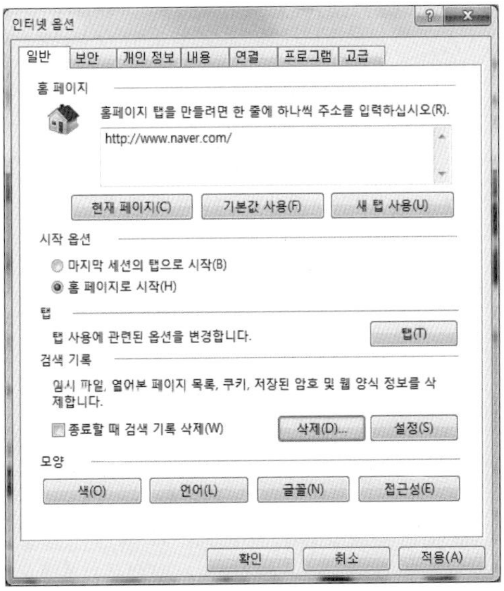

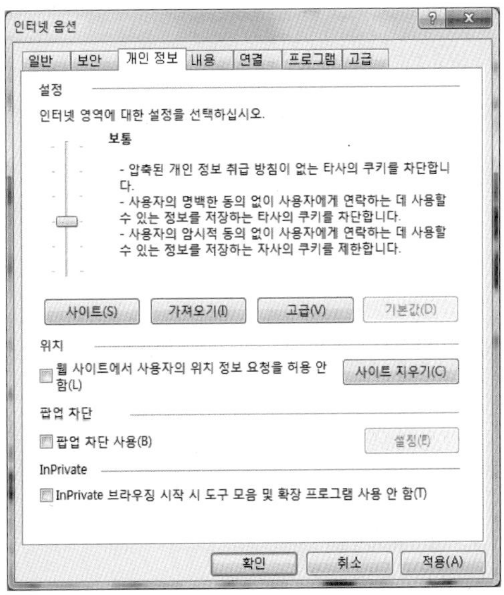

○ 쿠키 정보 확인

- 브라우저의 '도구' → '인터넷 옵션' → '일반' 탭 → '검색 기록'의 '설정' 버튼 선택 → '임시 인터넷 파일' 탭 → '파일보기' 버튼 선택

○ 개인정보 설정 변경

- 브라우저의 '도구' → '인터넷 옵션' → '개인정보' 탭

※ 개인정보 보호 실천수칙 10가지

- 윈도 보안 패치 자동 업데이트 설정하기
- 바이러스 백신 및 스파이웨어 제거 프로그램 설치하기

- 윈도 로그인 패스워드 설정하기
- 패스워드는 8자리 이상의 영문과 숫자로 만들고 주기적으로 변경하기
- 신뢰할 수 있는 웹사이트에서 제공하는 프로그램만 설치하기
- 인터넷에서 다운로드 받은 파일은 바이러스 검사하기
- 출처가 불분명한 메일은 바로 삭제하기
- 메신저 사용 중 수신된 파일은 바이러스 검사하기
- 인터넷상에서 개인 및 금융정보를 알려주지 않기
- 중요 문서 파일은 암호를 설정하고 백업을 생활화하기

4.2.3 개인정보 보호 관련 기술과 법

1) 개인정보 보호 관련 기술

PC 자동보안 업데이트 프로그램을 설치하면 바이러스나 해킹 등에 의해 발생할 수 있는 개인정보의 유출이나 PC 성능이 저하되는 등의 문제를 방지할 수 있다. 한국인터넷진흥원 보호나라(www.boho.or.kr)에 접속하여 PC 자동보안 업데이트 프로그램을 다운로드하여 설치하면 된다.

개인정보유출을 막기 위해서는 일상적으로 사용하는 미니홈피, 검색, 메신저를 통해 개인정보가 유출되지 않는지 체크하고, 개인정보 설정을 점검하고 각 서비스에서 제공하는 보안설정을 알고 있어야 한다. 정보보호 5대 실천 수칙은 다음과 같다.

① 보안패치 설정하기

- 미적용 패치의 보안강화를 위해 윈도 자동 업데이트 기능을 이용해 업데이트를 실시한다.

② 바이러스 백신 및 스파이웨어 제거 프로그램 사용하기

- 윈도가 최신으로 업데이트 되어 있어도 웜/바이러스 및 악성코드에 감염될 수 있으므로 백신 및 스파이웨어 제거 프로그램을 사용한다.

③ 컴퓨터 패스워드 설정하기

- 패스워드가 설정되지 않은 시스템을 대상으로 웜/바이러스 감염 및 해킹 공격을 시도하므로 이를 방어하기 위해서 패스워드를 설정한다.
- 윈도 로그인 및 공유 폴더에 패스워드를 사용하도록 권고하고, 패스워드는 8자리 이상의 영문/숫자를 조합하되 최소 3개월마다 변경한다.

④ 신뢰할 수 있는 ActiveX 프로그램 설치하기

- 악성코드 및 스파이웨어 프로그램은 주로 ActiveX 방식으로 설치되므로 함부로 프로그램을 설치하지 않는다.
- ActiveX 프로그램은 신뢰하는 사이트에서 필요한 프로그램만 설치하고, 인터넷에서 다운로드 받은 프로그램은 백신 프로그램으로 점검한다.

⑤ 공인인증서 USB 저장하기

- 피싱 공격에 대한 사용자의 피해를 예방하고 안전한 전자 금융 환경을 조성한다.
- 인터넷에서 개인 · 금융 정보가 노출되지 않도록 공인인증서는 이동매체에 보관하고 공용 PC에서는 개인 및 금융정보를 사용하지 않는다.

2) 개인정보 보호 관련 법

방송통신심의위원회는 '방송통신위원회의 설치 및 운영에 관한 법률'에 따라 방송 프로그램 및 인터넷, 모바일 등의 불법·유해정보 콘텐츠를 심의한다. 통신민원은 정보통신망 상에 유통되는 각종 불법·청소년유해정보에 대한 신고 및 문의를 처리한다. 법원을 통한 공식적인 분쟁해결절차는 절차의 복잡성, 비용의 과다, 장기간 소요 등 비효율적일 수 있다.

ADR(Alternative Dispute Resolution)는 소송에 의한 판결 이외의 다른 방법으로 분쟁을 해결하는 것이다. 인터넷상 분쟁해결제도는 간단한 절차, 저렴한 비용, 신속하고 자율적인 분쟁해결로 분쟁당사자의 결과에 대한 수용 가능성이 높아 경미하고 사소한 분쟁이 많은 인터넷상 분쟁해결에 적합하다.

① 개인정보 분쟁조정 제도

정보통신망법에 따르면 개인정보는 생존하는 개인에 관한 정보로서 성명, 주민등록번호 등에 의하여 당해 개인을 알아볼 수 있는 부호, 문자, 음성, 음향 및 영상 등의 정보이다. 개인정보 분쟁조정은 개인정보유출과 같이 개인정보와 관련된 분쟁이 발생한 경우 분쟁조정을 원하는 사람이 한국인터넷진흥원 산하의 개인분쟁조정위원회에 분쟁조정을 신청하는 제도이다.

② 정보통신 청소년유해매체물 표시제

'정보통신망 이용촉진 및 정보보호 등에 관한 법률'에 따라 청소년보호법상의 청소년유해매체물인 정보를 정보통신망을 이용하여 제공하고자 하는 사람은 청소년유해매체물임을 표시하도록 하는 제도이다.

③ 명예훼손 분쟁조정

방송통신심의위원회에서는 '정보통신망 이용촉진 및 정보보호 등에 관한 법률'에 따라 정보통신망을 이용하여 유통되는 정보 중 사생활의 침해 또는 명예훼손 등 타인의 권리를 침해하는 정보와 관련된 분쟁의 조정에 대해 처리한다.

분쟁조정 절차는 신청 사건의 접수 및 통보, 사실 확인 및 당사자 의견 청취, 조정 전에 합의 권고, 위원회의 조정절차 개시, 조정 성립, 효력발생의 순서로 진행된다.

4.3 악성코드와 해킹

4.3.1 악성코드

악성코드는 제작자가 의도적으로 컴퓨터 사용자에게 직·간접적으로 피해를 주고자 만든 악의적인 프로그램을 총칭한다. 즉, 악성코드 또는 맬웨어(Malware)는 컴퓨터에 악영향을 끼칠 수 있는 모든 소프트웨어를 말한다. 최근에는 네트워크가 발달하면서 이메일이나 웹을 통하여 감염되는 경우가 많아졌다.

1) 악성코드의 분류

(1) 컴퓨터 바이러스

프로그램을 통해 감염되며 실행 프로그램이나 데이터에 손상을 입혀서 정상적인 작동을 방해한다. 바이러스는 악성코드의 대표적인 유형이며, 바이러스의 유형은 감염 부위별로 다음과 같이 분류한다.

① 파일 바이러스

컴퓨터 시스템을 파괴하거나 작업을 지연 또는 방해하며, 감염대상을 가지지 않는 악성 프로그램이다. 파일의 용량이 갑자기 늘어나고 디스크의 불량 섹터가 늘어나거나 오류가 발생한다. 그리고 파일의 생성 날짜나 시간이 변경되거나 작업과 관련 없는 문자열이나 소리 등이 나타난다.

② 부트 바이러스

부팅이 되지 않거나 디스크를 인식하지 못하는 경우가 발생한다. 부팅 시간이 평소보다 현저하게 오래 걸리거나 시스템의 속도가 느려진다. 메모리나 디스크의 용량이 갑자기 감소한다.

③ 매크로 바이러스

마이크로소프트의 엑셀, 워드와 같이 파일 안에 매크로를 포함하고 있는 파일을 실행하거나 종료할 때 자동으로 바이러스가 실행되어 작업한 문서를 위조 또는 변조한다.

(2) 바이러스의 발전 단계

① 원시형 바이러스(primitive virus)

아마추어 프로그래머들에 의해 만들어져 구조가 단순하고 분석이 쉬우며, 백신 프로그램의 제작이 쉽다. 악성코드의 존재 가능성을 보여주었으며, 예루살렘 바이러스와 같은 대부분의 도스용 바이러스가 여기에 속한다.

② 암호화 바이러스(encryption virus)

백신 프로그램의 진단이 어렵도록 일부 또는 대부분을 암호화시켜서 저장한다. 그러나 실행 시작점에 존재하는 암호를 해독하는 부분이 항상 일정하다는 단점이 있다. 종류로는 폭포(cascade) 바이러스, 느림보(slow) 바이러스 등이 있다.

③ 은폐형 바이러스(stealth virus)

자신을 숨기고 거짓정보를 제공하기 위하여 다양한 기법을 사용한다. 기억 장소에 존재하면서 사용자나 백신 프로그램에게는 감염된 파일의 길이가 변경되지 않는 것처럼 보이게 하고, 감염부위를 읽으면 이전 내용을 보여주는 방식으로 자신을 은폐시킨다. 브레인 바이러스, 조쉬(Joshi) 바이러스, 512바이러스, 프로도(Frodo) 바이러스 등이 있다.

④ 갑옷형 바이러스(armour virus)

암호화 바이러스의 일종으로 다형성 바이러스이다. 암호화 바이러스의 단점을 보완하여 암호화를 푸는 부분도 감염 때마다 달라지게 한다. 이전 바이러스는 백신 프로그램의 바이러스 진단을 어렵게 하는 것이 목표였으나 4세대 바이러스는 암호화를 다양화하여 바이러스 분석을 어렵게 하였다. 갑옷형 바이러스의 대표적인 예는 고래 바이러스(whale virus)이다.

⑤ 매크로 바이러스(Macro virus)

응용프로그램에서 사용되는 매크로를 통하여 감염된다는 점이 다른 바이러스와의 차이점이다. 예를 들면, 비주얼베이직 스크립트를 지원하는 다양한 프로그램에서 활동하기 때문에 활동 중인 바이러스 중 가장 비중이 높다.

(3) 악성코드의 분류

① 트로이목마(Trojan horse)

자료삭제, 정보탈취 등 사이버테러의 목적으로 사용되는 악성 프로그램으로 해킹기능을 가지고 있어 인터넷을 통해 감염된 컴퓨터의 정보를 외부로 유출하는 것이 특징이다. 자가 복제능력이 없는 악성코드이다.

② 웜(Worm)

컴퓨터 시스템을 파괴하거나 작업을 지연 또는 방해하고 감염대상을 가지지 않는다. 네트워크를 통해 스스로 전파되는 악성 프로그램이며 빠른 전파력을 가지고 있다.

③ 스파이웨어

타인의 컴퓨터 시스템에 몰래 들어가 사용자의 동의 없이 정보를 유출시키는 악성코드이다. 인터넷을 통해 공개 소프트웨어를 다운받거나 인터넷을 사용할 때 자신도 모르는 사이에 설치된다. 신용카드와 같은 금융정보, 신상정보, 패스워드 등 각종 정보를 수집한다.

④ 애드웨어(Adware)

광고나 마케팅 목적으로 컴퓨터를 사용할 때 자동으로 광고가 표시되게 하는 악성코드이다. 무료 소프트웨어를 다운로드할 때 사용자의 동의를 받고 광고를 보는 대가로 소프트웨어 사용을 허가한다. 사용자의 동의하에 개인정보가 수집되어 백신에서는 악성코드로 분류되지 않는다.

⑤ 하이재커

사용자의 의도와 상관없이 특정 사이트로 이동시키고 팝업창을 띄우는 악성코드이다.

(4) 악성코드의 유형 실태

한국인터넷진흥원의 자료에 따르면 2014년 악성코드 유형 중 원격제어가 42%의 비율로 가장 높았으며, 그 이외에도 정보유출(금융정보), 금융사이트 파밍, 다운로더 등 악성코드 유형이 다양하게 나타났다.

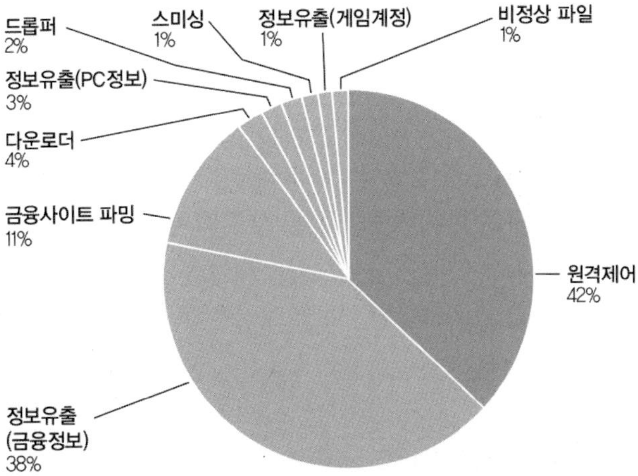

악성코드의 유형 현황

2) 모바일 악성코드

① 모스키토(Mosquito)

모스키토는 단말기에 저장된 전화번호로 사용자 모르게 SMS 메시지를 전송하여 고액의 서비스 이용료가 부과되도록 한다.

② 스컬스(Skulls)

이 악성코드는 감염된 단말기의 시스템 애플리케이션을 다른 파일로 교체해 단말기를 사용할 수 없도록 한다.

③ 컴워리어(CommWarrior)

컴워리어는 2005년부터 사용되기 시작한 멀티미디어 메시징 서비스(MMS)로 전파되는 최초의 모바일 웜 바이러스이다. MMS에 자신의 복사본을 첨부해 단말기 주소록에 있는 모든 연락처에 발송한다.

3) 악성코드의 예방

악성코드로부터 피해를 당하지 않도록 사전에 예방하는 노력을 기울여야 한다. 악성코드를 예방하기 위한 일반적인 방법과 이메일로 유포되는 악성코드를 예방하는 방법은 다음과 같다.

(1) 악성코드 예방법

- 정품 소프트웨어의 사용을 생활화한다.
- 발송자가 불분명한 이메일은 열어보지 않는다.
- 백신 프로그램을 설치하고, 자동검색 및 자동 업데이트 기능을 설정한다.
- 중요한 데이터는 반드시 백업해 두는 것을 생활화한다.
- 비밀번호는 영문과 숫자를 혼합하여 8자리 이상으로 만들고 주기적으로 변경한다.
- 네트워크 공유폴더를 쓸 때는 비밀번호를 설정한다.
- 문서 공유는 최소화한다.

(2) 이메일로 유포되는 악성코드 예방법

- 발송자가 불명확한 메일은 가급적 열지 말고 삭제한다.
- 이메일에 첨부된 파일은 바로 실행하지 말고 최신 백신 프로그램으로 검사한 후 실행한다.
- 이메일에 표시되는 의심스런 웹사이트 링크를 함부로 클릭하지 않는다.
- 안티 스팸 솔루션을 설치해 스팸 및 악의적인 이메일의 수신을 최대로 줄인다.
- V3와 같은 통합백신을 설치하고 실시간 감시 기능이 동작되도록 한다.
- 웹 보안 소프트웨어를 설치해 악의적 웹사이트 접속을 예방한다.
- 윈도, 인터넷 익스플로러, 오피스 제품 등은 최신 보안 패치로 설치한다.

(3) 정보보호 기술

정보에 대한 위협은 허락되지 않은 접근, 수정, 노출, 훼손, 파괴 등이 있다. 일반적으로 정보 보안의 주요한 목표는 다음과 같다.

① 기밀성(confidentiality)

비밀 보장이라고 할 수도 있으며, 허락되지 않은 사용자가 정보의 내용을 알 수 없도록 하는 것이다. 원하지 않는 정보의 공개를 막는다는 의미에서 프라이버시 보호와 밀접한 관계가 있다.

② 무결성(integrity)

허락되지 않은 사용자가 정보를 함부로 수정할 수 없도록 하는 것이다. 즉, 수신자가 정보를 수신했을 경우나 보관된 정보를 꺼내 보았을 때 그 정보가 중간에 수정 또는 첨삭되지 않았음을 확인할 수 있도록 하는 것이다.

③ 가용성(availability)

허락된 사용자가 정보에 접근할 때 이것이 방해받지 않도록 하는 것이다. 최근에 네트워크의 고도화로 잘 알려진 서비스거부공격(DoS: Denial of Service)이 이러한 가용성을 해치는 공격이다.

○ 정보보안 위협의 분류

- 위조: 허위자료를 내부의 정상적인 정보자료인 것처럼 만든다.
- 변조: 정보의 내용의 일부 또는 전부를 다른 내용으로 바꾼다.
- 유출: 정보자료를 허가되지 않은 사용자가 내용을 확인할 수 있거나 정보내용을 복제 또는 외부로 내보내어 악용할 수 있도록 한다.
- 훼손: 내부의 정보자료, 특정 소프트웨어, 또는 컴퓨터 운영체제를 변경하거나 파괴하여 보안에 위협이 되도록 작동하거나 정상적인 작동을 못하게 한다.

4.3.2 해킹

해킹은 타인의 컴퓨터에 무단으로 침입하여 권한 이상의 정보열람, 복제, 변경, 삭제, 마비 등 불법적인 행위를 하는 것이다. 해킹 1세대는 1960년대이며, MIT 대학의 모형 기차 제작 동아리에서 해커라는 용어를 사용하였다. 자유롭고 쉽게 컴퓨터를 쓸 수 있도록 하자는 개방과 공유를 지향하였다. 2세대는 1970년대이며, 폰프리커 세대라고 불리었으며, 전화사용료 세금부과에 항의하여 무료 통화방법을 유통시켰다. 1980년대의 3세대는 게임해커라고 불리었으며, 소프트웨어의 보안 암호를 깨고 타인의 컴퓨터에 침입하는 사회적 비행을 부각시켰다. 크래킹이라는 용어가 처음 사용된 시기이다. 미국의 국방망에 침입하여 군사기밀 유출시킨 카오스 사건과 네트워크에 연결된 수천대의 컴퓨터를 일시 정지시킨 인터넷 웜 사건이 대표적 사례이다. 1990년대의 4세대 해커들은 국가안보를 위협하는 수준까지 도달하였다. 정치적 이념을 가진 해커들이 등장하여 사이버 테러라는 용어가 만들어지고 이들을 정치해커(hacktivist)라고 불렀다.

1) 해킹 실태

해킹사고의 유형은 스팸 릴레이, 홈페이지 변조, 단순 침입시도, 피싱 경유지, 기타 해킹으로 분류할 수 있다. 다음 그림은 한국인터넷진흥원에서 조사한 2013년부터 2014년 6월까지 해킹사고 접수처리 건수를 나타낸 것이다. 자료에 따르면 2014년 6월 해킹사고 접수처리 건수는 총 1,009건으로 전월(1,184건) 대비 15% 감소한 것으로 나타났다.

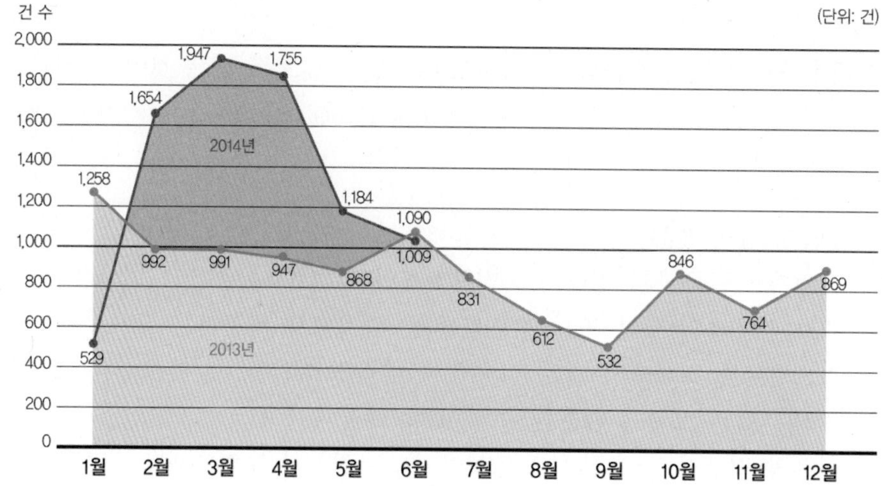

자료: 한국인터넷진흥원

사이버 세계가 해커들에 의해 뚫리고 있다. 2011년에 청와대, 네이버 등 40여개 사이트가 디도스 공격을 받았다. SK컴즈의 관리 부실로 3500만명의 개인정보가 유출된 네이트·싸이월드 해킹 사고가 발생하였다. 중국에 있는 해커가 주도했고 개인정보가 중국으로 넘어갔다. 해커가 한국인의 개인정보를 악용해 인터넷, 은행, 온라인 게임, 주요 정부 사이트 등 해킹에 이용한다면 2, 3차 피해가 발생될 수 있다. 외국의 경우, 반미 성향의 터키 해커들에 의한 6173개 미국 사이트 공격, 미국 해커 집단인 어나니머스(anonymous)의 BOA 해킹, 프랑스 재무부에 있는 G20 관련 문서 해킹, 이란 해커의 미국 보안인증업체 해킹 등의 사건이 발생하였다. 또한 소니 게임 네트워크가 해킹되어 회원 1억명의 개인정보가 유출되었고, 혼다자동차 캐나다 법인이 해킹되어 고객 28만명의 개인정보가 유출되는 등 다양한 형태의 해킹이 발생하였다.

2) 해킹 사례

(1) 분산서비스거부(DDoS: Distributed Denial of Service) 공격

분산서비스거부 공격은 서버 시스템에 과도한 부하를 일으켜 정당한 사용자가 데이터나 자원을 접근하지 못하도록 방해하는 공격방식이다. 악의적인 성향을 갖는 공격자는 불특정 다수의 PC를 감염시킨 후 이를 이용하여 대량의 트래픽을 일으켜 서버를 다운시키거나 인터넷 회선을 점유하여 서비스를 불가능하게 만든다. 다음 그림은 악성코드에 감염된 좀비(Zombie) PC를 이용한 DDoS 공격의 흐름을 나타낸 것이다.

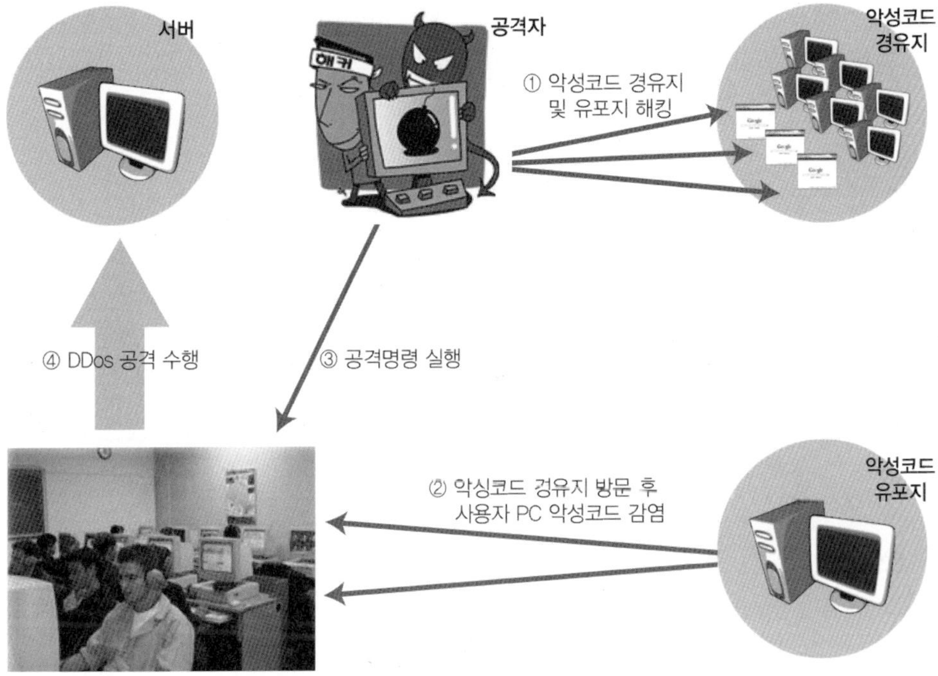

다음 그림은 2011년 발생한 3.4DDoS 공격에 대해 한국인터넷진흥원(KISA)의 대응 내역을 나타낸 것이다. 국내 웹하드 업체의 7개 사이트가 해킹되어 숙주 사이트로 악용되었다. 공격과 관련된 악성코드의 유포지는 72개국 748개 사이트로 확인되었다.

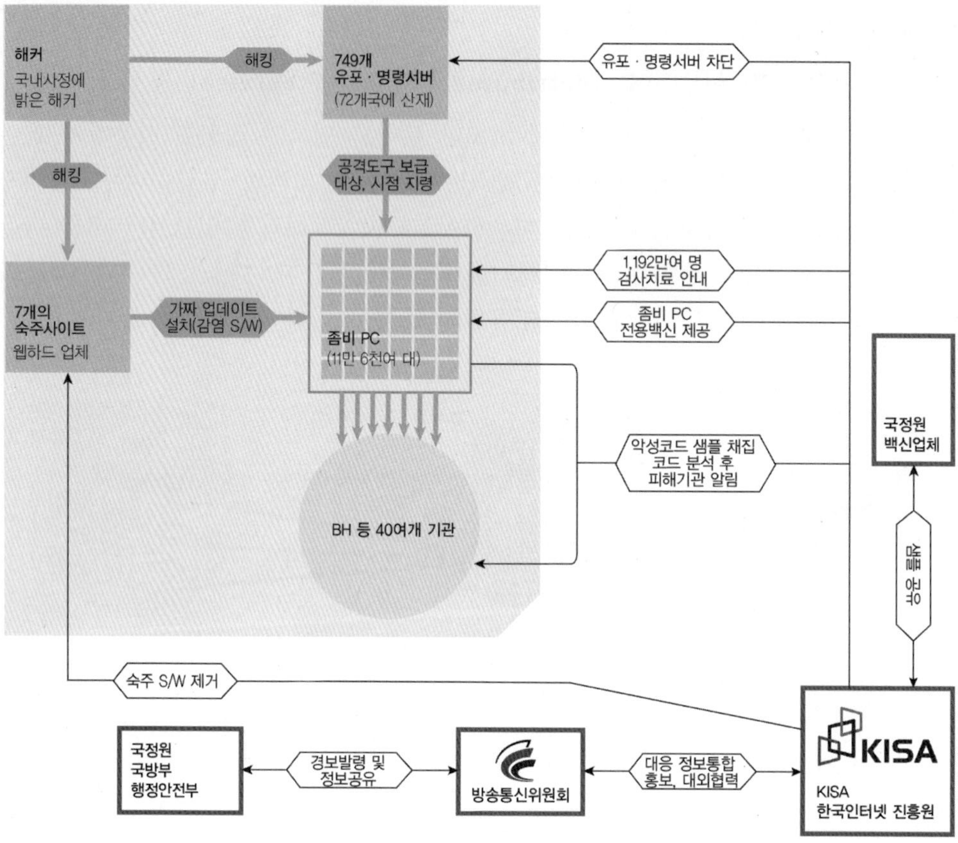

출저: 2011 한국 인터넷 백서

(2) 해킹에 따른 정보 유출

SK컴즈의 개인정보 유출 사건에 대한 경로를 알아보자. SK컴즈가 운영하는 네이트·싸이월드 시스템의 해킹으로 회원 3500만명의 개인정보가 중국으로 유출되었다. 국내 소프트웨어 업체인 이스트소프트의 알집 프로그램이 해킹에 이용되었으며, 유출된 개인정보는 중국에 있는 서버로 빠져나갔다. 이 사건을 주도한 해커는 이스트소프트가 알집 프로그램을 배포할 때 사용하는 서버를 해킹하고 악성 파일을 저장하였다. 이 알집 프로그램을 다운로드 받은 SK컴즈 직원의 컴퓨터 62대가 감염되었다. 감염된 PC는 해커의 명령대로 작동하는 좀비 PC로 변했다. 해커는 좀비 PC를 원격 조종하여 네이트· 싸이월드 가입자 정보를 빼돌렸다.

불법으로 습득한 개인정보를 악용해 스팸메일을 대량으로 발송하거나 보이스피싱에 악용하는 등 2차 피해가 발생될 수 있다. 중국에서는 우리나라에서 유출된 개인정보가 불법으로 거래되는 것으로 알려졌다. 다음 그림은 네이트·싸이월드 해킹 사건에 대한 발생 경로를 나타낸 것이다.

네이트・싸이월드 회원 3,500만명의 개인정보 유출 사건에 대한 집단 손해배상 청구소송에서 법원이 SK컴즈에 위자료 지급 판결을 내렸다. 피해자 전원이 소송에 참여해 1인당 20만원의 위자료 지급 판결이 나올 경우 이자비용을 포함한 SK컴즈의 배상액은 7조 6,000억원 정도이다.

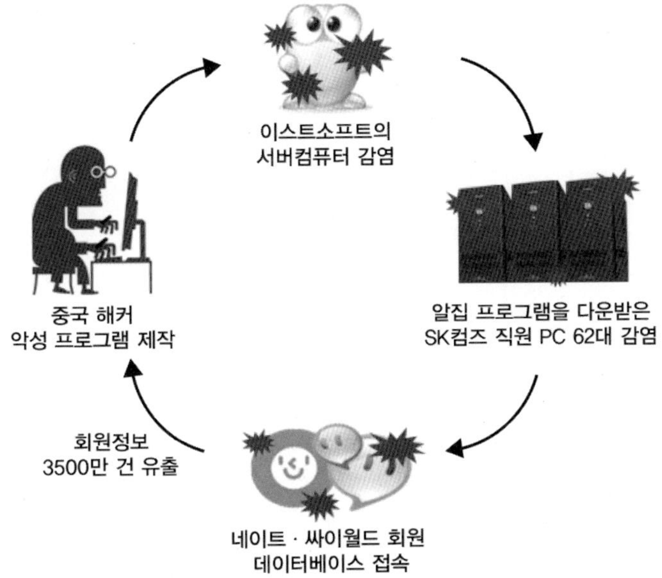

국내 3개 카드사의 고객정보 1억400만건이 유출된 것이 2014년 1월에 확인되었다. 주소, 전화번호, 카드 유효기간 등이 포함된 고객 정보가 불법 개인정보 시장에 유포될 가능성이 크다. 유출 정보에 의한 보이스피싱과 스미싱 피해의 위험이 더 커지게 되었다. 다음 그림은 2013년에 발생한 전자금융 사기피해 현황을 금액과 건수별로 나타낸 것이다.

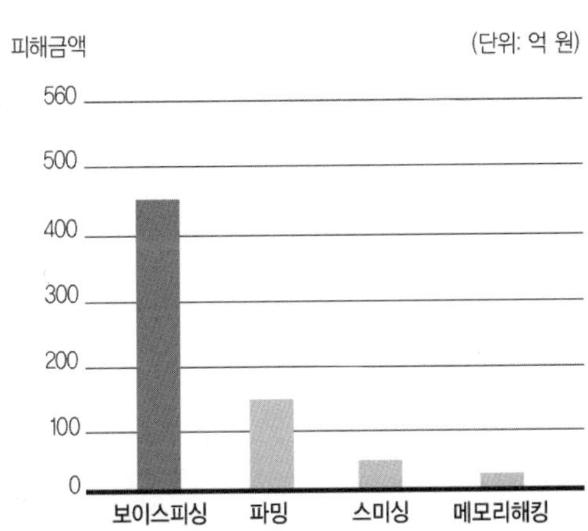

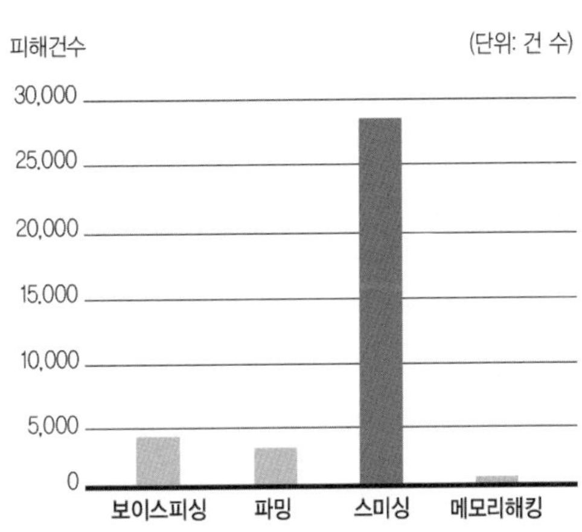

KT 홈페이지가 해킹당해 1천200만명의 고객정보가 유출된 것이 2014년 3월에 확인되었다. 다음 그림은 개인정보의 유출 흐름도를 나타낸 것이다.

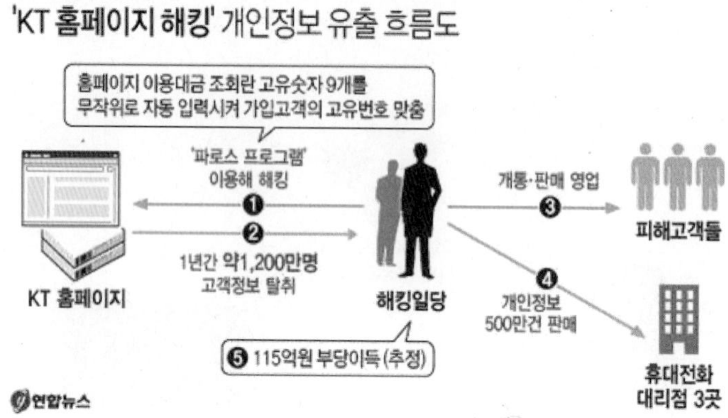

(3) APT 공격에 의한 해킹

APT(Advanced Persistent Threat)는 특수한 목적을 가진 하나의 표적에 대해 다양한 기술을 이용해 지속적으로 정보를 수집하고 취약점을 파악해 이를 바탕으로 피해를 끼치는 공격을 말한다. APT 공격은 불특정 다수를 대상으로 시도하는 일반 해킹 또는 공격 대상을 정해 공격하는 표적 공격과 구분된다. APT는 특정 공격 목표를 설정한 후 장기간에 걸쳐 첩보 형태로 지속적으로 정보를 수집하고 이를 바탕으로 치밀한 공격을 감행한다는 점에서 보다 지능화된 해킹 기법이다. 국내 SK컴즈 3500만명 개인정보 유출, 넥슨 1320만명 개인정보유출, 농협 전산망 마비사건 등 최근의 해킹 사건이 APT 공격에 의해 발생하였다.

APT 공격을 예방하기 위한 방안에 대해서 알아보자. APT 공격자는 기초정보 수집, 악성코드 침투, 기밀정보 유출의 단계를 거쳐 단계적으로 침투한다. 따라서 공격자에게 자신의 정보가 유출되지 않도록 이메일 주소, 담당업무 등을 가능하면 SNS에 노출하지 말아야 한다. 또한 전화번호, 주소 및 개인적인 신상자료에 대한 노출도 최소 수준으로 낮추는 것이 좋다. PC가 악성코드에 감염되지 않도록 주의해야 한다. 모르는 사람이 보낸 이메일은 열어보지 말고, 아는 사람이 보낸 이메일이라도 확실하지 않으면 열어보지 않는 것이 좋다. 안티 바이러스 프로그램을 최신 버전으로 업그레이드하고, 한글파일이나 PDF 등 다른 파일들도 패치 업데이트를 생활화해야 APT 공격을 막을 수 있다.

(4) 모바일 기기 해킹

스마트폰이 좀비폰(Zombi phone)이 되어 해커에게 조종당하면 고객 목록이나 통화 정보가 유출될 수 있다. 해커는 스마트폰 앱에 악성 코드를 심어 좀비폰으로 만들고 원격 조종하여 통화기록, 문자메시지, 사진 등의 정보를 빼낼 수 있다. 또한 좀비폰을 이용해 전화를 걸어 통신망에 과부하를 발생시킬 수 있다. 향후 모바일 기기의 확산과 함께 해커에 의한 원격 조종 프로그램, 가짜 앱, 스미싱 등 모바일 공격의 위험이 확산될 수 있다.

다음 그림은 스마트폰 해킹의 흐름도를 나타낸 것이다.

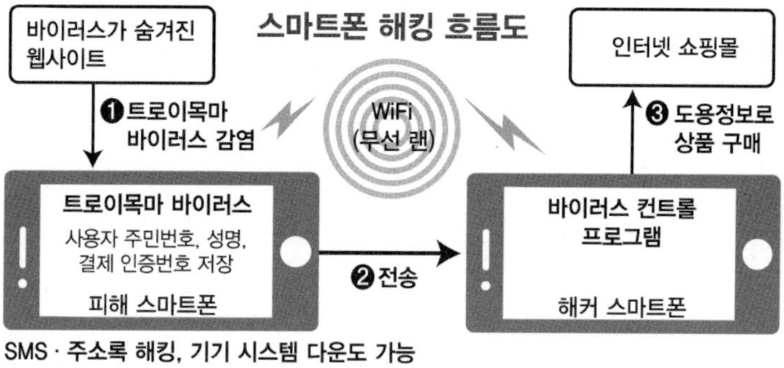

4.4 사이버 범죄

4.4.1 사이버 폭력과 사기

1) 사이버 폭력

사이버 폭력의 종류에는 사이버 언어폭력, 사이버 명예훼손, 사이버 모욕, 사이버 성폭력, 사이버 스토킹 등이 있다.

사이버 폭력은 넓게 '정보통신망을 통해 부호, 문언, 음향, 화상 등을 이용하여 타인의 명예 또는 권익을 침해하는 행위'로 정의할 수 있다. 익명성 뒤에 숨어 '표적 마녀사냥'을 놀이처럼 즐기는 사이버 폭력이 사회 문제로 나타나고 있다. 사이버 폭력은 피해 확산 속도가 빠르고, 집단적인 양상을 보이며, 가해자를 찾기 어려운 특징이 있다. 또한 자신도 모르게 피해가 발생되며, 원상회복이 어렵고, 현실생활로 2차 피해가 발생될 가능성이 높다. 구글의 에릭 슈미트 회장은 "인터넷에서 악당들을 찾아내고 그들이 쓴 글을 끌어내릴 수 있는 방법을 마련해야 한다"고 실명제를 주장하였다.

최근에 휴대전화 메시지에도 심한 욕설이 나타난다. SNS와 스마트폰 사용이 확산되면서 사이버 언어폭력의 피해가 증가하고 있다. 2012년에는 카카오톡의 채팅 폭력과 집단 따돌림으로 여고생이 자살하는 불상사가 일어났다.

다음 표는 경찰청이 2011년에 실시한 사이버 폭력의 단속 결과를 나타낸 것으로 폭력 유형에 따른 비율과 수법을 보여주고 있다. 폭력유형에서 가장 큰 비율을 차지하는 것은 개인정보침해로 나타났으며, 개인정보침해 유형에서 해킹이 64%로 가장 큰 비중을 차지하였다.

폭력 유형	비율(%)	주요 수법(유형 내에서 차지하는 비율, %)
개인정보침해	26.8	게임 계정 등 해킹(64)
명예훼손	20.3	인터넷 게시판 등(88)
협박 공갈	14.0	휴대폰 문자 및 음성메시지(78)
성폭력	13.5	채팅으로 유인(87)
스토킹	3.6	휴대폰 메일 등 통신매체(95)
기타	21.8	음란물 유포 및 음란 화상채팅(74)

아래 그림은 악플 작성자들의 연령대별 비중을 나타낸 것이다. 20~29세 연령이 57.2%로 가장 큰 비중을 차지하고 있으며, 이어서 19세 이하가 19.3%를 차지한 것으로 나타났다.

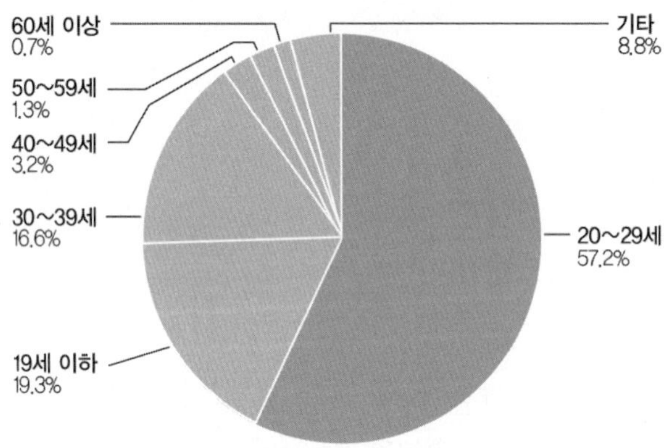

악플 작성자들의 연령대별 비중

(1) 사이버 언어폭력

사이버 언어폭력은 홈페이지 게시판이나 이메일 및 채팅방에서 상스러운 욕설과 인격 모독 혹은 허위, 비방하는 글을 올리는 것이다. 즉, 사이버 공간에서의 의사표시를 통해 상대에게 수치심 및 공포심을 유발시키거나 인격적 가치를 저하시키는 행위이다. 전반적으로 사이버 상에서 벌어지는 언어폭력은 이미 심각한 수준에 있다. 사회적 쟁점이 발생되면 찬반 의견이 절제되지 않은 언어로 전달되고, 심지어 욕설까지 사용하며 무차별적인 인신공격이 가해지고 있다. 사이버상의 언어폭력은 오프라인의 폭력으로 이어짐으로써 피해자에게 정신적·육체적 고통을 주게 된다.

사이버 언어폭력으로 인해 청소년들 사이에 한글 파괴, 언어 및 정서 파괴 현상이 동시에 나타나고 있다. 이와 함께, 청소년들 사이에 욕설이 일상어가 되고 있다. 'ㄷㅊ(닥쳐)' 'ㅅㅂ(×발)' 'ㅂㅅ(병신)' 처럼 한글의 초성만으로 줄여 쓰거나 '네가지(싸가지)' '조낸(×나의 변형)' '쩐다(대단하다, 짜증난다)' 같은 표현을 일상용어처럼 사용하고 있다. 최근에 공영방송 KBS에서 드라마 제목을 '차칸 남자'로 발표하여 한글 파괴를 선도한다는 누리꾼의 비난을 받은 사례도 발생하였다.

가. 사이버 언어폭력의 형태

연예인이나 스포츠 스타 등 특정인이나 단체에 대해 반대하는 사람들의 모임인 안티카페에 욕설이 난무하고 있다.

이러한 카페에는 '×발 ○○○ 안티들 다 모여' '그 미친 ○○년 병신' '지랄들 하고 자빠졌다 병신같은 새끼들' '×발 ○○○ 팬들 때문에 ×나 찌질이 같다 ㅋㅋ'와 같은 심각한 욕설이 나타난다. 사이버 언어폭력은 아래와 같이 크게 3가지 형태로 분류할 수 있다.

① '하더라' 형태의 말 옮기기 : 이것은 유명인을 대상으로 이루어지는 공격적이고 무책임한 언어폭력의 한 형태이다. 여기에는 사실 확인의 과정이 빠져있으며, 최초 진원지에 대한 추적도 거의 불가능하다. 그러나 전파되는 속도가 매우 빠르고, 처음부터 잘못되었던 내용이 시간이 지나면서 확대되고 재생산된다.

② 마녀사냥 : 하나의 비판여론이 만들어지고 집단이 개인을 상대로 근거 없이 무차별 공격을 감행하는 형태이다. 시간이 경과되면 개인의 신상이 공개되어 돌이킬 수 없는 피해를 입게 된다. 이와 함께 당사자뿐만 아니라 주변의 사람들까지 무차별 공격의 대상이 되어 2차, 3차 피해자가 발생하게 된다.

③ 숨겨진 사이버 언어폭력 : 거대 조직에 의해 진실이 조작되거나 은폐되는 형태이다. 인터넷 문화가 급속도로 발전하고 확산되면서 인터넷 공간은 여론을 호도하는 새로운 패러다임으로 자리 잡고 있다. 계획적이고 조직적인 여론몰이로 인해 일반 네티즌들이 진실을 인식하지 못하고 동조하게 되는 위험성이 있다.

(2) 사이버 명예훼손

사이버 명예훼손은 다른 사람을 비방할 목적으로 인터넷상에서 많은 사람들이 볼 수 있게 그 사람에 대한 구체적 사실 또는 거짓정보를 게시하여 명예를 훼손시키는 행위이다. 예를 들면, 일반인, 연예인, 스포츠 선수와 같은 공인, 기업체, 공공기관, 학교 등 법인이나 단체에 대한 비방내용을 포털사이트 게시판에 게시하는 경우이다.

사이버 명예훼손죄는 2001년 7월 '정보통신망 이용촉진 및 정보보호 등에 관한 법률'이 개정되면서 신설되었다. 인터넷 게시판에 타인의 명예를 훼손하는 글이나 사진을 올리거나 이메일·쪽지를 통해 이를 유포하는 행위는 모두 사이버 명예훼손이 된다. 실명을 거론하지 않더라도 댓글을 쓴 것만으로도 명예훼손의 죄가 될 수 있다.

예를 들면, 댓글의 내용을 주위사정과 종합해 볼 때 그것이 특정인을 지목하는 것임을 알 수 있는 경우는 명예훼손이 된다. 잘못된 정보로 인하여 추락된 명예는 다시 회복되기가 불가능하기 때문에 명예훼손에 대한 피해는 매우 심각한 결과를 초래한다. 그러나 다른 사람의 명예를 훼손한 경우라도 그 내용이 진실하고 공익적이라면 처벌하지 않기도 한다. 명예훼손죄는 반의사불벌죄이면서 친고죄이다.

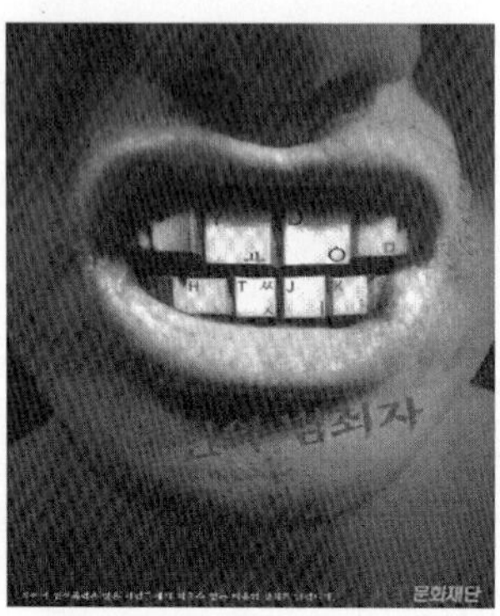

가. 사이버 명예훼손의 사례

가수 타블로의 스탠퍼드 대학 학력위조 논란이 사이버 명예훼손의 사례가 될 수 있다. 타블로는 명문대학 출신이라는 이유로 비호감으로 몰렸으며, 학력 위조 의혹이 제기되기도 하였다. 네티즌들은 '타진요'라는 카페를 만들어 계속해서 논란을 제기하였으며, 타블로와 스탠퍼드 대학이 여러 차례 학력 인증을 했음에도 불구하고 네티즌들은 더 많은 의혹과 꼬투리를 잡기에 이르렀다. 타블로에 대해 허위 사실을 유포한 사람들에게 모두 실형을 선고하는 것으로 사건이 마무리 되었지만 이미 추락한 타블로의 명예는 되돌릴 수 없다.

이러한 현상은 인터넷에서 익명성을 무기로 자신이 선호하지 않는 연예인들을 비난함으로써 대리만족과 쾌감을 얻는 것이라고 할 수 있다. 이와 함께 집단과 대중의 힘을 맹신하는 사회 분위기가 한 원인이라는 분석도 있다. '비호감' 놀이로 인해 발생되는 개인적 · 사회적 부작용은 매우 심각하다. 비호감으로 지목된 연예인은 심리적 좌절감은 물론이고 우울증과 대인기피증으로 장기간 고통을 겪는다. 일부 연예인은 자의반 타의반으로 방송을 중단하기도 했다. 사생활 문제로 악플에 시달리다 자살한 가수나 탤런트들은 극단적인 선택을 한 경우이다. 인신공격과 사이버 명예훼손은 우리 사회의 낮은 의식 수준을 보여주는 한 단면이다.

최근 헌법재판소는 인터넷 실명제가 위헌이라고 판결했다. 따라서 인터넷에서 표현의 자유가 높아진 만큼 처벌 수위도 강화시킬 필요가 있다. 인터넷 포털 업체는 악성 댓글이나 개인의 명예를 훼손하는 행위의 차단에 책임감을 가져야 한다. 2010년 '오바마 대통령이 이슬람교도'라는 거짓말이 인터넷에 유포되었다. 얼마 후 여론조사에서 20%의 미국인이 이것을 믿는다고 대답하였다. SNS 시대에 접어들면서 인터넷상의 유언비어는 더욱 빠르고 광범위하게 유포된다.

나. 소셜 네트워크 서비스(SNS)를 통한 명예훼손

스마트폰과 SNS 사용이 확산되어 쉽게 정보를 공유할 수 있게 됨으로써 개인의 신상정보와 사생활이 여과 없이 노출되고 있다. 자신이 다른 사람들보다 더 많은 정보를 갖고 있다는 것을 과시하고 싶은 욕망 때문에 사실이 아님을 알면서도 정보를 전달한다. 복사와 전달이 쉬운 SNS의 특성으로 인하여 악성 루머가 빠르게 전파되고 그 영향력도 매우 크게 나타난다.

(3) 기타 사이버 폭력

사이버 범죄에는 위에서 설명한 사이버 폭력, 사이버 명예훼손 외에 사이버 모욕, 사이버 성폭력, 사이버 스토킹 등이 있다.

사이버 모욕은 사이버 공간에서 게시판, 대화방, 이메일, 쪽지 등을 이용해서 특정인에 대하여 욕설을 하거나 타인의 인격을 모욕·비방하는 글을 게시하는 행위이다. 불 특정인을 상대로 욕설하는 등의 언어폭력도 사이버 모욕에 해당한다.

사이버 성폭력은 사이버 공간에서 다른 사람에게 야한 내용의 문자나 동영상, 사진 등을 통해 성적 수치심이나 혐오감 또는 불쾌감을 느끼게 하는 행위이다. 휴대폰을 이용하여 다른 사람의 신체를 허락 없이 촬영하거나 그 사진을 공개하거나 판매하는 행위이다. 언어 성폭력, 이미지 성폭력, 성적 사이버스토킹, 사이버 청소년 성매매 등이 있다.

사이버 스토킹은 전화, 이동통신, 대화방, 게시판 또는 전자우편 등의 정보통신망을 이용하여 공포심이나 불안감을 유발하는 부호·문헌·음향·화상 또는 영상을 지속적, 반복적으로 상대방에게 전송 하는 행위이다.

2) 사이버 사기

전자상거래 사기의 예로는 상품을 주문하였으나 물건을 받지 못한 상태에서 사이트가 폐쇄된 경우, 허위 물품 광고를 통해서 사용자가 구매한 물품과 다른 물품을 배송하는 경우가 있다. 개인간에 직거래 사기는 중고장터나 카페를 통하여 중고물품 거래 후 물건을 보내지 않거나 전혀 다른 물건을 보내기도 한다.

게임 사기는 온라인 게임에서 게임머니나 게임아이템 등이 실물처럼 거래되는 과정에서 발생된다. 또한 인터넷 상에서 게임아이템을 제공할 것을 약속하고 이에 대응하는 이익을 취득한 후 제공하지 않는 경우이다.

보이스피싱 사기는 피싱에 전화 등의 음성을 더하여 전화를 사용하여 개인정보를 탈취하는 수법이다. 공공기관, 금융기관, 수사기관 등을 사칭하여 세금 환급, 카드대금 연체, 출석요구 등을 빌미로 송금을 요구하거나 개인정보 및 금융정보를 탈취하는 수법이다. 국세청과 같은 공공기관을 사칭하여 세금 환급을 빌미로 피해자를 현금지급기로 유도하거나 등록금 환급, 경품행사 당첨 등의 다양한 수법이 등장한다. 메신저 피싱은 인터넷 메신저를 해킹하여 등록되어 있는 친구 또는 지인에게 1:1 대화를 통해 교통사고 합의금 등 긴급자금을 요청하고 피해자가 인터넷뱅킹 등으로 송금하면 이를 편취하는 행위이다.

4.4.2 사이버 범죄의 대응 방안

1) 전자상거래 보호제도

○ 에스크로 서비스

결제대금예치 제도라고 하며, 제3자인 에스크로 사업자가 소비자의 결제대금을 예치하고 있다가 상품배송이 완료된 후 통신판매업자에게 대금을 지급한다.

○ 소비자피해보상보험계약

통신판매업자는 소비자의 금전적 피해에 대하여 보상해 주는 것을 내용으로 사전에 보험회사와 보험을 계약하고 지급 사유가 발생한 경우에 지급할 의무를 부여하는 제도이다.

○ 채무지급보증계약

통신판매업자는 소비자 피해보상금의 지급을 확보하기 위해서 금융기관과 채무지급보증 계약을 설정하고 이에 따라 지급사유가 발생하면 즉시 지급하며 이를 지연할 경우 지연배상금을 지급하는 제도이다.

이들 외에도 소비자 보호를 위해서 통신판매업자에게 공제조합과의 공제계약을 설정할 의무를 부여하는 공제계약 제도, 통신을 받아보겠다고 허락한 사람에게만 전자우편을 보내도록 하는 방식의 옵트인(Opt-in) 제도, 먼저 전자우편을 보내놓고 수신자 거부 의사 타진 후에 발송을 금지하는 방식인 옵트아웃(Opt-out) 제도 등이 있다. 안전한 거래를 위해서 전자상거래를 할 때는 다음 사항들을 확인한다.

- 인터넷 사기피해 정보공유 사이트인 더치트(www.thecheat.co.kr)에서 피해사례 및 업체를 검색한다.
- 국세청 홈페이지(www.nts.go.kr)에서 사업자등록번호를 조회한다.
- 공정거래위원회 홈페이지의 사업자정보조회 서비스(www.ftc.go.kr) 또는 자치단체의 지역경제과에 문의하여 통신판매업 신고여부를 확인한다.
- 결재대금예치제도와 같은 구매안전서비스에 가입되어 있는지 확인한다.

4.4.3 유해정보

정보통신망 이용촉진 및 정보보호 등에 관한 법률 제44소에 따른 불법통신의 분야와 주요 내용은 다음과 같다.

분야	주요 내용
음란한 전기통신	음란한 부호, 문언, 음향, 화상 또는 영상을 배포, 판매, 임대하거나 공연히 전시
명예훼손	사람을 비방할 목적으로 공연히 사실 또는 허위의 사실을 적시하여 타인의 명예를 훼손
사이버 스토킹	공포심이나 불안감을 유발하는 부호, 문언, 음향, 화상 또는 영상을 반복적으로 상대방에게 도달하는 내용
해킹 바이러스 유포	정당한 사유 없이 정보통신시스템, 데이터 또는 프로그램 등을 훼손, 멸실, 변경, 위조하거나 그 운용을 방해
청소년 유해 매체물 표시의무 위반	청소년보호법에 의한 청소년 유해 매체물로서 상대방의 연령확인, 표시의무 등 법령에 의한 의무를 이행하지 아니하고 영리를 목적으로 제공
도박등 사행행위	법령에 의하여 금지되는 사행행위에 해당하는 내용
국가기밀 누설	법령에 의하여 분류된 비밀 등 국가기밀의 누설
국가보안법 위반	국가보안법에서 금지하는 행위를 수행
범죄관련 정보	범죄를 목적으로 하거나 교사 또는 방조

1) 유해정보 유형

유해정보는 크게 법과 국가 질서의 존엄성 유지를 위해 현행법이 생산, 저장, 유통을 금지한 불법정보와 음란성, 폭력성, 사행성, 반사회성을 포함한 정보이다. 불법정보는 실정법에 위배되는 모든 정보로서, 개인·사회·국가적 법익을 침해하는 정보이다. 청소년 유해정보는 정보통신망을 통해 유통되는 정보 중에서 청소년에게 유해한 정보를 말한다. 방송통신심의위원회 등 국가 기관이 청소년 유해 매체물로 결정 고시한 음란성, 폭력성, 사행성, 반사회성을 갖는 영리와 비영리 정보를 모두 포함한다.

다음 표는 유해정보를 매체의 형태에 따라 분류한 것이다.

매체	유형	형태	주요 내용
문자	음란	전자게시판 게시글, 소설, 클럽, 060·080 문자, 트위터	살인, 강간, 야한소설, 비속어(SNS, SMS)
	폭력		
	반국가	전자게시판 게시글, 클럽, 트위터	북한 관련 저작물, 노동신문 등
	사생활 침해	전자게시판 게시글, 클럽, 트위터, 060·080 서비스 등	사생활에 관한 내용 또는 허위의 내용을 게시
음성	음란	전화방, 060·700, ARS, 국내/국제폰팅	불건전한 만남 유도, 음란/폭력적 대화
	폭력		
정지화상	음란	사진, 그림, 만화, 애플릿, 패러디, 페이스북	포르노그래피, 잔혹사진 등
	폭력		계급 혁명을 미화하는 내용의 사진 등
	반국가		
	사생활 침해		본인의 동의없이 정지화상 게시
동영상	음란	MPG, MOV, RA, AVI, ASF 파일 형태의 동영상	음란한 내용의 몰래카메라, 한국인유학생의 포르노, 야한 동영상
	폭력		실제 또는 실제로 위장된 살인, 강간 장면을 찍은 영상물
	반국가		조선중앙방송을 실시간 청취할 수 있는 인터넷 사이트
	사생활 침해		몰래카메라, 셀프카메라
게임	음란	CD, RPG, Mud 등	퇴폐, 폭력적 내용의 게임
	폭력		
기타	음란	음란 및 폭력적 대화, 음란사이트의 배너	IRC을 통한 음란한 대화 및 만남 주선
	폭력		IPC를 통한 언어폭력
	사생활 침해	개인정보 유출, 금융광고, 개인정보 도용	개인정보 오용 및 해커에 의한 유출, 대출 유혹, 피싱 사이트

유해정보로부터 청소년을 보호하기 위한 다양한 제도들이 시행되고 있다. 청소년을 유해정보로부터 보호하고 성인의 볼 권리를 보장하기 위해 방송통신위원회 산하에 방송통신심의위원회를 설치하고 유해정보에 등급을 부여하고 있다. 그리고 인터넷 포털 사이트들

이 유해정보 접근을 차단하기 위해 메인 페이지에서 청소년 유해단어를 검색할 때는 성인 인증과 유해정보 자율등급제를 설정한다. 이와 함께 그린아이넷(www.greeninet.or.kr) 사이트에서는 유해정보를 차단할 수 있는 프로그램을 무료로 사용할 수 있다.

유해정보 차단을 위해 인터넷 내용 등급 서비스가 사용된다. 정보제공자가 객관적으로 평가된 일정기준에 따라 등급표시를 하면 사용자는 필터링 또는 블록킹 소프트웨어를 사용하여 해당 정보내용을 자신의 연령에 맞추어 선택하여 볼 수 있는 서비스이다. 내용 등급 서비스의 종류와 내용은 다음과 같다.

① 자율 등급표시 제도

정보제공자가 공시된 자기의 등급기준을 참조하여 자발적으로 등급을 부여하는 방식이다. 정보제공자가 양심적이라는 전제조건이 반드시 필요하다.

② 제3자 등급표시 제도

해외 음란·폭력 정보 등에 대한 정보내용 자체에 등급을 부여하여 목록을 구축한다. 음란·폭력 정보 등의 필터를 원하는 이용자가 내용을 선별하는 프로그램으로 자신의 수준에 맞는 정보만을 수용하도록 하는 방법이다.

2) 유해정보 유통의 실태

① 성인 음란물

선량한 성도덕 관념에 위배되거나 보통 사람의 성적 수치심을 저해하는 내용의 문서, 도서, 음반, 비디오테이프, 영화, 방송 프로그램, 기타 물건이다.

② 사이버 폭력

방송통신심의 위원회에 따르면 학교폭력 예방 및 대책에 관한 법률, 가정폭력범죄의 처벌 등에 관한 법률 등을 기초로 넓은 의미의 사이버 폭력에 대한 정의는 '정보통신망을 통해 부호, 문언, 음향, 화상 등을 이용하여 타인의 명예 또는 권익을 침해하는 행위'로 규정하고 있다.

③ 사이버 매매춘

인터넷을 통해 성을 팔거나 사고자 하는 메시지를 전달함과 아울러 사이버 공간 밖에서 실제적인 성매매가 이루어지도록 하는 행위를 의미한다. 따라서 통신이나 인터넷에 매춘을 알선하는 사이트를 개설하거나 혹은 개인 간에 매춘 의사를 담은 메시지를 올려서 매매춘을 가능하게 하는 모든 행위를 의미한다.

3) 유해정보 유통의 대응방안

(1) 유해사이트 차단 시스템

웹로봇 에이전트는 자료를 수집하여 주소기반 목록리스트를 구축한다. 분류 에이전트는 접속을 차단하는 사이트와 접근을 허용하는 사이트로 분류한다. 관리 에이전트는 분류된 자료를 유지하고, 생성이나 소멸되는 사이트에 대해 주기적으로 갱신한다. 주소기반의 차단 방식은 유해정보를 포함하고 있는 사이트의 주소 또는 유해하지 않는 사이트들의 주소의 목록을 확보하여 컴퓨터에 저장하고 그 주소로만 접속을 허용하거나 차단하는 방식이다.

○ 차단목록 기반의 선별기술(Black List Filtering)

- 웹로봇 에이전트에 의해 유해정보를 포함한 사이트의 주소 자료를 사전에 확보하여 차단목록 리스트를 구축한다.
- 이용자가 인터넷에 접속할 때 분류 에이전트에 의해 해당 사이트가 유해 사이트이면 접속을 차단한다.
- 유해정보 사이트에 대한 접속을 원칙적으로 봉쇄하고 일반사이트는 자유롭게 접속을 허용한다.
- 차단 목록을 최신의 것으로 계속 갱신해야 한다.
- 지나치게 포괄적인 기준 선정으로 유해하지 않은 사이트까지 차단될 위험성이 있다.
- 현실적으로 사용되는 대부분의 차단 프로그램이 이 방법에 근간을 두고 있다.

○ 허용목록 기반의 선별기술(White List Filtering)

- 웹로봇 에이전트에 의해 유익한 사이트로 검증된 인터넷 사이트의 주소 자료를 사전에 확보하여 허용목록 리스트를 만든다.
- 제공되는 정보내용이 유익한 사이트로 검증된 경우에만 인터넷 접속을 허용한다.
- 일반적으로 유해성에 대해 분류되지 않은 대부분의 많은 인터넷 사이트에 접속하기 어렵다.
- 관리 에이전트는 분류된 자료를 유지하고, 생성되고 소멸되는 사이트에 대해 주기적으로 갱신해야 한다.
- 학교와 같은 특수한 환경에서 인터넷 접속 사이트가 한정적인 경우에 적합하다.

(2) 콘텐츠 기반의 차단방식

콘텐츠 기반의 필터링 엔진기술을 이용해 웹 문서 내의 멀티미디어 콘텐츠를 빠르고 효율적으로 인식하여 유해정보 여부를 판별하는 방식이다. 정적인 주소를 허용한 목록 기반의 차단보다 유해정보 차단 효과가 크다.

(3) 유해정보 차단 프로그램

① 인터넷 접속 단말기에서 차단

- 컴퓨터, 스마트폰 등 웹브라우저가 설치된 인터넷 접속 단말기에서 차단한다.
- 부모 등 관리자가 차단의 수준을 설정한다.
- 인터넷 접속이 가능한 모든 단말기에 유해정보 유통차단 프로그램을 설치한다.
- 차단 프로그램의 비정상적인 삭제 등에 대한 대비책이 필요하다.
- 가정 등 소규모 집단에서 사용하면 편리하다.
- 방송통신위원회 산하 그린아이넷에서 다운받아 설치할 수 있다.

② 인터넷 접속 관문에서 차단

- 게이트웨이 등의 인터넷 접속 관문에 차단 프로그램을 설치한다.
- 네트워크 관리자가 차단 규칙을 설정하여 관리한다.
- 차단 프로그램이 설치된 장치를 통해 인터넷에 접속한다.
- 모든 사용자에게 동일하게 차단 규칙이 적용된다.
- 기업이나 인터넷서비스 제공자 등 대규모 집단에서 사용하면 편리하다.

4.5 사이버 중독

4.5.1 인터넷 중독

인터넷 중독은 약물이나 도박에 중독된 것처럼 병리적이고 강박적으로 인터넷을 사용하는 것을 말한다. 이는 현실세계에서 할 수 없는 특별한 경험을 인터넷에서 하려고 시도하고, 가상세계에서 일어나는 활동에 몰입함으로써 현실을 망각하게 된다.

인터넷 중독은 인터넷에 빠져 사회, 가정 등 현실세계의 생활에 어려움이 생기면서 자신을 비롯한 주변사람들이 문제가 있다고 인식하게 된다. 인터넷 중독의 원인은 사이버 공간의 특성, 개인적인 성격 특성, 사회·문화적 요인으로 분류할 수 있다. 사이버 공간의 특성에는 익명성, 개방성, 가상성 등이 있다. 개인적인 성격 특성에는 우울증, 높은 사회불안, 약한 자아존중감, 낮은 문제해결능력, 왜곡된 인지적 특성 등이 있다. 사회·문화적 요인에는 급속한 사회변화, 건전한 놀이문화 부족, 가족과의 여가활동 부족, 사회·문화적 통제 시스템 부족, 정부 역할의 미비 등이 있다.

1) 인터넷 중독 증상

인터넷 중독에는 여러 가지 하위 유형이 존재한다. 킴벌리 영(Kimberly Young)은 인터넷 중독의 유형을 사이버 섹스 중독(온라인 포르노 몰두), 사이버 교재 중독(대화방, 동호회 몰두), 네트워크 강박증(도박, 주식, 쇼핑 충동), 정보 중독(과도한 웹 서핑, 자료 검색), 컴퓨터 중독(게임, 프로그램 제작에 강박적)으로 분류하였다. 인터넷 중독에 따라 나타나는 대표적인 증상은 다음과 같다.

- 강박적 사용과 집착: 대부분의 시간을 인터넷을 사용하며 보내고, 인터넷을 하지 않을 때는 우울, 초조, 답답함을 느낀다. 또한 다른 이유로 우울, 초조, 불안감을 느꼈을 때 습관적으로 인터넷을 찾게 된다.
- 내성과 금단: 내성은 인터넷 이용 시간이 점점 늘어나며, 이전보다 더욱 자극적인 내용을 찾는 것이다. 금단은 인터넷을 사용하지 않으면 우울, 불안, 초조함을 느끼는 것이다.
- 일상생활의 기능 장애: 지나친 인터넷 의존으로 인하여 학생은 학교를 소홀하게 되고, 성인은 직장생활을 소홀하게 된다. 가족과 보내는 시간이 줄어들어 부모나 배우자와의 관계가 소원해진다.
- 일탈 행동 및 현실 구분 장애: 가상세계와 현실세계 구분에 어려움을 느끼고 실제인 것처럼 착각한다. 익명성, 현실감 결여 등으로 더 쉽게 일탈 행동을 저지르게 된다.
- 신체적 증상: 잠을 자지 않고 인터넷을 이용하므로 일상생활 주기가 바뀐다. 만성 피로, 눈의 피로, 시력저하, 영양 불균형, 사망 등 문제가 발생한다.

인터넷 중독 진단 방법에는 한국형 인터넷 중독 척도인 K-척도, 온라인 게임 중독 척도인 G-척도, 스마트폰 중독 척도인 S-척도 등이 있다.

2) 인터넷 중독의 문제점

지나친 인터넷 사용은 집중력 곤란과 생활리듬의 파괴로 건강한 생활에 큰 피해를 줄 수 있다. 인터넷에 중독되면 사소한 일에 짜증과 화를 내게 되면서 자신의 감정 조절이 힘들어진다. 순간적으로 욕을 하거나 민감하게 반응하면서 공격적이고 충동적인 행동을 하게 된다. 신체적인 변화로는 안구 건조증으로 눈이 나빠지고, 목 디스크나 척추 측만증으로 척추가 휘고 굽는 증상이 나타난다. 또한 수근터널증후군으로 손목과 손에 신경 이상이 발생되어 손이 붓고 마비되는 등 건강에 악영향을 끼친다. 인터넷 중독을 예방하기 위한 안전핀이 필요하다. 인터넷 중독 예방을 위해 다음과 같은 기본적인 수칙의 실행과 효과를 생각해보자.

- ❍ 할 일이 있을 때만 컴퓨터를 켠다.
- ❍ 공개된 곳에서 컴퓨터를 사용한다.
- ❍ 컴퓨터를 켜고 끄는 시간을 정하고 반드시 지킨다.
- ❍ 한 번에 오랜 시간 컴퓨터를 사용하지 않는다.
- ❍ 잠은 정해진 시간에 잔다.

3) 인터넷 중독의 해결방안

인터넷 중독은 컴퓨터 게임이나 채팅, 정보수집과 관련한 영역에 의존하게 되는 것으로, 과도하고 병적인 인터넷 사용에 의해 생기는 심리적이고 행동적인 변화를 의미한다. 이러한 인터넷 중독 문제를 해결하기 위해 아래와 같은 방안이 수립되어야 한다.

- 인터넷 중독 예방을 위한 인프라를 확충한다. 인터넷 중독 예방 상담센터의 운영을 지원하고 인터넷 중독 상담 협력기관을 지정하고 지원한다.
- 신속한 대응서비스를 제공한다. 온라인 인터넷 중독 상담 및 치료 기능을 강화하고 인터넷 중독 예방 인프라 구축을 통해 신속히 대응한다.
- 건전한 인터넷 이용 환경을 조성한다. 인터넷 중독 해소를 위한 법 제도를 정비하고 인터넷 중독 예방을 위한 교육 홍보를 강화한다.

참조 인터넷중독대응센터(www.iapc.or.kr)

4.5.2 게임 중독

게임 중독은 인터넷 중독의 범주에 속한 것으로 하루 중 대부분의 시간을 게임을 하면서 보낼 정도로 게임에 과도하게 집착하는 상태이다. 게임에 중독되면 일상적인 활동이 현저하게 줄어들며, 게임을 하지 못하면 초조하고 불안해지는 증상이 나타난다.

1) 게임 중독의 문제점

게임을 장기간 지속할 경우 요통, 어깨 통증, 손목 및 손가락 근육 이상 등의 증상이 나타나게 된다. 또한 안구 건조, 시력 저하, 혈액순환 장애, 소화 불량 등 신체적 부작용을 발생시킨다. 게임에 중독되어 장기간 방치되면 가상과 현실의 구분이 혼동되는 상태에 빠지게 된다. 이러한 현상이 집단적 유형으로 발생한다면 사회적 차원에서 심각히 고려되고 대책이 수립되어야 한다. 청소년의 경우 공격적이고 폭력적 성향을 나타내기 쉬우며, 그러한 성향의 원인이 오랫동안 억압되고 지속되면 게임에서의 폭력성은 현실에서의 폭력적 행위로 재현될 가능성이 커진다.

2) 게임 중독 사례

아래 내용은 게임에 중독된 경우 나타날 수 있는 행동을 보여주는 사례이다. 게임 중독은 아동부터 청소년, 성인에 이르기까지 모든 세대에 걸쳐 나타나는 현상이 되었다.

- 게임에 중독된 신생아를 가진 엄마가 아이를 홀로 집에 두고 PC방에서 밤새도록 게임에 빠져 귀가하지 않아 아이가 사망하게 되었다.
- 고등학교 졸업 후에 3년간 집밖에 나가지 않고 게임에 몰입하던 20대 남자가 사망하였다(2011년 7월). 하루 종일 인터넷 게임만하다가 식사도 제대로 하지 않았고, 숨이 가빠지는 증세까지 있었다고 한다.
- 중학교에 다니는 박모양은 부모가 게임을 못하게 하자 PC방에 가기 위해 지하철에서 소매치기를 하다가 경찰에 붙잡혔다.
- 초등학생 이모군은 게임을 하기 위해 집에 두었던 중장비 판돈을 훔쳐서 가출해 PC방을 전전하다 발견되었다.

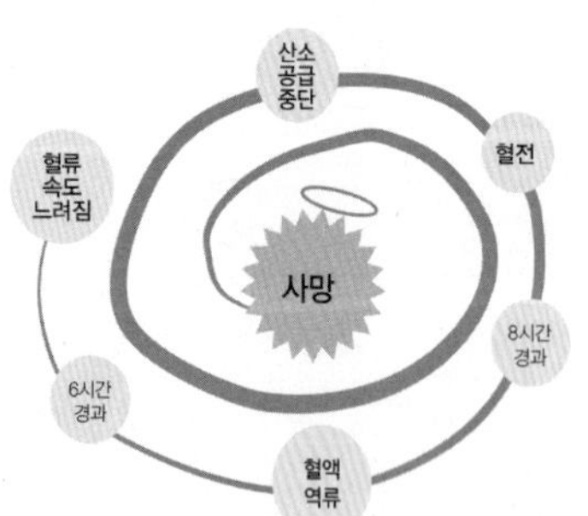

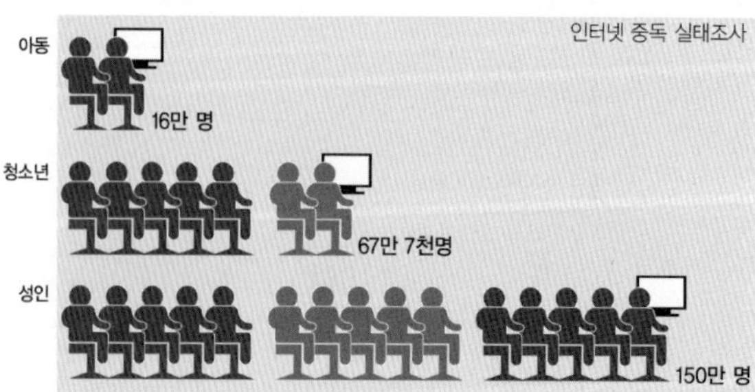

출저: KBS NEWS

3) 게임 중독의 해결방안

게임 중독이 사회 문제로 표출될 때마다 일시적인 대책만 내놓기 보다는 정확한 실태 조사부터 이루어져야 한다. 개인들의 인터넷 중독을 해결하지 않고 방치하면 사회적 중독으로 발전할 가능성이 있다. 게임 중독을 사회적 문제로 인식하고 이를 예방하기 위한 정책적 노력이 필요하며, 게임 중독자들을 위한 장기적이고 체계적인 치료 대책을 세워야 한다.

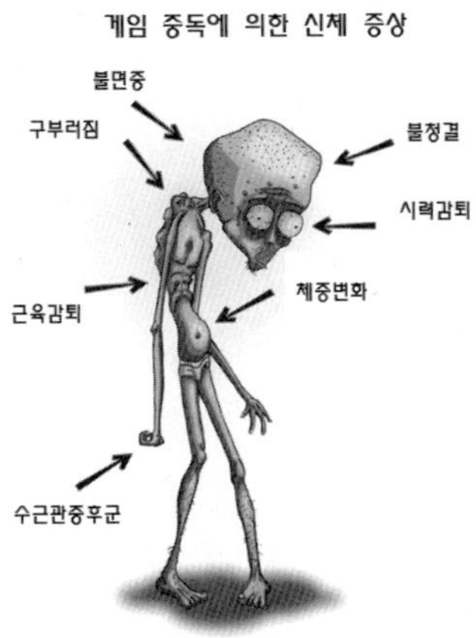

○ 게임중독 예방 지침(출처 : 한국정보문화진흥원)

- 게임은 시간을 정해두고 한다.
- 게임은 해야 할 일을 먼저 한 후에 한다.
- 인터넷 게임에 대한 사용일지를 기록한다.
- 식사시간과 수면시간을 지키며 게임한다.
- 게임에서 지나친 승부욕이나 소유욕을 주의한다.
- 예절을 지키며 게임을 한다.
- 온라인 게임 외의 다양한 대안활동을 찾아 시도한다.
- 게임 때문에 거짓말을 하거나 약속을 어기지 않는다.
- 게임 친구보다 실제 주변 동료나 가족과 더 많은 대화를 한다.
- 스스로 게임시간 조절이 어려울 경우 전문 상담기관의 도움을 구한다.

4.5.3 스마트폰 중독

스마트폰 중독은 이용자가 지나치게 스마트폰을 사용함으로써 일상생활에 심각한 신체적·정신적·사회적 활동에 지장을 받고 있는 상태이다. 중독자는 스마트폰의 지나친 사용으로 인해 신체·심리·사회적인 면에서 부적응 혹은 일탈을 경험하게 된다. 또한 스마트폰 사용에 지나치게 의존하거나 집착하고, 휴대폰을 점점 더 많이 사용해야 만족하거나, 휴대폰 사용을 중단하였을 때 불안한 상태가 나타난다.

1) 스마트폰 중독의 문제점

스마트폰의 과다 사용으로 인해 거북이목 증후군이라는 새로운 병이 발생하였다. 사무실에서 컴퓨터를 과도하게 사용함으로써 목의 피로가 쌓이고 출퇴근 시의 스마트폰 이용으로 젊은 층의 발병이 급격히 증가하고 있다. 전자 제품을 많이 사용하면 쉽게 피로가 쌓이고 눈이 나빠진다. 스마트폰은 다른 IT 기기들보다 화면이 훨씬 작기 때문에 신경이 쉽게 피로해지게 된다.

미디어 학자 마셜 맥루한(Marshall McLuhan)은 스마트폰의 과도한 사용에 대해 "도구에 의해 그 기능이 증폭되면 그에 따른 우리 신체의 일부분은 결국 마비될 것이다"라고 경고하였다. 전화번호의 과도한 단축키 사용으로 자신이나 가족의 전화번호를 기억하지 못하는 경우가 있다. 인간의 뇌는 반복적으로 계속 사용하지 않으면 기억력이 감퇴될 수 있다. 반복적이고 지속적으로 뇌를 자극하면 기억력이 유지되고 기억용량이 늘어날 수 있다. 예를 들면, 영국 런던의 택시 기사는 세계에서 가장 복잡한 구조를 갖는 런던의 골목을 어디라도 찾아간다는 것에서 알 수 있다.

지나치면 모자람만 못하다고 하듯이 지나친 스마트폰 사용은 오히려 독이 될 수 있다. 하루에도 몇 번씩 습관적으로 스마트폰에 손이 가거나 막연히 스마트폰을 만지는 경우가 있을 것이다. 스마트폰이 대중화되면서 일상생활에 지장을 초래할 정도로 스마트폰에 몰입하는 이용자도 많아지고 있다. 최근에 스마트폰 중독율이 인터넷 중독율보다 높다는 결과가 발표되었다. 스마트폰은 일상생활에서 다양하게 활용되지만 보안에 매우 취약하다. 따라서 스마트폰 분실 시 개인정보 유출로 범죄에 악용되고 피해가 발생될 가능성이 크다.

2) 스마트폰 중독 증상

CNN은 사람들이 하루에 평균 34번 스마트폰을 확인한다고 하였다. 이 횟수는 꼭 필요해서 스마트폰을 확인하기보다는 일상적으로 확인하는 수준으로 사람들이 점점 스마트폰에 중독되고 있다고 경고했다. 다음과 같은 경우에 해당하면 스마트폰 중독을 의심해보아야 한다.

첫째, 스마트폰에서 필요 이상으로 이메일을 확인하는 경우이다. 업무나 학업 때문에 지속적으로 이메일을 확인해야 하는 경우를 제외하고는 지속적으로 이메일을 확인할 이유가 없다. 둘째, 대화할 때 수시로 스마트폰을 만지는 경우이다. 상대방과 마주하며 대화하는 자리에서 스마트폰에 신경쓸 이유가 없다. 대화 상대로부터 하루에 한 번 이상 전화기를 치우라는 말을 들었다면 문제가 된다. 셋째, 스마트폰 없이 생활하는 것에 어려움을 느끼는 경우이다. 한 시간 정도 스마트폰을 사용하지 않고 생활할 때, 작업에 집중이 안 되고 불안한 마음이 든다면 스마트폰에 중독된 것이라고 할 수 있다.

3) 스마트폰 중독의 해결방안

스마트폰 중독은 어떻게 해결할 수 있을까? CNN은 중독을 해결할 수 있는 방법으로 스마트폰 중독임을 자각하는 것, 스마트폰 없이 보내는 시간을 가지는 것, 스마트폰이 없는 장소를 정하는 것을 추천하였다. 스마트폰을 과도하게 사용하고 있다는 사실을 깨닫게 되면 습관의 변화가 생긴다고 한다. 몇 시간 동안 스마트폰에서 떨어져 생활하는 것도 스마트폰 중독을 막는 좋은 방법이 될 수 있다. 스마트폰 없이 보내는 시간을 가졌다면 스마트폰이 없는 장소를 정하는 것이 좋다. 이런 방식으로 스스로에게 규칙을 정하면 스마트폰 중독을 예방할 수 있다.

현재까지 스마트폰 중독을 예방하거나 치료에 대한 제도가 시행되지는 않았다. 사회적 피해로까지 확산될 수 있는 중독으로써 많은 관심과 해결을 위한 노력을 기울여야 한다. 스마트폰 사용자는 무분별한 앱의 설치를 지양하고 앱의 유해 유무를 판별하는 능력을 키워야 한다.

생각해보기

○ 구글 검색 시스템에서는 검색어만 잘 입력하면 해킹이 가능하다고 한다. 아래 기사를 읽고 구글 검색 시스템의 문제점을 개인정보 보호 측면에서 논의해보자.

2012년 하반기 구글 검색을 이용해 884여만 건의 개인정보를 빼낸 30대 해커가 경찰에 구속되었다. 사이버범죄수사대에 구속된 김씨는 검색 사이트인 구글을 통해 100여개의 사이트에서 개인정보를 해킹하였다.

김씨는 PC방을 드나들며 '구글 해킹' 수법으로 주민등록번호·전화번호·주소 등 개인정보를 유출하였다. 구글 해킹은 전문 해킹 프로그램을 사용하지 않고 구글의 검색 기능만으로 사이트를 해킹하는 방법이다.

김씨가 입력한 검색어는 '회원관리'와 '회원정보'였다. 이 단어를 입력했을 때 '관리자님', '관리자 페이지' 등으로 나오는 사이트에 들어가 그 사이트의 URL을 확인하였다.

김씨는 URL 뒤에 숫자들을 입력해 개인정보를 수집했다. 보안이 취약한 홈페이지는 보통 URL 주소 뒤에 숫자 1을 입력하면 관리자로 로그인 된다는 것을 이용했다. 이런 방법은 검색 시스템을 사용하지만 '해킹'으로 처벌 대상이 된다.

김씨는 병원을 통하여 개인의 진료기록과 건강정보를 수집하고, 저작권 사이트와 연예기획사 홈페이지에서는 연예인의 신상정보를 빼냈다.

○ 정보통신 기술, 인터넷 기술의 발전으로 사라져 가는 것은 어떤 것인가? 뉴스위크는 인터넷이 활성화되면서 사라지는 것들을 발표하였다. 인터넷에 음란 동영상이 유포되어 성인 영화관을 찾는 사람이 줄었다고 했다. 비디오, CD, 폴라로이드 카메라, 전화번호부가 사라지고 사람들에게서 집중력, 예의, 프라이버시도 빼앗는다고 했다. 사이버 공간에서 유언비어를 퍼뜨리는 일이 자주 발생하여 '사실(facts)'도 사라지는 것으로 선정되었다. 인터넷의 발전으로 사라진 것들에 대한 순기능과 역기능을 알아보자.

먼저 순기능으로 9시에 출근하여 5시에 퇴근하는 근무 시간제이다. 모바일 기기와 네트워크만 있으면 특정 장소에 출근하지 않고도 정보활동이 가능하다. 즉, 출근하지 않고도 유무선 네트워크에 연결된 PC, 노트북, 스마트폰, 태블릿, TV 등의 단말기만 있으면 정보 검색과 문서 작성을 통해 정보를 생산하고 공유하는 것이 가능하다. 이것은 좋은 일이기도 하지만 언제 어디서나 일에 얽매이게 되는 힘든 일이기도 하다.

생각해보기

향후 사라질 것으로 비디오대여점, CD, 전화번호부, 편지쓰기, 아날로그 사진, 필름, 종이 백과사전, 인쇄된 형태의 음란물 등이 있다. 이들은 모두 인터넷이나 디지털 기술로 대체할 수 있기 때문에 시간이 지나면서 점차 사라지게 될 것이다. 또한 종이책을 보관하고 대여해 주는 도서관 등도 향후 사라지게 될 것으로 보인다. 이러한 것들은 인터넷이나 정보통신 기술이 더욱 편리한 대체재의 역할을 할 수 있다.

인터넷의 발전으로 사라진 것들의 역기능도 있다. 첫째로 인터넷의 익명성으로 상대방에 대한 예의와 배려가 사라지고 있다. 예절과 체면, 법과 규율 때문에 본능적으로 자제하던 행위를 상대방이 나를 알아볼 수 없게 된다면 행하고 싶은 유혹을 느낄 수도 있다. 인터넷의 익명성은 누구나 인터넷상에서 투명인간이 될 수 있게 한다.

두 번째는 사생활과 개인정보의 노출이다. 인터넷 생활을 하면서 누구나 인터넷에 자신의 흔적을 남길 수밖에 없고, 인터넷의 방대한 기록성과 막강한 검색능력은 누군가의 사생활과 개인정보에 접근할 경우가 많아졌다. 인터넷이 우리 생활에 밀접한 관계를 맺고 있어 사용을 중단할 수 없다. 공개된 사생활과 개인정보가 오남용 되면 개인의 명예훼손이나 재산상의 손해를 불러오는 범죄에 이용될 수 있기 때문에 철저하게 보호되어야 할 대상이다.

세 번째는 사실(fact)이 사라지고 있다. 이것은 사실이 아닌 정보, 다른 사람에게 손해를 입히기 위한 거짓 정보가 유통되고 있다는 것이다. 타인의 명예는 훼손되고, 마음에 상처를 입으며, 사회 전체가 혼란에 빠질 수 있는 상황에 처할 수도 있다. 이에 따라 연예인의 자살 사건이 일어나거나 거짓정보가 유행병처럼 퍼져 사회 혼란을 가져오는 인포데믹스 현상 등이 발생하게 된다.

마지막으로 집중력이 사라지고 있다. 집중력 높은 시간 투자가 창조력과 생산력을 높이는 결정적인 요인 중의 하나이다. 인터넷에 접속하여 뉴스를 보거나 검색함으로써 단편적이고 깊이가 없는 정보에 빠져들 가능성이 있다. 채팅이나 SNS에 접속하는 시간이 늘어나면서 깊이 사고하고 통찰하는 능력이 사라지고 있다.

생각해보기

○ **아래 내용은 인터넷에 장난 글을 올려서 처벌받은 사례들이다. 각 사례에 대한 판결 이유에 대해 자신의 의견을 정리해보자.**

① 사례 1

▸ 판결 : 미국 법원은 대통령을 암살하겠다는 장난 글을 인터넷에 게시한 대학생에게 책임을 물었다. 보호관찰 3년, 가택연금 4개월, 사회봉사 250시간을 선고하였다.

▸ 판결 이유 : 실제 살해 의도가 없었더라도 잘못된 인터넷 사용에 경종을 울릴 필요가 있다.

② 사례 2

▸ 판결 : 영국 법원은 SNS로 폭동을 선동한 두 명에게 징역 4년을 선고했다. 한 명은 폭동을 일으킬 도시를 포함한 글을 올린 뒤 현장에 갔다가 경찰에 체포되었다. 다른 한 명은 SNS에 폭동을 선동하는 페이지를 만들어 올린 후 다음날 삭제하였지만 기소됐다.

▸ 판결 이유 : 폭동을 선동하기 위해 여러 장소를 다니지는 않았지만 정보통신기술을 이용한 선동행위를 가볍게 여겨선 안 된다.

③ 사례 3

▸ 판결 : 서울중앙지법은 가수 타블로의 스탠퍼드대 학력이 가짜라며 거짓을 유포한 인터넷 카페 타진요 회원 3명에게 징역 10개월을 선고하고 법정 구속했다.

▸ 판결 이유 : 객관적 증거가 나왔는데도 무조건 믿을 수 없다고 주장한다면 내가 나라는 사실조차 증명하는 게 불가능할 수 있다.

✤ '생각해보기'에 대한 글쓰기 및 발표

의견정리

참고자료

연습문제

01. 인터넷의 역기능인 인포데믹스(Infodemics)를 예를 들어 설명하고, 이를 예방하기 위한 방안을 제시하라.

02. 아래 글에 해당하는 사례를 인터넷에서 찾아보고 그와 같은 사건을 예방하는 방법과 사건 발생 후 대처하는 방법에 대해 설명하라.

> 인터넷 세상에도 경제학에서 주장하는 악화가 양화를 구축한다는 그레셤의 법칙(Gresham's law)이 존재한다. 나쁜 정보나 뉴스가 건전한 것보다 관심을 더 끌고 전파 속도가 빠른 특징이 있다. 일부 네티즌은 거짓 정보를 만들어 사람들의 관심을 끌고 조회 수를 높여 자신이 영웅이 된 것 같은 소영웅주의에 빠지기도 한다.

03. 국내 인터넷에서 추진되고 있는 선플달기 운동에 대해 설명하라.

04. 개인정보를 침해당했을 때 대응 방안이 무엇인지 설명하라.

05. 지하철로 출퇴근하는 자신의 위치가 스마트폰에 의해 실시간으로 파악되어 외부에 노출된다면 어떤 상황이 발생될 수 있는지 설명하라.

06. 각종 선거에서 발생될 수 있는 인터넷을 통한 여론조작, 선동행위의 유형과 대처방안을 설명하라.

07. 인터넷 윤리교육에서 우선적으로 다루어야 할 내용을 5가지 나열하고 그 이유를 설명하라.

08. 국내에서 발생된 개인정보 유출 사례를 들고 그에 따른 피해와 예방 대책을 설명하라.

09. 네이트 · 싸이월드 개인정보 유출 사건에 대해 법원은 2012년 11월에 SK컴즈의 손해배상 책임이 없다는 판결을 내렸다. 이 판결에 대한 이유를 조사하여 설명하라.

10. 국내에서 2011년에 발생한 분산서비스거부(DDoS) 공격을 조사하고, 그에 따른 피해와 예방대책을 설명하라.

11. 국외에서 2012년에 발생한 주요 해킹 사건들을 조사하여 설명하라.

12. 분산서비스거부(DDoS) 공격의 사례를 들고, 공격 과정을 단계별로 설명하라.

13. 분산서비스거부(DDoS) 공격에 이용되는 좀비 PC로 되지 않도록 하기 위한 방법들을 나열하라.

14. 사이버 언어폭력과 명예훼손에 의한 피해 사례를 조사하고, 이를 예방하기 위한 방안을 설명하라.

15. 인터넷 중독을 예방할 수 있는 10가지 방안을 나열하고 각각에 대해 그 이유를 설명하라.

16. 인터넷 게임 중독을 예방할 수 있는 10가지 방안을 나열하고 각각에 대해 그 이유를 설명하라.

17. 최근 3년 동안의 청소년 게임 중독자 수에 대한 변화를 조사하고 특징을 설명하라.

18. 스마트폰 중독을 예방할 수 있는 10가지 방안을 나열하고 각각에 대해 그 이유를 설명하라.

19. 인터넷 윤리와 관련된 주제로 사이버 언어와 네티켓, 인터넷 중독, 개인정보 침해, 저작권 침해, 인터넷 사기, 사이버 폭력, 해킹과 바이러스, 유해정보 유통, 공급자 윤리 등이 있다. 각 주제와 관련된 세부 항목을 2~4개씩 나열하라.

20. 아래와 같은 문구가 들어간 광고가 제작되어 상품 판매에 도움을 주었다. 이러한 것이 소비자의 관심을 끌 수 있게 된 배경이 무엇인지 설명하라.

21. 한국정보화진흥원 인터넷중독대응센터(www.iapc.or.kr/main.do)에서 인터넷 중독, 온라인 게임 중독, 스마트폰 중독을 진단할 수 있다. 이들 3가지 중독에 대한 진단을 수행하고 자신이 고위험군, 잠재위험군, 일반사용자군 중에서 어디에 속하는지 확인하라.

실습과제

01. 한국인터넷진흥원 홈페이지(www.nethics.kr/new_intro.jsp)에 접속하여 다음 그림과 같이 인터넷 윤리의식 자가진단을 수행하고 윤리의식 수준을 평가하라.

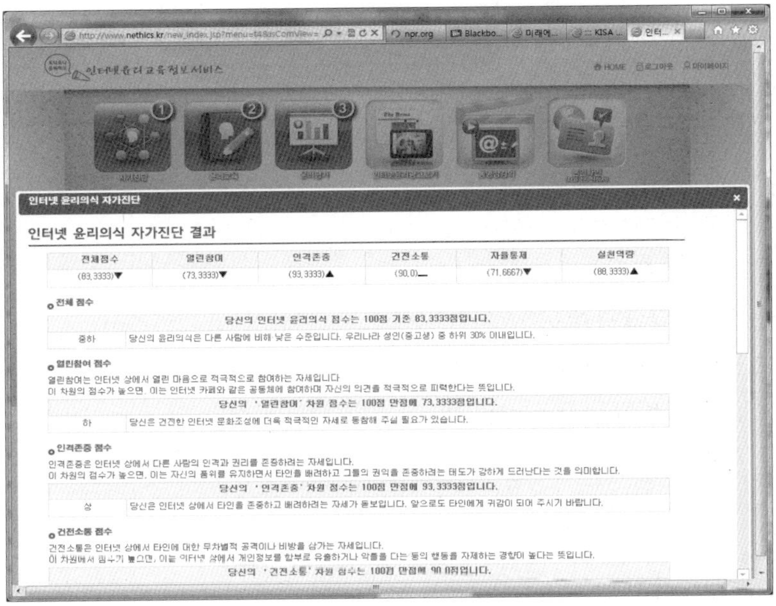

02. 한국인터넷진흥원 아이핀 홈페이지(i-pin.kisa.or.kr/kor/main.jsp)에 접속하여 아이핀을 발급받는다. 그리고 발급한 아이핀을 사용하여 본인 확인을 한 후 포털 사이트에 회원으로 가입하라.

03. 2013년 발생한 3.20 전산망대란(해킹) 사건의 내용을 조사하고, 사후 조치사항과 유사 해킹에 대한 대응방안을 설명하라.

04. 다음 청소년 게임 중독 진단(출처 : 한국정보화진흥원 인터넷중독대응센터)을 수행하고 자신이 고위험/잠재적위험/일반 사용자군 중에서 어디에 속하는지 판단하라.

① 전혀 그렇지 않다 ② 그렇지 않다 ③ 그렇다 ④ 매우 그렇다

설문 문항	①	②	③	④
게임을 하는 것이 친한 친구들과 어울리는 것보다 더 좋다.				
게임공간에서의 생활이 실제생활보다 더 좋다.				
게임 속의 내가 실제의 나보다 더 좋다.				
게임에서 사귄 친구들이 실제친구들 보다 나를 더 알아준다.				
게임에서 사람을 사귀는 것이 더 편하고 자신 있다.				
밤 늦게까지 게임을 하느라 시간 가는 줄 모른다.				
게임을 하느라 해야 할 일을 못한다.				
갈수록 게임을 하는 시간이 길어진다.				
점점 더 오랜 시간 게임을 해야 만족하게 된다.				
게임을 그만두어야 하는 경우에도 게임을 그만두는 것이 어렵다.				
게임 하는 시간을 줄이려고 노력하지만 실패한다.				
게임을 안 하겠다고 마음먹고도 다시 게임을 하게 된다.				
게임 생각 때문에 공부에 집중하기 어렵다.				
게임을 못한다는 것은 견디기 힘든 일이다.				
게임을 하지 않을 때에도 게임 생각을 하게 된다.				
게임으로 인해 생활에 문제가 생기더라도 게임을 해야 한다.				
게임을 하지 못하면 불안하고 초조하다.				
다른 일 때문에 게임을 못하게 될까봐 걱정된다.				
누가 게임을 못 하게하면 신경질이 난다.				
게임을 못하게 되면 화가 난다.				

05. 다음의 청소년 스마트폰 중독 진단(출처 : 한국정보화진흥원 인터넷중독대응센터)을 수행하고 자신이 고위험/잠재적위험/일반 사용자군 중에서 어디에 속하는지 판단하라.

① 전혀 그렇지 않다 ② 그렇지 않다 ③ 그렇다 ④ 매우 그렇다

설문 문항	①	②	③	④
스마트폰의 지나친 사용으로 학교성적이 떨어졌다.				
가족이나 친구들과 함께 있는 것보다 스마트폰을 사용하고 있는 것이 더 즐겁다.				
스마트폰을 사용할 수 없게 된다면 견디기 힘들 것이다.				
스마트폰 사용시간을 줄이려고 해보았지만 실패한다.				
스마트폰 사용으로 계획한 일을 처리하기 어렵다.				
스마트폰을 사용하지 못하면 온 세상을 잃은 것 같은 생각이 든다.				
스마트폰이 없으면 안절부절 못하고 초조해진다.				
스마트폰 사용시간을 스스로 조절할 수 있다.				
수시로 스마트폰을 사용하다가 지적을 받은 적이 있다.				
스마트폰이 없어도 불안하지 않다.				
스마트폰을 사용할 때 그만해야지 라고 생각은 하면서도 계속한다.				
스마트폰을 너무 자주 또는 오래한다고 가족이나 친구들로부터 불평을 들은 적이 있다.				
스마트폰 사용이 지금 하고 있는 공부에 방해가 되지 않는다.				
스마트폰을 사용할 수 없을 때 패닉상태에 빠진다.				
스마트폰 사용에 많은 시간을 보내는 것이 습관화되었다.				

제2부
정보통신 기술과 정보윤리

CHAPTER 05

정보윤리 주제 토론 및 발표

CHAPTER 05

정보윤리 주제 토론 및 발표

학습목표

- ✤ '지하철 막말남/개똥녀'의 신상 공개에 대해 자신의 찬반 의견을 말할 수 있다.
- ✤ '온라인 게임 셧다운제' 도입에 대해 자신의 찬반 의견을 말할 수 있다.
- ✤ 인터넷 실명제에 대해 자신의 찬반 의견을 말할 수 있다.
- ✤ 스마트폰의 위치기반 서비스의 순기능과 역기능에 대해 설명할 수 있다.
- ✤ 구글의 '스트리트 뷰' 서비스의 순기능과 역기능에 대해 설명할 수 있다.
- ✤ 정보윤리와 관련된 다양한 주제에 대해 자신의 의견을 말할 수 있다.
- ✤ 영화 아바타의 내용을 정보윤리 문제와 연계하여 설명할 수 있다.

5.1 정보윤리 주제 토론

➤ **팀 구성**: 주제별 찬성 1팀, 반대 1팀, 인원은 팀별로 4명

➤ **토론 시간**: 주제별 15~20분

➤ **토론 방식**: 찬반 각 1팀씩 주제에 대한 찬반 의견 토론

➤ **토론 주제 예시**

- 주제1: 지하철 막말남, 개똥녀의 신상 공개
- 주제2: 온라인 게임 셧다운제(shutdown) 도입
- 주제3: 인터넷 실명제 도입
- 주제4: 스마트폰의 위치기반 서비스
- 주제5: 구글의 '스트리트 뷰' 서비스

5.1.1 토론 주제 설명

1) 지하철 막말남, 개똥녀의 신상 공개

2005년을 대표하는 '○○녀'는 '된장녀'와 '개똥녀'이다. 된장녀는 웬만한 한 끼 밥값에 해당하는 ○○ 커피를 즐겨 마시며 해외 명품 소비를 선호한다. 하지만 정작 자신은 경제적 활동을 하지 않고 부모나 남성의 경제적 능력에 소비 활동의 대부분을 의존하는 젊은 여성을 비하하여 일컫는 말이다. 된장녀란 말의 유래는 '젠장'이 '된장'으로 전이되었다는 주장이 있다. 또한 실제 좋은지 나쁜지도 모르면서 무조건 해외 명품을 선호하는 여성들을 똥과 된장을 구분하지 못한다고 비꼬기 위한 것이라는 등 다양한 주장들이 존재한다.

2005년 발생된 개똥녀 사건은 지하철에서 한 여자가 자신의 애완견의 변을 치우지 않아 주변 사람들이 이를 치웠고, 한 네티즌이 이 모습을 찍어 인터넷에 올리면서 논란이 됐다.

'지하철 막말남'은 한 시민이 휴대폰으로 찍은 영상을 인터넷에 올리면서 시작되었다. 영상에서 '줄을 서라'는 60대 노인에게 욕설을 퍼부어 논란이 된 것이 있다. 또 다른 영상은 지하철에서 다리를 꼬고 앉은 것에 대해 옆자리의 노인이 "불편하니 다리를 내려달라"고 말하면서 시작됐다. 20대 청년이 지하철에서 80대 노인에게 폭언과 욕설을 하는 영상이었다. 이에 대한 책임을 요구하는 일부 네티즌들에 의해 젊은이의 신상정보가 공개되는 상황에 이르렀다. 신상정보 노출에 따른 새로운 피해자가 발생될 수 있다는 우려가 나오면서 신상공개 여부에 대한 찬반논란이 시작되었다.

2) 온라인 게임 셧다운제(shutdown) 도입

인터넷 게임에 중독된 청소년의 숫자가 매년 증가하고 있으며, 이로 인한 사회적인 부작용도 매우 심각한 수준에 이르렀다. 최근 교과부에서 발표한 자료에 따르면 초등학생 15만명, 중학생 10만명, 고등학생 11만명이 게임중독 상태인 것으로 추산하였다. 인터넷이나 게임중독이 뇌에 미치는 영향은 알코올이나 마약중독과 같다. 알코올, 마약 등 모든 중독이 최종단계에 달하면 공통적으로 충동성과 공격성을 나타낸다.

청소년들의 게임 중독을 예방하기 위해 2011년 11월에 심야 게임 규제법(청소년보호법 제23조의 3)인 '온라인 게임 셧다운제'를 도입하였다. 이 제도는 만 16세 미만 청소년은 밤 12시부터 다음날 오전 6시까지 온라인 게임에 접속할 수 없도록 하는 것이다. 이 제도의 시행은 청소년들의 게임 중독을 예방한다는 긍정적인 측면과 함께 부작용에 대한 우려의 목소리도 크다. 지정한 시간대에 일부 연령대 사용자를 특정 콘텐츠에 접근할 수 없도록 규제하는 것은 인터넷 개방성을 제한한다는 것이다. 셧다운제는 청소년 행복추구권이나 인권침해의 가능성이 있으며, 인터넷 표현의 자유와 가정의 기본적인 기능을 해치는 법안이라는 주장도 있다. 온라인 게임은 다수의 이용자가 참여함으로써 소통이 이루어진다는 특징이 있다. 게임을 통해 의사 표현과 정보교환이 이루어진다. 그러나 표현 행위가 특정 시간대에 불가능하게 됨으로써 청소년들의 표현의 자유를 침해할 수 있다.

3) 인터넷 실명제 도입

헌법재판소는 인터넷 실명제의 위헌 결정을 5년만에 폐지하였다. 헌법재판소는 실명제 도입 이후에도 악플 및 유언비어 등이 늘었다고 판단하였으며, 부작용이 있더라도 익명 표현의 자유를 보호해야 한다고 밝혔다. 그러나 실명제가 폐지되면 가해자 압박수단이 없어지게 됨으로써 부작용이 더 커질 가능성이 있다. 따라서 실명제 폐지 이후를 대비하여 포털의 자율규제 강화, 명예훼손 가해자에 대한 처벌수위 상향 조정 등의 대책이 수립되어야 한다. 인터넷 실명제 위헌에 대한 쟁점은 게시자의 표현의 자유에 대한 침해 유무, 개인의 자기정보 결정권 침해 유무, 인터넷 매체의 언론자유 침해 유무, 글에 대한 사전 검열 유무 등이 있다.

아래 그림은 인터넷 악성 댓글과 유언비어 유포 실태를 나타낸 것이다. 12세를 기준으로 악성 댓글 가해 경험과 피해 경험, 허위·미확인 사실 유포 경험을 비교하였다. 12세 이상의 네티즌이 12세 이하보다 상대적으로 2배 이상의 많은 경험이 있었다. 12세 이상에서는 허위·미확인 사실 유포 경험이 가장 많았으며, 12세 이하에서는 악성 댓글 피해와 허위·미확인 사실 유포 경험이 악성 댓글 가해 경험보다 많은 것으로 나타났다.

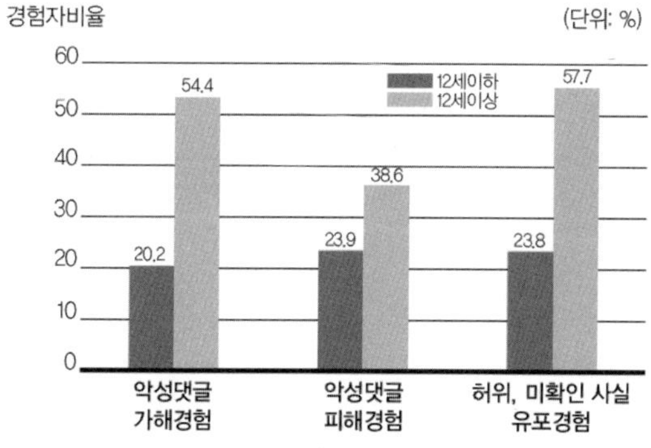

출저: 한국인터넷진흥원

악성 댓글과 유언비어 유포경험(2012년 현재)

5.1.2 주제별 토론 사례

1) 지하철 막말남, 개똥녀의 신상 공개

(1) 지하철 막말남의 신상 공개를 찬성하는 주장 예시

2011년 6월 TV뉴스에서는 지하철에서 한 노인이 젊은 남자에게 폭언을 당하고 있는 동영상과 함께 '지하철 막말남' 사건이 보도되었다. 이 사건은 노인이 지하철에서 다리를 꼬고 앉은 청년에게 '다리를 꼬고 앉으니 불편하다'라고 말했고, 그 청년은 노인에게 욕설을 퍼붓고 주위의 말리는 승객에게까지 폭언을 한 것이었다. 동영상은 인터넷을 통해 빠르게 확산되었고 불과 몇 시간 사이에 청년의 신상까지 공개되었다. 인터넷에서는 영상 내용의 반윤리적 문제뿐만 아니라 개인의 신상이 공개되었다는 점에서 신상공개에 대한 찬반 논쟁도 가열되었다. 신상 공개를 반대하는 입장은 '사생활 침해이다', '마녀사냥이다', '한 사람의 인격을 무시했다' 등의 내용이 대부분이었고, 신상 공개를 찬성하는 입장은 '공개되어 마땅하다', '신상털이 만큼 좋은 처벌은 없다' 등의 내용이었다.

위와 같은 상황에서 청년의 신상이 인터넷 상에 공개되는 것은 바람직한 것이라고 생각한다. 피해자에게 가해지는 정신적인 폭력도 엄연한 폭력이므로 가해자에게 강력한 처벌이 동반되어야 한다. 뉴스나 인터넷에서 사건이 보도되었을 때, 몇 일간 온라인에서 뜨거운 논쟁이 벌어진 후 사건은 조용히 마무리되었다. 만약 청년을 처벌하기 위해 사건 직후 그를 경찰에 인계하였더라도 큰 범법 행위를 저지른 것이 아니어서 가벼운 처벌이 내려졌을 것이다. 그러나 만약 청년의 신상이 공개되고 이 사건이 사회적 이슈가 된다면 상황은 달라졌을 것이다. 이 경우 그는 법에 의한 처벌은 면하겠지만 새로운 경각심을 불러일으키기에 충분한 계기가 될 것이다. 향후 자신의 행동에 대해 신중하게 생각하고 책임지는 모습을 보여줄 것이다. 또한 이 결과를 본보기로 유사한 사건이 발생되지 않도록 예방하는 효과가 클 것이라고 생각한다.

일각에서는 신상공개를 마녀사냥이라고 치부하며 무조건적인 반대를 한다. 하지만 마녀사냥의 정확한 의미를 이해한다면 신상공개는 마녀사냥이라고 단정할 수 없다. 마녀사냥은 15세기에서 18세기까지 아무 죄가 없는 사람을 마녀로 몰아 사형시키는 행위를 말한다. 이것은 이 사건에서 가해자인 청년을 나쁜 사람이라고 몰아세우는 것과는 다르다. 엄연한 도덕과 윤리가 존재하는 사회에서 도덕과 윤리를 무시한 행동을 한 청년은 피해자에게는 큰 죄를 지은 것이다. 따라서 죄 없이 마녀로 몰려 화형 당하는 마녀사냥과는 엄연히 다르다고 할 수 있다.

신상공개를 반대하는 사람들은 신상공개가 사생활을 침해하고 공개되는 사람의 인격을 무시하는 행위라고 한다. 하지만 이 사건의 경우에는 신상이 공개된 젊은 남자에게 사생활 침해, 초상권 침해, 명예훼손을 적용하는데 어려움이 있다. 먼저 사생활 침해의 경우,

그 청년은 공공장소에서 사람들이 모두 그를 주시하고 있는 가운데 노인에게 욕설을 퍼부었다. 이와 같이 공공장소에서 공개적으로 한 행위에 대해서는 사생활 범주의 일이라고 할 수 없다. 두 번째로 초상권 침해의 경우, 영리적 목적으로 이용하지 않았다면 얼굴이 드러났다는 이유만으로 권리의 침해가 되는 것은 아니다. 따라서 신상을 공개한 것이 청년의 사생활을 침해한 것이라고 할 수 없다. 유투브와 같은 인터넷 동영상 사이트에 영리를 목적으로 이 영상을 공개한 네티즌들은 없기 때문이다. 마지막으로 명예훼손의 경우는 허위가 아닌 진실의 상황을 그대로 영상에 담았기 때문에 본인이 한 일에 대한 책임이 따를 뿐 명예훼손이라고 보긴 어렵다. 명예훼손의 경우, 공개된 장소에서 모든 사람이 보는 가운데 폭언 피해를 당한 노인의 명예가 우선되어야한다. 가해자인 젊은 남자는 피해자인 노인의 명예와 인권을 침해한 상태에서 본인의 명예나 인권을 주장할 수는 없다.

인터넷상에 떠도는 동영상에 대해 진실을 규명하는 절차가 없이 무분별하게 신상공개를 하는 것은 잘못된 해결방안이다. 그러나 명확한 진실이 있고 법으로 처벌할 수 없는 상황이라면 가해자의 신상을 공개하여 그 행위에 대한 책임을 물을 필요가 있다. 이 사건에서 피해를 당한 노인은 힘없는 약자이고 폭언을 퍼부은 젊은 남자는 노인보다는 힘이 있는 강자이다. 따라서 이와 같은 상황이 발생한다면 적절한 신상공개를 통해 가해자에게 불이익을 가하는 것이 바람직하다고 생각한다.

(2) 지하철 막말남의 신상 공개를 반대하는 주장 예시

최근 '지하철 막말남'이 사회 전반에 많은 파장을 일으키는 등 상식 밖의 반윤리적 행동이 인터넷에서 적나라하게 드러나고 있다. 인터넷 보급의 확산으로 온라인 활동 인구가 늘어나면서 온라인을 통한 반윤리적 행동의 노출도 증가하고 있다. 이러한 행동은 합당한 처벌을 받는 것이 마땅하나 개인 신상정보 유출이라는 또 다른 문제를 발생시키고 있다. 신상공개는 그 행위 자체의 문제뿐 아니라 행위를 통해 이차적인 문제를 발생시킨다는 점에서 논의되어야 한다.

신상공개의 첫째 문제점은 개인의 자유를 침해하는 행위라는 것이다. 일부 네티즌들은 신상공개를 법으로 해결할 수 없는 것에 대한 사회적 해결방안이라고 주장한다. 그러나 사회적 문제를 일으켰다는 이유로 객관적인 기준이나 준거 없이 신상공개를 허락한다면 오히려 신상공개가 부정적인 측면에서 무분별하게 악용될 수 있다. 불가피하게 신상공개를 해야 할 경우는 공적인 영역과 사적인 영역이 분명히 구분되어야 하며, 명백한 기준과 정확한 전후 상황을 파악한 뒤 제한적인 공개를 허용해야 할 것이다. 만약 이를 지키지 않고 신상공개가 허용된다면 신상이 공개된 사람의 인권을 무시하는 행위가 될 수 있다.

하나의 사례로 한 식당에서 여자가 어린아이에게 심하게 야단치는 장면이 담긴 동영상이 인터넷에 유포되었고, 이것을 본 네티즌들은 그 여자를 마녀사냥 하듯이 몰아붙여 언어폭력을 가하고 신상을 공개한 사건이 있었다. 하지만 이 동영상은 어린아이가 식당에서 뛰어다니다가 여자에게 뜨거운 국물을 쏟는 앞 장면이 편집되었고 여자가 어린아이를 혼내는 장면만 담겨있는 것이었다. 악플을 남겼던 네티즌들이 뒤늦게 반성했지만 이미 그 여자의 신상은 모두 공개된 상태였고, 인권침해에 대해서는 수습할 수 없는 상황이었다.

신상공개의 두 번째 문제점은 이것이 행위에 대한 옳고 그름을 평가하는 것이 아니며, 개인정보 노출로 인해 새로운 문제가 발생될 수 있다는 것이다. 이 사건에서와 같이 신상공개는 청년의 행위를 판단하는 것이 아니라 네티즌들의 소영웅심리를 양산시켜 인터넷 게시판이나 댓글을 통해 잘못된 여론을 형성한다. 이는 개인 차원에서 상황을 판단할 때보다 더 극단적으로 치우쳐 악의적인 결론을 내리고, 그러한 결론은 악플로 이어져 신상이 공개된 당사자뿐만 아니라 가족과 친구들에 대한 인신공격으로 이어질 수 있다. 이와 같이 인터넷에서의 신상 공개는 2차, 3차 피해가 발생될 가능성을 배제할 수 없다.

인터넷에서 처벌이 필요한 사람이 있다면 신상공개와 같은 극단적인 방법보다 사회질서 유지를 위해 만들어진 법을 적용해야 한다. 우리 법에는 이미 패륜행위 같은 비도덕적인 행위를 처벌할 수 있는 조항이 만들어져있다. '지하철 막말남' 같이 인터넷 상에서 비윤리적이고 부도덕한 사람이 나타나더라도 여론이 조성되고 사회적 합의가 이루어진다면 법적 처벌로 책임을 물을 수 있다.

인터넷에서 발생되는 사회문제에 대해 새로운 해결방안을 적용하는 것은 지극히 자연스러운 것이다. 그러나 명확한 기준과 원칙이 없이 만들어진 해결방안은 추후에 더 많은 문제를 일으킬 수 있다. 따라서 신상공개와 같은 즉흥적인 방식보다는 기존의 사회제도를 통해 새로운 해결방안을 도출하는 것이 타당하다고 생각한다.

2) 온라인 게임 셧다운제(shutdown) 도입

(1) '온라인 게임 셧다운제' 도입을 찬성하는 주장 예시

행정안전부가 발표한 '2010년 인터넷 중독 실태 조사'에 따르면 청소년 인터넷 중독율은 12.4%로 성인 중독률 5%보다 2배 이상 높았으며, 이 중 77.4%가 게임에 중독된 것으로 나타났다. 인터넷 이용 연령층이 낮아지는 추세임을 감안할 때, 게임 중독을 포함한 인터넷 중독이 낮은 연령층으로 확산될 우려가 있다. 2005년 처음 국회에서 이 문제가 논의되었지만 받아들여지지 않았고, 게임업계에서 자율적으로 규제를 하겠다고 하였지만 지금까지 크게 나아진 것은 없다. 또한 게임업계에서는 청소년들의 게임 중독을 예방할 수 있는 특별한 대책을 발표한 것이 없었다.

청소년들은 판단력이나 자제력이 성인보다 떨어지기 때문에 게임에 더 쉽게 노출되고 몰입하게 된다. 청소년들의 게임 중독은 수면부족, 시력저하와 같은 신체적인 이상뿐만 아니라 현실과 가상세계를 구분하지 못하는 현상까지 나타나고 있다. 가상공간과 현실의 구별이 모호해지는 등 심한 경우 사회생활에 어려움을 겪기도 한다. 청소년의 사회성이 감소하게 된다면 자기중심적 사고가 더욱 커질 것이다. 청소년의 폭력게임 이용은 공격적 행위와 연관될 수 있는 공격적 감성을 증가시킨다는 보고도 있다.

우리나라의 평균 수면시간은 전 세계적으로 비교해 보았을 때 1시간 정도 부족하다. 성인과 청소년 모두 수면부족의 문제를 겪고 있으며, 특히 청소년의 수면부족은 성장기에 치명적인 악영향을 줄 수 있다. 개인이 수면시간을 관리할 수 없는 경우라면 국가에서 제한적으로라도 청소년의 건강과 직결되는 수면시간을 보장해 주어야 한다. 수면권은 청소년의 자율적인 인권을 훨씬 뛰어넘은 건강권과 생명권이기 때문이다. 게임에 따른 수면 부족으로 인해 청소년들이 수업 시간에 집중할 수 없게 된다면 더욱 큰 문제이다. 실제로 한 설문 조사에 따르면 현직 교사 10명 중 8명이 학생들의 PC게임 혹은 모바일 게임으로 인한 수업 결손을 경험한 것으로 답하였다.

게임을 통해 학업 스트레스를 해소한다는 청소년들의 주장도 있다. 하지만 게임을 통해서 스트레스를 해소하는 것보다 충분한 수면을 취하는 것이 더욱 효과적이라고 생각한다. 게임에서 좋은 점수를 받고 레벨을 올리는 것이 순조롭게 진행된다면 약간의 스트레스가 해소될 수 있다. 그러나 오랜 시간 게임을 하면 오히려 스트레스를 얻게 될 것이고 피로도 더 쌓일 수 있다. 또한 수면 부족 시 발생할 수 있는 우울증 같은 각종 질병을 예방하기 위해서라도 스트레스 해소는 게임보다 충분한 수면으로 해결하는 것이 바람직하다.

청소년들과 성인 중 일부는 게임 셧다운제를 반대하는 이유로 청소년 인권침해를 문제로 삼는 경우가 있다. 많은 청소년들이 게임 중독자이고, 하루 게임 시산이 5시간을 초과하는 청소년도 큰 비율을 차지하고 있다. 이런 상황에서 청소년들의 인권을 존중한다고 주장하는 것은 옳지 않는 것이다. 자제력, 판단력이 성인보다 떨어지는 청소년들이 올바르게 성장할 수 있도록 성인들이 힘써야 한다.

게임업계에서는 온라인 게임 셧다운제가 시행되면 게임 산업이 침체될 수 있다고 주장한다. 하지만 이것은 만 16세 미만의 청소년들에게 해당되는 제도이다. 만 16세 미만의 청소년이 12시 이후에 게임을 하지 않는다고 게임 산업이 위협받는다면 그 산업자체에 문제가 있는 것이 아닌지 의심된다.

일부에서는 이 제도가 온라인 게임에 한정되어 적용되기 때문에 플래시게임이나 모바일게임에 영향을 미칠 수 없어 게임 시간을 줄이는데 효과적이지 않다는 주장도 있다. 하지만 온라인 게임이 모바일 세임보다 훨씬 규모가 크고 다양하며 중독성이 강하다고 할 수 있다. 이에 먼저 온라인 게임만을 통제하는 것으로 게임 시간을 단축할 수 있을 것이다. 온라인 게임부터 새로운 제도를 적용하고 점진적으로 다른 게임으로 확대시킨다면 게임 중독의 예방효과는 더욱 커질 수 있다.

온라인 게임 셧다운제를 시행한 후 제도 보완을 위한 추가 대책을 수립할 필요가 있다. 아이디 관리의 중요성, 청소년 게임 중독의 실태, 게임 중독의 심각성 등 관련 정보를 부모님에게 지속적으로 알리고 게임 중독 예방에 관심을 갖도록 해야 한다. 이와 같은 새로운 제도가 정착되면 게임 중독으로 불안해하는 청소년이 줄어들 것이다. 게임 중독으로부터 청소년을 보호하고 건전하게 성장할 수 있도록 지원하기 위해 온라인 게임 셧다운제가 시행되어야 한다고 생각한다.

(2) 온라인 게임 셧다운제 도입을 반대하는 주장 예시

온라인 게임이 발전함에 따라 속도, 화질, 음향 효과 등이 향상됨으로써 게임을 한번 접하면 그 재미에 빠져들어 중독에 이르기 쉽다. 게임 중독으로 집안에서 은둔형 외톨이로 지내거나 PC방에서 몇일 동안 게임만 하다가 사망한 청소년에 대한 기사를 접할 수 있다. 이러한 중독이나 사망이 청소년에게 미치지 않도록 차단하기 위한 방안으로 온라인 게임 셧다운제가 시행되었다. 하지만 이 제도를 시행한다고 게임 중독 문제를 해결할 수 있을까?

게임 셧다운제는 밤 12시부터 다음날 6시까지 만 16세 미만의 청소년들이 국내 온라인 게임에 접속하는 것을 차단하는 제도이다. 그러나 이렇게 강제적으로 청소년들을 게임에서 밀어낸다면 사춘기의 청소년들은 반감을 일으켜 오히려 불법적으로 게임을 하려고 시도할 것이다. 이 제도에 대한 청소년 대상 설문조사에서 셧다운제를 시행해도 어떻게 해서든 게임을 하겠다는 의견이 31.2%를 차지했고, 온라인 게임이 아닌 다른 게임을 할 것이라는 의견도 14.8%, 주민번호를 도용하겠다는 청소년이 94.4%인 것으로 나타났다. 이 결과에서 알 수 있듯이 게임 셧다운제가 시행되더라도 게임을 하는 청소년이 줄어들 가능성은 매우 낮을 것이다. 또한 주민등록번호 도용이라는 2차적인 문제가 발생되고 그 피해가 확산될 수 있다.

새로운 제도의 시행에 따른 성과에 대한 확실한 보장이 없고, 2차적으로 발생하는 문제 해결방안도 세우지 않은 상태에서 제도를 시행한다면 오히려 혼란스러움만 조장할 것이다. 우리나라보다 먼저 이 제도를 시행한 다른 나라의 경우 주민등록번호 도용과 같은 문제로 2년만에 폐지된 사례가 있다.

청소년들은 어른들을 보고 따라하려는 경향이 많다. 흡연이나 음주에 호기심이 생긴 청소년에게 무조건 금지할 것을 강요함으로써 오히려 보이지 않는 곳에서 흡연과 음주를 하게 만든다. 이 제도가 시행되어도 고등학생이나 성인은 12시 이후에도 게임을 할 수 있다. 따라서 만 16세 미만의 청소년들에게만 적용된다는 점을 감안할 때 청소년들에게 게임에 대한 욕망만 키울 가능성이 있다.

이 제도는 국내 온라인 게임에만 적용되며 해외기업의 온라인 게임은 제약할 수 없다.

이렇게 국내 온라인 게임만 막는다면 국내 게임시장의 수익이 감소되고 국내 온라인 게임 산업을 위축시키는 요인이 될 수 있다. 또한 청소년들에게 국내 게임을 못하게 하면 게임 접속에 제한이 없는 해외의 게임을 할 가능성이 있다. 따라서 이 제도는 12시 이후에 게임하는 것을 막는 근본적인 대책이 아니라고 생각한다.

강압적인 제도보다 청소년들이 스스로 게임 시간을 줄일 수 있도록 유도하는 것이 더 효과적일 것이다. 한국 입법학회에서는 학부모의 게임 관리 실태를 알아보기 위해 학부모를 대상으로 설문조사를 하였다. 그 결과 학부모의 88%가 자녀의 게임 이용에 대해 지도하고 있다고 답하였다. 또한 83.9%는 직접 이용시간을 관리하거나 자녀와 함께 게임에 대한 규칙을 정하였다고 답했다. 이와 같이 부모가 자녀의 게임 이용시간에 관심을 가지고 관리한다면 인위적인 제도보다 더 큰 효과가 있을 것이다.

밤 12시부터 게임을 막는다면 게임에 빠진 청소년들은 오히려 낮이나 저녁 시간에 게임에 몰두할 가능성이 있다. 특히 학교를 가지 않아도 되는 주말이나 방학에는 밤에는 자고 낮에는 게임만하는 부작용이 나타날 수 있다. 이 제도는 게임 중독을 예방하기보다 오히려 2차적인 문제를 발생시킬 가능성이 크다. 부작용에 대한 적절한 대책이 없이 셧다운제를 시행함으로써 오히려 예산만 낭비할 수 있다. 먼저 게임 셧다운제 시행에 따른 부작용을 최소화하는 방안과 예상되는 문제점에 대한 대책을 수립해야 한다. 청소년들이 여가를 즐기고 스트레스를 해소할 수 있는 공간을 마련해주어야 한다. 또한 규칙적인 생활과 자기 절제능력을 키우는 방법을 지도해야 한다. 그 결과 청소년들이 스스로 자기 통제를 하며 게임을 즐길 수 있도록 유도하는 것이 근본적인 해결방안이라고 생각한다.

3) 인터넷 실명제 도입

(1) 인터넷 실명제 도입을 찬성하는 주장 예시

우리나라에 인터넷이 도입된 후 수십년이 지났고 현재는 대부분의 국민이 일상생활에서 인터넷을 활용하는 지식정보화 시대에 살고 있다. 우리 생활의 많은 부분을 차지하고 없어서는 안 되는 것이지만 인터넷의 발전으로 온라인상의 비윤리적 행위나 범죄는 무분별하게 증가하고 있다. 그 중 인터넷 언어폭력이 가장 큰 문제로 대두되고 있고 인터넷 언어폭력으로 자살하는 연예인이 있다는 기사도 종종 접하게 된다. 그 예로 '타블로의 학력논란' 사건이 있다. 타블로의 학력에 진실을 요구하는 '타진요-타블로에게 진실을 요구합니다'라는 카페가 개설되고, 타블로에게 가해지는 언어폭력은 인터넷 글을 읽는 사람의 눈살을 찌푸리게 할 정도였다. 결국 경찰이 개입될 정도로 사태는 심각해졌고, 경찰의 조사 결과 타블로에게 언어폭력을 행사한 사람은 초등학생부터 50대까지 다양한 연령층인 것으로 확인되었다. 인터넷의 익명성을 무기로 당당하게 언어폭력을 행사하던 사람들이 경찰서에서 이름이 노출되고 조사받을 때는 완전히 다른 착한 사람으로 돌변하였다. 인터넷 특성의 하나인 익명성은 이처럼 본인이 드러나지 않는다는 전제하에 성격이 바뀔 수 있고, 자신의 이름으로 하지 못하는 비윤리적 행위를 가능하게 만든다. 이러한 비윤리적 행위를 막는 방법으로 인터넷 실명제가 효과적일 것이다.

인터넷 실명제란 주민등록번호 데이터베이스를 본인과 대조해 신분이 확인된 사람만 게시판에 글을 쓸 수 있도록 하는 제도이다. 몇몇 사이트에서 부분적으로 인터넷 실명제를 실시한 결과 익명으로 글을 게시하는 경우보다 책임의식이 강해져 사이버 폭력 발생률이 감소하였다는 결과도 발표되었다.

인터넷 실명제는 악성댓글을 줄이고 사이버상의 폭력을 근절시킬 수 있는 기본 단계의 대책이다. 일부 네티즌들은 인터넷에서 표현의 자유를 억압한다는 이유로 인터넷 실명제를 반대한다. 하지만 익명성을 앞세워 무분별한 자유를 펼치는 네티즌들의 마녀사냥으로 인해 사생활 침해, 명예훼손 등의 범죄가 발생된다. 이러한 범죄를 예방하고 본인의 글이나 말에 책임의식을 키울 수 있는 방안으로 인터넷 실명제가 필요할 것이다.

인터넷이 우리 생활에 한 부분으로 자리매김 할 수 있었던 이유 중의 하나는 댓글 문화의 힘이다. 하지만 일부 네티즌들은 댓글을 작성할 때 인터넷 세상과 현실을 다른 공간으로 치부하는 경향이 있다. 익명성의 뒤에 숨은 채 무책임한 발언을 서슴지 않고 한다. 악성댓글로 인해 잘못된 여론이 형성되고 그 여론으로 피해자가 발생한다면 인터넷에서 표현의 자유가 결코 우리에게 이로운 것이 될 수 없다. 인터넷도 현실세계와 같은 하나의 독립된 공간이라는 점을 인지하고, 이름·나이도 모르는 네티즌이 휘두르는 폭력에 희생자가 발생되는 것을 방치해서는 안 된다. 우리는 이러한 사이버 폭력을 근절시키기 위해 인터넷 실명제 도입에 앞장서야 한다고 생각한다.

(2) 인터넷 실명제 도입을 반대하는 주장 예시

우리나라는 현재 전 국민이 인터넷을 사용한다고 해도 과언이 아닌 인터넷 시대에 살고 있다. 인터넷 보급이 확산되면서 문제점들이 발생되었고 그에 따른 다양한 해결방법이 제시되고 있다. 그 중 인터넷 실명제는 인터넷의 특징인 익명성으로 인해 발생되는 문제를 해결하기 위하여 도입된 제도이다. 이용자의 실명과 주민등록번호가 확인되어야 인터넷 게시판에 글을 올릴 수 있도록 하는 것이다. 인터넷 실명제는 익명성으로 타인을 공격하거나 부정확한 정보를 확산시키고 불법광고를 개제하는 등의 문제점을 줄일 수 있다. 그러나 주민등록번호 등 개인정보의 노출에 따른 개인의 인권침해, 정치참여 제한 등 여러 가지 문제점을 가지고 있다.

해킹으로 개인정보가 유출되는 사건의 발생 빈도와 규모가 계속 증가하고 있다. 예를 들면, 2011년 발생한 네이트·싸이월드 해킹 사건으로 회원 대부분의 이름과 주민등록번호, 전화번호, 이메일 등 개인정보가 대량 유출되었다. 또한 이렇게 유출된 개인정보는 2차적인 범죄에 악용되기도 하였다. 네이트·싸이월드 사이트의 회원가입시 실명을 확인하는 절차가 없었다면 해킹 사고에서 개인정보가 유출되는 최악의 사태는 발생하지 않았을 것이다. 이러한 해킹 사건 이외에도 최근에 유명 쇼핑몰이나 웹 사이트 회원의 개인정보를 노리는 해킹 사건이 빈번하게 발생하고 있다. 이러한 해킹으로 유출된 개인정보는 범죄에 악용될 수 있어서 금융피해나 신종 범죄의 발생이 우려된다.

인터넷은 익명성과 가상성이 보장되어야 하는 공간이다. 하지만 인터넷 실명제 도입은 인터넷에서 표현의 자유를 침해하고 인터넷에서 누릴 수 있는 권리를 제한하는 제도이다. 미국 뉴욕 타임즈에는 인터넷 실명제와 관련하여 '한국의 실패를 보라. 익명 표현의 자유는 정치적 반대, 내부고발에 필수적이다. 인터넷 실명제는 멍청한 아이디어'라는 기사가 게재된 적이 있다. 인터넷 실명제는 사회적 지위가 낮거나 약자의 위치에 있는 어려운 사람들에게 자신의 의견을 표출할 수 있는 기회를 빼앗아간다. 또한 사회에 이득이 되는 정치 풍자나 사회 비판의 글을 익명으로 작성했던 많은 네티즌들은 실명제가 도입되면 자신의 의견을 게재하지 않을 가능성도 있다.

인터넷 실명제를 찬성하는 일부 사람들은 인터넷 실명제 도입을 통해 악성댓글이 줄어든다는 의견을 주장한다. 하지만 인터넷 실명제를 실시한 사이트의 전체 댓글은 68%나 감소한 반면에 악성 댓글은 1.7% 감소했다는 통계가 있다. 이러한 결과는 인터넷 실명제가 악성 댓글을 막는 효과보다는 네티즌의 커뮤니케이션을 위축시킨다는 것을 알 수 있다. 인터넷에서 책임감과 소신을 가지고 필요에 따라 스스로 실명으로 의견을 게시하는 것은 바람직하나 강제적으로 실명을 공개하고 글을 작성하도록 하는 것은 옳지 않다고 생각한다.

5.2 정보윤리 주제 발표

➤ **팀 구성 :** 주제별 1팀, 총 4팀, 인원은 팀별로 4명

➤ **발표 시간 :** 주제별 15~20분

➤ **발표 방식 :** 사례조사, 문제점 파악 및 해결방안 제시

➤ **발표 주제**

- 주제1: 유해 프로그램, 해킹의 피해 및 대응방안
- 주제2: 개인정보 유출 및 대응방안
- 주제3: 게임, 스마트폰 중독 및 대응방안
- 주제4: 특허 및 저작권 소송과 대응방안
- 주제5: '타진요'를 통해본 누리꾼의 자세
- 주제6: 대학생 대상 인터넷 윤리교육의 필요성

5.2.1 주제발표 예시

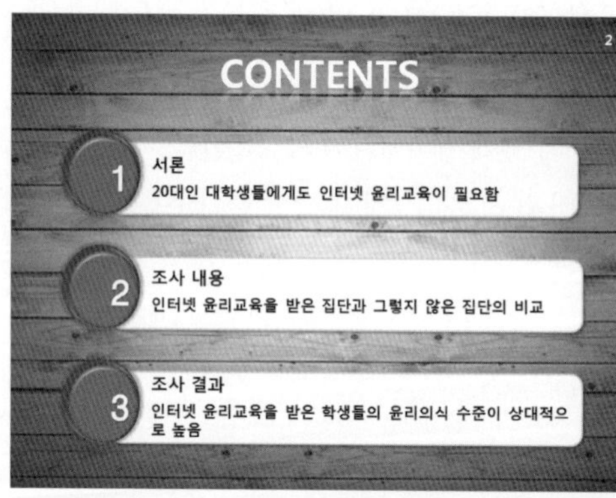

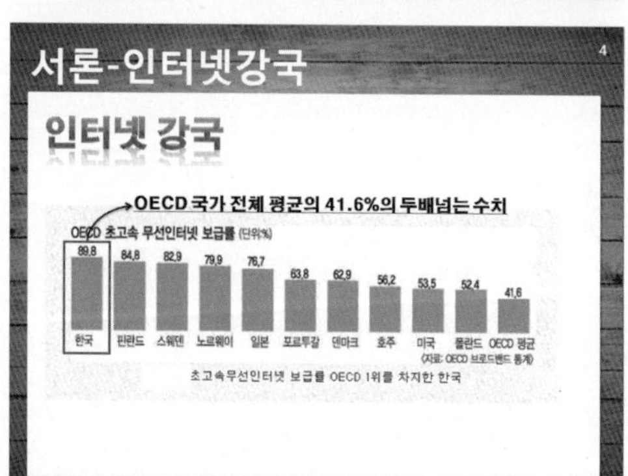

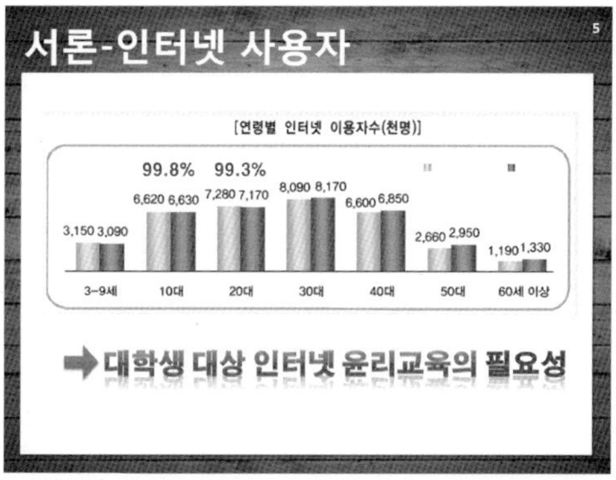
서론-인터넷 사용자
5
[연령별 인터넷 이용자수(천명)]
99.8% 99.3%
3,150 3,090
6,620 6,630
7,280 7,170
8,090 8,170
6,600 6,850
2,660 2,950
1,190 1,330
3~9세 10대 20대 30대 40대 50대 60세 이상
➡ 대학생 대상 인터넷 윤리교육의 필요성

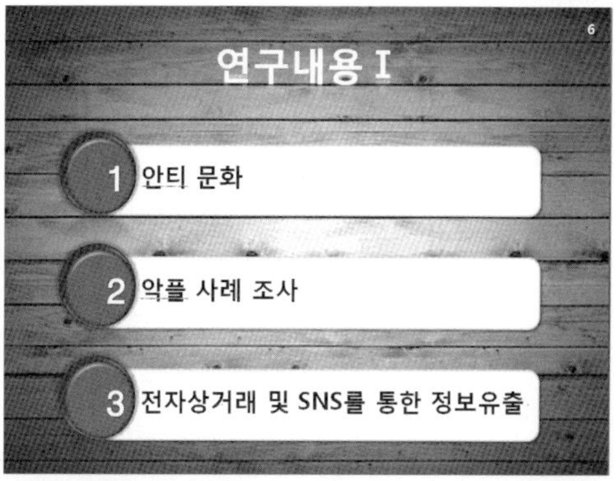
6
연구내용 I
1 안티 문화
2 악플 사례 조사
3 전자상거래 및 SNS를 통한 정보유출

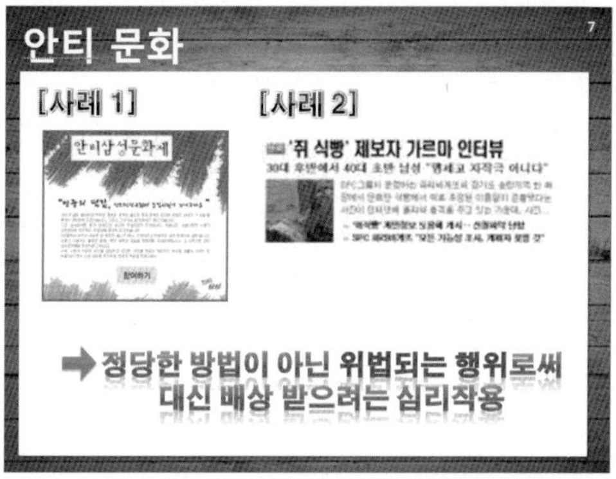
안티 문화
7
[사례 1]
[사례 2]
'쥐 식빵' 제보자 가르마 인터뷰
➡ 정당한 방법이 아닌 위법되는 행위로써 대신 배상 받으려는 심리작용

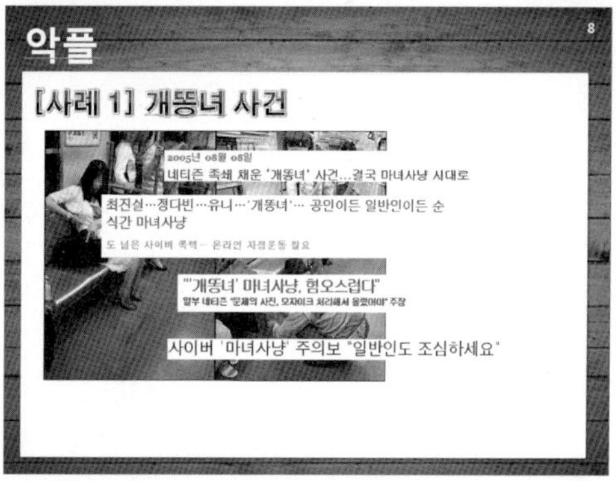
악플
8
[사례 1] 개똥녀 사건
2005년 08월 08일
네티즌 족쇄 채운 '개똥녀' 사건…결국 마녀사냥 시대로
최진실…정다빈…유니…'개똥녀'… 공인이든 일반인이든 순식간 마녀사냥
"'개똥녀' 마녀사냥, 혐오스럽다"
사이버 '마녀사냥' 주의보 "일반인도 조심하세요"

개인정보유출
9
[사례 1] 포털사이트 N사 정보유출
[2011년 산업계 10대뉴스⑤]네이트·넥슨 개인정보유출… IT강국 '해킹'에 울다
➡ 대처법을 숙지하고 있지 않다는 점

10
연구내용 II
1 대학생을 대상으로 한 설문조사

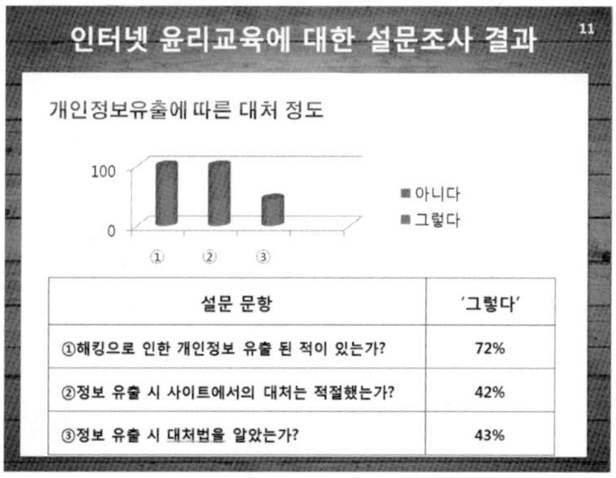
인터넷 윤리교육에 대한 설문조사 결과
11
개인정보유출에 따른 대처 정도
100
0
① ② ③
아니다
그렇다
설문 문항 | '그렇다'
①해킹으로 인한 개인정보 유출 된 적이 있는가? | 72%
②정보 유출 시 사이트에서의 대처는 적절했는가? | 42%
③정보 유출 시 대처법을 알았는가? | 43%

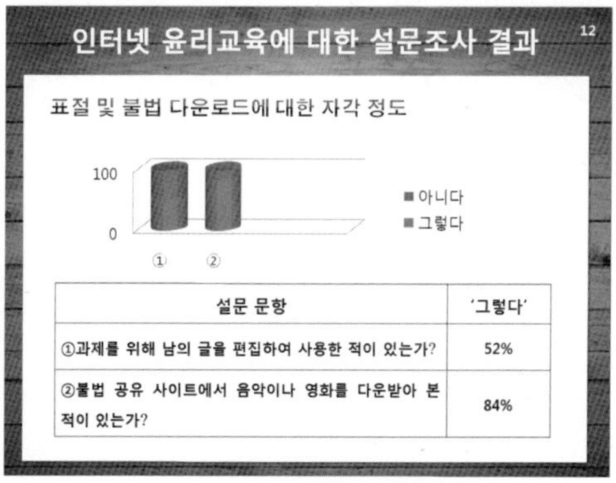
인터넷 윤리교육에 대한 설문조사 결과
12
표절 및 불법 다운로드에 대한 자각 정도
100
0
① ②
아니다
그렇다
설문 문항 | '그렇다'
①과제를 위해 남의 글을 편집하여 사용한 적이 있는가? | 52%
②불법 공유 사이트에서 음악이나 영화를 다운받아 본 적이 있는가? | 84%

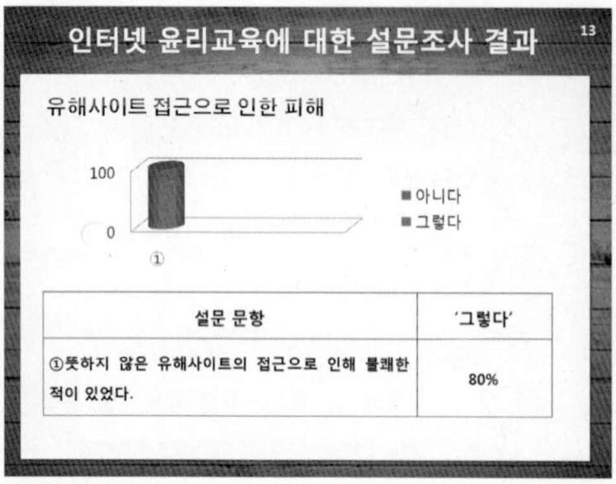

설문 문항	'그렇다'
①뜻하지 않은 유해사이트의 접근으로 인해 불쾌한 적이 있었다.	80%

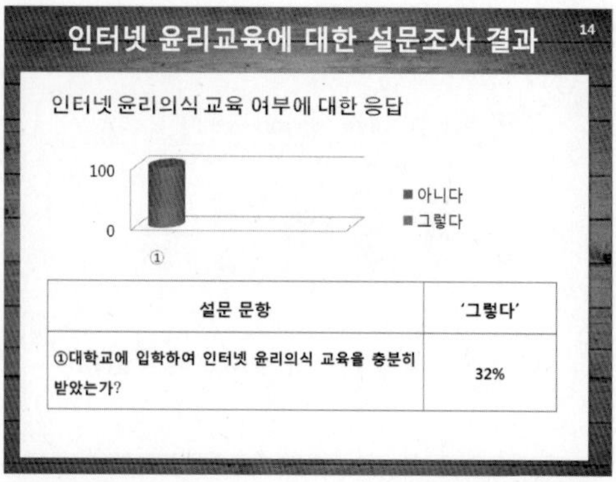

설문 문항	'그렇다'
①대학교에 입학하여 인터넷 윤리의식 교육을 충분히 받았는가?	32%

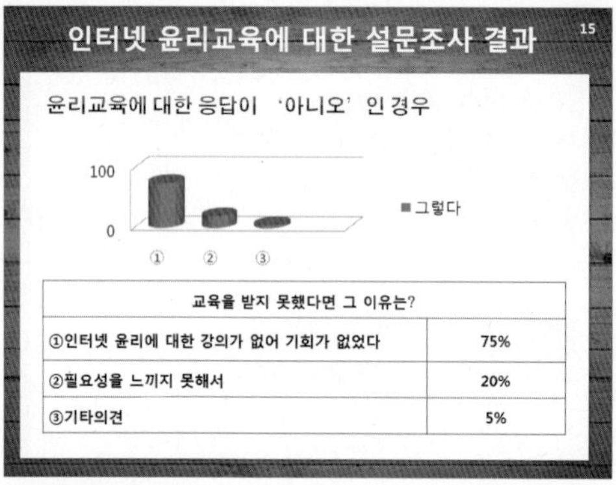

교육을 받지 못했다면 그 이유는?	
①인터넷 윤리에 대한 강의가 없어 기회가 없었다	75%
②필요성을 느끼지 못해서	20%
③기타의견	5%

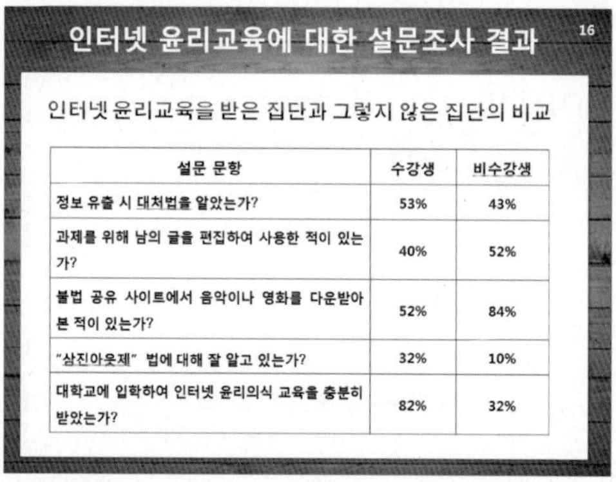

설문 문항	수강생	비수강생
정보 유출 시 대처법을 알았는가?	53%	43%
과제를 위해 남의 글을 편집하여 사용한 적이 있는가?	40%	52%
불법 공유 사이트에서 음악이나 영화를 다운받아 본 적이 있는가?	52%	84%
"삼진아웃제" 법에 대해 잘 알고 있는가?	32%	10%
대학교에 입학하여 인터넷 윤리의식 교육을 충분히 받았는가?	82%	32%

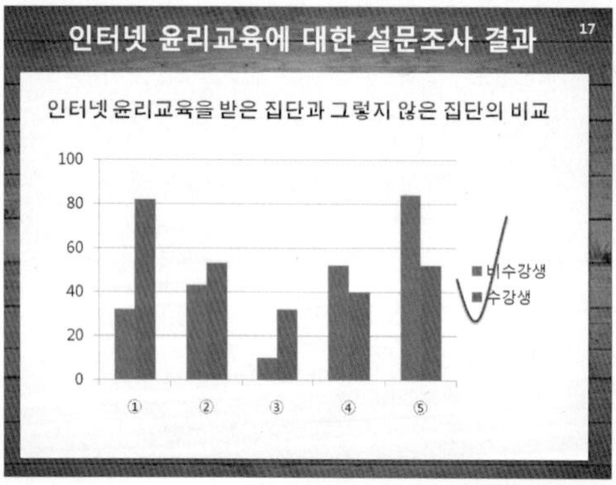

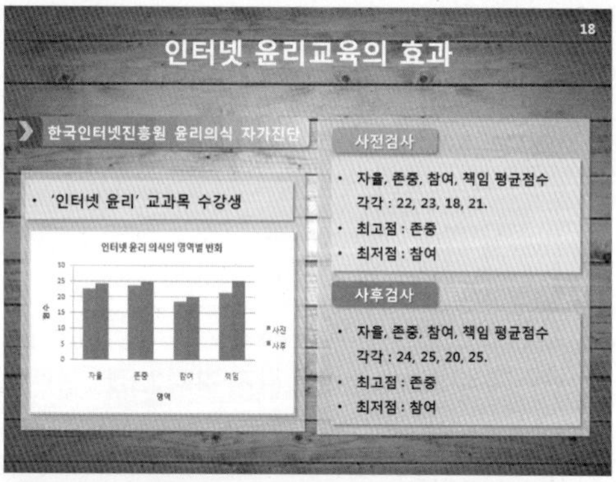

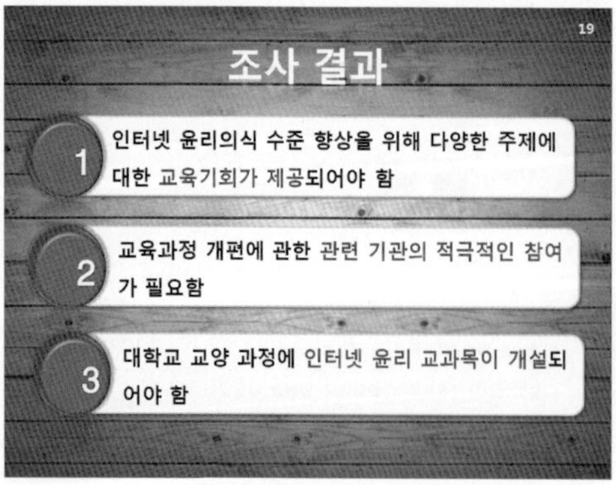

5.3 소셜 미디어와 윤리

5.3.1 SNS에서의 윤리 문제

SNS에서 개인정보 보호 문제를 알아보자. 페이스북 사용자들은 페이스북 친구들의 최신 활동을 알리는 메시지를 받을 수 있다. 그러나 페이스북을 오랫동안 사용하지 않으면 알림 메시지를 보내지 않는다. 페이스북은 사용자 컴퓨터에 저장한 쿠키를 통해 사용자가 방문한 웹사이트를 모두 파악한다. 이러한 사이트들의 개인정보 사용, 정보독점, 정보왜곡의 한계가 불분명하다는 것이 문제이다. 그리고 사용자들은 자신의 사적 활동 정보가 인터넷에서 어떻게 수집되어 자신에게 다시 제공되는지 알지 못한다. 제공된 정보의 편리성에 만족하지만 시간이 지날수록 열린 인터넷에서 갇히게 된다.

SNS 메시지의 유해성 광고 문제를 알아보자. 스마트폰 시대에 혁신적인 의사소통 방법으로 각광을 받던 SNS가 음란성 메시지와 각종 유해성 광고로 혼탁해지고 있다. 청소년 스마트폰 사용자는 100만명이 넘는 것으로 추산된다. 스마트폰을 사용하는 청소년들이 늘면서 음란성 메시지나 성인광고 등에 무작위로 노출되고 있다. 새로운 서비스인 SNS에 대해 아직 구체적인 규제 방안이 없는 실정이다. 세계 최대 SNS인 페이스북은 세계 최대 성매매 사이트라는 오명도 함께 갖고 있다.

인터넷과 함께 SNS 윤리와 관련된 주제는 사이버 언어와 네티켓, 인터넷 사기, 인터넷 중독, 저작권 침해, 사이버 폭력, 해킹과 바이러스, 유해정보 유통, 개인정보 침해, 공급자 윤리 등이 있다. 이러한 다양한 SNS에서의 윤리 문제에 대해 아래 글을 참조하여 자신의 의견을 정리하고 글로 작성해보자.

1) SNS에서의 윤리 문제에 대한 의견 예시

스마트폰을 포함한 IT 기기의 보급으로 SNS는 사회 전분야로 서비스 영역이 확산되고 있다. 초기 SNS는 단순 오락용 정도로 사용되었으나 시간이 지나면서 정보공유, 인맥구축, 비즈니스 창출 등 다양한 용도로 사용되고 있다. 이와 함께 SNS에서 각 분야의 전문가와 교류를 통해 가치 있고 신뢰성이 높은 정보를 얻을 수 있다. 그러나 최근에는 잘못된 정보나 유해한 정보의 유통이 증가하고 있다. SNS 정보의 신뢰성을 고려하지 않고 무작정 믿고 빠르게 전파시켜 문제가 발생된 사례도 있다. 또한 SNS에 공개된 개인정보로 사생활이 노출되는 등 개인정보 유출의 피해도 증가하고 있다.

SNS에서 가장 큰 문제인 사생활 노출은 한국인터넷진흥원의 조사에서도 그 심각성이 나타났다. 조사 결과에 따르면 사용자의 ID만 가지고 이름(88%), 인맥정보(86%), 외모정보(84%), 위치정보(83%), 취미정보(64%), 스케줄정보(63%), 가족정보(52%) 등을 쉽게 파악할 수 있다고 했다. 이 자료에서도 알 수 있듯이 SNS 사용자의 정보를 쉽게 유출하여 범죄에 악용할 수 있다. 또한, 대부분 SNS 사용자들은 다수의 SNS를 연동하고 있어서 한 곳에서 개인정보가 노출되면 연동된 다른 사이트에서도 정보가 유출될 가능성이 크다. SNS 게시판에 계좌 정보, 신용카드 사용처 등 개인의 금융 관련 정보를 게시한 경우도 있다. 이것은 SNS 사용에 따른 사생활 노출이 한계를 넘어선 것을 보여주는 예이다.

SNS에 사용자의 사생활을 공개하도록 유도하는 내용이 게시되는 경우도 있다. 사용자는 그런 광고나 내용을 보고 자신의 사생활 정보를 게재하면서도 본인의 개인정보가 노출된다는 사실을 알지 못한다. SNS 사용자는 사생활을 보호받을 권리가 있다. 이를 보호하기 위해서는 SNS에서 회원의 사생활 관련 문구를 자제하라는 안내를 하고, 개인정보 노출에 따른 문제의 해결방안을 찾아야 한다. 또한 SNS 사용자는 본인의 사생활이 공개됨에 따라 자신의 개인정보가 유출되고 불이익을 당할 위험이 있음을 인지하고 글 작성에 신중해야 한다.

SNS에서 정보 전달은 매우 빠른 속도로 이루어진다. 전문가에 의한 전문성과 신뢰성이 있는 정보는 문제가 되지 않지만, 잘못된 정보가 공유된다면 수많은 인맥을 통해 무분별하게 퍼져나가 심각한 문제를 발생시킨다. 잘못된 정보라는 사실을 알고 글을 수정하거나 삭제하더라도 이미 전파된 내용은 회수할 수 없다. 사용자들은 정보의 신뢰를 따지지 않고 사회적 이슈가 될 수 있는 내용이면 쉽게 글로 작성하는 경향이 있다. 사용자들은 SNS의 양적인 발달보다 질적인 발달이 중요하다는 것을 인식해야 한다. 잘못된 정보가 유포되어 사회적인 문제로 확산되면 SNS의 신뢰도는 추락할 수밖에 없다. 이를 방지하기 위해서는 SNS의 규제와 사용자들의 의식개선이 필요하다.

SNS는 지금까지 매우 빠른 속도로 성장해 왔다. 하지만 급격한 성장에 적응하지 못하고 양적인 성장에 만족하여 윤리문제를 직시하지 못하면 역기능에 따른 피해가 확산될 수 있다. SNS가 긍정적인 방향으로 발전하기 위해서는 SNS 사용자들의 윤리의식도 함께 성장해야 할 것이다.

2) SNS에서의 윤리 문제에 대한 의견 예시

소셜 네트워크 서비스(SNS)는 온라인 인맥구축 서비스로 자신을 중심으로 하는 인적 네트워크를 형성하여 유용한 정보를 공유하고 인맥을 관리하게 해 주는 서비스이다.

SNS는 쌍방향 커뮤니케이션이 가능하고 대량의 정보를 손쉽게 얻을 수 있다. 또한 쉽고 빠르게 서로의 소식을 전달하고, 지루한 시간을 재미있게 보낼 수 있으며, 공익과 비즈니스에도 활용할 수 있다. 이렇게 SNS는 여러 장점이 있지만 활용 영역이 확대되면서 새로운 문제들이 노출되고 있다.

SNS는 대량의 정보를 손쉽게 얻을 수 있는 장점이 있지만 무분별하게 정보가 노출되고 왜곡될 가능성이 높다. SNS에 올리는 개인이나 기업에 대한 왜곡된 정보는 걷잡을 수 없이 빠른 속도로 전파되며, 전파된 이후에는 사태 수습이 불가능하다. 기업의 경우, 왜곡된 정보로 인해 부정적인 이미지가 형성되거나 매출이 감소되는 등 막대한 손실이 발생될 수 있다.

예를 들면, '여중생을 납치, 성폭행하고 살해해 무기징역을 선고받은 피의자가 교도소를 탈옥했다'라는 허위 문구가 트위터와 페이스북에 전파되었다. 이 소식을 접한 지역 시민들은 공포에 떨어야 했고, 이 소식이 거짓임을 알리는데 많은 인력과 시간을 소모해야 했다. 또 다른 예로 일본 방사능 유출 사고 때 방사능이 직접 우리나라로 유입된다는 허위사실이 SNS에 유포되었다. 이때 많은 기업과 시민들이 대처방안을 강구하는데 시간을 허비하기도 하였다. 이같이 무심코 작성한 한 줄의 SNS 글이 큰 파장을 일으켜 많은 사람들의 인적·물적·시간적 낭비를 초례할 수 있다.

SNS에서 친구의 소식을 바로 접할 수 있고 친목을 다질 수 있지만 이것으로 인하여 개인정보가 유출될 위험이 크다. 장기 해외여행을 떠나는 사람이 친구의 트위터에 해외여행을 다녀온다고 자랑하는 글을 올렸다. 그 글을 본 도둑이 집이 비었다는 사실을 알고 집안의 물건을 훔쳐 도망갔다. 본인의 개인정보를 무분별하게 공개해 놓을 경우 자신도 모르는 사이에 개인정보가 유출될 수 있다.

이 같은 경우를 방지하기 위해서는 SNS에서의 윤리의식을 향상시키고 타인의 정보를 악용하지 않는 마음가짐을 키워야 한다. SNS에서는 개인정보 유출 피해와 확산을 막을 수 있는 보안 장치를 강화해야 한다. 또한 정부에서는 개인정보 유출 문제에 관한 구체화된 제도를 마련하여 명확한 판단기준을 제시해야 한다. SNS에서 정보를 수집할 때 무엇보다도 자신의 양심을 속이지 않고 자신에게 필요한 정보만 신중하게 선택하는 자세를 가져야 한다.

5.3.2 아바타를 통해 본 정보윤리

아바타(Avatar)는 가상사회에서 자신의 분신에 해당하는 시각적 이미지이며, 산스크리트어 '아바따라(Avataara)'에서 유래되었다. 인터넷 시대가 열리면서 3차원이나 가상현실 게임, 웹에서의 채팅 등에서 자기 자신을 나타내는 그래픽 아이콘을 사용한다. 이와 같이 아바타는 사이버 공간에서 사용자의 역할을 대신하는 애니메이션 캐릭터이다. 인터넷 채팅, 쇼핑몰, 온라인 게임 등에서 자신을 대신하는 가상육체로 각광받고 있으며 상업적으로 이용가치가 급증하고 있다.

1) 영화 아바타 이야기

영화 '아바타(avatar)'는 2154년에 나타날 지구 미래의 이야기이다. 세계 역대 흥행 1위의 아바타는 에너지 고갈을 겪고 있는 지구인들이 행성 판도라를 정복하기 위한 욕망에서 시작된다. 지구는 에너지 고갈 문제를 해결하기 위해 행성 판도라에서 대체 자원을 채굴하기 시작한다. 하지만 판도라의 독성을 지닌 대기로 인해 자원 획득에 어려움을 겪게 된 인류는 판도라의 토착민 '나비(Na'vi)'의 외형에 인간의 의식을 주입, 원격 제어가 가능한 새로운 생명체인 아바타를 탄생시키는 프로그램을 개발한다. 지구인들은 판도라의 토착민 나비족을 거주지에서 쫓아내기 위해 원격 제어가 가능한 아바타를 만들어 나비족으로 보낸다.

하반신이 마비된 전직 해병대원 '제이크 설리'는 이 계획에 참가할 것을 제안받고 판도라에 위치한 인간 주둔 기지로 향한다. 그 곳에서 자신의 아바타를 통해 자유롭게 걸을 수 있게 된 제이크는 자원 채굴을 막으려는 나비의 부족에 침투하라는 임무를 받는다. 임무를 수행하는 중 나비족의 여전사인 네이티리를 만나 다양한 모험을 경험하면서 사랑에 빠지게 되고, 나비족과 가까워지게 된다. 그러나 우주의 운명을 결정짓는 대규모 전투가 시작되면서 제이크는 최후의 시험대에 오르게 된다. 제이크는 나비족에 동화되어 나비족과 함께 지구인들을 판도라에서 몰아내 평화를 지킨다. 영화 아바타는 3D 영화로 제작되었으며, 화려하고 세련된 컴퓨터 그래픽, 완벽한 영상미나 뛰어난 색감 등을 가지고 있다.

2) 현실 세계에 존재하는 나비족의 슬픔

영화 '아바타'의 나비족과 비슷한 투쟁이 세계 곳곳에서 현실로 나타나고 있다. 최근에 많은 국가들이 사활을 걸고 자원개발 경쟁에 뛰어들면서 그 과정에서 발생하는 인권침해 문제가 국제적인 현안으로 등장하였다. 대규모 자원 개발 사업은 뇌물공여, 강제이주, 분쟁촉발, 환경파괴 등의 문제를 일으키고 있으며, 자원매장 지역인 오지에 거주하는 원주민들의 인권침해 문제가 심각하게 제기되고 있다.

영국의 광산기업 베단타가 인도의 선주민부족의 삶의 터전을 위협하자 활동가들이 영화 아바타의 나비족 분장을 하고 이에 항의하는 시위를 펼쳤다. 중국이 중남미와 아프리카에서 벌이고 있는 자원개발 사업의 규모와 이를 뒷받침하기 위해 각 국가들에 지원하는 액수는 상상을 뛰어넘었다. 우리나라의 경우, 포스코의 인도 오디사주 제철소 건설, 대우인터내셔널과 가스공사가 참여하고 있는 미얀마의 가스개발 사업 등은 인권침해 위험이 높은 곳으로 국제사회가 주목하고 있다.

3) 영화 속의 정보기술과 정보윤리

사이버 공간인 인터넷에서도 현실 세계와 같이 심각한 윤리적인 문제가 발생하고 있다. 영화 '아바타'는 현실 세계와 분리된 행성이라는 공간에서 주인공이 자신의 아바타를 통하여 임무를 수행하게 된다. 이러한 관점에서 영화 아바타에서의 사건들을 인터넷 윤리 문제의 측면에서 논의해 보는 것도 의미가 있을 것이다.

아바타는 3D 영화로 컴퓨터 그래픽이 화려하고 세련되었으며, 완벽한 영상미나 색감, 뛰어난 아이디어와 상상력도 지금까지와 다른 차원이 시도라고 할 수 있다. 이와 같이 영화 제작에는 다양한 컴퓨터 관련 기술이 포함되어 있다. 자연과 동물, 나비족의 교감, 긴장감 넘치는 액션이 인상적이다. 아바타 흥행의 중요한 요인으로 CG 기술, 이모션 캡쳐 등 새로운 IT 기술을 꼽을 수 있으며, 영화 속의 다양한 장면에서 미래 정보통신망의 모델을 예측할 수 있다. 행성 판도라에는 나비족, 식물과 동물, 에이와가 모두 상호작용하고 교감하는 통신망 플랫폼이 형성되어 있다. 판도라의 부족은 자신의 머리카락 속에 있는 신경계인 큐와 소리나무의 뿌리를 연결하여 조상이나 여신 에이와와 소통한다. 아바타는 나비족의 몸을 갖고 판도라의 동물인 이크란, 토루크들과 상호 교신한다. 이와 같은 판도라의 생태계는 만물이 상호 교감하는 지능통신망의 모델이라고 할 수 있다.

생각해보기

○ '온라인 게임 셧다운제'에 대한 아래 내용을 읽고 청소년의 입장에서 반론의 글을 작성해 보자.

'온라인 게임 셧다운제'라는 새로운 제도가 만들어진 배경은 무엇인가? 청소년들 스스로 자신의 욕구를 제어하고 컴퓨터 게임을 적절히 한다면 이러한 제도는 만들 필요가 없을 것이다. 청소년들이 충분한 수면을 취하지 못하면 집중력이 떨어져 학업 성취도가 낮아지거나 해야 할 일을 하지 못한다. 게임에 중독된 청소년은 새벽까지 게임에 몰두함으로써 학교에서 수업시간에 집중하지 못하고 졸거나 피곤해 한다. 밤늦게까지 게임을 하고 후회하는 마음을 가지는 경우는 드물다. 일상생활에 무리가 없도록 게임을 해야 하지만 게임에 중독되면 이러한 판단능력을 스스로 가지기 어렵다.

본인의 의무와 책임을 다하는 청소년이라면 이 제도에 관계없이 게임시간이 종료되기 전에 스스로 그만둘 수 있는 의지를 가졌을 것이다. 이 제도를 반대하는 청소년들은 대부분은 밤 12시를 넘긴 새벽까지 게임을 즐기는 청소년이라고 할 수 있다. 낮에 건전하게 게임을 하는 청소년이라면 굳이 이 법안에 반대할 이유는 없지 않을까? 반대를 하는 청소년들이 학생으로써의 의무를 다하고 있는 것인지에 대해 생각해보아야 한다.

○ 자녀가 부모의 아이디를 도용할 경우 부모가 알 수 있도록 주민등록번호 도용을 알려주는 서비스가 있다. 한국인터넷진흥원(KISA)에서는 무료로 주민등록번호가 인터넷상에서 사용된 현황을 보여준다. 온라인 게임 셧다운제와 관련된 다음 내용을 읽고 아이디나 주민등록번호의 도용을 방지하는 방안을 설명하라.

한 중고 직거래 사이트에는 게임 아이디(ID)를 판다는 글이 많이 올라온다. 누구나 게임 사이트에 접속해 신청만 하면 발급되는 게임 아이디가 2만원부터 15만원 정도로 비싼 가격에 팔리고 있다. 자정 이후 다음 날 오전 6시까지 만 16세 미만 청소년들의 게임 접속을 차단하는 신데렐라법 때문이다. 밤새워 게임을 하려는 초·중등생이 타인의 게임 아이디를 사는 주된 고객이다.
현행 개인정보보호법에 따르면 남의 아이디를 동의 없이 사고파는 행위는 최대 5년 징역형이나 5000만원 벌금형을 받는다. 가족의 아이디를 팔거나, 구입한 아이디를 되파는 경우 개인 정보가 무분별하게 유출될 가능성이 있다. 청소년 사이에서는 신데렐라법이 이름뿐인 제도로 전락한지 오래다. 아이디 거래, 주민등록번호 도용으로 청소년들을 범법자로 몰아가지 않는 현실적인 대안이 필요하다.

생각해보기

- 스마트 안경인 구글 글라스(Google Glass)는 일상생활을 바꿀 혁신적인 제품이라는 찬사와 사생활을 침해하는 파파라치 기기라는 비판을 동시에 받고 있다. 이에 대한 자신의 의견을 정리해보자.

- 게임을 술·마약·도박 등과 함께 중독물질로 규정한 게임중독법의 제정에 대한 의견이 대립되고 있다. 게임을 중독물질로 구분할 수 있는지, 창조경제 핵심인 소프트웨어 산업 성장을 가로막는 법인지 여부를 놓고 공방이 거세다. 게임중독법이 필요하다는 측에서는 이 법이 게임산업을 규제하거나 처벌하자는 법안이 아니라 4대 중독에 대한 국가 차원의 예방과 치료 시스템을 구축하는 것이라고 주장한다. 반면에 넥슨, 엔씨소프트, NHN 등 게임 업체들은 게임 생산과 유통 관리를 강화하고 광고를 제한하는 이 법안이 결과적으로 관련 산업을 위축시킬 것이라고 주장한다. 게임중독법의 필요성에 대한 자신의 의견을 정리해보자.

❖ '생각해보기'에 대한 글쓰기 및 발표

의견정리

의견정리

참고자료

연습문제

01. 토론 주제인 '지하철 막말남, 개똥녀의 신상 공개'에 대한 자신의 찬반 의견을 제시하라.

02. 토론 주제인 '온라인 게임 셧다운제(shutdown) 도입'에 대한 자신의 찬반 의견을 제시하라.

03. '온라인 게임 셧다운제'에 대한 아래와 같은 주장에 대해 반론을 제시하라.

> 이 제도는 가정과 같은 사적인 영역에서의 개인적 행동을 정부가 개입해 통제하는 것이다. 등급별 규제를 무시함으로써 과잉규제, 인권 침해의 논란이 발생될 수 있다.

04. 토론 주제인 '인터넷 실명제 도입'에 대한 자신의 찬반 의견을 제시하라.

05. 토론 주제인 '스마트폰의 위치기반 서비스'에 대한 자신의 찬반 의견을 제시하라.

06. 발표 주제인 '스트리트 뷰 서비스'에 대한 자신의 찬반 의견을 제시하라.

07. 발표 주제인 '유해 프로그램, 해킹의 피해 및 대응방안'에 대한 의견을 제시하라.

08. 발표 주제인 '개인정보 유출 및 대응방안'에 대한 의견을 제시하라.

09. 발표 주제인 '게임, 스마트폰 중독 및 대응방안'에 대한 의견을 제시하라.

10. 발표 주제인 '특허 및 저작권 소송과 대응방안'에 대한 의견을 제시하라.

11. 발표 주제인 '타진요를 통해본 누리꾼의 자세'에 대한 의견을 제시하라.

12. SNS에서 발생될 수 있는 윤리 문제에 대한 주제를 찾고 자신의 의견을 제시하라.

13. 영화 아바타에서 사용한 '이모션 캡쳐'라는 컴퓨터 그래픽(CG) 기술을 설명하라.

14. 미래 정보기술이 발전되면 영화 '인셉션'에서 나온 꿈의 세계가 현실 세계로 될 가능성이 있는가? 꿈의 세계가 현실 세계 그 자체가 되기 위해서 필요한 것은 무엇인가?

15. 검색의 개인화 서비스가 필요한지 자신의 찬반 의견을 제시하라.

16. 140자의 트위터 글에 저작권법을 적용하는 것이 필요한지 자신의 찬반 의견을 제시하라.

실습과제

01. 본문에서 제시한 5가지 정보윤리 관련 토론 주제 중에서 1개를 선택하여 자신의 찬반 의견을 글로 작성하라. 글쓰기에 대한 아래의 평가 기준을 참고하여 A4용지 1~2매 분량으로 작성한다.

▸ 글쓰기 평가 기준

① 이해분석력
- ⓐ 문제가 요구하는 바를 정확하게 포착하여 논의하였는가?
- ⓑ 논의의 대상에 대하여 포괄적, 구체적으로 이해하고 있는가?

② 논증력
- ⓐ 결론의 도출 과정이 타당성과 가치를 지니고 있는가?
- ⓑ 논증에 쓰인 개념이나 판단이 일관된 의미를 유지하고 있는가?

③ 창의력
- ⓐ 논술에 필요한 창의성과 보편성을 갖추고 있는가?
- ⓑ 참신한 관점으로 자신의 주장을 펼쳐나가고 있는가?

④ 표현력
- ⓐ 어휘가 문맥에 적절하며 풍부한가?
- ⓑ 문장은 의미가 분명하고 문맥에 적절하게 표현되었는가?

02. 영화 '아바타'를 감상하고 아래 문제를 풀어보라.

(1) 아바타에서 발생한 사건들에 대해 인터넷 윤리 문제의 측면에서 자신의 생각을 요약하라.

(2) 아바타에서 CG, '이모션 캡쳐'와 같은 새로운 IT 기술이 적용된 장면들을 찾아보아라.

(3) 행성 판도라에는 나비족, 식물과 동물, 에이와가 모두 상호작용하는 통신망 플랫폼이 구축되었다. 판도라의 생태계는 만물이 상호 교감하는 지능 통신망의 모델이라고 할 수 있다. 영화에서 이러한 장면들을 찾아보아라.

03. 현실 세계와 같이 사이버 공간인 인터넷에서 다양한 윤리적인 문제가 발생하고 있다. 영화 '인셉션(Inception, 2010)'에서는 현실 세계와 분리된 꿈속으로 들어가 다른 사람에게 의식을 심어준다. 따라서 인셉션에서 발생한 사건들은 현실이 아닌 사이버 공간을 배경으로 한다고 가정할 수 있다. 인셉션에서 발생한 사건들에 대해 인터넷 윤리 문제의 측면에서 자신의 생각을 요약하라.

► blog.naver.com/inception_kr

04. 최근에 인공지능 기능을 탑재한 기기들이 출시되고 인공지능 컴퓨터에 대한 관심과 연구가 확대되고 있다. 인간의 존재 문제를 다룬 영화인 〈A.I.〉, 〈매트릭스〉를 감상하고 인터넷 윤리 문제와 연계하여 자신의 생각을 요약하라.

제3부
소셜 미디어

CHAPTER 06

소셜 네트워크 서비스(SNS)

CHAPTER 06

소셜 네트워크 서비스(SNS)

학습목표

- ✤ SNS의 특징을 설명할 수 있다.
- ✤ 웹의 발전과정과 특징을 설명할 수 있다.
- ✤ 유튜브의 성장과정과 특징을 설명할 수 있다.
- ✤ 마이스페이스, 포스퀘어의 기능과 특징을 설명할 수 있다.
- ✤ 태그 클라우드, RSS, 위키피디아, 딜리셔스의 기능과 특징을 설명할 수 있다.

6.1 SNS 개요

소셜 네트워크 서비스(SNS)는 온라인 인맥구축 서비스이며, 1인 미디어/커뮤니티, 정보 공유 등을 포괄하는 개념으로 커뮤니티 형태의 웹사이트이다. SNS는 웹 2.0, UCC 등과 더불어 새로운 인터넷 흐름으로 부각되었다. 최근에 SNS는 광고, 마케팅 등 새로운 비즈니스 시장으로 영역을 확대하면서 발전되고 있다.

SNS의 유형에는 일반적 SNS, 위치 기반 SNS, 분야 기반 SNS, 멀티미디어 기반 SNS 등이 있다. 일반적 SNS는 사회적 인맥 유지와 콘텐츠 생산이 주된 기능이며, 미투데이(me2DAY), 카카오스토리, 트위터(Twitter), 페이스북(Facebook), 마이스페이스(Myspace) 등이 여기에 해당한다. 위치 기반 SNS는 위치기반 서비스의 기능을 활용한 SNS이며, 포스퀘어(Foursquare), 고왈라(gowala)가 여기에 해당한다. 분야 기반 SNS는 연구원과 같은 특정 분야 사람들을 대상으로 하는 SNS이며, Academia, Labmeeting 등이 여기에 해당한다. 멀티미디어 기반 SNS는 사진이나 동영상, UCC 등을 활용한 SNS이다.

1) SNS 현황

아래 그림은 2011년부터 2014년까지 전 세계 SNS 사용자수와 페이스북 사용자수를 나타낸 것이다.

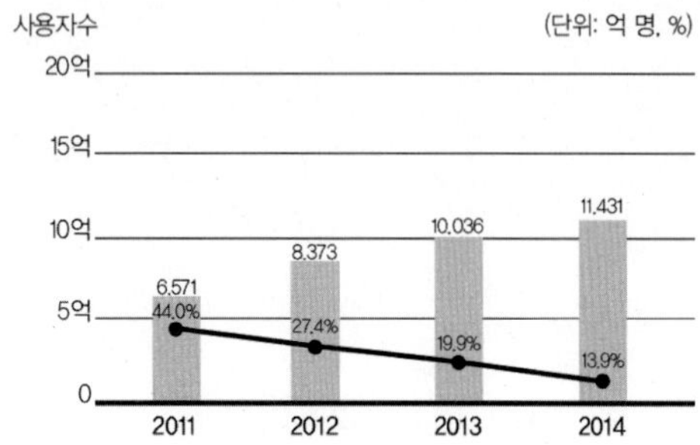

전 세계 페이스북 사용자 현황

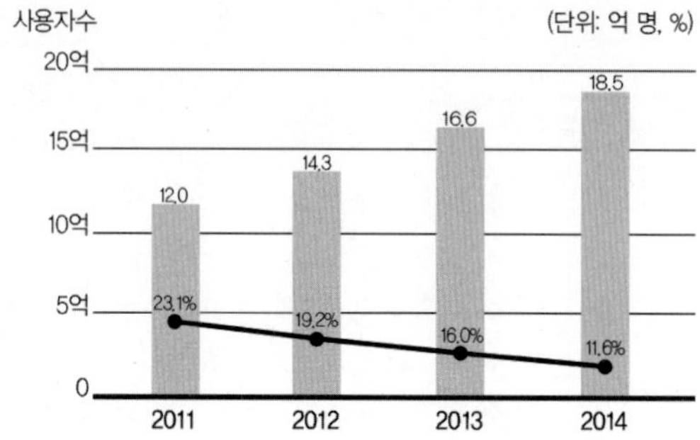

출처: www.eMarketer.com

전 세계 SNS 사용자 현황

소셜 네트워크가 모바일 및 다양한 인터넷 서비스와 결합하여 사회 전 분야로 영향력이 확대되고 있다. 국내에서는 2011년 방송통신위원회가 소셜 플랫폼의 생산적 활용을 촉진하기 위하여 '소셜 기술(social technology)' 로드맵을 제시하였다. 소셜 기술은 정보기술(IT), 나노기술(NT), 생명공학기술(BT), 문화콘텐츠기술(CT)을 기반으로 소셜 커뮤니케이션을 강화함으로써 미래 인터넷 사업을 위한 기반이 될 것으로 예상된다.

2) SNS 분류

SNS는 유형, 특징, 이용자 계층, 기능 등을 기준으로 분류할 수 있다. SNS를 유형별로 분류하면 폐쇄형, 개방형, 마이크로 블로그형 등이 있다. 폐쇄형은 양자 간 일촌 또는 친구관계를 맺어야 서로의 공개된 콘텐츠를 볼 수 있는 유형이다. 개방형은 자기의 관심사를 글이나 동영상을 통해 게시판에 등록하면 사람들이 댓글을 달거나 쪽지를 보내 인맥을 구축하는 유형이다. 마이크로 블로그형은 개방형 SNS의 성격을 가지면서도 정해진 글자 수 내로 글을 써야한다. 단순한 플랫폼으로 쉽고 편리한 것을 좋아하는 10~20대에게 인기 있는 유형이다. 다음 표는 국내외 주요 SNS를 유형, 특징, 이용자 계층, 기능 등을 기준으로 분류하여 나타낸 것이다.

항목 \ 이름	싸이월드	미투데이	블로그	마이스페이스	페이스북	트위터
유형	폐쇄형	마이크로 블로그형	개방형	개방형	폐쇄형	마이크로 블로그형
특징	지인 중심의 인맥관리	연예인 중심의 팬 게시판	관심사 위주의 친분유지	엔터테인먼트 관심사 중심	인맥 중심의 관계 형성	정보 공유 및 확산
이용자	10~40대	10~20대	10~50대	20~30대	20~30대	20~40대
주요 기능 및 관련 용어	일촌맺기, 쪽지보내기, 사진첩, 게시판	미친, 미투, 쪽지, 댓글달기	이웃추가, 댓글달기	친구추가, 프로파일, 신변잡기	프로필, 팬 페이지, 담벼락(타임라인) 좋아요	팔로워, 팔로잉, 리플라이, 리트윗, 쪽지보내기

3) 소셜 미디어

소셜 미디어는 자신의 생각과 의견·경험·관점 등을 공유하기 위해 사용하는 개방화된 온라인 툴과 미디어 플랫폼이다. 또한 양방향성을 활용하여 참여하고 정보를 공유하며 사용자들이 스스로 만들어 나가는 미디어이다. 소셜 미디어의 특징에는 참여(participation), 개방(openness), 대화(conversation), 커뮤니티(community), 연결(connectedness) 등이 있다.

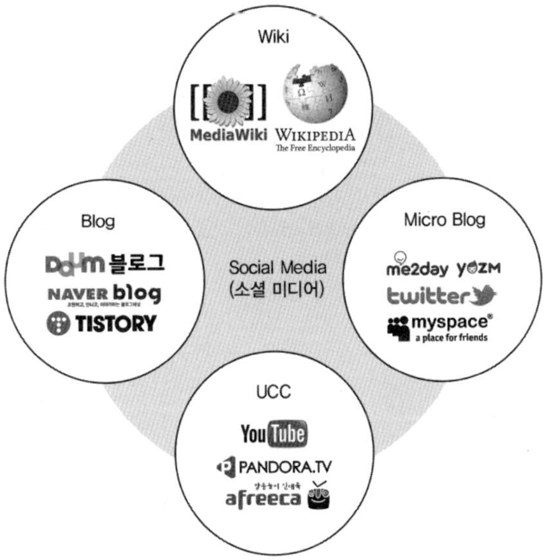

6.2 웹 2.0

6.2.1 웹의 발전

월드와이드웹(WWW, W3)은 MIT 교수인 '팀 버나스 리'가 1991년 개발한 것으로 사용된 기간이 20년이 지났다. 웹은 인류가 수백년 동안 겪었던 것 이상의 변화를 일으키며 세상과 인간의 삶에 영향을 주었다. 웹은 과거 특정 계층이 독점하던 정보의 장벽을 무너뜨리며 사고의 방식 자체를 혁신시켰다. 인터넷 기업의 등장은 수백만 개의 일자리를 창출하였고, 전 세계의 서로 다른 문화와 사상을 공유할 수 있도록 하였다.

이러한 웹은 새로운 기능과 서비스가 추가되면서 계속 발전하고 있다. 웹 1.0에서는 웹사이트와 홈페이지가 중요한 역할을 하였으며, 웹 2.0에서는 포털 중심의 블로그와 SNS 서비스가 활성화되었다. 웹 3.0에서는 단말 중심의 개인 포털화로 유비쿼터스 서비스를 위한 시맨틱 웹이 중요한 기능을 수행한다. 웹 4.0은 시맨틱 웹을 기반으로 유비쿼터스 서비스를 제공하는 지능형 콘텐츠의 생성과 유통을 촉진하는 방향으로 발전할 것이다. 웹 5.0은 MMDBMS(Main Memory Database Management System)와 메타 데이터의 관리, 대용량 콘텐츠의 실시간 재생을 위한 기술과 서비스가 중요한 요소가 된다. 아래 그림은 각각의 웹 버전에서 중요한 키워드를 나타낸 것이다. 상위 버전에서는 하위 버전의 키워드를 모두 포함하는 관계를 보여준다.

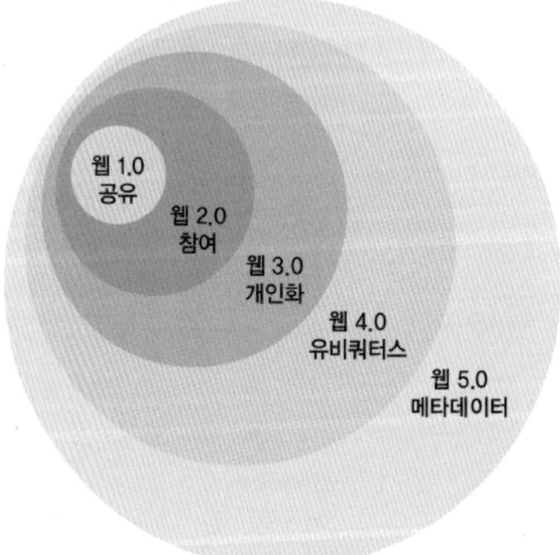

인터넷 사용은 인터넷 중독이나 개인정보 침해 등 부작용도 나타나고 있지만 인터넷의 등장은 사회적, 경제적, 정치적 측면에서 인간의 삶에 긍정적인 큰 변화를 주었다. 구글

이나 페이스북과 같은 사이트를 통해 전 세계의 뉴스가 실시간으로 전파되고 있다. 페이스북, 트위터, 마이스페이스 등 SNS의 사용으로 인간의 소통방식에 혁신이 이루어졌고, 유튜브에서 UCC가 일상화되면서 혜성같이 스타가 탄생하기도 한다.

경제적 측면에서도 매우 큰 변화가 일어났다. 과거 오프라인 시대의 비즈니스 모델은 사라지거나 생존을 위해 변신을 강요받고 있다. 전통 시장이나 백화점은 온라인쇼핑몰이나 소셜커머스에 잠식당하고 있다. 백과사전의 대명사이던 브리태니커의 빈자리를 인터넷 기반 집단지성의 산물인 위키피디아가 대체하였다.

인터넷 사용자들은 자신의 의견이나 불만을 호소하거나 누군가의 생각을 지지하는 형태로 정치적 행위에 참여하고 있다. 수십년 철권통치에 신음하던 튀니지 민중들에게 웹은 해방구였다. 재스민(Jasmin) 혁명은 과거엔 불가능할 것처럼 보였던 이집트, 리비아, 시리아 등 중동지역의 민주화에 기폭제를 마련해 주었다. 최근에 스마트폰과 같은 모바일 기기의 보급이 확산되고 웹 기술이 접목되면서 정치·경제·사회 등 우리 삶의 전 분야에 변화가 더욱 가속화될 것으로 전망된다.

1) 웹 2.0의 특징

웹 2.0과 SNS는 별개의 개념 또는 새로운 패러다임이 아니어서 이들을 정확히 구분하는데 어려움이 있다. 웹 2.0은 새로운 개발 방법론과 기술이 정립된 과정이고, SNS는 이런 기술적 배경과 방법론을 기반으로 사용자에게 접근된 결과라고 할 수 있다. 웹 2.0은 사용자 중심의 UCC 인터넷 환경이며, 블로그(blog), 위키피디아(Wikipedia), 딜리셔스(delicious) 등이 이에 속한다. 사용자들이 자료에 직접 붙이는 태그인 플리커(Flickr), 사용자 인터페이스인 검색창의 추천 검색어, 아마존의 도서 리뷰 시스템, 이베이(e-Bay)의 평판 시스템도 웹 2.0의 특징을 잘 나타내고 있다.

다음 표는 웹 2.0과 웹 3.0의 특징을 비교한 것이다. 웹 2.0의 특징을 표현하는 대표적인 용어로 개방, 공유, 분산 등이 있다. 웹 3.0의 대표적 기술인 시맨틱 웹은 컴퓨터가 사람을 대신해서 정보를 이해하고 가공하여 새로운 정보를 만들어 낼 수 있도록 하는 차세대 지능형 웹이다. 즉, 컴퓨터가 단어와 문장의 뜻을 이해하고 논리적인 추론까지 하는 차세대 웹 기술이다. 이러한 기술이 적용되면 사람의 생각을 컴퓨터가 이해할 수 있어서 선거 결과를 예측하거나 법원의 판결을 미리 알 수 있는 등 집단지성의 주체였던 사람의 일을 컴퓨터가 대체하게 된다. 웹 3.0이 최종적으로 실현되면 영화에서나 볼 수 있는 많은 일들이 현실에서 일어날 수 있다. 지금까지는 불가능했던 지능의 자기증식 과정을 거쳐 실세계와 가상세계를 연결하는 웹 플랫폼을 제공할 것이다.

구분	웹 2.0	웹 3.0
시기	2000~2010년	2010~2020년
상호작용	읽기, 쓰기	읽기, 쓰기, 실행하기
키워드	참여, 공유, 개방	상황인식(context awareness)
정보 이용자	인간	인간, 기계
정보 권력	대형화, 집중화	분산화
콘텐츠 이용형태	이용자가 생산, 유통, 소비	지능화된 웹이 콘텐츠 제공, 개인별 맞춤
검색	여러 사이트에 있는 자료 개방(Open API)	이용자 맞춤형 검색
기반 기술	브로드밴드, 서버관리	시맨틱 기술, 상황인식, 클라우드 컴퓨팅
대응 단말	PC와 모바일 일부	PC, 모바일, 시계, 안경 등

(1) 태그 클라우드(Tag Cloud)

태그는 주제별 핵심이 되는 키워드를 선정하여 만든 목록이며, 꼬리표 또는 꼬리말이라고도 한다. 태그는 웹 2.0 시대의 대표적인 키워드라고 할 수 있으며, 인터넷에서 내가 원하는 정보를 키워드에 맞게 저장하고 검색하는데 도움이 된다. 블로거들이 블로그 포스팅을 할 때 태그를 삽입할 수 있다. 이러한 태그가 쌓여서 저장되고 이를 사이드바 영역에서 인기순, 이름순 등의 다양한 방식으로 보여주는 것이 태그 클라우드이다. 예를 들면, 아바타 영화에 대한 포스팅을 하는 경우 나비족, 판도라, 3D영화, SF영화, 흥행 1위 등의 다양한 태그를 부착시킬 수 있다. 이렇게 다양한 꼬리표를 붙여서 포스팅하면 이 문서가 인터넷 상에 저장될 때 이러한 태그 분류에 의해 저장되고 태그의 키워드에 의해 검색된다.

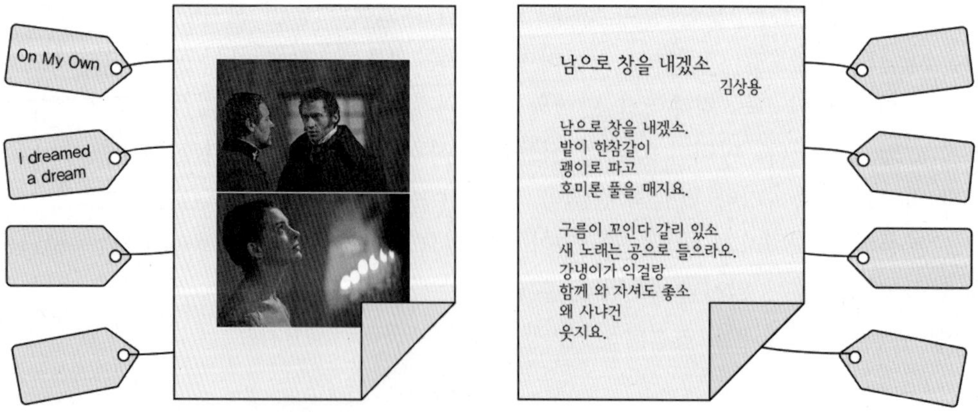

(2) 집단지성

집단지성은 집단지능, 협업지성, 공생적 지능이라고도 하며, 다수의 개체들이 서로 협력과 경쟁을 통하여 도출되는 지적 능력에 의한 결과로 얻어진 집단적 능력이다. 집단지성은 서로 생각들을 나누고 협동함으로써 오픈 소스, P2P, 위키피디아 등과 같이 집합적인 지식을 만들어 낸다. 집단지성은 다수의 인터넷 사용자들이 참여하여 만들어 낸 지식과 정보의 집합체를 말한다. 웹 2.0이 표방하는 공유, 참여, 개방의 철학을 잘 반영하고 있다. 구글, 아마존, 위키피디아, 이베이 등이 집단지성이 만들어낸 대표적인 웹 사이트이다. 예를 들어, 아마존은 단순히 책에 대한 정보를 제공하는 차원을 넘어 사용자들이 사이트에 책 리뷰를 올릴 수 있게 함으로써 집단지성의 지혜가 웹 사이트에 담기도록 했다. 그리고 위키피디아는 누구나 웹사이트에 들어와 개념을 설명하고 코멘트를 달 수 있도록 하고 이것을 무료로 사용할 수 있도록 한다. 위키피디아는 다른 백과사전보다 많은 어휘를 가지면서 정확도도 높은 수준을 유지하고 있다.

집단지성을 마케팅의 수단으로 활용하는 기업들이 늘어나고 있다. 일방적으로 소비자들에게 제품을 소개하고 정보를 전달하는 방식에서 벗어나 소비자들이 직접 제품에 관한 콘텐츠를 생산하고 이를 공유함으로써 제품 개발에도 활용할 수 있다. 또 소비자들이 작성하는 후기나 제품의 활용법을 통해 다른 소비자들에게 신뢰를 쌓는 방법도 사용하고 있다. 정부차원에서도 국민들의 다양한 의견들을 수렴하여 정책에 반영할 수 있도록 사이버 공간을 제공하고 있다.

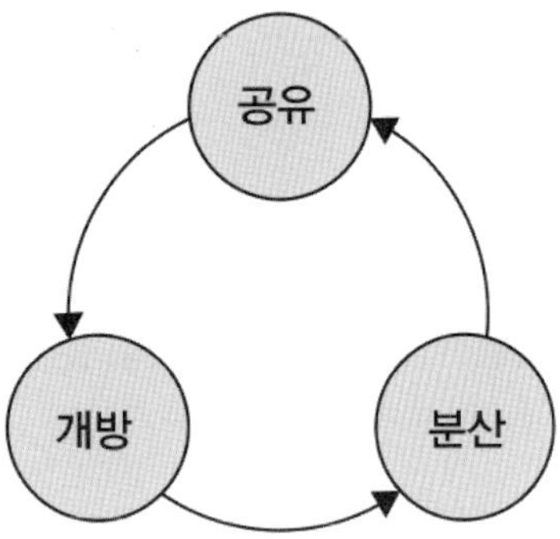

참조 집단지성(www.youtube.com/watch?v=-IraNz-os3w)

집단지성은 다수의 개체들이 서로 협력하거나 경쟁을 통하여 얻게 되는 지적 능력의 결과이며 집단적 능력을 의미한다. 집단지성 프로젝트의 성공 요인이 무엇인지 알아본다. '집단지성이란 무엇인가'에서 저자는 집단지성 프로젝트의 성공 요인으로 다음과 같은 5가지의 원칙을 제시하였다.

① 핵심의 원칙

이것은 조직에는 다른 사람들보다 더 열심히, 자발적으로 일하는 사람이 있어야 한다는 것이다. 이 핵심이 없으면 조직이 만들어질 수 없다. 훌륭한 핵심은 유능한 구성원을 끌어들여 커뮤니티를 형성해야 한다. 핵심은 견고하되 완벽하지 않아야 하고, 개선에 대해 개방적이어야 하며, 창조적인 대화를 통해 집단지성이 성공할 수 있다.

② 기여의 원칙

창조적인 커뮤니티가 성공할 수 있는 조건은 독특한 아이디어와 통찰력, 기여가 가능한 도구 활용 능력을 가진 사람들의 적절한 배합이다. 다양한 관점과 자신의 의견을 표명할 수 있는 자신감과 독립성을 가진 구성원이 있어야 한다. 사람들이 기여를 할 수 있도록 도구를 제공함으로써 아이디어를 다양한 관점에서 빠르게 검증한다. 집단지성은 아이디어를 개발하는 확고한 핵심 그룹과 아이디어를 검증하고 걸러내는 다수의 사람들 간에 끊임없이 교류함으로써 문제를 다양한 관점에서 생각해보고 더 많은 해결방안을 찾아낸다.

③ 관계형성의 원칙

공동체가 창조할 수 있는 결합이 많을수록 더 많은 혁신이 이루어진다. 다양한 아이디어를 결합함으로써 결실을 맺을 수 있다. 다양하기는 하지만 분열된 공동체는 창의성을 발휘할 수 없다. 다양한 아이디어를 가진 사람들이 서로 관계를 형성하고 의사소통을 할 수 있는 방법이 있어야 한다.

④ 협업의 원칙

집단지성을 이루려면 공동체는 서로의 차이점을 인정하고 다양한 지식을 최대한 활용하며 자율규제를 해야 한다. 또한 공동체가 가치 있는 목적을 위해 단합하고, 아이디어를 검토하고 분별할 적절한 방법을 개발하고, 적절한 지도자를 확보할 때에 가능하다.

⑤ 창의성의 원칙

집단지성에서 창의성은 수많은 참여자들이 다양한 관점과 기술, 독립적으로 생각할 수 있는 능력과 기여에 이용할 수 있는 도구를 갖고 공통의 목적 아래 단합할 때 번성한다. 대부분의 참여자들은 관찰, 비평, 지지, 모방의 상호작용을 거치면서 성장하며, 참여를 통해 성취감을 느끼고 동료들에게 인정받기를 원한다. 집단지성 공동체는 아이디어를 공개하고 공유할 수 있는 장소가 필요하며, 효율적인 자율규제를 통해 집단적인 창의성이 발휘된다.

6.2.2 웹 2.0 서비스의 예

웹 2.0 서비스에는 블로그(blog), 위키(wiki), 사회적 북마킹인 딜리셔스(delicious), 태그 클라우드(TagCloud), 폭소노미(folksonomy, folk+order+nomos), RSS(Really Simple Syndication) 등이 있다. 블로그(blog)는 웹(web)과 로그(log)의 줄임말로, 개인의 생각 등을 웹에 올려 다른 사람이 볼 수 있도록 한 글모음이다. 블로그를 소유해 관리하는 사람을 블로거라 하며, 블로그는 사진, 음악, 플래시, 동영상 등을 포함할 수 있도록 발전하였다.

1) 웹 2.0 서비스

위키(wiki)는 '빠르게'란 뜻이며, 대표적인 웹 2.0 서비스로 인식되고 있다. 웹 2.0의 대표적인 모델인 위키피디아(Wikipedia)는 2001년에 시작되었으며, 누구나 자유롭게 글을 쓸 수 있는 사용자 참여의 다국적 온라인 백과사전이다. 이것은 다수의 지성이 참여할 때 보편적인 지식 창출이 가능하다는 생각을 바탕으로 한다.

딜리셔스(delicious.com)는 소셜 북마킹으로 유명한 웹사이트이며, 즐겨찾기를 저장하고, 다른 사용자들과 함께 공유하고, 다른 사용자들의 즐겨찾기를 볼 수 있는 웹사이트다. 사용자가 개인적인 목적으로 보관하고 분류해 둔 북마크에서 대중의 지혜를 이용해 정보의 중요도를 결정, 분류, 탐색할 수 있도록 한다. 이는 미디어의 경우에도 집단지성과 대중의 지혜가 작동되고 있음을 보여주는 좋은 예이다.

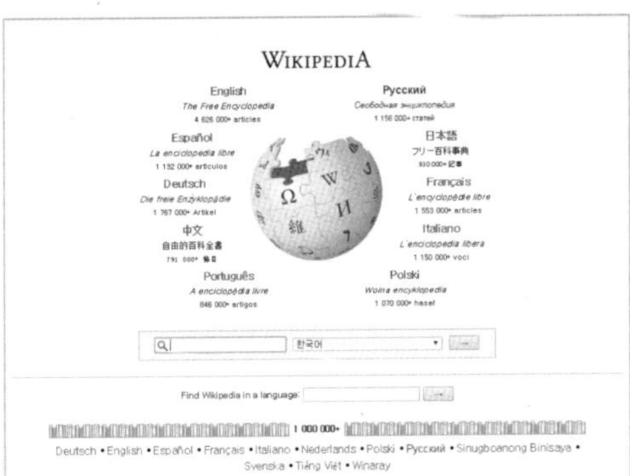

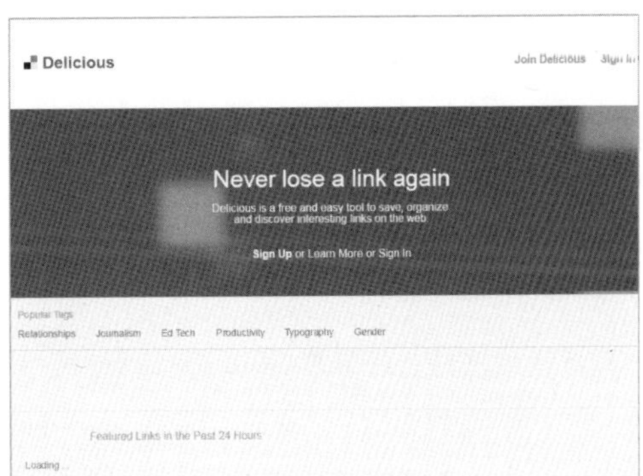

2) 웹 2.0 자가진단

다음 표는 자신이 웹 2.0에 어느 정도 익숙한 사용자인지를 스스로 진단해 보는 도구이다. 자가진단의 결과에 따라 생활에서 웹에 익숙한 사용자, 익숙하지 않은 사용자, 웹 서비스의 체험자로 판정한다.

번호	문항	응답	
		예	아니오
1	자신의 블로그를 운영하고 있다.		
2	검색 사이트인 구글을 사용해 본 적이 있다.		
3	'지식검색'을 이용해 모르는 것을 물어본 적이 있다.		
4	RSS(Really Simple Syndication)라는 단어를 들어본 적이 있다.		
5	구독료를 내고 신문을 본 것이 언제인지 기억하기 어렵다.		
6	인터넷 쇼핑몰에서 물건을 구매한 후 구매후기를 올린 적이 있다.		
7	다른 사람이 쓴 게시물을 추천해 본 적이 있다.		
8	사이버경매나 오픈마켓에서 물건을 팔아 볼 생각을 한 적이 있다.		
9	미니 홈피를 개설해 1촌을 맺고 방명록에 글을 쓴 경험이 있다.		
10	인터넷 익스플로러 외에 다른 웹 브라우저가 있다는 것을 알고 있다.		
11	위키피디아에서 무언가를 찾아본 적이 있다.		
12	디지털 카메라로 사진을 찍어 웹에 올려 다른 사람과 공유해 본 적이 있다.		
13	게시판에 동영상 주소를 링크하면서 글을 적어본 적이 있다.		
14	웹 브라우저에서 개인화 페이지를 꾸며 사용하고 있다.		
15	오픈소스를 알고 있고, 오픈소스 프로그램을 사용해 본 적이 있다.		
진단	– '응답'에서 '예'의 숫자에 따른 판단 기준 · 0~4개인 경우: 생활에서 웹에 익숙하지 않은 사용자 · 5~10개인 경우: 웹 서비스의 체험자 · 11~15개인 경우: 생활에서 웹에 익숙한 사용자		

6.3 유튜브(YouTube)

1) 유튜브 소개

2005년 설립된 유튜브(youtube.com)는 무료 동영상 공유 사이트이다. 유튜브는 2005년에 페이팔 직원이었던 채드 헐리(Chad Hurley) 등이 개발하였으며, 서비스를 시작한 후 구글(Google)로 인수되었다. 동영상의 혁명이라 불리는 유튜브의 개발은 IT 사회를 더욱 가속화시키는 촉매제의 역할을 하였다. 기존에는 동영상을 만들거나 인터넷에 동영상을 업로드 하려면 전문적 지식이 있어야 가능했다. 그러나 유튜브는 관련 지식이 없는 사람도 동영상을 마우스로 끌어다 놓으면 쉽게 업로드 할 수 있다. 유튜브는 분산형 서비스를 사용한다. 분산형 서비스를 사용하면 사이트의 서비스나 광고를 위젯(widget)으로 만들어 놓는다. 기존의 일반적인 서비스에서는 100명이 한 사이트를 방문했다면 광고 노출 횟수는 100명 방문 노출로 끝난다. 그러나 100명의 방문자들이 위젯을 자신의 미니홈피나 블로그에 가져간다면 그 사이트에서도 다른 사람들이 볼 수 있게 되어 노출 효과가 더 커지게 된다. 유튜브는 기존의 동영상 재생기와 달리 어도비 '플래시 플레이어7'을 기반으로 하는 재생기를 사용한다. 이 경우 코덱(Codec)을 일일이 설치하지 않아도 플래시가 제공하는 모든 기능을 활용할 수 있다. 따라서 기존의 동영상 보급 방식보다 노출이 쉽게 됨으로써 홍보효과가 뛰어나 문화적 파급력이 크다는 평가를 받고 있다. 하지만 이에 따른 문제점도 발생되고 있다. UCC의 과도한 사용으로 인한 트래픽의 문제, 무분별한 등록으로 인한 저작권 침해, 엄청난 자료들을 저장할 공간 부족 등 여러 가지 문제점들이 제시되고 있다. 따라서 향후 이러한 문제들을 해결해 나가는 것이 중요한 과제이다. 아래 표는 유튜브의 발전 과정에서 나타난 중요한 변화들을 년도별로 나타낸 것이다.

년도	유튜브의 변화
2009	· 소셜 네트워크 및 웹 메일을 통한 자동 공유 시작 · 3D 서비스 시작 · 개인 동영상 파트너십 시작
2010	· 라이브 스트리밍(오바마 대통령 인터뷰) · 1분당 24시간 이상 분량의 동영상 업로드 · 실시간 생방송 시작 · 하루 조회수 20억회 돌파
2011	· 1조번 이상의 조회수 · 1분당 40시간 이상 분량의 동영상 업로드 · 하루 조회수 30억회 돌파
2015	· HTML5를 사용한 동영상 스트리밍(유튜브 360) 구현 · 가상현실 동영상 서비스 지원 · 실시간 스트리밍 서비스 제공

2) 유튜브 활용방안

유튜브는 동영상 조회에 따른 광고로 수익을 창출한다. 구글은 유튜브에 대한 구체적인 수익 액수를 공개하지 않고 있다. 유튜브에서 매주 30억건 이상의 동영상 조회가 이루어지고 있다. 조회 수에 대한 순위는 아래 주소에서 확인할 수 있다.

참조 조회수 순위(www.youtube.com)

참조 유튜브(www.youtube.com/watch?v=xibQbeTLMfU)

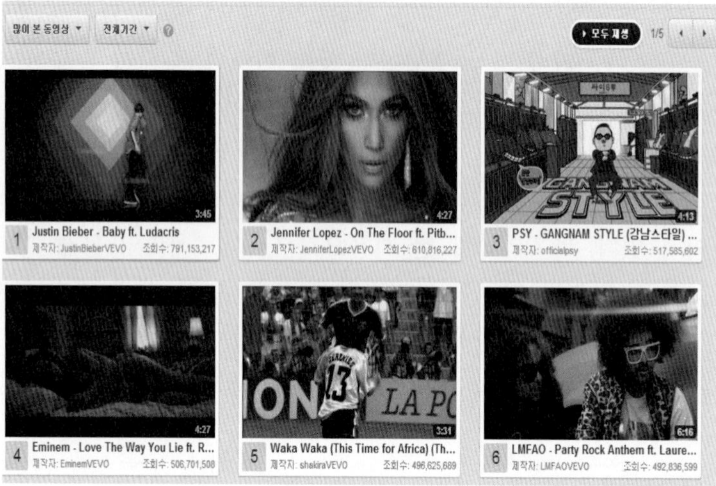

유튜브는 기존의 영상 재생기와 달리 분산형 동영상 시스템을 기반으로 한다. '퍼가기' 기능을 통해 동영상이 짧은 시간에 전 세계로 확산되므로 홍보 효과가 매우 크다. 유튜브를 더욱 효과적으로 활용하기 위해서는 그에 맞는 전략을 세워서 대처해야 한다. 기업의 광고 또는 홍보영상의 경우 많은 사람들에게 노출되는 것이 무엇보다 중요하므로 유튜브는 매우 효과적인 수단이다. 동영상의 용량을 최소화함으로써 PC뿐만 아니라 모바일 기기에서도 영상이 재생될 수 있도록 하는 것도 유튜브를 효과적으로 활용하는 방법이다.

유튜브에서 사용자가 영상을 등록할 때 특별한 작업을 하지 않고 영상을 업로드 할 수 있다. 이로 인하여 전 세계 사람들이 자신의 문화·생활 등을 공유함으로써 하나의 지구촌이 실현되고 있다. 이러한 변화는 단기간에 전 세계에서 엄청난 인기를 얻었던 싸이나 현아의 뮤직 비디오에서 찾을 수 있다. 2012년 싸이의 '강남스타일'은 유튜브에서 10억건이 넘는 조회 수로 신기록을 세우면서 엄청난 인기를 끌었다.

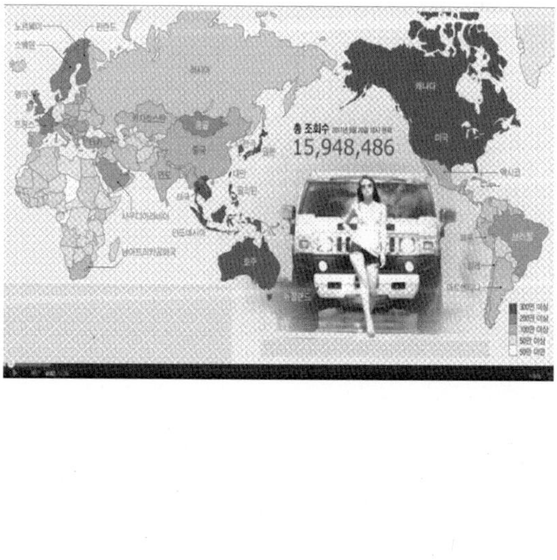

3) 유튜브의 문제 및 해결방안

유튜브에서는 과도한 트래픽 생성, 저작권 침해, 자료의 저장 공간 부족 등의 문제가 발생되고 있다. 첫 번째 문제인 과도한 트래픽은 분산형 시스템을 사용함으로써 나타나는 현상이다. 유튜브에는 1분마다 60시간 분량의 동영상이 업로드 되며, 전 세계 수억 명의 사용자가 유튜브에 접속한다. 동영상을 쉽게 등록할 수 있고, 무분별한 광고의 노출로 과도한 트래픽이 발생된다. 이로 인하여 일반 사용자들이 이용에 불이익을 당하거나, 악의적인 콘텐츠로 인해 사이트가 다운되는 현상이 발생한다. 이러한 문제들을 해결하기 위해서는 특정 IP의 반복적인 트래픽 유입에 대해 적절한 조치를 취하고 사이트를 보호할 필요가 있다. 또한 관리업체를 통해 광고로 인한 트래픽 양을 제한하고 과부하 현상이 발생하면 트래픽을 초기화시키는 등을 방법을 사용해야 한다.

두 번째로 저작권 문제에 대해서는 검색기능을 더욱 확대하고, 저작권에 대한 처벌을 강화함으로써 무분별한 동영상 등록을 제한해야 한다. 유튜브에서는 저작권 보호를 위해 '콘텐츠 ID'라는 기술을 사용한다. 이 기술은 저작권 보유자가 유튜브에서 자신의 콘텐츠를 찾아 이를 차단할지, 그 상태로 둘지 또는 수익형으로 전환할지를 선택할 수 있도록 한다. 또한 사용자가 특정 동영상이 자신의 저작권을 침해한다고 판단한 경우 해당 동영상을 부적절한 동영상으로 신고할 수 있다.

세 번째로 동영상들을 저장할 저장 공간 확보에 대한 문제를 들 수 있다. 이 문제가 가장 시급히 해결해야 할 과제이다. 오랫동안 사용하지 않고 활용도가 낮은 영상들을 폐기시기고 새로운 저장방식을 개발하여 이 문제를 해결할 수 있을 것이다.

4) 유튜브에서 동영상 활용

유튜브에 로그인 한 후 〈업로드〉 버튼을 클릭하면 동영상 파일을 업로드하고 편집할 수 있는 창이 나타난다. 자신의 컴퓨터에 저장된 파일을 공개 또는 비공개 형태로 업로드할 수 있으며, 동영상 만들기 기능을 사용하여 동영상을 쉽게 편집할 수 있다.

웹캠이나 사진을 사용하여 동영상을 만들 수 있으며, 동영상 편집기를 사용하여 쉽고 간단하게 텍스트와 오디오를 추가하고 동영상을 편집할 수 있다.

(1) 사진 슬라이드쇼 만들기

사진 슬라이드쇼는 사진들을 연속적으로 나타내어 동영상 형태로 구성하는 것이다.

여기서는 컴퓨터의 라이브러리에 저장된 샘플 사진들을 사용하여 슬라이드쇼를 만들어 본다. '동영상 만들기'의 '사진 슬라이드쇼'를 클릭하면 다음과 같이 사진을 선택하는 창이 나타난다. 내사진, 사진앨범, 사진업로드 기능을 사용하여 슬라이드쇼에 사용할 사진을 선택할 수 있다.

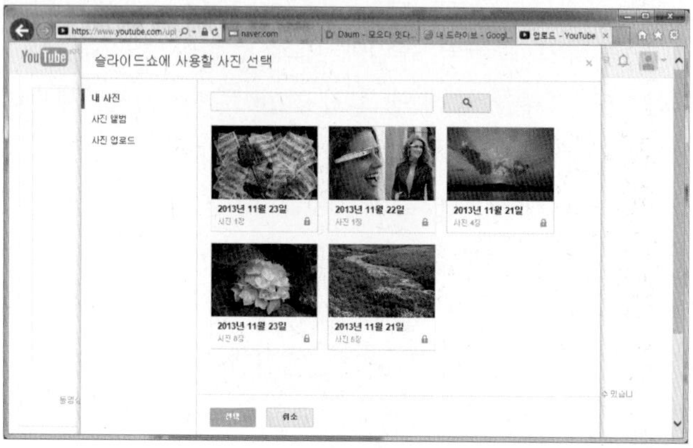

컴퓨터에 저장된 사진을 사용하기 위하여 '사진 업로드'를 선택한다. 앨범이름을 입력한 후 '컴퓨터에서 사진 선택'을 클릭한다.

컴퓨터에 저장된 라이브러리의 사진 샘플에서 사진들을 선택한 후 <열기> 버튼을 클릭한다.

업로드가 완료되면 업로드 된 사진과 함께 새로운 창이 나타난다. 창의 하단에 있는 〈다음〉 버튼을 클릭하면 슬라이드쇼를 포함한 창이 나타난다. 이 창에서는 슬라이드쇼에 오디오를 추가하거나 화면전환 효과를 추가할 수 있어서 슬라이드쇼 구성을 편집할 수 있다. 슬라이드쇼의 편집이 완료되면 〈업로드〉 버튼을 클릭하여 슬라이드쇼를 유튜브에 올릴 수 있다.

〈업로드〉 버튼에 있는 '동영상 관리자'를 선택하면 현재까지 올린 동영상들의 정보와 함께 방금 게시한 동영상을 확인할 수 있다.

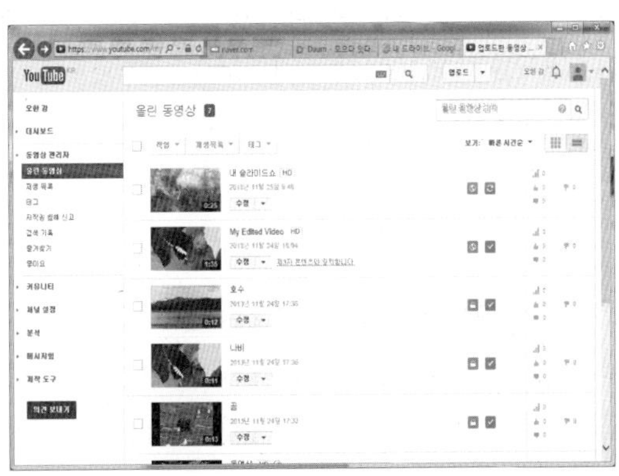

(2) 동영상 편집하기

동영상 편집기에서 '동영상 만들기'의 '동영상 편집하기'를 클릭하면 사진, 오디오, 동영상을 추가하고 편집할 수 있는 창이 나타난다. 내 동영상, 사진, 오디오, 텍스트 등의 버튼을 클릭하여 편집 기능을 수행할 수 있다. 기존에 저장된 사진이나 동영상을 동영상 타임라인으로 드래그하여 새로운 동영상을 제작한다.

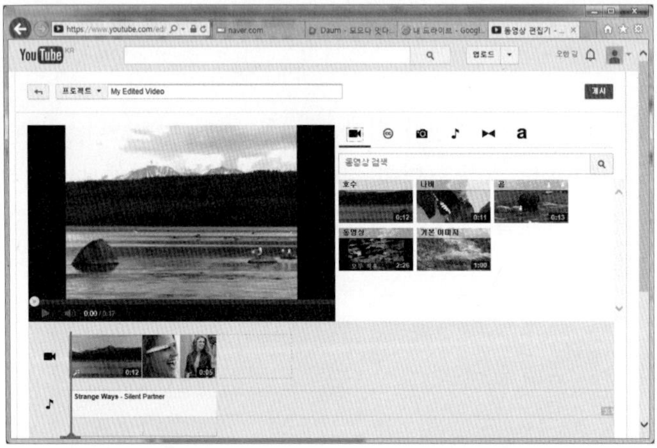

저장된 동영상을 동영상 타임라인으로 드래그하면 다음과 같이 쉽게 동영상을 편집할 수 있는 창이 나타난다. 빠른수정, 필터, 텍스트, 오디오 탭을 사용하여 관련 기능들을 적용할 수 있다.

〈게시〉 버튼을 클릭하면 제작한 동영상이 유튜브에 업로드되며, 동영상 관리자를 통하여 업로드 상태를 확인할 수 있다. 게시한 동영상의 〈수정〉 버튼에서 '정보 및 설정'을 클릭하면 다음과 같은 창이 나타난다. 동영상에 관한 자세한 정보를 확인할 수 있으며 수정이 가능하다.

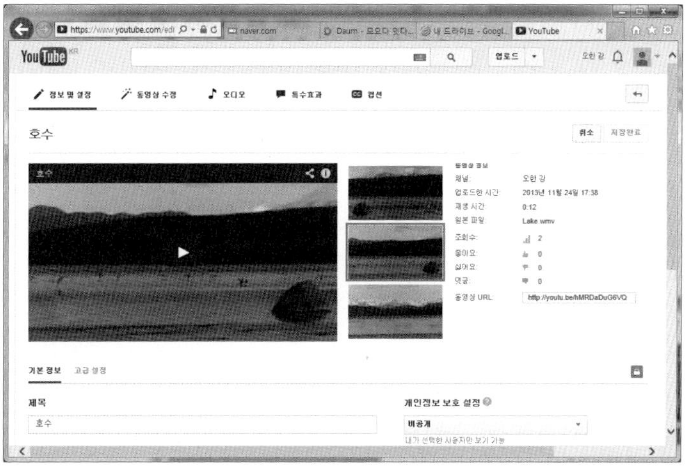

(3) 동영상 다운받기

유튜브에 게시된 동영상을 다운로드 받는 방법은 해당 동영상의 주소 앞에 'ss'를 입력하면 된다. 다음과 같이 사이트에서는 원하는 형태의 파일을 선택하여 다운로드 할 수 있다.

http://www.youtube.com/watch?v=9bZkp7q19f0

http://www.ssyoutube.com/watch?v=9bZkp7q19f0

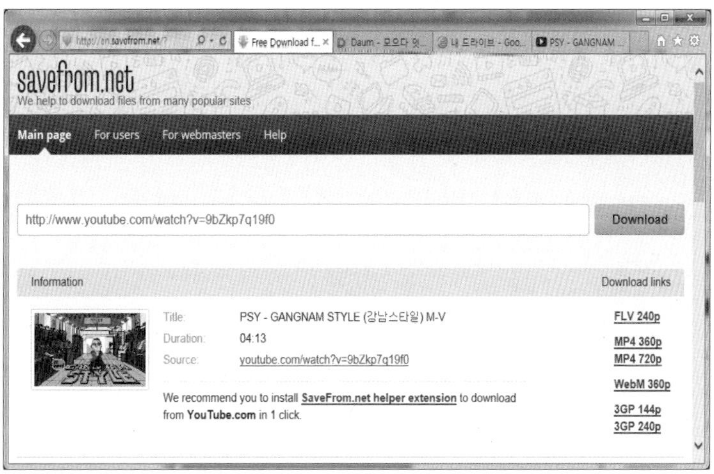

생각해보기

○ '집단지성이란 무엇인가'에서 저자는 집단지성 프로젝트의 5가지 성공 원칙을 핵심의 원칙, 기여의 원칙, 관계맺기의 원칙, 협업의 원칙, 창의성의 원칙이라고 하였다. 아래 두 가지 집단지성의 사례에서 이들 각각의 원칙이 어떤 형태로 적용되었는지 논의해보자.

► 인간 게놈 프로젝트의 성공에 큰 영향을 주었던 꼬마선충(C. elegans) 프로젝트가 집단지성의 결과물이다.

► 리누스 토발즈(Linus Torvalds)로부터 시작된 오픈소스 기반의 운영체제인 리눅스는 집단지성이 성공한 사례이다. 이와 함께 오픈소스 커뮤니티가 리눅스를 사용자 중심으로 개선하여 발표한 우분투(Ubuntu)가 있다.

생각해보기

○ 아래 글에 대한 자신의 의견을 정리하여 발표해보자.

2012년에 일어난 K-pop 열풍의 성공요인은 다양한 음악과 퍼포먼스 등이 있지만 유튜브의 활용도 빼놓을 수 없다. SM소속 가수들의 뮤직비디오가 유튜브에서 1년에 6억건의 조회수를 기록한 것이 이것을 증명하고 있다. 유튜브를 통해 유럽 등에 K-pop 열풍이 일어난 것처럼 기업에서도 이를 활용한 마케팅 전략을 수립하여 수행하면 지속적인 고객유치가 가능할 수 있다. 국내에서 유튜브가 더욱 활성화되기 위해서는 네티즌에게 친숙한 UCC의 제작이 늘어나고, 이를 알릴 수 있는 다양한 방법이 개발되어야 한다.

❖ '생각해보기'에 대한 글쓰기 및 발표

의견정리

의견정리

참고자료

연습문제

01. 아래 그림을 참조하여 소셜 미디어를 성격에 따라 그룹으로 분류하고 특징을 설명하라.

02. 미투데이(me2DAY)의 특징과 주요 기능을 설명하라.

03. 요즘(yozm)의 특징과 주요 기능을 설명하라.

04. 한국형 SNS인 카카오스토리가 기존 SNS와 어떤 차이가 있는지 설명하라.

05. 최근 5년 동안 국내에서 SNS 이용자 수의 변화를 그래프로 나타내어라.

06. 딜리셔스(delicious.com) 사이트를 방문하여 집단지성이 어떤 형태로 반영되고 있는지 설명하라.

07. 딜리셔스에 접속하여 다른 사용자들이 즐겨찾는 사이트들을 방문해보라.

08. 웹 2.0의 키워드는 참여, 공유, 개방이라고 할 수 있다. 웹 3.0의 키워드인 상황인식(context)의 의미를 설명하라.

09. 재스민 혁명(Jasmine revolution)은 2010년부터 2011년에 걸쳐 튀니지에서 일어난 혁명이다. 튀니지의 꽃인 재스민에 비유하여 붙여진 이름이며, 이 혁명으로 1987년부터 튀니지를 집권한 대통령이 24년만에 사퇴하고 사우디아라비아로 망명하였다. 이 혁명에서 웹과 SNS의 역할이 무엇이었는지 조사하라.

10. 방송통신위원회가 소셜 플랫폼의 생산적 활용을 촉진하기 위해 2011년에 제시한 '소셜 기술(social technology)' 로드맵의 내용을 설명하라.

11. 유튜브에서 발생될 수 있는 저작권 문제와 저작권 보호를 위한 기술에 관하여 설명하라.

12. 유튜브에서 동영상 조회나 업로드로 발생되는 예상 트래픽의 량을 조사해보고 그에 따른 문제점을 설명하라.

13. 유튜브에서 K-pop 열풍과 관련된 동영상을 찾아라.

14. 유튜브에서 집단지성에 관련된 동영상을 찾아라.

15. 기업이 기업홍보와 마케팅을 위해 유튜브를 활용하고자 한다. 어떤 방법이 가능하고 효율적인지 예를 들어 설명하라.

16. 웹 2.0의 대표적인 키워드인 아래 용어들을 설명하라.

소셜 네트워크(social network), 피어 프로덕션(peer production), 폭소노미(folksonomy), 롱테일 법칙(longtail theory), 소셜 북마킹(social bookmarking), 버추얼 월드(virtual world), 개인화

실습과제

01. 본문에 있는 양식을 사용하여 웹 2.0 자가진단을 수행하고, 자신이 웹 2.0에 어느 정도 익숙한 사용자인지 판단하라.

02. 유튜브를 활용하여 자신의 소속 학과를 홍보하고자 한다. 유튜브의 동영상 편집기, 학과 홈페이지에 저장된 사진, 음악, 동영상 등을 사용하여 학과 홍보용 동영상을 제작하고 유튜브에 게시하라.

제3부
소셜 미디어

CHAPTER 07

세상을 바꾸는 소셜 네트워크

CHAPTER 07

세상을 바꾸는 소셜 네트워크

학습목표

- ✤ 페이스북, 트위터, 링크드인, 플리커의 기능과 특징을 설명할 수 있다.
- ✤ 기업에서 비즈니스에 SNS를 활용하여 성공한 사례를 설명할 수 있다.
- ✤ 정부에서 공공분야에 SNS를 활용하여 성공한 사례를 설명할 수 있다.
- ✤ SNS 활용에 따른 공유 경제, 공유 소비의 개념을 설명할 수 있다.
- ✤ 정치, 경제, 사회 분야에서 집단지성의 개념이 적용되어 성공한 사례를 설명할 수 있다.
- ✤ 위키피디아의 성공 요인이 무엇인지 설명할 수 있다.

7.1 소셜 네트워크의 현황 및 향후 전망

IT 기술의 발전에 따른 가격 하락과 사용의 편리성으로 PC 보급이 빠르게 확산되었으며, 다양한 분야에 활용됨으로써 큰 사회적 변화를 초래하였다. 이와 함께, IT 기술의 변화로 최근에 노인부터 초등학생까지 일상생활에서 모바일 기기를 활용하는 사회에 살게 되었다. 이러한 급변하는 사회에서 IT 업계의 발전은 전문가도 예측하기 어려울 정도로 빠르게 발전하고 있다. 그 결과 우리는 가정에서 업무를 비롯한 쇼핑, 오락, 온라인뱅킹 등 다양한 일들을 할 수 있게 되었다. 또한 스마트폰을 사용하여 이동 중에도 인터넷 서핑을 하며, 검색을 하고 동영상 등을 재생하는 등 실시간 처리기능을 통해 정보를 수집할 수 있게 되었다. 이러한 환경의 변화는 정보공유와 인맥구축 서비스를 바탕으로 쌍방향 통신이 가능한 SNS 기반의 사회로 발전하는 초석이 되었다.

1) 페이스북(Facebook)

SNS(Social Network Service) 시장이 발전함에 따라 크게 부각되고 있는 서비스 중 하나가 페이스북이다. 페이스북은 2004년 마크 주커버그(Mark Zuckerberg)에 의해 개설되었다. 하버드 대학에서 만든 인맥사이트가 페이스북의 시초가 되었으며, 페이스북이라는 서비스 이름은 개인의 정보와 얼굴 사진을 모아둔 서비스를 뜻한다. 가입자가 10억명을 넘어선 페이스북이 친목 및 교제 영역을 넘어 음악 및 동영상 다운로드, 쇼핑, 뉴스 읽기 등 기능별 앱을 도입하고 있다. 사용자들이 요구하는 온라인 활동을 페이스북 안에서 모두 해결할 수 있도록 서비스하고 있다. 또한 최근에는 'Open Graph' 기능과 같은 차세대 웹(Web 3.0)으로 진화하고 있다. 페이스북의 수익 모델은 사용자의 취향에 따른 맞춤형 광고를 페이스북 페이지에 보여주고 기업으로부터 광고비를 받는 것이다.

페이스북은 10억명 이상의 가입자와 70개국 이상의 언어를 지원하고 있다. 7천만명의 사용자가 외부의 '페이스북 커넥트'를 통해 접속하고 있으며, 전 세계에서 1억명이 넘는 사용자가 모바일 기기로 페이스북에 접속하고 있다. 페이스북의 쌍방향 구조는 대표적 SNS인 트위터와 차별화될 수 있는 특징이다. 이것은 현실 세계의 인간관계를 온라인상에서 그대로 표현하는 것이다. 페이스북의 '오픈 플랫폼' 정책은 시장의 기본원리에 입각하여 빠르게 SNS 시장을 지배하고 있다. 페이스북과 연동된 다양한 앱들이 실시간으로 개발되고, 자발적인 개발업체들과의 협력관계가 형성된다. '페이스북 커넥터'로 정의되는 이러한 기술과 'F8 플랫폼'이라는 API를 개발해 공개함으로써 시장지배력을 강화하였다.

우리나라의 대표적인 SNS인 카카오톡은 채팅과 같은 메시지 전송뿐만 아니라 카카오스토리를 통해 SNS 서비스를 제공하고 있다. 카카오톡은 세계 시장의 '오픈 플랫폼'과 연계하기 위해 게임과 같은 앱과 연동하고 있으며, 카카오톡을 통해 앱을 다운로드 받고 실행시키면서 사용자는 자연스럽게 연결고리가 된다. 이처럼 게임 개발업체와 카카오톡의 아웃소싱 관계가 상생하는 전략이 되고 있다.

그동안 국내 SNS 시장을 지배하고 있었던 싸이월드가 새롭게 탄생하고 있다. 웹 기반 SNS로부터 벗어나 새롭게 모바일 SNS를 시작하였다. 그동안 사용자들이 축적해두었던 사진, BGM과 같은 컨텐츠들을 접목시켜 '감성 SNS'란 이름으로 새로운 모바일 SNS를 서비스하고 있다.

2) 트위터(Twitter)

트위터는 2006년 미국에서 개설되었으며, 웹사이트는 물론 스마트폰을 통해 최고 140자의 문자 메세지를 전송하는 서비스이다. 트위터는 마이크로블로그의 형태이며, 웹에 직접 접속하지 않더라도 스마트폰 같은 휴대기기를 사용하여 글을 올리거나 받아 볼 수 있다. 또한 댓글을 달거나 특정 글을 다른 사용자에게 배포할 수 있다.

다음 그림은 세계 20개국의 트위터 사용자수와 사용 용도를 나타낸 것이다. 2012년 6월 기준으로 트위터 사용자가 5억명이 넘었으며, 페이스북에 이어 세계에서 두 번째로 큰 SNS로 성장하였다. 트위터 사용자가 가장 많은 나라는 미국이며, 1억4천만명으로 전체의 28%를 차지한다. 우리나라는 15번째로 트위터 사용자가 많은 나라인 것으로 나타났다.

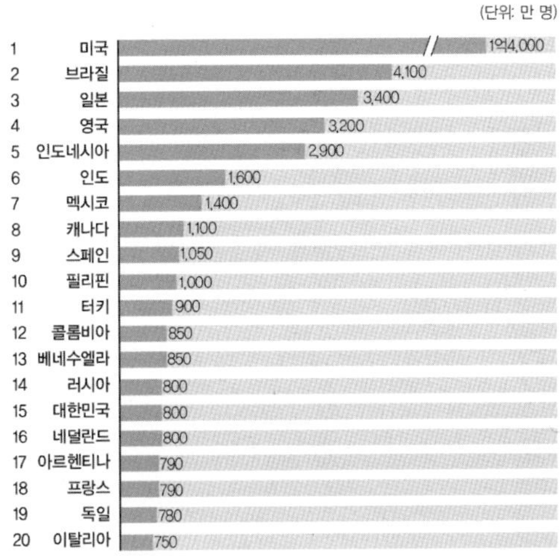

트위터 계정 수 상위 20개 국가(2012년 현재)

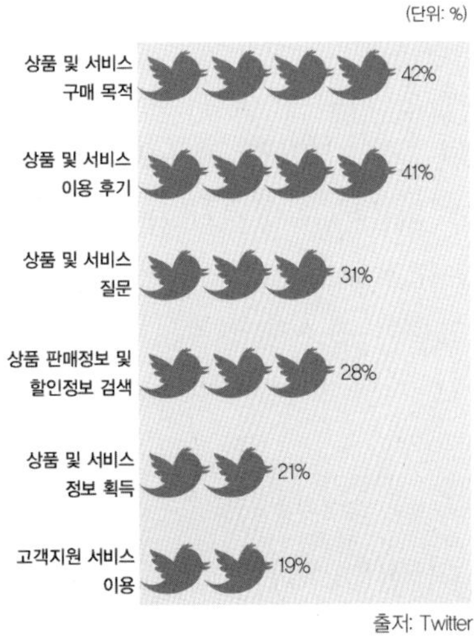

기업의 트위터 이용목적(중복응답)

트위터의 특성에는 정보교환의 즉시성, 공개성, 무계층성이 있다. 트위터가 크게 확산된 가장 큰 이유는 실시간으로 정보가 빠르게 공유되고 전파된다는 것이다. 또한 블로그보다 쉬운 인터페이스를 갖고 미니홈피보다 즉각적이며, 메신저보다 빠른 확산력이 있기 때문이다. 트위터 확산의 다른 이유는 짧은 글로 소통하는 것이 젊은 세대에 익숙한 소통법이기 때문이다. 휴대폰의 SMS가 등장하면서 젊은 세대는 휴대폰의 SMS를 이용하여 짧게 의사를 전달하고 받는 것에 익숙하다. 기존 블로그의 문제점 중 하나가 긴 문장으로 하나의 문서를 완성하는 것이다. 트위터는 읽고, 쓰고, 답 글을 남기는 방식으로 이용된다. 2011년 한글 서비스가 시작되면서 국내에서 트위터 사용이 크게 확산되었다.

트위터는 자신이 관심을 갖는 상대방을 뒤따르는 팔로우(follow)라는 독특한 기능을 중심으로 소통한다. 다른 SNS들과 달리 트위터에서는 상대방의 동의가 없어도 팔로워(follower)로 등록할 수 있다. 언제 어디서나 정보를 실시간으로 교류하는 것이 큰 특징이며, 세계적 뉴스채널인 CNN을 추월할 정도로 정보 전달이 신속하다. 오바마 대통령이 선거에서 트위터의 효과를 크게 보았으며, 기업들도 홍보나 고객의 불만 접수 등 다양한 용도로 활용하고 있다.

트위터는 비즈니스와 마케팅 분야로 활용 범위가 점차 확대되고 있다. 기업은 고객들의 다양한 의견과 자사 제품에 대한 모니터 창구로 트위터를 활용하고 있다. 사용자의 관심사에 기반한 광고를 노출시킬 수 있고, 사용자가 팔로우 하는 사람이나 트윗 내용 등에 따라 특화된 광고가 가능할 것이다.

3) 링크드인(LinkedIn)

링크드인은 기업과 개인 회원들을 연결해 구인과 구직을 돕고 인맥을 관리하도록 한다. 2011년 SNS 기업 중 처음으로 뉴욕 증시에 상장되었다. 대부분의 SNS 기업들이 수익을 광고에 의존하고 있지만 링크드인은 '채용 솔루션(hiring solution)'이란 제품을 개발하였다. 포춘(Fortune) 100대 기업 중 70여개 기업이 링크드인의 채용 솔루션 서비스를 받고 있다. 기업들이 연 8천달러를 지불하고 자신이 원하는 맞춤 인력을 링크드인에서 찾는다. 2012년 하반기의 회원 수는 1억3천만명 정도이며, 지금도 1초에 2명씩 회원수가 빠르게 증가하고 있다.

4) 플릭커(flickr)

2004년 캐나다에서 스튜어트 버터필드(Stewart Butterfield)와 그의 아내가 함께 창업한 플릭커(flickr.com)는 누구나 사진을 올리고 감상할 수 있는 사진 공유 서비스이다. 이와 같은 사진 갤러리 서비스는 기존에 많이 있었기 때문에 단순히 사진을 저장하는 기능만으로는 세계적인 사이트가 될 수 없었을 것이다. 플릭커에는 크게 두 가지 특징이 있다. 첫 번째 특징은 기존의 폴더 방식에서 벗어나 꼬리표 방식의 분류법을 사용한 것이다. 사용자가 직접 사진에 꼬리표를 붙일 수 있도록 하고 사진을 주제별로 분류한다. 단순한 꼬리표를 사용함으로 검색이 쉽고 사용이 편리한 장점이 있다. 이 꼬리표가 사회적 네트워크와 연결된다면 그 힘은 더욱 커질 수 있다. 두 번째 특징으로는 공개 API를 제공한다는 것이다. 이에 따라 사용자와 외부 개발자에 의해 새로운 서비스가 개발되고, 외부 사이트에서 플릭커의 사진들을 다양한 용도로 사용할 수 있게 되었다. 사용자가 그린 그림과 비슷한 이미지를 플릭커에서 찾아주는 서비스, 플릭커 사진으로 로고나 제목을 만드는 서비스, 그리고 뉴스와 플릭커 사진을 결합한 flickrfling 등이 있다. 플릭커는 단순히 사진을 저장하는 갤러리 기능에서 벗어나 소셜 기능을 접목하여 세계적인 사이트로 성장하였다.

5) 카카오스토리(KakaoStory)

카카오스토리는 (주)카카오가 2012년 3월에 서비스를 시작한 사진 공유 기반의 한국형 SNS이다. 현재 국내에서 가장 많이 사용하고 있는 SNS이며, 스마트폰 사용자를 대상으로 프리웨어(freeware)로 제공된다. 이것은 카카오톡과 연동해야 사용이 가능하다는 제한이 있다. 스마트폰으로 카카오톡 계정을 만든 후 연동해야 하고, 카카오스토리를 통해 연락하고자 하는 상대방도 자신의 카카오톡에 등록되어 있어야 소통할 수 있다. 폐쇄형 SNS처럼 전체 공개와 친구공개의 기능이 제공된다.

7.2 SNS 활용 사례

페이스북, 트위터, 유튜브, 플리커 등은 대표적인 소셜 미디어이다. 과거 미디어에서 사용자는 생산자가 만들어낸 콘텐츠를 수동적으로 받기만 하는 단방향 형태였다. 그러나 오늘날은 그것에 소셜 기능을 추가하여 쉽게 참여할 수 있고 공유할 수 있는 쌍방향적인 형태로 변화되었다. 사람들은 이러한 소셜 미디어를 통해 인간성을 구축하고 사회적 커뮤니케이션을 수행함으로써 소셜 네트워크가 지배하는 사회로 변하고 있다. 최근에는 인간관계 역시 상당 부분이 소셜 미디어를 통해 이루어지고 있다. 소셜 네트워크를 활용하여 성공한 몇 가지 사례들을 소개한다.

1) 가난을 구제하는 키바

2005년에 설립된 키바(kiva)는 창업을 돕는 형태로 가난 탈출을 지원하는 구호 서비스이다. 개발도상국의 사업에 자금을 대주는 형태가 특징이며, 인터넷을 통한 경제적 참여가 세계를 어떻게 변화시키고 있는지 보여주는 대표적인 사례이다.

키바는 도움이 필요한 사람에게 한 구좌당 25달러씩 지원해주며, 지원받은 사람은 이 돈으로 학업이나 창업을 하고 이후에 상환하는 형태로 운영된다. 25달러로는 창업이 불가능하므로 돈을 빌리는 사람이 창업에 필요한 액수를 지정해서 공지하면 25달러 구좌를 가진 여러 명이 창업자를 지원한다. 특이한 점은 돈을 빌려준 사람은 이자를 받지 못하고 오히려 5~15%의 운영비를 헌금 형식으로 지원한다. 그리고 돈을 빌리는 사람은 이자를 지급할 필요가 없고 원금만 내면 된다. 키바는 놀라운 성장을 보이며 98%에 달하는 원금 상환율을 기록하고 있다.

키바는 돈을 한 번 지원하고 끝내는 것이 아니라 대출 상환을 통해 원금을 회수하므로 지속적으로 지원 규모를 키울 수 있다. 이러한 지원 방식은 의식주를 제공하는 기존의 구호단체와 차별화된 것이며, 창업에 의한 자립 가능성이 높아졌다. 또한 기존의 구호방식과 달리 다수의 회원들을 통해 지원 받으므로 외부 기관의 후원에 의지하지 않아도 된다.

키바는 원금을 회수하므로 지속적인 구호활동이 가능하며 후원자의 소액 지원금은 경기상황에 크게 영향 받지 않는다. 25달러의 소액으로 도움을 줄 수 있어서 향후 전 세계적으로 키바 지원이 더욱 확대될 것으로 예상된다. 키바 회원들은 개인적인 후원에서 끝나지 않고 취향이 비슷한 사람들이 그룹을 만들어 활동의 폭을 넓히고 있다.

기업이 사회공헌을 목적으로 체계적이고 장기적인 서비스를 찾는다면 키바가 가장 적합한 모델이 될 수 있다. 일시적인 도움이 아닌 실질적인 자립을 도와줄 수 있는 키바와 같은 구조가 진정한 사회공헌이라고 할 수 있다. 국내에서는 네이버의 해피빈과 같은 서비스를 통해 기부문화가 형성되고 있으며, 블로거들의 참여로 시·공간 제약이 없는 인터넷을 통한 글로벌 기부문화가 확산되고 있다.

2) 소셜 미디어를 이용한 여론조사

트위터와 같은 소셜 미디어를 활용한 여론조사가 다양한 영역에서 이루어지고 있다. 이에 대한 특징을 살펴보자. 소셜 미디어를 사용하면 개인적인 차원에서 간단하게 설문조사를 할 수 있다. 막대한 비용이 지출되는 여론조사 기관을 통한 여론조사를 개인적으로 저렴한 비용으로 처리할 수 있다. 또한 여론조사 기관을 이용하면 며칠이 걸려야 얻을 수 있는 결과를 트위터를 이용하면 짧은 시간에 알 수 있다. 이와 함께 소셜 미디어를 사용하면 설문에 응답하는 사람이 매우 적극적이라는 특징이 있다. 설문 의뢰인이 자신이 좋아하는 사람이고 자신이 따르는 사람이 응답을 요구하기 때문에 적극적으로 설문에 참여한다. 마지막으로 설문 결과에 왜곡이 적다는 특징이 있다. 일반적인 인터넷 설문조사가 익명으로 처리되므로 조작이 될 수 있지만 트위터는 한 계정에 한 번의 투표 기회가 주어지므로 조작의 위험이 낮다. 따라서 공정하고 객관적인 설문조사가 가능하다.

2009년 총선의 경우 트위터를 통한 여론조사의 적중률이 최고 80%를 넘었다. 페이스북을 이용한 다보스포럼에 대한 긴급 설문조사에는 20분 동안 12만명이 조사에 참여하였다. 설문조사를 위한 도구로는 트윗폴(Twtpoll), 퀄트릭스(Qualtrics), 폴유어팔로어(PollYourFollowers) 등이 있다. 이와 함께 트윗미(twitme)나 트위터 랭킹을 통해 설문조사 등 다양한 방법으로 사람들의 관심사를 파악할 수 있다.

소셜 미디어를 통한 여론조사는 의견의 왜곡 없이 실시간에 가까운 빠른 속도와 저렴한 비용으로 결과를 얻을 수 있다. 이러한 특징 때문에 정치·사회적 여론조사는 물론이고 기업의 마케팅을 위한 설문조사에서도 매우 유용하게 사용될 수 있다. 실시간으로 소비자 선호도를 알아내는 것은 기업의 경쟁력 확보에 중요한 요소이다. 여론조사나 선호도 조사뿐만 아니라 기업의 브랜드나 제품 등을 홍보하는 마케팅 전략으로 사용하게 된다면 더욱 좋은 효과를 볼 수 있다. 모바일을 통한 소셜 미디어가 활성화되어 있고 향후 더 확산될 것으로 전망된다. 따라서 소셜 미디어를 이용한 전략에서 뒤쳐진 기업은 도태될 수밖에 없을 것이다.

3) SNS 기반 공유경제, 공유소비

웹 2.0이 삶(life) 2.0으로 변화되고 있다. 삶 2.0은 SNS 기반 공유경제와 공유소비가 가능한 실물 기반의 비즈니스 혁신이라고 할 수 있다. 공유경제는 협력적 소비모델이라고도 하며, 더 많이 소유하는 것을 행복의 상징으로 생각하던 사람들이 다른 이에게 빌려 쓰고 자신의 것을 나누어 사용하자는 것이다. SNS를 기반으로 발전된 것의 예로 에어비앤비(Airbnb), 릴레이라이즈(RelayRides) 등이 있다.

에어비앤비는 전 세계 숙박 및 홈스테이를 연결하는 네트워크이며, 사진·지도·가격정보 등의 검색 기능을 제공한다. 회원들이 호텔이나 여관이 아닌 개인 아파트나 시골 별장 같은 그 지역의 문화를 경험할 수 있는 장소를 소개하는 커뮤니티이자 마켓이라고 할 수 있다. 이 사이트에서는 192개 국가 26000개 이상의 도시에서 사람들이 각자 예산에 맞게 방을 예약할 수 있다. 숙소를 예약할 때 궁금한 점은 SNS로 바로 질문할 수 있으며, 신용카드로 결재한 후 주인이 요청을 수락하면 예약이 완료된다. 숙소, 주인, 지역에 관련된 다양한 정보는 SNS를 통하여 확인할 수 있고, 질문을 통하여 회원들 간에 실시간으로 정보를 주고받을 수 있다.

릴레이라이즈는 자동차를 대여해주는 렌터카 회사라고 할 수 있다. 기존 렌터카 회사와 달리 개인이 소유한 자동차를 서로 이용할 수 있도록 연결해주는 서비스를 제공한다. 릴레이라이즈의 회원이 되면 다른 회원이 소유한 차를 사용하지 않는 시간에 빌려 쓸 수 있다. 즉, 개인 소유의 자동차를 다른 사람들과 공유할 수 있다.

에어비앤비와 릴레이라이즈는 페이스북, 트위터, 유튜브와 같은 SNS를 기반으로 서비스되고 있다. 아래 그림은 이들의 홈페이지를 나타낸 것이다.

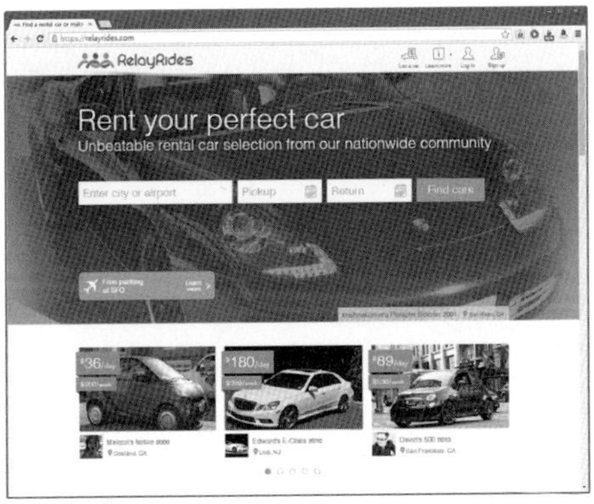

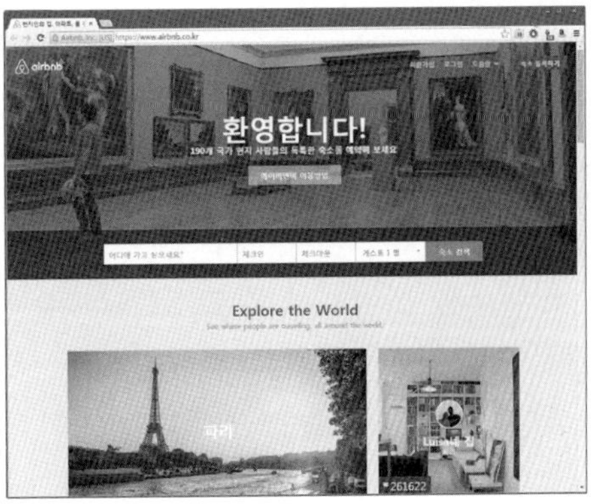

참조 에어비앤비(www.youtube.com/watch?feature=player_embedded&v=SaOFuW011G8)

참조 릴레이라이즈(www.youtube.com/watch?feature=player_embedded&v=ZuW1CicTqeg#!)

4) 트위터, 페이스북, 블로그의 결합

소셜 미디어를 활용한 성공적인 비즈니스를 위해 트위터로 물어보고, 페이스북으로 만나고, 블로그로 응답하는 형태가 새로운 모델이 될 수 있다. 트위터는 140자 이하의 단문을 주고받는 서비스이다. 짧은 만큼 강렬하고 단순하여 모바일 서비스와 성격이 잘 맞는다. SNS는 함께 하자는 사람들의 욕구를 실현시켰으며, 모바일 연동을 통해 언제나 함께 하자는 욕구가 실현된 것이다. PC나 모바일 기기에서 트위터 자체는 실시간적 성격이 강한 서비스이다. 이런 특징을 선호하고 중요하게 생각하는 사용자들의 참여와 활용이 증가함으로써 확산 속도도 빠르다. 또한 모바일 기기가 이러한 실시간성과 속도에 날개를 달아주었다. 특히 트위터만이 가지고 있는 리트윗 기능은 이런 특성을 더욱 가속화시킨다.

트위터는 메시지 전파의 통로가 되는 네트워크 구조가 매우 간단하다. 내가 구독하고자 하는 사람의 허락이 없어도 팔로우가 가능하여 그 사람의 트위터를 구독할 수 있다. 이런 특성으로 트위터는 그 어떤 SNS보다 전파 범위가 넓고 확장성이 강하다. 자신이 팔로워를 많이 가지고 있지 않더라도 전파범위가 무한대로 확산될 수 있다. 팔로워가 많은 누군가가 자신의 메시지를 리트윗하면 그 메시지는 전 세계로 전파될 수 있다.

페이스북은 구글, 유투브, 블로그 등 다양한 서비스들과의 콘텐츠 공유가 가능하다. 블로그에 올린 텍스트나 유튜브에 올린 동영상을 페이스북에 동시에 게시할 수 있다. 페이스북은 콘텐츠를 저장하는 용량 측면에서는 블로그보다 작지만 네트워킹 역량이 우수하다. 트위터가 넓은 네트워킹에 강점이 있다면 페이스북은 깊은 네트워킹에 용이하다. 상호 허락에 의해 관계를 맺기 때문에 상대적으로 신중하게 고려하는 만큼 관심도가 높고 친밀한 관계를 유지할 수 있다. 또한 서로의 게시물에 덧붙이는 댓글이나 그 댓글에 대한 댓글을 상대에게 자동으로 알려주기 때문에 지속적인 상호교류가 가능하다. 이러한 페이스북의 깊은 네트워킹은 충성도 높은 고객을 원하는 기업의 SNS 마케팅 수요에도 적합하다.

블로그는 트위터나 페이스북처럼 글자 수의 제한을 받지 않는다. 따라서 이들 서비스가 전파할 콘텐츠의 보급 창고 역할을 한다. 짧은 메시지로 트위터나 페이스북에서 일차적인 관심을 유도하고 자세한 내용은 블로그에서 확인할 수 있도록 한다. 블로그는 기본적인 콘텐츠를 바탕으로 기능 면에서도 매우 훌륭한 도구이다. 블로그는 규모만 큰 것이 아니라 여러 콘텐츠들의 체계적인 정리가 가능한 도구이다. 서비스들을 나열한 페이스북과는 달리 콘텐츠들을 메뉴별로 묶어서 관리할 수 있으며 체계적으로 정리된 콘텐츠를 보여줄 수 있다. 체계적으로 정리된 메뉴는 다른 콘텐츠의 구독을 유도하는 효과도 동시에 얻을 수 있다.

소셜 미디어의 확장으로 개인정보 유출이나 사생활 침해 같은 문제들이 발생되기도 하지만 기업 입장에서는 최적의 요소이다. 비용과 시간을 절약할 수 있는 가장 적합한 수단이기 때문이다. 소셜 미디어를 통해 기업의 더 많은 전략과 홍보들을 기대해 볼 수 있다. 소셜 미디어를 활용할 수 있는 기업이 미래의 마케팅 시장을 선도할 수 있을 것이다. 현재 SNS 시스템은 오프라인상의 단점을 보완하여 새로운 마케팅 전략으로 떠오르고 있다. 급변하는 사회에서 생존하기 위해서는 변화의 흐름을 정확히 파악해야 한다. 소셜 미디어는 향후 우리의 삶에 있어서 필수불가결한 요소라고 생각한다. 각 SNS의 장점을 정확히 분석하고 적재적소에 활용하여 가치를 창출함과 동시에 위험요소를 관리하여 경쟁력을 갖추어 나가야 한다.

2) 소셜 네트워크를 활용한 마케팅 사례

(1) 트위터를 이용한 비비큐 판매

미국에서 실직한 한인 요리사인 로이 최씨는 바베큐 판매를 위해 차를 이용한 이동식 매장을 운영하였다. 이동식으로 인해 매장 운용비용이 들지 않았고, 이 돈으로 1급 식자재에 유기농 제품을 사용하여 제품 경쟁력을 확보하였다. 그러나 이동할 다음 행선지를 단골고객에게 알릴 수 없어 고객확보에 어려움을 겪었고 이를 극복하기 위해 홍보수단으로 트위터를 선택하였다. 트위터에 다음 행선지를 올리고 이동함으로써 단골고객은 해당 장소에 미리 줄을 서서 기다릴 수 있었다. 이는 또 다른 마케팅 효과를 가져와 하루 800여 개를 판매할 정도로 매출이 상승하였고, 10만명이 넘는 팔로워를 확보하였다.

(2) 페이스북을 이용한 코카콜라 홍보

호주 청년들의 50% 정도가 코카콜라를 먹어본 적이 없다는 설문결과에 따라 코카콜라는 젊은 층을 대상으로 캠페인을 기획하였다. 호주에서 가장 일반적인 이름 150개를 선정하여 코카콜라 캔과 병에 새겨 넣어 판매하였다. 이와 함께 페이스북 팬페이지에 이름을 직접 입력하여 가상의 코카콜라 캔을 선물하거나 실제로 주문 제작해주는 작업을 추진하였다. 또한 페이스북 팬페이지에서 150개의 이름에 맞추어 작곡된 150개 노래를 다운로드 할 수 있게 하였다. 페이스북을 활용한 이러한 노력의 결과로 4%의 매출 신장을 기록하였다. 젊은 층의 경우 기존 고객층보다 7%의 매출이 증가되고, 팬페이지 이용률을 870% 증가시키는 결과를 이끌어냈다.

(3) 블로그를 이용한 정부 부처 홍보

2008년 국정홍보처가 사라지고 각 부처별 홍보로 정책이 바뀌면서 비용대비 효과가 높은 블로그를 전략적으로 채택하게 되었다. 블로그 운영 예산 편성과 전담인력 및 파워블로거의 영입을 통해 질 높은 콘텐츠를 생산하였고, 그 결과 정부기관 블로그가 파워블로그로 성장하여 낮은 비용으로 높은 홍보 효과를 얻을 수 있었다. 대표적인 예로 보건복지가족부 블로그인 따스아리와 국방부 블로그인 동고동락은 천만명이 넘는 방문자를 기록하였다.

3) 집단지성

(1) 기름유출 사건 해결

집단지성의 사전적 의미는 다수의 개체들이 모여서 발휘하는 대중의 지혜를 뜻한다. 최근에는 많은 사람들이 모여서 서로 협력하거나 경쟁하는 과정을 통해 습득하는 지적인 능력을 말하는데 집단지능이나 협업지성 등으로 표현하기도 한다. 집단지성의 특징을 잘 표현하는 말로 십시일반(十匙一飯)이란 것이 있다. 열 사람이 한 술씩 보태면 한 사람 먹을 분량이 된다는 뜻으로, 여러 사람이 힘을 합하면 어려운 일도 쉽게 해결할 수 있다는 뜻이다. 집단지성은 기업에도 많은 영향력을 주고 있다. IBM의 한 CEO는 "혼자 책상에서 밤을 새우며 연구하는 시대는 지났다. 혁신은 혼자가 아니라 여러 사람과 협동을 통해 이루어진다"라고 집단지성을 강조하였다.

집단지성을 통해 20년 동안 전문가도 해결하지 못한 기름유출 사고를 해결한 사례가 있다. 1989년 미국 알래스카에서 엑손 발데스호 사건이라 부르는 사상 최악의 기름유출 사고가 발생하였다. 그 후 20년이 지나도록 수십 척의 바지선들이 빙하 사이를 오가며 기름을 퍼 올리고 있지만 기름을 모두 수거하지는 못했다. 추운 날씨 때문에 기름이 물과 함께 얼어 분리가 어려운 것이 원인이었다. 기름유출연구소는 연구개발 포털 전문 기업인 이노센티브(InnoCentive)에 도움을 요청했고, 이후 즉시 수천 건의 아이디어가 제안되었다. 과학자는 물론 가정주부, 학생까지 다양한 의견을 제시했다. 시멘트 회사에서 근무하는 데이비스는 시멘트를 굳지 않게 하기 위해 레미콘 트럭이 계속 기계로 시멘트를 젓는 것처럼 오일도 진동기계로 자극을 주면 얼지 않을 것이라는 해법을 제시했다. 연구소는 그 제안을 받아들여 바지선에 모두 진동기계를 달아 문제를 해결하였고, 데이비스는 2만달러를 상금으로 받았다. 20년 동안 전문가도 풀지 못한 문제를 시멘트 회사의 한 근로

자가 해결한 것이다. 이와 같이 대중의 참여로 경제·사회 문제를 해결하는 시대가 열린 것이다. 이런 형태의 대표적인 사이트로 옛투닷컴(www.yet2.com)이 있다. 자신이 가진 각종 기술을 소개하고 사고파는 거래가 이루어진다. 나인시그마(NineSigma)의 경우 70만명이 전문가를 활용하여 지금까지 제시된 풀기 어려운 문제의 30%를 성공적으로 해결했다. 유어앙코어(YourEncore)는 경험이 많은 은퇴 과학자들을 활용하여 문제를 해결한다. 이처럼 사람들이 공동으로 작업을 수행하거나 문제를 해결하는 일을 소셜협업이라고 한다. 소셜협업의 특징인 집단지성의 참여는 문제해결 분야에서 큰 힘을 발휘하고 있다.

(2) 위키피디아

집단지성의 힘을 보여주는 대표적인 사례로 인터넷 사전이라 불리는 위키피디아가 있다. 위키피디아는 집단지성에 의해 만들어진 대표적인 결과물이다. 소수의 전문가들이 모여서 만드는 백과사전이 아니라 전 세계 네티즌이라면 누구나 위키피디아에 새 항목을 작성하거나 기존 항목을 수정할 수 있다. 또한 배타적인 저작권을 가지고 있지 않기 때문에 누구나 자유롭게 사용할 수 있다. 위키피디아의 장점은 많은 항목수와 빠른 정보의 갱신이다. 언제라도 누구나 참여할 수 있기 때문에 빠르게 최신 내용을 수록할 수 있다.

집단지성이 반영된 위키피디아는 짧은 기간에 세계에서 가장 방대한 백과사전으로 탄생될 수 있었으나 왜곡, 편향 등의 문제를 포함하고 있다. 또한 글에 대한 신뢰나 품질이 고르지 않다는 등의 문제가 발생하고 있다. 그러나 이런 단점에도 불구하고 집단지성을 통해 얻는 결과가 우수하여 세계 최고의 백과사전이자 가장 트래픽이 많은 사이트로 성장하고 있다.

집단지성의 특징을 가지는 소셜 미디어가 힘을 발휘하는 이유는 사람들이 많이 모일 수 있기 때문이다. 숫자가 많은 것이 오히려 약점이 될 가능성도 있다. 그러나 이러한 소셜협업이 크게 성장하는 이유 중의 하나는 느슨한 관계로 이루어진 조직화되지 않은 조직이기 때문이다. 즉, 조직되지 않은 대중들로 이루어져 있지만 끊임없는 소통을 통해 조직화된다는 것이다.

이러한 집단지성의 영향력을 잘 살릴 수 있는 분야는 기업이라고 할 수 있다. 다수가 힘을 합치면 개인의 지적능력을 합친 것보다 월등하다. 구성원들이 서로 존중하고 협력을 통해 지식교류를 활성화 한다면 기업의 경쟁력 강화와 더불어 구성원들에게도 좋은 영향을 미칠 것이다. 최근에 기업의 내부역량 한계를 극복하기 위한 방안으로 집단지성이 부각되고 있다. 조직 내 소수 전문가들로 풀기 어려운 문제들을 내·외부 참여자의 협력과 경쟁을 통해 해결할 수 있다.

(3) 꼬마선충(C. elegans) 프로젝트

꼬마선충은 다세포 생물 중 최초로 유전체 해독이 완료됐고 완벽한 세포계보지도가 완성된 생물 종이다. 단세포생물인 대장균과 효모를 제외하고 인간에 가까운 종들 중에서 가장 많은 정보를 가지고 있는 종이 꼬마선충이다. 따라서 꼬마선충의 게놈은 인간 게놈 프로젝트에 큰 영향을 주었다고 할 수 있다.

브레너는 1965년 분자생물학 연구실을 중심으로 꼬마선충의 유전자 정보를 밝히는 연구를 시작하였다. 연구원들은 아이디어를 공유하고 평등한 관계를 유지했으며 대화를 중시하고 실적 중심으로 움직였다. 지식의 공동 저장소가 커지면서 공동체는 점점 커졌으며, 그에 따라 새로운 정보를 공유하기 위해 실용적인 잡지인 '웜 브리더스 가제트'를 발행했다. 1998년에 완벽한 유전자 서열이 발표되었으며, 꼬마선충은 유전자 정보가 가장 완벽하게 파악된 생명체가 되었다.

집단지성 프로젝트의 5가지 성공원칙이 꼬마선충 프로젝트에 어떻게 적용되었는지 알아본다. '집단지성이란 무엇인가'에서 저자는 꼬마선충 프로젝트의 성공 요인으로 다음과 같은 5가지의 원칙을 제시하였다.

① 핵심의 원칙

꼬마선충 프로젝트에서 핵심은 브레너라고 할 수 있다. 그는 이 연구를 수행할 연구 인력을 구성하고 다른 연구실 사람들을 끌어들일 수 있는 추진력을 확보했다. 그리고 브레너는 많은 연구자들로 이루어진 거대한 공동체내에서 연구자들이 아이디어를 연계할 수 있는 통로를 제공하였다. 다른 사람보다 더 자발적이고 열심히 프로젝트를 이끌어 가려고 노력하였다.

② 기여의 원칙

집단지성 프로젝트가 성공하기 위해서 많은 사람들의 기여가 필요하다. 꼬마선충 프로젝트에서의 기여는 대학의 꼬마선충 연구자들과 같은 소수의 핵심 그룹에 의한 기여와 2002년 프로젝트 관련 회의에 참석한 1600명의 다수의 기여들로 완성되었다. 이런 점에서 기여의 원칙이 꼬마선충 프로젝트에 적용된 것을 알 수 있다.

③ 관계형성의 원칙

코마선충 프로젝트에 기여한 왓슨과 크릭은 각자 다른 관점을 결합하는 방법을 찾아냄으로써 DNA의 이중나선형 구조를 밝혀냈다. 크릭은 물리학과 생물학, 화학에 정통했고, 동물학을 전공한 왓슨은 바이러스를 연구하면서 DNA에 관심을 갖게 되었다. 그들은 끊임없이 열정적인 대화를 나누면서 서로의 아이디어를 포용했다.

관계를 형성하기 위해서는 다중이 만나서 자유롭게 아이디어를 교류하고 창의적인 대화를 나눌 수 있는 중립적인 공간이 필요하다. 이 프로젝트에서 관계를 형성하기 위한 공간은 간행물과 연구자 모임이라고 할 수 있다.

④ 협업의 원칙

이 프로젝트의 성공은 물론 기술 발전의 영향이 크지만 다른 성공 요인은 조직의 협업이라고 할 수 있다. 완벽한 설계도를 장인이 구현하는 것이라기보다 연구자들이 각자 자신의 연구를 지속적으로 수행하고 아이디어를 공유한 결과라고 할 수 있다. 또한 이 프로젝트에서 협업이 계속될 수 있었던 것는 브레너의 지휘와 핵심 기여자들의 덕분이었다. 브레너는 정보 공유를 위한 잡지의 발행과 회의를 통하여 위계질서와 관료제도에 의존하지 않고 많은 연구자들로 이루어진 거대한 공동체내에서 아이디어를 연계할 수 있는 통로를 제공하였다.

⑤ 창의성의 원칙

창의성은 집단지성뿐 아니라 어떤 프로젝트에서도 중요하게 여겨지는 것은 당연한 이야기이다. 창의성이 없이 과거의 지식과 단순한 관찰만으로는 세계가 현재와 같이 발전하지 못했을 것이다. 집단지성은 다중의 집단적인 창의성을 가능하게 하고, 많은 참여자들이 다양한 관점과 기술, 독립적으로 생각할 수 있는 능력과 기여에 이용할 수 있는 도구를 갖고 공통의 목적으로 단합할 때 다중의 집단적인 장의성은 번영한다. 이 프로젝트의 수행 과정에서 새로운 관점과 기술을 가진 참여자들이 다양한 아이디어를 도출하고 공유한 것은 집단적인 창의성이 발휘된 것이라고 할 수 있다.

(4) 리눅스(Linux) 프로젝트

리눅스는 집단지성 프로젝트의 성공적인 결과물이다. 리누스 토발즈(Linus Torvalds)가 컴퓨터 운영체제인 리눅스의 초판을 인터넷에 공개하였다. 토발즈는 프로그램 뿐 만 아니라 소스코드를 온라인에 공개하여 소프트웨어 개발자들이 개선방안을 제안할 수 있도록 하였다. 오픈소스는 모든 사람이 사용하고 개선할 수 있는 소프트웨어이다. 오픈소스 라이선스 규정은 아이디어와 정보의 공유를 허용해 협업에 의한 혁신을 권장한다. 토발즈의 시도는 협업적인 사고와 창의성의 조직화 가능성을 실험하는 계기가 되었다. 인터넷이 확산되고 소프트웨어가 복잡해지면서 리눅스에 대한 수요는 많아지고 점유율도 증가하였다.

2005년에 발표한 배포판의 소스코드는 2억 2900만 행이며, 소프트웨어 개발자 한 명이 6만년의 시간과 80억 달러의 비용을 들여야 개발할 수 있는 규모이다. 윈도XP의 소스코드는 약 4000만 행이다.

집단지성 프로젝트의 5가지 성공원칙이 리눅스 프로젝트에 어떻게 적용되었는지 알아본다. '집단지성이란 무엇인가'에서 저자는 리눅스 프로젝트의 성공 요인으로 다음과 같은 5가지의 원칙을 제시하였다.

① 핵심의 원칙

모든 조직에는 다른 사람들보다 더 열심히, 자발적으로 일하는 사람이 있어야 한다. 이 핵심이 없으면 조직이 꾸려질 수 없다. 토발즈가 공들여 만들어 인터넷에 공표한 핵심에서 리눅스가 시작된 것처럼, 혁신을 이루어내는 커뮤니티들은 누군가가 자신이 가진 지식을 공개함으로써 시작된다. 훌륭한 핵심은 유능한 기여자와 개발자들을 끌어들여 커뮤니티를 구성한다. 핵심은 견고하되 완벽하지 않아야 하고, 개선에 대해 개방적이어야 한다.

② 기여의 원칙

집단지성 프로젝트는 핵심의 주위에 모여드는 군중의 규모가 비약적으로 늘어날 때 성장한다. 리눅스는 400명의 핵심 프로그래머 외에도 약 15만명의 등록된 사용자들을 확보하였다. 이들은 프로그램의 사소한 오류를 지적하는 정도이지만 이런 지적은 중요한 혁신적인 노력의 출발점이 된다. 조직화된 군중은 헌신도가 높은 핵심 참모진만큼이나 중요하다. 군중이 현명하게 행동할 수 있으려면 내부에 다양한 관점과 자신의 의견을 표명할 수 있는 자신감과 독립성을 가진 구성원이 있어야 한다.

③ 관계형성의 원칙

공개 소프트웨어 리눅스의 한국형 데스크톱 및 서버용 운영체계 표준 배포판인 부요리눅스(Booyo Linux)는 국내 관련 기업과 소프트웨어 진흥원, 한국전자통신연구원이 협력하여 개발하였다. 공인인증 기관인 한국정보통신기술협회의 인증 과정을 거친 국내의 표준 리눅스 플랫폼이다. 이와 같이 리눅스는 개인뿐만 아니라 다양한 기관들이 연계하여 관계형성을 통해 탄생시킨 집단지성의 결과물이다.

④ 협업의 원칙

토발즈는 리눅스 운영체제의 핵심인 커널을 개발하였으며, 다수의 프로그래머들이 통합 운영체제의 개발과 확산에 큰 역할을 수행하였다. 예를 들면, 프리소프트웨어재단

(Free Software Foundation)을 설립한 스톨만(Richard Stallman)에 의해 리눅스는 엄청난 도약을 하게 되었다. 그는 소프트웨어는 모든 사용자들이 자유롭게 사용할 수 있어야 한다는 철학을 가지고 있다. 토발즈가 커널을 개발해 현재 리눅스 시스템에 씨를 뿌렸다면 스톨만은 그 씨가 뿌려지기 위한 환경을 개발한 사람이다.

⑤ 창의성의 원칙

리눅스 커뮤니티의 핵심에는 소규모의 유능한 프로그래머 그룹이 있고, 그 곁에는 묵묵히 모범적으로 활동하면서 이러한 그룹에 영감을 불어넣는 토발즈가 있다. 이 핵심그룹 구성원들은 아무런 대가 없이 고품질의 프로그램을 개발하는데 장시간을 투입하였다. 한편 리눅스 커뮤니티에는 엄청난 규모의 사용자와 기여자가 존재한다. 전 세계 리눅스 사용자 그룹들이 웹사이트와 게시판, 회의를 통해 새로운 아이디어를 공유한다.

생각해보기

○ '소셜 네트워크가 만드는 비즈니스 미래지도'에서 저자는 기업이 모바일 환경에서 QR코드나 RFID를 적용할 수 있는 예를 아래와 같이 소개하였다. 아래 내용을 참조하여 비즈니스를 위해 기업에서 QR코드나 RFID를 활용하여 성공한 사례를 조사하고 발표해보자.

① 사례 1

- 코엑스의 쇼핑몰은 지하라서 GPS가 안되는데, 어떻게 현재 위치와 주변 상점정보를 소비자들에게 제공할 수 있나?

- QR코드를 출력해 코엑스 지하상가나 벽에 붙여놓으면 된다. 2차원 바코드인 QR코드를 이용하면 몇천 자의 정보를 제공하거나, 해당 지역정보를 제공하는 인터넷 페이지로 접속을 유도할 수 있다.

② 사례 2

- 파일 형태의 전자책이나 웹진 말고 종이잡지의 인쇄비를 줄이면서 종이잡지의 효과를 얻을 수 있는 방법은 무엇이 있나?

- 잡지 내용 소개만 종이로 인쇄해 팔고, 잡지 안에 RFID 칩을 넣어서 RFID를 통해 접속한 모바일이나 웹 화면으로 남은 내용을 추가로 제공하도록 한다.

✤ '생각해보기'에 대한 글쓰기 및 발표

의견정리

참고자료

연습문제

01. 페이스북이 성공한 기업으로 성장하게 된 요인이 무엇인지 설명하라.

02. 웹 2.0 환경에서 SNS을 기반으로 하는 공유경제의 의미를 설명하라.

03. 파워블로그가 어떤 것인지 예를 들어 설명하라.

04. SNS가 에어비앤비(Airbnb)의 성공에 어떤 역할을 하였는지 설명하라.

05. SNS가 릴레이라이즈(RelayRides)의 성공에 어떤 역할을 하였는지 설명하라.

06. SNS를 선거에 활용하여 성공한 사례를 조사하고, 성공 요인이 무엇인지 설명하라.

07. 집단지성과 연계하여 아래 그림의 의미를 설명하라.

08. 집단지성을 마케팅에 적용하여 사업에 성공한 사례를 조사하라.

09. 정부차원에서 집단지성을 정책에 적용하는 방안을 예를 들어 설명하라.

10. 위키피디아에 접속하여 '집단지성'을 검색하고 다른 인터넷 검색 사이트의 검색 결과와 비교하라.

11. '키바'와 같이 SNS를 이용하여 구호 서비스를 지원하는 단체들의 SNS 활용 방법을 조사하라.

12. 이노센티브(InnoCentive)의 역할이 무엇인지 성공 사례를 들어 설명하라.

13. 옛투닷컴(www.yet2.com)의 역할이 무엇인지 성공 사례를 들어 설명하라.

14. 나인시그마(NineSigma)의 역할이 무엇인지 성공 사례를 들어 설명하라.

15. 유어앙코르(YourEncore)의 역할이 무엇인지 성공 사례를 들어 설명하라.

16. 세컨드라이프(secondlife.com)에서 가상경제의 실패 원인이 무엇인지 설명하라.

17. 위치기반 소셜 네트워크를 사업에 적용하여 성공한 사례를 조사하라.

18. 기업이 여론조사를 통하여 빠른 시간에 신상품에 대한 고객의 반응을 파악하고자 한다. SNS를 이용하여 여론조사를 시행하는 시나리오를 작성하라.

실습과제

01. 링크드인에 회원으로 가입하고, 링크드인에서 제공하는 '채용 솔루션'의 기능이 무엇인지 설명하라.

02. 플릭커(flickr) 홈페이지에서 회원으로 가입하고, 관심 있는 사진을 찾아 꼬리표를 작성하라.

03. 고용노동부에서 개설한 워크넷(worknet) 홈페이지(www.work.go.kr)에 회원으로 가입하고, 취업 희망 직종의 채용 현황을 파악하라.

제3부
소셜 미디어

CHAPTER 08

페이스북과 트위터 활용

CHAPTER 08

페이스북과 트위터 활용

학습목표

- ✤ 페이스북에 회원으로 가입하고 주요 기능을 사용할 수 있다.
- ✤ 트위터에 회원으로 가입하고 주요 기능을 사용할 수 있다.
- ✤ 페이스북의 성공 요인이 무엇인지 설명할 수 있다.
- ✤ 트위터의 성공 요인이 무엇인지 설명할 수 있다.
- ✤ 페이스북에서 주요 기능이 무엇인지 설명할 수 있다.
- ✤ 트위터에서 주요 기능이 무엇인지 설명할 수 있다.

8.1 페이스북과 트위터 소개

1) 페이스북

페이스북의 창업자 마크 주커버그(Mark Zuckerberg)는 하버드 대학에 입학한 후, '페이스매쉬'라는 다소 비윤리적인 사이트를 만들어 공개하였다. 기숙사의 여학생 사진을 해킹해서 이상형 월드컵과 같은 사이트를 만들었으며, 하루에 2만명이 넘는 많은 접속으로 대학 서버가 다운되었다. 페이스매쉬 사건으로 이름이 알려진 주커버그는 이어서 미래 최고의 플랫폼이 될 '더 페이스북'(The facebook)을 만들었다. 이것은 페이스매쉬 개발을 통해 제작된 코드와 기술력이 축척된 결과로 가능한 것이었다. 페이스북이 하버드에서 개설되자 수천명이 가입하였고, 이러한 현상은 다른 대학으로 확대되었다. 페이스북은 냅스터(Napster)를 개발했던 숀 파커(Sean Parker)를 영입하면서 본격적인 IT기업의 면모를 갖추게 되었다. 파커의 비즈니스로 페이스북은 거대한 투자자를 만나게 되고, 전 세계로 영향력이 확대되었다.

2) 트위터

트위터의 창시자인 에반 윌리엄스(Evan Williams), 비즈 스턴(Biz Stone), 잭 도시(Jack Dorsey)는 기존 플랫폼 개발에 어려움이 발생하자 휴식을 위해 휴가를 갖는다. 이 기간에 재미삼아 만든 내부 연락망이 트위터의 시초가 되었다. 인터넷 기반의 메시징 서비스 구현을 목표로 하였고, 아이디어가 나온 후 두 달 만에 트위터의 베타 버전이 탄생했다. 그리고 2006년 트위터는 정식 서비스를 시작하였다.

트위터는 초기에 소수의 사용자들만이 참여하고 크게 관심을 끌지 못하였다. 소모적인 이야기를 주고받는 것으로 생각되던 트위터에게 반전의 기회가 찾아왔다. 2007년에 개최된 SXSW(South by South West)라는 음악 축제에 트위터가 소개되었다. 이 기간 동안 사람들이 행사와 관련하여 주고받은 트위터 내용들이 대형 전광판을 통해 광고되었다. 이것이 IT 뉴스 사이트에 보도되면서 트위터가 대중에게 다가갈 수 있는 기회가 되었다. 이후 미국 대통령 선거, 허드슨 강 비행기 불시착 보도 등을 통해 속보를 제공해 줄 수 있는 미디어 채널로써의 역할이 부각되면서 급속히 성장하였다.

3) 페이스북, 트위터의 현황

2012년 eMarketer 자료에 따르면, 페이스북 가입자 수는 2012년에 8억4,000만 명 정도이며, 2013년에 10억 명 이상을 기록하며 성장하였다. 2012년에 페이스북은 74개국 언어를 지원하였으며, 미국인이 아닌 해외 사용자가 70%를 차지하고 있다. 7000만 명의 사용자가 외부의 '페이스북 커넥트'를 통해 접속하고 있으며, 전 세계에서 1억 명이 넘는 사용자가 모바일 기기로 페이스북에 접속하고 있다. 페이스북은 콘텐츠 확보 비용을 최소화하고 플랫폼의 역할에 충실함으로써 구글, 야후 등 다른 포털 업체보다 높은 수익성을 유지하였다.

트위터 사용자는 2012년 6월에 5억 명을 넘어섰다. 트위터 인구가 가장 많은 나라는 미국(1억4,000만 명)이며, 브라질(4천100만 명), 일본(3천500만 명)이 뒤를 잇고 있다. 트윗 수의 집계에서는 미국이 전체 트윗의 25.8%를 차지하여 1위이며, 2위는 일본(10.6%)이다.

페이스북과 트위터는 세계 SNS 시장을 이끌고 있는 가장 큰 기업들이다. 같은 목적을 갖고 있지만 각자의 개성을 살려 소셜 네트워크 시장을 주도하고 있다. 페이스북은 온라인에서 인간관계에 대한 인식을 강조하여 사용자의 관심을 이끌어냈으며, 오픈 플랫폼 정책을 바탕으로 다양한 애플리케이션과의 연동을 통해 사용자에게 편의성을 제공하였다. 반면에 트위터는 간단하고 편리한 기능을 바탕으로 정보의 파급성과 공개성에 초점을 맞추었다. 많은 사람들이 쉽게 정보를 얻고 공유할 수 있다는 것이 트위터의 최대 장점이다.

4) 페이스북, 트위터의 성공비결

페이스북은 쌍방향 구조를 가진다. 페이스북은 이전에 많이 사용하던 블로그나 카페, 트위터, 유튜브와는 완전히 다른 구조를 가지고 있다. 무엇보다 이들 서비스는 대체적으로 단방향 구조이지만 페이스북은 본질적으로 쌍방향 구조를 추구한다. 페이스북에서 친구가 되려면 자신이 사귀고 싶은 친구를 전 세계 사용자들 중에서 선택한 뒤 먼저 상대방에게 '친구 신청'을 해야 한다. 그 요청을 받은 상대방이 나를 '친구로 승낙'해야 친구관계가 성립되며, 정보 교환과 관심사에 대한 대화도 가능해진다. 우리나라의 대표적인 미니홈피 서비스인 '싸이월드'도 이와 같은 형태로 구성되어 있다.

페이스북은 2007년에 'F8 플랫폼'이라는 API를 개발해 공개함으로써 오픈 플랫폼 정책을 도입했다. 이것은 소프트웨어 개발업체가 페이스북과 연동되는 애플리케이션을 개발할 수 있도록 보장하는 것이다. 서비스사와 개발사 사이에 상호 공존하는 수익모델의 기초를 제공한 것이다. 이러한 개방 정책에 힘입어 현재 페이스북용 애플리케이션은 60만개 정도이며, 100만명 이상의 개발자들이 아웃소싱을 맡는 협력 관계가 형성되었다. 매일 수백 개의 페이스북용 애플리케이션이 개발되어 제공된다. 페이스북은 개발자들의 동의를 얻어 다양한 애플리케이션을 무료로 제공하고, 개발업체는 '페이스북 커넥트' 서비스를 통해 사용자들을 대상으로 수익 모델을 창출할 수 있다. '개방, 공유, 참여'라는 인터넷 환경 변화를 잘 적용한 모델이 시장지배력의 강화로 연결된 것이다.

트위터의 성공비결을 알아보자. 트위터를 만든 이유는 친구들에게 자신의 현 상황을 짧은 글로 알리기 위해서였다. 전화나 메신저 대용으로 간단하게 만든 것이었으나 의외의 성공을 거두면서 현재는 세계적인 SNS로 성장하였다. 트위터의 가장 큰 성공 요인은 신세대의 특성을 잘 반영한 것에서 찾을 수 있다. 젊은 세대는 장문의 글을 읽거나 쓰는데 스트레스를 느끼는 경향이 있다. 최대한 짧고 빠르게 의사를 전달하는데 익숙하기 때문이다. 이러한 세대의 감각에 맞춰 그들의 성향에 맞는 서비스를 제공한다. 스마트폰과 같은 모바일 기기의 확산은 트위터가 성장하는데 큰 역할을 하였다. 스마트폰과 같은 모바일 기기는 짧은 내용을 빠르게 전달할 수 있는 최적의 기기이다.

정보의 파급성과 공개성은 트위터의 중요한 특징이다. 리트윗은 트위터 사용자가 쓴 트윗을 자신이 인용해 다시 게시하는 것이다. 만약 5명의 구독자를 가진 사람이 다른 사용자의 글을 리트윗 하면 5명의 구독자에게 전달되어 파급효과가 크다. 게시 내용을 받은 5명의 구독자가 각각 5명의 구독자에게 이를 리트윗 한다면 순식간에 30명에게 게시 내용이 전달된다. 이와 같이 빠르고 편리하게 정보를 공유할 수 있는 파급성이 트위터 성공의 중요한 요인이다. SNS를 이용하여 여론 동향을 분석하는 자료는 대부분 트위터 상의 데이터이다. 페이스북에 비해 개방적인 트위터는 이용자들의 행태 데이터를 API를 통해 공개한다. 그래서 관심을 가진 사람이면 누구나 이러한 데이터를 사용할 수 있다. 이와 같은 공개성이 사용자의 접촉을 늘리고 관심을 이끌어낸 것이다.

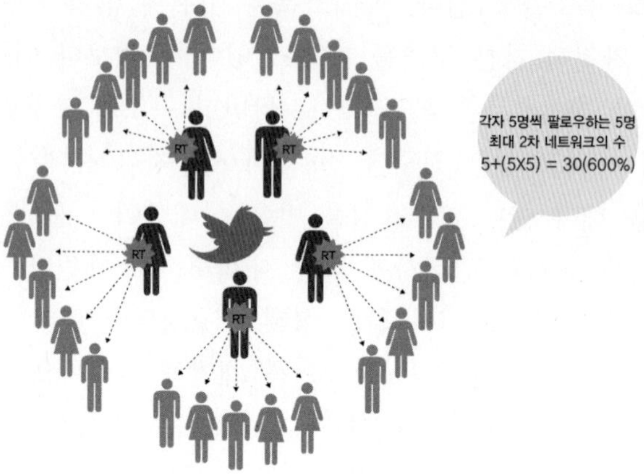

페이스북과 트위터의 주된 성공 요인은 다르지만 공통된 성공 요인도 존재한다. 대표적인 예가 개인의 의사 전달에 있어 시간적·공간적 제약성이 감소되었다는 것이다. 과거에는 사람들이 소통하는 데 시간과 공간의 제약이 존재하였다. 하지만 소셜 네트워크가 발전하고 모바일 시장이 확대되면서 이러한 제약이 대부분 제거되었다. 소셜 네트워크를 통해 언제 어디서나 자신의 정보를 알릴 수 있고 상대방의 정보도 얻을 수 있는 새로운 시대에 살게 되었다.

8.2 페이스북과 트위터 활용하기

1) 페이스북의 개요

① 주소 : www.facebook.com
② 페이스북을 시작하려면 기본정보, 사진 등 개인의 프로필을 작성해야 한다.
③ '사용자 지정 개인 정보'를 통해 내가 쓴 글의 공개수준을 결정할 수 있다.
④ 친구 찾기, 사람 찾기 등을 통해서 친구 요청을 할 수 있다. 친구 관계가 설정되어야 상대방이 올린 글을 받아볼 수 있다.
⑤ 글은 담벼락에 작성하며, 사진을 등록할 수 있다.
⑥ 친구가 올린 사진은 담벼락이나 메뉴에서 볼 수 있고, 사진첩에 공유 설정을 하면 댓글을 입력할 수 있다.
⑦ 친구와 쪽지를 주고받을 수 있다.

⑧ 이벤트와 그룹을 만들고 참가할 수 있다.

⑨ '페이스북 커넥트'를 활용한 다양한 애플리케이션을 제공한다.

참조 페이스북(www.youtube.com/watch?v=kKKff6kEPhg&feature=relmfu)

2) 페이스북의 활용

(1) 페이스북의 시작

- 페이스북에 접속하고, 필수사항을 입력한 후 [가입하기] 버튼을 클릭한다. 페이스북에 자신의 계정이 만들어진다. 아래 그림은 필수사항 입력화면과 페이스북 초기화면을 나타낸 것이다.

(2) 친구 신청, 승인, 삭제

- [친구 찾기] : 출신지, 거주지, 고등학교 등 지연과 학연으로 친구를 추천받아 친구를 추가할 수 있다.
- 상대방으로부터 [친구 요청]이 들어왔을 때 본인이 친구 관계를 맺을지 거부할지를 결정할 수 있다.
- 페이스북에서 더 이상 친구 관계를 원하지 않을 경우 친구 목록에서 제외시킬 수 있다.

(3) 페이스북의 주요 기능

① 담벼락(타임라인)에 글 올리기

본인의 담벼락 또는 친구의 담벼락에 글을 남길 수 있다. 글을 게시하면 친구관계로 설정된 사람들이 뉴스피드로 볼 수 있다.

② 개인 페이지에 '친구리스트, 사진, 지도, 좋아요' 정보를 표시한다.

- 친구 : 친구 요청 및 승인으로 등록된 친구 정보를 나타낸다.
- 사진 : 개인이 올린 사진첩의 사진 및 태그된 사진이 표시된다.
- 지도 : 글 및 사진을 등록할 때 있었던 지역을 표시한다.
- 좋아요 : 본인 및 친구가 올린 글이 마음에 들면 '좋아요'를 클릭하면 된다. '좋아요'가 클릭된 글은 다른 친구의 뉴스피드에 표시되기도 한다.

③ 아래 그림은 타임라인으로 설정된 페이스북 개인 페이지이다. 프로필 사진을 등록할 수 있고, 대문 사진도 등록할 수 있다.

- 친구가 남긴 글이 뉴스피드에 표시되면 '좋아요', '댓글 달기', '공유하기'를 할 수 있다.
- 댓글을 남기면 친구의 뉴스피드에 활동사항이 표시된다.
- '공유하기'는 친구들과 정보를 공유하고 싶을 때 사용한다.
- [메시지 주고받기] : 친구끼리 비공개 정보를 나누고 싶을 때 사용할 수 있다.
- [그룹 생성] : 같은 취미나 생각을 가진 사람들끼리 모여 정보를 교환할 수 있다.

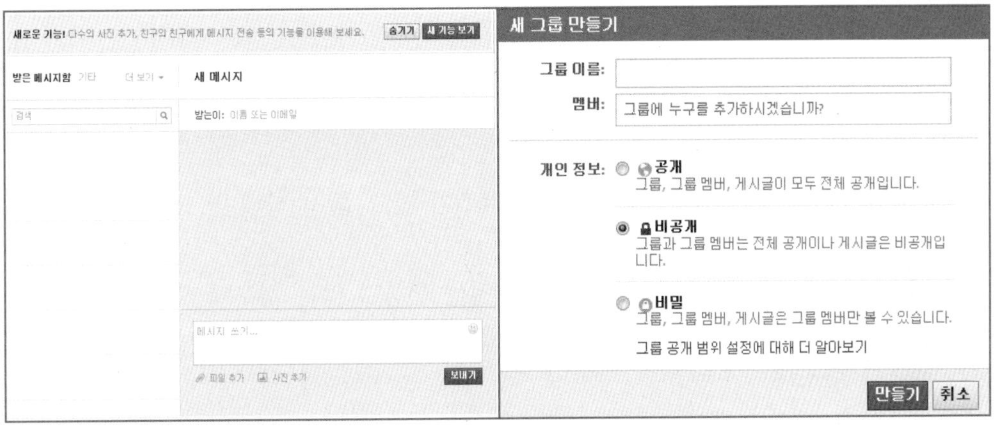

④ '앱'의 활용

- '페이스북 커넥트'를 활용한 다양한 애플리케이션들이 제공된다.
- 검색을 통해 원하는 애플리케이션으로 찾아가 '사용허가' 또는 '모바일 전송'을 통해 사용할 수 있다.

⑤ 정보의 공개 수준 설정

▸ [홈]-[공개 범위 설정] : 게시물에 대해 공개 범위를 설정하고 관리할 수 있다.

3) 트위터의 개요

① 주소 : 홈페이지 주소는 twitter.com이고, 사용자의 주소는 @ID로 표기한다.

② 트윗 : 자신이 원하는 글을 쓰고 알리는 것을 말한다.

③ 팔로잉 : 자신이 관심을 갖는 사람이 쓴 트윗을 받아보는 것을 말한다.

④ 팔로워 : 나의 글에 관심을 가지고 받아보는 사람을 말한다.

⑤ 트위터는 특정 사람을 팔로잉하면 그 사람이 올린 글을 받아볼 수 있다. 또한 나를 누군가가 팔로잉하면 그 사람은 내 글을 받아보게 된다. 또한 각 글에 대한 답글도 달 수 있다.

⑥ 다이렉트 메시지(쪽지) : 모두에게 보여주지 않고 특정 상대만 보도록 하는 비밀스런 글을 쓸 때 사용한다.

⑦ 블록 : 특정 상대가 내 글을 구독하는 것을 원하지 않는 경우에 사용하는 기능이다.

⑧ 해시태그 : 검색을 돕거나 특정 주제에 관한 글을 모으기 위해 사용되는 키워드나 태그를 말한다.

⑨ 리트윗 : 트위터 사용자가 쓴 트윗을 내가 인용해 다시 게시하는 행위를 말한다.

참조 트위터(www.youtube.com/watch?v=Xe0IX0CyAuc&feature=relmfu)

4) 트위터의 활용

(1) 트위터 시작하기

① 계정 만들기 : 트위터에 접속하여 필수사항을 입력한 후 [트위터에 가입하세요] 버튼을 클릭한다.

(2) 트위터의 주요 기능

① 트윗, 팔로잉, 팔로워, 리트윗

- 트윗 : 자신이 원하는 글을 쓰고 알리는 것을 말한다.
- 팔로잉 : 자신이 관심을 갖는 사람이 쓴 트윗을 받아보는 것을 말한다.
- 팔로워 : 나의 글에 관심을 가지고 받아보는 사람을 말한다.
- 리트윗 : 트위터 사용자가 쓴 '트윗'을 내가 인용해 다시 게시하는 행위를 말한다.

② 업데이트 창 : 트위터는 특정 사람을 팔로잉하면 그 사람이 올린 글을 받아볼 수 있다. 나를 누군가가 팔로잉하면 그 사람은 내 글을 받아보게 된다.

③ 트윗 작성창 : '트윗'을 작성할 수 있다. 글 또는 사진을 담을 수 있으며, 위치정보도 포함시킬 수 있다.

- 다이렉트 메시지(쪽지) : 모두에게 보여주지 않고 특정 상대만 보아야 하는 비밀스런 글을 주고받는 경우에 사용한다.
- 해시태그 : 검색을 돕거나 특정 주제에 관한 글을 모으기 위해 사용되는 키워드나 태그를 말한다. 예를 들면, 검색창에 '#infoedu'라고 입력하면 'infoedu'와 관련된 인기 있는 사진, 동영상, 트윗을 볼 수 있다.

▸ 팔로잉 : '팔로잉'을 관리하기 위한 메뉴이다. 해당하는 사람에게 '트윗'으로 글을 보낼 수 있고, '트윗'을 차단할 수 있다. 또한 '리트윗'을 하지 않게 막아놓을 수도 있다.

▸ 팔로워 : '팔로워'를 관리하기 위한 메뉴이다. 특징으로는 쪽지를 보낼 수 있으며, 불가피할 경우 '블록'을 할 수 있다.

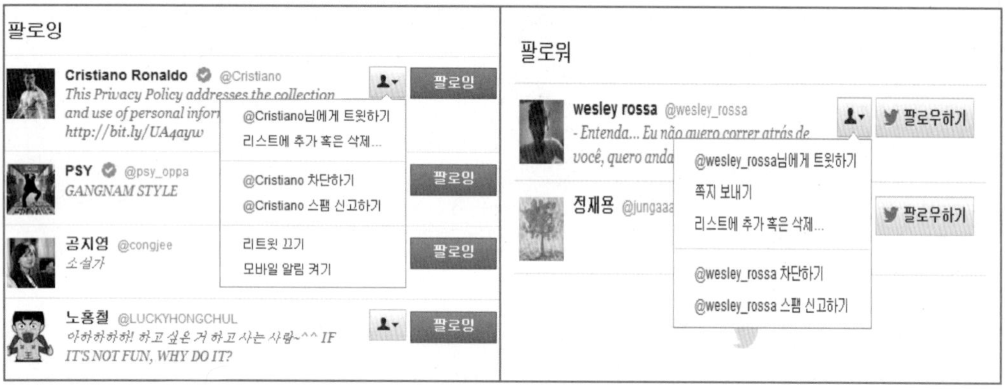

트위터는 사용자의 편의를 위한 다양한 기능을 제공한다. 축약 URL 링크로 긴 원문과 연결하여 140자 이상의 글을 쓸 수 있고, 한글을 사용한 해시태그와 검색이 가능하다. 트위터의 써드파티 서비스을 사용하면 신뢰할 수 있는 사이트와 트위터 계정을 공유할 수 있다. 예를 들어, 트윗픽(twitpic.com)은 트위터 사용자가 트위터 ID와 연동해서 사진을 공유하는 서비스이며, 휴대폰으로 찍은 사진을 올리고 공유할 수 있다. 트위터의 주소 축약 서비스는 인터넷 주소를 줄여주는 서비스이다. 주소 축약 서비스인 비트리(bit.ly)는 링크할 문서 주소를 복사하여 비트리 사이트에서 원문 주소란에 붙여넣기 한 후 우측의 'shorten' 아이콘을 누르면 된다.

생각해보기

○ 아래 글은 스마트폰 중독자의 하루 일과를 보여주는 내용이다. 아래 글을 읽고 휴대폰, 페이스북, 트위터 등의 바른 사용법에 대해 생각해보자.

- 6시 : 눈을 다 뜨기도 전인 6시에 스마트폰을 잡는다. 중요한 이메일이 왔는지 확인해본다. 하지만 이 시간에 오는 중요 메일이라고는 그루폰이나 리빙소셜 등에서 보내는 광고들이다. 다시 잠든다.
- 6시 50분 : 알람을 끄고 스마트폰을 들어 중요한 메일이 왔는지 다시 확인한다. 페이스북과 트위터도 확인한다. 밤새 뭔가 재미있는 일은 없었는지 살펴보면서 슬슬 잠에서 깬다.
- 7시 30분 : 출근하기 위해 집을 나선다. 그리고 스마트폰을 챙겼는지 확인한다. 자동차 열쇠나, 지갑을 깜박할 때는 괜찮지만 스마트폰을 잊어버릴 때면, 눈앞이 깜깜해지는 느낌이다. 다시 스마트폰을 챙겼는지 확인하고, 운전하기 전에 마지막으로 트위터와 이메일을 확인한다.
- 7시 50분 : 운전을 하고 있다. 왠지 진동이 울린 것 같은데, 내 착각인가? 중요한 전화면 어쩌지? 10분 정도는 더 기다려주겠지? 바보 같은 소리로 들을지 모르겠지만, 문자나 이메일의 중요 정도에 따라서 진동이 다른 강도로 울려졌으면 좋겠다.
- 8시 : 직장에 도착해서 정오까지 업무를 본다. 어떤 애플리케이션에 대한 편지들이 왔는지 살펴본다. 이 와중에 15분마다 새로 들어온 메일은 없는지 개인 메일함을 확인한다. 또 페이스북에 새로운 메시지는 도착하지 않았는지 알림을 확인한다.
- 12시 : 오후 1시까지는 점심시간이다. 아마 여러분들도 밥을 먹으면서 새로운 메시지는 없는지 스마트폰을 확인하고 있을 것이다. 그렇지 않은가?
- 13시 : 스마트폰을 주머니 안에 넣고 다시 일에 집중한다. 어라, 잠깐? 지금 방금 내 스마트폰이 진동하지 않았나? 왠지 진동을 느낀 것 같다. 스마트폰을 꺼내서 확인한다. 도착한 새로운 메시지나 이메일이 없다. 이상한 일이다. 분명 진동을 느꼈는데 말이다. 이후 1시간 반 간격으로 이와 같은 일이 반복되면서 스마트폰을 6번이나 더 확인했다. 왠지 스마트폰이 내 뇌로 '나 진동하고 있어' 등의 신호를 보내는 것 같은 느낌이다.
- 17시 : 퇴근하고 집에서도 스마트폰으로 이메일과 트위터를 확인했다. 이렇게 계속 확인할 필요가 없음에도 불구하고, 계속해서 이런 행동이 반복된다. 야구 경기를 관람하면서도 수시로 이메일과 트위터를 확인했다. 심야에는 노트북으로 페이스북을 확인했다. 노트북으로는 페이스북을 둘러보면서 동시에 거의 본능적으로, 스마트폰으로도 페이스북을 확인했다. 머릿속으로는 내가 무슨 짓을 하는지 알면서도 스마트폰으로 브라우저를 들어가 살펴보는 것을 멈추지 않았다.

❖ '생각해보기'에 대한 글쓰기 및 발표

의견정리

참고자료

연습문제

01. 페이스북에 회원으로 가입하고, 담벼락에 글을 작성하라.

02. 페이스북이 성공하게 된 중요한 요인이 무엇인지 설명하라.

03. '페이스북 커넥터'의 용도를 사례를 들어 설명하라.

04. 페이스북에 사진을 등록하고 친구와 공유하는 댓글을 달아보라.

05. 페이스북에서 친구 초대, 친구 요청 수락 기능을 실습하라.

06. 트위터에서 사용되는 트윗, 리트윗, 팔로잉, 팔로워의 의미를 설명하라.

07. 트위터에 회원으로 가입하고, 트윗, 리트윗 기능을 수행하라.

08. 트위터에서 리트윗 기능을 시연하고, 그에 따른 파급성을 확인하라.

09. 트위터에서 '해시태그'를 사용하여 자료를 검색하고, 검색 시 어떤 효과가 있는지 설명하라.

10. 아래 표는 SNS를 폐쇄형, 개방형, 마이크로블로그의 형태로 분류하고 특징을 나열한 것이다. 각각의 특징이 해당 '참조 사이트'에서 어떤 형태로 구현되었는지 설명하라.

	폐쇄형	개방형	마이크로블로그
참조 사이트	페이스북	블로그	트위터
제한	320자	없음	140자
관계	친구, 팬	구독자, 이웃	팔로워
콘텐츠 유통	좋아요	엮인 글, 추천, RSS	RT
특징	· 친구들과 보다 친밀한 커뮤니티 형성 · 추천 한 번으로 정보를 친구들과 공유 · 그룹지정을 통한 효과적인 친구관리 · 전문적인 내용은 팬 페이지를 만들어 공유 · 링크를 통해 정보 제시. 간단한 편집 가능	· 주제에 따른 글과 사진 업로드가 용이함 · 댓글을 통한 커뮤니케이션 · 메뉴 및 화면 구성의 자유로운 변경 · 키워드를 통해 검색에 가장 많이 노출 됨 · 높은 노출 지속력 · 목록과 카테고리로 콘텐츠 검색이 용이함	· 짧은 글과 링크를 통한 정보 게시 · 타임라인에서 실시간 소통 가능 · 팔로우를 통해 자신의 생각을 동시에 다수에게 전달 · 유용한 정보를 다른 사람과 쉽게 공유

실습과제

01. 페이스북에 회원으로 가입하고, 본문에 있는 그림과 동일한 화면들을 자신의 계정에서 캡쳐하라.

02. 트위터에 회원으로 가입하고, 본문에 있는 그림과 동일한 화면들을 자신의 계정에서 캡쳐하라.

제4부
애플의 신기술과 스티브 잡스

CHAPTER 09

애플의 성장과 신기술

CHAPTER 09

애플의 성장과 신기술

학습목표

- ✤ 애플의 성장 과정을 설명할 수 있다.
- ✤ 애플의 주요 제품과 적용기술을 예를 들어 설명할 수 있다.
- ✤ 애플의 상징과 기업문화의 특징을 설명할 수 있다.
- ✤ 매킨토시와 넥스트의 탄생 과정을 설명할 수 있다.
- ✤ 영화 〈토이 스토리〉에 적용된 그래픽과 애니메이션 기술을 설명할 수 있다.
- ✤ 애플 스토어와 아이튠즈 스토어의 기능을 설명할 수 있다.
- ✤ 아이클라우드의 서비스 형태와 특징을 설명할 수 있다.

9.1 애플의 성장 과정

1) 애플의 현황

애플은 1997년 스티브 잡스(Steve Jobs)와 스티브 워즈니악(Steve Wozniak)이 설립한 컴퓨터 회사에서 시작되었다. 최초의 개인용 컴퓨터인 애플 I 을 출시하고 이어서 애플 II, 매킨토시 등을 출시하였다. 그리고 현재 애플은 맥북, 아이맥, 아이팟, 아이폰, 아이패드, 애플 TV 등 컴퓨터 이외 다양한 IT기기들을 개발하고 있으며, 소프트웨어 분야에서는 아이튠즈 스토어, 애플 앱스토어를 운영하고 있다. 애플은 회사를 설립하면서 'Think different', 'User friendly'를 기업 이념으로 사용하였다. 먼저 Think different는 1997년 광고 카피에서 "세상을 바꿀 수 있다고 생각할 만큼 미친 사람들이 결국 세상을 바꾸는 사람들이다"라는 의미로 애플이라는 브랜드의 철학이자 신념이었다. 이것은 교육계와 사회로 그 가치가 전파될 정도로 큰 관심을 일으키게 되었다. '사용하기 쉬운'이라는 뜻을 갖는 User friendly는 누구나 사용하기 쉽고, 이해하기 쉬우며, 쉽게 친숙해질 수 있다는 등의 의미를 총체적으로 포함하는 개념이다.

애플 본사는 미국 캘리포니아 북부 실리콘밸리에 위치하고 있다. 애플의 주가 추이는 미국 기업 사상 최고 시가 총액을 기록하였다. 애플은 뉴욕증시에서 사상 처음 주당 660

달러를 돌파하며 시가총액 6230억 달러를 기록하였다. 아래 그림은 애플의 주가를 다른 IT 기업들과 비교하여 나타낸 것이다. 2012년 하반기 아이폰 5의 200만대 선주문으로 약 1조 5400억원의 이익이 발생하였다.

애플의 주가 추이(2012년 8월 현재)

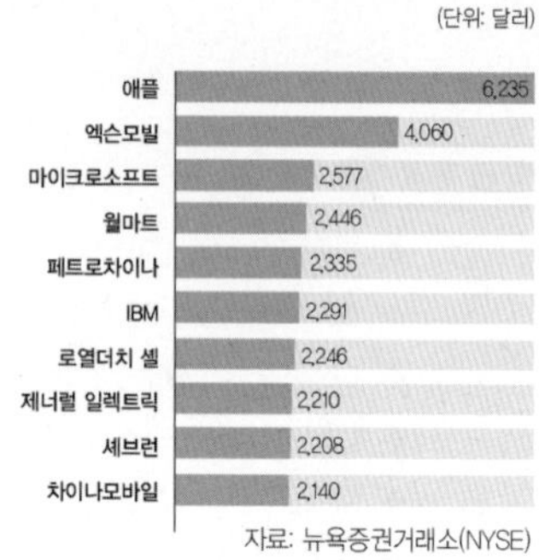

시가총액 상위 기업(2012년 8월 현재)

애플의 최고 경영자였던 스티브 잡스(Steve Jobs)는 전 세계 첨단 IT 기술과 벤처 기업 문화의 아이콘이었다. 잡스는 2010년도 타임지가 선정한 '세계에서 가장 영향력 있는 100인'에서 11위를 기록하였다. 잡스는 1955년에 미국 샌프란시스코에서 출생하여 2011년 10월에 사망하였다. 잡스는 스티브 워즈니악(Steve Wozniak)과 애플 컴퓨터를 창립하였고, 타고난 설득력과 협상력을 가지고 있었다. 자신이 영입한 존 스컬리((John Scully)에 의해 회사에서 쫓겨난 후 넥스트를 창립하였으나 실패하였으며, 3D 애니메이션 스튜디오인 픽사로 재기하였다. 픽사에서는 토이스토리, 벅스라이프, 인크레더블 등 애니메이션 영화로 세계를 놀라게 하였다. 1997년 애플 CEO로 다시 복귀하였으며, 2005년도에 스탠포드 대학 졸업식 축사에서 유명한 연설문을 남겼다. 애플의 성장 동력은 스티브 잡스가 늘 강조하던 '혁신'이었다.

2) 애플의 제품

애플에서 개발한 제품과 기술에 대해 알아보자. 애플은 1976년에 최초의 개인용 컴퓨터인 애플 I 을 출시하였으며 200대 정도 소량이 생산되었다. 오늘의 애플을 있게 한 원동력이라고 할 수 있다. 애플은 1977년에 애플 II 를 출시하였다. 컬러 그래픽을 구현하고 플로피 디스크 드라이브로 차별화를 두었으며, 당시 가장 인기 있는 컴퓨터였다. 최초의 애플 계약 거래는 50대를 대당 500달러로 주문을 받아 거래가 성사되었다. 창립 초기인 70년대 말에서 80년대 초에 애플은 제품을 성공적으로 판매하여 성장 가능성을 확인하고 다른 하드웨어와 소프트웨어 시장에도 참여하기 시작하였다.

애플은 1984년에 매킨토시를 출시하였다. 미국의 슈퍼볼 경기 시즌에 'IBM을 빅브라더로 보고 이를 타도하는 매킨토시는 영웅'의 내용으로 매킨토시를 광고하였다. 매킨토시가 성공하게 되었던 이유는 훌륭한 인쇄 품질의 레이저 라이터와 페이지 메이커의 출시 때문이었다. 그러나 부족한 소프트웨어로 인해 판매가 부진하였다.

애플은 1998년에 아이맥을 출시하였다. 매킨토시의 일체형 버전으로써 혁신적이고 현대적인 디자인과 화려한 색상이 특징이다. 80만대 가량이 판매된 기록을 세워 애플이 위기를 모면하게 되었다.

애플1 애플2 매킨토시 아이맥

애플은 2000년대에 들어와 이전과 다른 IT기기를 개발하고 판매하였다. 2001년에 아이팟, 2007년에 아이폰, 2010년에 아이패드를 출시하였다. 아이팟은 전형적인 MP3이면서 단순한 음악 재생기기가 아니라 디지털 뮤지션으로 변화하였다. 아이팟이 판매에 성공할 수 있었던 것은 성숙된 시장과 그에 따른 IT기기의 부족이었으며, 애플이 혁신적인 기술로 소비자들을 충족시켰다. 사용자들은 큰 용량의 MP3, 긴 재생시간, 혁신적인 신기술과 디자인을 원했다. 아이팟의 이미지는 멋지다는 것이고, 1000개의 음악을 저장할 수 있다는 것이 최대 장점이다. 스티브 잡스는 아이팟 설계 시 어떤 곡이라도 세 번의 클릭만으로 찾을 수 있도록 요구하였다. 아이팟에 대한 상황분석(SWOT)을 해보면, 장점은 우수한 기능과 디자인, iTunes 소프트웨어, 애플이라는 브랜드 파워를 꼽을 수 있다. 약점은 iPod의 폐쇄정책, 현지화 노력 불충분, A/S의 불충분 등을 들 수 있다. 이어서 기회는 MP3 시장 규모가 증가하였고 해외시장을 확보한 것이었다. 위협은 기술 격차 감소와 경쟁업체의 추격이었다. 애플은 미국 MP3 시장의 70% 이상을 점유할 정도를 인기가 있었다.

애플의 성장 동력과 기술력을 대표하는 제품은 아이폰이다. 아이폰의 상황분석을 보면, 장점은 하드웨어와 소프트웨어 모두를 생산하고, 애플의 브랜드 이미지가 있고, 앱 스토어를 운영한 것이다. 약점은 원만하지 못한 호환성과 높은 가격이다. 그리고 기회는 스마트폰 시장의 성장과 소프트웨어의 중요성이 강조된 것이다. 위협은 경쟁 심화와 모바일 보안체제의 미흡으로 파악되었다.

애플 아이팟(iPod) 셔플 · 나노 · 클래식 · 터치

애플 아이폰6(iPhone6)

아이폰의 혁신적인 기능으로는 음성인식, Multi-Touch 기능, 모션 및 중력센서 기능, GPS 및 나침반 기능, 그리고 모바일 브라우저인 사파리(Safari)가 있다.

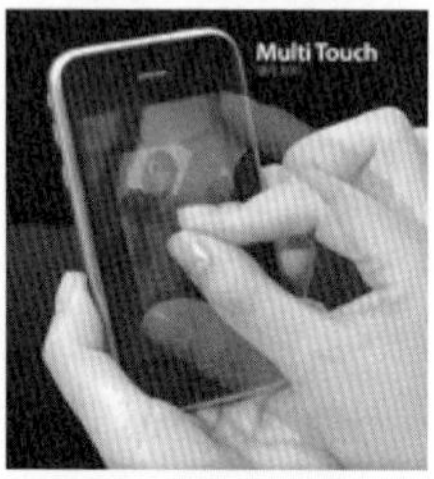

Multi-Touch 기능

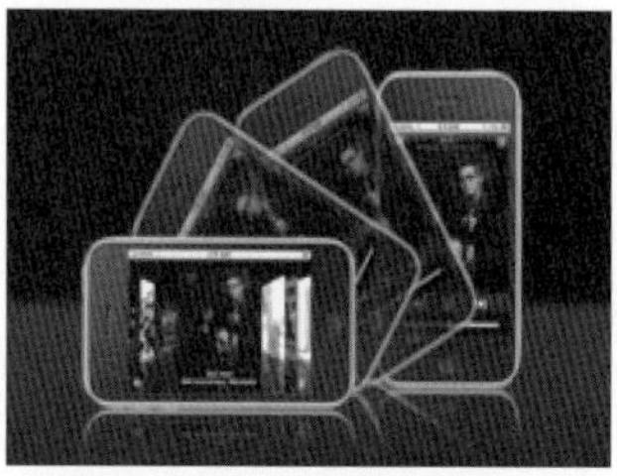

모션 및 중력센서

GPS 및 나침반 기능

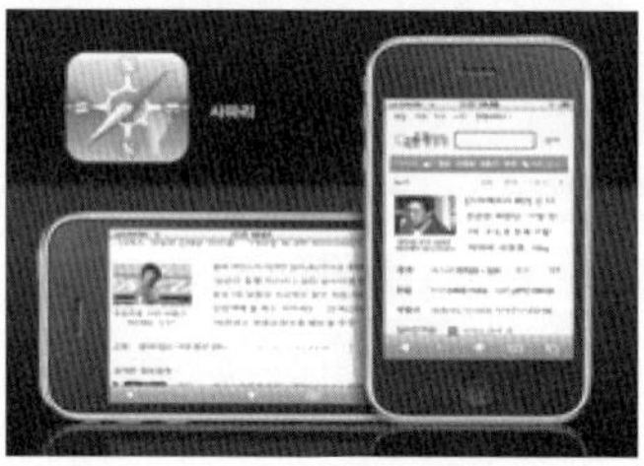

모바일 브라우저

아이폰의 혁신적인 판매의 주역으로 앱 스토어를 꼽을 수 있다. 앱 스토어에는 다양한 외부 솔루션을 설치하였으며, 외부 업체들에게 참여의 기회를 제공하였다. 엔터테인먼트, 교육, 게임, 업무 등 다양한 영역의 외부 솔루션이 개발되었고, 소셜 네트워킹 서비스, 구글 모바일 앱스, 네비게이션 기능이 추가되었다. 이외에도 실시간 뉴스, 성경, 영화, 환율 등 일상생활에 관련된 것이 있다.

아이패드는 애플이 독보적인 시장 점유율을 확보하고 있는 제품이다. 애플은 특화 시장, 하드웨어 이익의 한계를 느꼈고 이에 스마트폰과 노트북 시장을 통합하였다. 컴퓨터를 통한 통합 기능이 가능하게 되었고 하드웨어와 콘텐츠를 합하여 아이패드를 개발하였다.

아이패드의 상황분석(SWOT)을 보면, 장점은 다양한 애플리케이션과 합리적인 가격이며, 약점은 폐쇄적인 정책과 부족한 기능이라고 할 수 있다. 그리고 기회는 테블릿 PC 시장 개척과 고객의 높은 충성도를 들 수 있고, 위협은 안드로이드를 기반으로 한 경쟁업체의 추격이다.

전 세계 IT 업체들을 대표하는 애플의 미래에 대해서 알아보자. 애플은 미국 최대의 통신사인 AT&T와 독점 계약을 체결하고 아이폰을 공급하였다. 애플의 아이폰 운영체제는 폐쇄형이지만 넓은 앱 시장으로 확장성이 크다. 애플만의 고유한 모양, 뛰어난 디자인과 사용자 인터페이스로 많은 소비자들이 아이폰을 구매하고 있다. 애플의 디자인 개발에 대한 엄청난 투자와 노력의 결과로 아이폰과 아이팟 터치의 우수한 디자인이 탄생하였다. 현재는 새로운 아이패드 출시를 통한 태블릿 PC 시장의 확대, '애플 TV'를 내놓으며 가전 시장을 공략하고 있다. 이러한 애플의 변화는 불과 10여년 사이에 일어난 급속한 혁신이었으며 앞으로도 애플의 독창적 기업 혁신은 계속될 것이다.

9.2 애플 이해하기

1955년 잡스 부부는 스티브 잡스를 대학교에 진학시키겠다는 약속을 하고 잡스를 입양하였다. 잡스는 중고 자동차를 수리하여 판매하는 직업을 가진 아버지로 인해 샌프란시스코의 산업단지로 이주하게 되었고, 그로 인해 잡스는 어릴 때부터 기계에 대해 관심을 가지게 되었다. 고등학생 시절에 5살 많은 스티브 워즈니악(Steve Wozniak)을 만났으며, 이는 잡스에게 매우 긍정적인 영향을 주었다. 이 시기에 잡스는 자신이 입양된 사실을 알게 되었고, 히피 생활에 빠지게 되었다. 고등학교 졸업 후 잡스는 리드칼리지 대학에 입학하였고, 필수 과목을 이수해야 한다는 점과 비싼 등록금을 내야 한다는 점 등의 이유에서 한 학기만에 자퇴를 하였다. 이 때 학교에 요청하여 청강으로 서체 관련 수업을 듣게 되는데 이것이 훗날 매킨토시의 서체에 큰 영향을 미치게 된다.

9.2.1 애플의 제품

1) 애플의 탄생

잡스는 자신이 생각이 워즈니악을 통해 실현되자 그와 함께 부모님 차고에서 1976년 애플을 창업하였다. 이때 최초의 개인용 컴퓨터인 애플Ⅰ을 만들었고 첫 주문이 50개일 정도로 성공적인 결과를 얻었다. 그 후 최초의 조립할 필요가 없는 일체형 컴퓨터인 애플Ⅱ도 성공적인 결과를 가져왔다. 애플Ⅱ의 판매는 1977년에 77만달러, 다음 해에는 790만 달러, 다음 해에는 4900만 달러의 매출을 올릴 정도의 빠르게 증가하였다.

잡스는 워즈니악 작품이 아닌 자신의 컴퓨터를 만들기 위해 '리사' 프로젝트를 시작하였다. 제록스 연구소를 견학한 잡스가 기존의 CLI(Command Line Interface) 방식과 다른 GUI(Graphic User Interface) 방식의 기술을 본 후 그것을 자신의 제품에 모방하였다.

CLI(Command Line Interface)

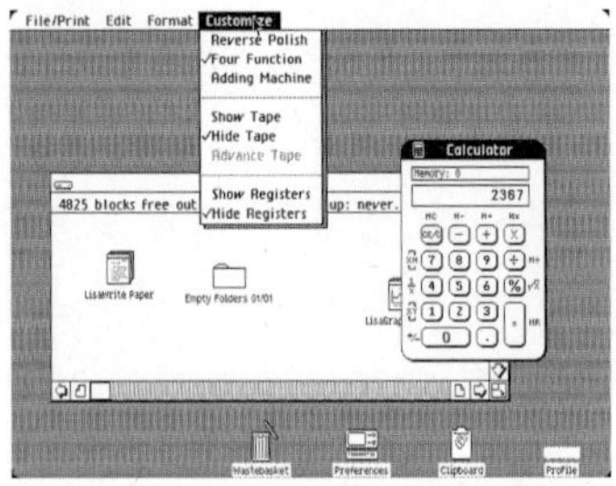

GUI(Graphic User Interface)

애플은 GUI 방식으로 개발한 최초의 컴퓨터인 리사를 1983년에 출시하였다. 리사 컴퓨터는 제록스의 GUI 방식에서 더 발전시킨 GUI 운영체제를 사용하였지만 시장에서 실패하게 된다. 그 이유는 천만원이라는 높은 가격과 크게 알려지지 않은 회사의 컴퓨터라는 것이었다. 잡스가 리사의 실패와 괴팍한 성격 때문에 리사 프로젝트 팀에서 쫓겨나고, 이전부터 관심을 보이던 매킨토시 개발팀으로 들어갔다. 잡스는 리사를 발표한 후 이보다 저렴한 매킨토시 컴퓨터가 곧 출시될 것이라고 광고하였으며, 그 결과 리사는 2년도 되지 않아서 생산이 중단되었다.

2) 매킨토시와 넥스트

재프 래스킨이 '애니' 프로젝트의 책임자로 애플에 영입되면서 사과 품종인 '매킨토시'로 프로젝트 이름을 바꾸었다. 이후 잡스가 매킨토시 팀에 합류하면서 기술력이 뛰어난 컴퓨터 개발을 목표로 프로젝트가 추진되고, 그 결과로 매킨토시가 탄생하였다. 1984년 잡스는 자신이 원하는 혁신적인 광고를 발표하였다. 조지오웰(George Orwell)의 소설 '1984(Nineteen Eighty-Four)'의 내용과는 다르게 지배자를 물리칠 수 있다는 내용의 광고였다. 이 광고는 당시 최고의 광고라고 극찬을 받았다.

참조 매킨토시 광고(tvpot.daum.net/clip/ClipView.do?clipid=32840478)

(1) 매킨토시 탄생

애플은 1984년 2495달러의 매킨토시를 출시하였다. 매킨토시는 리사보다 발전된 GUI 기술을 사용함으로써 예술가들에게 큰 인기를 끌었다. 그러나 매킨토시는 결국 실패한 제품으로 남게 되었다. 새로운 인터페이스의 적용으로 메모리가 부족하였으며, 내장 하드 디스크 드라이브가 없다는 것이 단점이었다. 컴퓨터의 소음을 줄이기 위해 열을 식히는 팬을 제거함으로써 잦은 오류가 발생하였고, 마이크로소프트가 GUI 방식을 적용한 윈도를 개발한 것이 영향을 주었다.

이러한 상황에서 잡스가 매킨토시 프로젝트에 과도한 투자를 한다는 불만이 나왔다. 또한 매킨토시의 실패와 팀 내에서의 강압적인 태도 때문에 잡스에 대한 불만이 생겨났다. 회사에서 퇴출을 논의 중이라는 소식을 들은 잡스는 매킨토시 팀의 핵심 직원들과 함께 넥스트(Next)라는 새로운 회사를 설립하였다.

(2) 넥스트 탄생

넥스트를 설립한 잡스는 애플의 주식을 모두 처분하였지만 경영권 참여를 위해서 1주를 남겨놓았다. 이때 애플은 잡스가 비밀리에 회사를 설립하고 핵심 인력을 데려갔다는 이유에서 소송을 제기하였다.

넥스트는 세계 최초의 객체지향 운영체제인 넥스트스텝(NeXTStep)을 개발하였다. 이것은 넥스트 워크스테이션에 설치하기 위해 개발된 것이며, UNIX 운영체제를 기반으로 하였다. 1988년 넥스트는 첫 컴퓨터를 발표하였지만 비싼 가격과 상용화의 어려움으로 대량 판매에 성공하지 못하였다. 넥스트는 계속해서 큰 적자를 내며 재정난을 겪었으며, 1986년에 인수한 픽사를 이용해서 수익을 얻게 된다. 이 시기에 픽사는 하드웨어 분야의 사업을 포기하고 장편 애니메이션 영화를 만들기로 계획한 시기였다.

3) 픽사와 토이스토리

(1) 픽사

잡스는 애플에서 나오기 전에 루카스 필름에 대해 호의적이었으며, 애플이 픽사를 인수하도록 권유하였으나 애플은 그의 말을 듣지 않았다. 잡스는 루카스 필름에서 컴퓨터 그래픽(CG)으로 단편 만화를 제작하는 애니메이션에 큰 흥미를 가지고 있었다. 애플에서 나오면서 주식을 모두 팔아 경제적 여유가 있었던 잡스는 1986년에 1000만 달러를 투자하여 픽사의 주식 70%를 소유하였다. 잡스는 픽사의 운영에 직접 참여하였으며, 이후 픽사는 디즈니와 영화 제작을 위한 계약을 체결하였다.

픽사는 랜더링(rendering)이라는 기술을 사용하여 단편 애니메이션을 제작하였다. 랜더링은 2차원의 화상에 광원, 위치, 색상 등으로 사실감을 불어넣어 3차원 화상을 만드는 기술이다. 픽사는 랜더링 기술을 추가하여 고성능 그래픽 컴퓨터의 하드웨어를 판매하였다. 이때 디즈니는 애니메이션 제작과정을 자동화할 수 있는 방법이 필요하였다. 이에 픽사는 디즈니와 계약을 성사시키고, 컴퓨터를 이용한 애니메이션 제작 시스템인 CAPS(Computer Animation Production System)를 개발하였다. 픽사는 애니메이션 제작에 핵심적인 역할을 하는 이 시스템을 디즈니에 판매하여 재정위기를 벗어났다.

(2) 토이스토리

픽사는 CAPS 기술 중 3D 기술을 처음 적용한 장편 애니메이션 토이스토리를 개봉하였다. 토이스토리는 개봉 후 엄청난 인기를 끌면서 픽사의 재정에 큰 도움을 주었다. 토이스토리에서 사용된 기술은 사람이 1초에 인식할 수 있는 프레임 수를 조절하여 정지된 그림이 움직이는 것처럼 보이는 것이다.

잡스가 퇴사한 후 애플은 여러 가지 컴퓨터를 판매하였으나 판매가 부진하였다. 애플은 잡스를 다시 영입하여 애플 최고의 경영자 자리로 복귀시켰다. 잡스는 돌아오고 난 뒤 자기를 애플사에서 쫓아낸 임원들을 해고하였으며, 매킨토시 프로젝트 때 형성된 빌게이츠와의 적대관계를 해소하고 협력하기 시작하였다. 1998년 애플은 하나의 히트상품을 출시하게 되는데 그것이 바로 아이맥이다.

아이맥은 기존의 컴퓨터 개념을 탈피한 새로운 형태와 색으로 조나단 아이브(Jonathan Ive)의 이름을 각인시켰다. 아이맥은 컴퓨터의 본체와 모니터가 합쳐진 일체형 컴퓨터로 디자인 면에서 많은 주목을 받았다. 속이 훤히 비치는 반투명한 초록색의 컴퓨터로 사용이 편리하고 케이블의 연결을 최소화하기 위해 가장 두꺼운 케이블인 모니터와 키보드의 연결선을 제거하였다.

참조 플립북(www.youtube.com/watch?v=xSrDnlVgVv0&feature=youtu.be)

참조 토이스토리의 원리(www.youtube.com/watch?v=kCnqypS9xbk&feature=youtu.be)

4) 앱 스토어와 아이튠즈 스토어

(1) 앱 스토어

'앱 스토어(App Store)'란 애플리케이션 스토어의 약자로 애플리케이션을 판매하는 장터를 말한다. 앱 스토어란 이름은 2008년 애플이 아이폰 3G를 출시하면서 아이폰·아이팟용 응용프로그램을 설치할 수 있도록 만든 사이트에서 처음 사용되었다. 과거에는 기기에 맞는 애플리케이션을 전문가가 제작하여 공급했지만 앱 스토어가 출시되면서 일반 개인이 애플리케이션을 제작하여 공급할 수 있게 되었다. 또한 사용자는 자신에 맞는 애플리케이션을 선택할 수 있는 폭도 넓어졌다. 애플은 개인이 애플리케이션을 공급하고 사용하는 새로운 생태계를 구축한 것이다. 이러한 생태계가 획기적인 성공을 이루자 구글의 구글 플레이, 삼성의 삼성 앱스, 마이크로소프트의 마켓플레이스 등 많은 업체들이 애플리케이션 장터를 개설하였다.

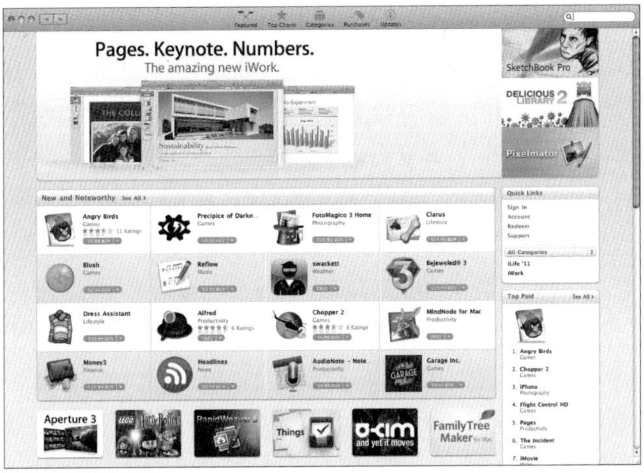

앱 스토어는 iOS 운영체제 기반의 모바일용과 맥/PC용으로 구분된다. 모바일용 앱 스토어는 애플리케이션마다 기기별 지원 유무에 차이가 있시만 아이팟, 아이팟 터치, 아이폰, 아이패드 모두 이용이 가능하다. 맥/PC용은 아이튠스 프로그램을 설치한 후 아이튠스 스토어 내의 메뉴를 통해 이용할 수 있다.

앱 스토어를 이용하려면 애플의 계정이 필요하다. 앱 스토어가 국가 별로 운영되므로 애플 계정도 국가 별로 관리되고 있다. 우리나라의 앱 스토어에서 만든 계정은 국내 앱 스토어의 애플리케이션만 구매할 수 있고, 미국이나 홍콩의 앱 스토어를 이용하기 위해서는 별도의 애플 계정을 개설해야 한다.

(2) 아이튠즈 스토어

아이튠즈는 컴퓨터의 음악 파일을 관리하고, '아이튠즈 스토어(iTunes Store)'는 음악을 구매할 수 있는 장터이다. 즉, 아이튠즈 스토어는 애플이 아이튠즈를 통해 서비스하는 온라인 미디어 판매 서비스이다. 2003년에 서비스를 시작하였으며, 음악과 오디오북, 뮤직비디오, 영화, TV 프로그램, 아이팟용 게임 등을 판매하고 팟캐스트를 배포한다.

아이팟 터치나 아이폰에서 음악을 구매하려면 아이튠즈 메뉴를 사용하고, 프로그램이나 게임을 구매하려면 앱 스토어를 이용한다. 아이튠즈 스토어에서 구매한 미디어 파일은 사용자의 컴퓨터로 다운로드 할 수 있다. 구매한 파일에는 사용 기한이 없으며, 아이팟에 전송하거나 음악 파일을 CD로 제작할 수 있다.

9.2.2 클라우드 컴퓨팅 서비스

1) 서비스 환경

클라우드 컴퓨팅(Cloud computing)은 서버나 저장장치와 같은 하드웨어, 문서작성이나 그래픽 작업을 위한 소프트웨어, 툴이나 라이브러리와 같은 개발 플랫폼 등을 인터넷을 통하여 빌려서 쓰고 사용한 만큼 요금을 지불하는 서비스이다. 클라우드 컴퓨팅은 가상화 기술을 바탕으로 컴퓨팅 자원을 분배하고 통합한다. 이것은 기업 측면에서 컴퓨팅 역량을 집중하고 네트워킹을 강화하는 것이며, 개인 측면에서 다양한 IT 기기들을 위한 개인용 저장장치와 컴퓨팅을 위한 서버를 확보하는 형태이다.

효율적인 자원관리, 비용절감 등 다양한 장점으로 인해 클라우드 컴퓨팅 시장은 지속적으로 확대되고 있다. HP, 애플, IBM 등 글로벌 IT 업체들이 클라우드 컴퓨팅과 관련된 데이터센터 구축, 대용량 스토리지 개발, 보안기술 개발 등의 사업에 투자하고 있다. 국내에서도 KT, SK텔레콤, 삼성SDS, LG 등 업체들이 서버와 스토리지를 확보하고 데이터센터를 구축하고 있다.

클라우드 컴퓨팅을 기반으로 하는 다양한 서비스들이 제공되고 있다. 클라우드 컴퓨팅의 선두 기업인 구글과 아마존을 비롯하여 마이크로소프트, 애플 등이 서비스 시장에 뛰어들면서 경쟁이 심화되고 있다. 구글은 웹 기반의 구글 앱스(Google Apps)를 도입하여 광고시장을 넓혀가고 있다. 이를 통하여 Gmail, Google Talk, Google Calendar, Google Docs 등의 서비스를 지원하고 있다. 아마존은 가상저장장치와 가상서버를 서비스하고 있으며, 기업을 대상으로 퍼블릭 클라우드 시장을 확대하고 있다.

다음 표는 우리나라와 미국 기업들이 제공하고 있는 클라우드 컴퓨팅의 서비스 현황을 나타낸 것이다. 국내의 통신사업자들은 네트워크 인프라를 기반으로 개인과 기업을 대상으로 서비스를 제공하며, SI 사업자와 포털 사업자는 각각 기업과 개인을 대상으로 클라우드 컴퓨팅 사업에 주력하고 있다.

	업체	서비스 명	서비스 현황
국내 기업	KT	유클라우드 홈	· 사진, 동영상 등 N-스크린 서비스 · 50GB 저장공간 제공
	LG U+	유플러스박스	· 사진, 동영상 등 N-스크린 서비스 · 15GB 저장공간 제공
	NHN	N드라이브	· 30GB 저장공간 제공 · iOS, 안드로이드, 윈도모바일 등 지원
	다음	다음 클라우드	· 50GB 저장공간 제공 · 안드로이드 등 지원
미국 기업	구글	구글 앱스	· Gmail, Google Talk, Calendar, Docs
	아마존	S3, EC2	· 가상 서버, 가상 저장장치 서비스
	마이크로소프트	Window Azure	· 클라우드용 운영체제
	AT&T	Synaptic Storage as a Service	· 온라인 스토리지 서비스

클라우드 컴퓨팅 서비스의 특징은 pay-as-you-go, 유연성 및 확장성, 생산성 향상 등이 있다. 사용한 만큼 사용료를 지불하는 pay-as-you-go를 적용함으로써 IT 인프라 구축을 위한 투자비용을 절감할 수 있고 자원 비활용에 따른 비용의 낭비를 방지할 수 있다. 시스템 과부하 발생 시 즉시 대처가 가능하여 유연성 및 확장성이 뛰어나며, 추가 설비투자를 위한 비용이나 기간이 발생하지 않는 장점이 있다. 동일한 환경에서 업무 공유가 가능하므로 시간과 장소에 제한 없이 협업을 통한 생산성 및 업무 효율성이 향상될 수 있다. 이와 함께 웹을 통한 동일한 사용자 환경이 제공되므로 응용프로그램의 중복 개발이나 콘텐츠의 중복 구매를 방지할 수 있다.

향후 클라우드 컴퓨팅 시장은 스마트폰 등 단말기 보급이 확대됨에 따라 모바일 오피스, 위치기반 서비스 등과 연계하여 모바일 기기를 통한 클라우드 컴퓨팅의 서비스 영역이 확대될 것으로 전망된다. 이와 함께 개인 사용자 관점에서 보면 애플의 아이클라우드 서비스와 같은 스마트폰, 태블릿, PC 등 다양한 단말기로 시간과 장소에 구애받지 않고 서비스를 받을 수 있는 형태로 발전될 것이다. 기업체의 관점에서 보면 업무 효율성과 생산성을 향상시키고, 비용을 절감하려는 차원에서 클라우드 컴퓨팅을 새로운 비즈니스 플랫폼으로 도입하는 움직임이 확산될 것이다.

참조 클라우드 컴퓨팅 소개(www.youtube.com/watch?v=Gm0gU1wrWuw)

참조 클라우드 컴퓨팅 소개(www.youtube.com/watch?v=K78lWaq1gNQ)

2) 아이클라우드(iCloud)

아이클라우드는 2011년부터 애플에서 제공하는 클라우드 컴퓨팅 서비스이다. 애플의 클라우드 컴퓨팅 서비스는 사용자의 음악, 사진, 응용프로그램, 문서, 책, 연락처는 물론 애플의 이메일과 캘린더 등을 서버에 저장할 수 있도록 한다. 각 계정은 5GB의 저장 용량을 제공받고, 구매한 모든 응용프로그램은 사용자의 다른 기기에 다운로드 할 수 있다. 사용자가 새로운 기기를 등록할 경우 모든 사용자의 컨텐츠는 새로운 장비로 자동으로 다운로드 된다.

아이클라우드는 Wi-Fi를 통해 자동으로 백업을 하고 다양한 앱과 전자책, 음악, 사진, 비디오 등을 애플 기기에 동기화시킬 수 있다. 애플 기기에 저장된 자료를 클라우드 서비스로 업로드시키면 다른 애플 기기에 자동으로 전송된다.

생각해보기

○ 잡스가 애플로 복귀한 후 회사의 발전에 기여한 많은 업적들을 이루었다. 이들 중에서 대표적인 아래 3개의 업적이 회사의 발전에 어떤 영향을 주었는지 토론해 보아라.

► **회사 정보의 누설을 방지하다.**

애플 직원들은 CEO를 당황하게 만들고 기존 정책 노선을 변경시키기 위해 의도적으로 빈번히 정보 유출을 자행하였다. 하지만 이런 불순한 움직임은 스티브 잡스 체제에서 완전히 뿌리 뽑히기 시작했고 잡스는 노-프레스 정책을 제정한다. 정리 해고에 이어 잡스의 이런 강한 정책은 회사 내의 이견을 진압하는 데 큰 역할을 하게 되었다.

► **정품을 죽이는 복제품을 말살하다.**

1994년부터 애플은 기기당 80불의 비용을 받고 하드웨어 업체가 Mac OS를 사용할 수 있게 하였다. 하지만 1년 후 라이센스 정책의 문제가 드러나면서 가장 높은 수익을 안겨주던 제품군이 복제품들에게 밀려 매출이 감소하게 되었다. 애플로 돌아온 스티브 잡스는 Mac OS 라이센스를 폐지해야 한다고 생각하고, 1997년 출시된 Mac OS8부터 라이센스 요청을 중단하였다.

► **제품과 직원 수에서 군살을 빼다.**

잡스가 돌아오기 전의 애플은 어지러울 정도로 복잡하고 다양한 매킨토시 데스크톱 라인업과 랩탑군, 서버 변종 모델들을 판매하고 있었다. 잡스는 애플 제품의 70%에 해당하는 하드웨어와 소프트웨어를 제거하였다. 또한 이러한 축소 정책으로 인해 3000명의 직원이 해고되었다. 제품과 직원의 축소는 처음엔 고통스러웠지만 평범한 제품을 수없이 생산해 내는 대신 소수의 훌륭한 제품 생산에 집중할 수 있는데 큰 기여를 하게 되었다.

✤ '생각해보기'에 대한 글쓰기 및 발표

의견정리

참고자료

연습문제

01. CLI와 GUI의 차이점을 예를 들어 설명하라.

02. 스마트폰에서 멀티터치 기능과 바운스백 기능이 무엇인지 설명하라.

03. 애플의 넥스트 컴퓨터가 대량 판매에 성공하지 못한 이유가 무엇인지 설명하라.

04. 랜더링(rendering) 기술을 적용한 영상을 찾아 그 효과를 설명하라.

05. 토이스토리와 같은 애니메이션 영화의 제작 원리를 설명하라.

06. 애플의 엡 스토이(App Store)와 아이튜즈 스토어(iTunes Store)를 어떤 용도로 사용할 수 있는지 활용 방법을 설명하라.

07. 국내 기업에서 제공하는 클라우드 컴퓨팅의 서비스 현황을 설명하라.

08. 국외 기업에서 제공하는 클라우드 컴퓨팅의 서비스 현황을 설명하라.

09. 아이클라우드(iCloud)의 개념을 설명하고, 서비스 이용을 위한 절차를 나열하라.

10. 스티브 잡스가 애플의 성장에 큰 영향을 주었던 중요한 요인들이 무엇인지 설명하라.

11. 스티브 잡스가 남긴 명언이나 메시지 중에서 가장 기억에 남는 것을 쓰고, 그 의미를 설명하라.

12. 아래 매킨토시 광고를 보고 광고에서 전달하는 메시지가 무엇인지 설명하라.

► www.youtube.com/watch?v=OYecfV3ubP8&feature=youtu.be

제4부
애플의 신기술과 스티브 잡스

CHAPTER 10

스티브 잡스 이해하기

CHAPTER 10

스티브 잡스 이해하기

학습목표

- ✤ 스티브 잡스가 강조한 애플의 기업문화가 어떤 것인지 설명할 수 있다.
- ✤ 애플에서 스티브 잡스의 역할이 무엇이었는지 설명할 수 있다.
- ✤ 스티브 잡스의 스탠포드 대학 졸업식 연설문의 내용을 말할 수 있다.
- ✤ 스티브 잡스의 명언들과 그 의미를 설명할 수 있다.

10.1 스티브 잡스와 애플

10.1.1 스티브 잡스와 기업문화

애플이 아이폰을 처음 발표할 때 기기의 특징을 완전히 혁신직인 휴대전화, 새로운 인터넷 통신기기, 터치로 조작하는 와이드 스크린 아이팟으로 표현하였다. 아이폰의 탄생은 애플의 뮤직플레이어인 아이팟에 대해 위기를 느낀 잡스의 발상의 전환에서 시작되었다.

아이팟의 인기가 최고조에 있을 때 휴대폰 회사들이 카메라 기능이 탑재된 제품을 판매하자 디지털 카메라의 매출이 하락하게 되었다. 애플은 휴대폰에 뮤직플레이어 기능이 추가되어 판매된다면 아이팟의 매출이 감소할 것에 위기감을 느꼈다. 이를 극복하기 위해 애플이 모토로라와 손을 잡고 만든 첫 뮤직폰이 록커(ROKR)이다. 록커는 외관이 세련되지 못하였으며, 100곡의 음악만을 수록할 수 있는 용량의 한계로 인기를 끌지 못하였다.

애플은 소비자들의 마음을 잡을 수 있는 새로운 휴대폰을 발표하게 되는데 이것이 iPhone 1세대이다. 아이폰 1세대는 2007년 맥월드에서 발표한 휴대폰이며, 스티브 잡스의 탁월한 프레젠테이션으로 더욱 화제가 되었다. 이것은 통신 방식의 차이로 우리나라와 일본에서는 판매되지 않았다. WWDC(Worldwide Developers Conference)2008에서 두 번째 아이폰이 발표되었다. 2008년 7월에 출시되었으며, 이전 아이폰에 비해 가격이 저렴하고 용량이 크다. 3세대 통신인 3G 네트워크를 사용하고 GPS가 탑재되었다. WWDC2009에서 발표한 3GS는 속도가 두 배 정도 개선된 CPU를 장착하였다. 또한 배터리 수명도 늘어났으며, 카메라 기능이 개선되고 음성제어 기능이 추가되었다.

WWDC2010에서 아이폰 4가 공개되고 9월에 국내에도 출시되었으며, 3G망을 사용하는 3세대 통신이 적용되었다. iOS4를 채용하여 멀티태스킹 기능을 탑재하였으며, 속도가 빨라지고 전력소모량이 감소되었다. 이어서 iOS5를 사용한 아이폰 4S가 발표되었다. 듀얼코어 A5칩을 사용하며 800만 화소의 화질을 갖는다. 2012년 하반기에 출시된 아이폰 5는 iOS6을 사용하고 7.6mm로 매우 얇은 스마트폰이다. 4G LTE를 지원하며 해상도는 1136×640를 사용한다.

록커(ROKR)

iPhone

iPhone 3G

iPhone 4

iPhone 5

iPhone 6

애플에서 스티브 잡스의 역할이 무엇인지 알아보자. 애플에서 잡스는 팀의 리더로서 팀원들이 새로운 아이디어를 도출하도록 유도하고 그들이 만든 제품의 수용 여부를 결정하는 역할을 했다. 애플의 기업문화는 잡스가 애플에서 일을 할 때 강조하였던 아래 7가지 원칙에 영향을 받았다.

① 자신이 좋아하는 일을 하라. 잡스는 끝까지 자신의 마음이 원하는 것에 따랐다. 그리고 그 과정에서 위대한 혁신을 이루는데 성공하였다.

② 세상을 변화시켜라. 잡스는 세상을 바꿀 능력과 의지가 있고 자신과 비전을 공유할 수 있는 동료들과 손을 잡았다. 이들의 열정은 애플이라는 공동체에 소속되어 잡스의 비전에 따라 목표를 향해 전진하였다.

③ 창의성을 일깨워라. 창의성이 없으면 혁신은 불가능하다. 창의성은 여러 가지 아이디어를 함께 연결하고 조합하는 능력이다. 이를 위해서는 폭넓은 경험을 통해 인간

이라는 신비로운 존재를 이해할 수 있어야 한다.

④ 제품이 아닌 꿈을 팔아라. 애플 제품의 구매자는 단순히 소비자가 아니다. 그들은 자신의 꿈과 희망을 특별하게 여긴다. 잡스는 이들이 각자의 꿈을 실현할 수 있도록 도와줄 제품을 만든다.

⑤ NO라고 1000번 말할 수 있어야 한다. 혁신은 불필요한 요소를 제거하고 정말로 필요한 요소가 제대로 기능을 발휘하도록 만드는 것이다.

⑥ 최고의 경험을 선사하라. 애플 매장 서비스는 소비자와 의미 있는 관계를 쌓을 수 있는 시스템을 구축하여 세계 최고의 유통채널로 관심이 집중되었다.

⑦ 스토리텔링의 대가가 되어라. 세상에서 가장 혁신적인 아이디어를 가지고 있어도 사람들이 거기에 열광하도록 만들지 못하면 결코 혁신을 이룰 수 없다.

10.1.2 스탠포드 대학 졸업식 연설문

참조 http://news.stanford.edu/news/2005/june15/grad-061505.html

○ Steve Jobs to 2005 graduates: 'Stay hungry, stay foolish'

먼저 세계 최고의 명문으로 꼽히는 이곳에서 여러분들의 졸업식에 참석하게 된 것을 영광으로 생각합니다. 사실 저는 대학을 졸업하지 못했습니다. 태어나서 대학교 졸업식을 이렇게 가까이서 본적이 처음입니다. 오늘 저는 여러분께 제 인생의 세 가지 이야기를 해드릴까 합니다. 그게 전부입니다. 그저 세 가지 이야기일 뿐입니다.

먼저 인생의 점들을 잇는 것(connecting the dots, 전환점)에 관한 이야기입니다.

전 리드 칼리지에 입학한지 6개월 만에 자퇴하였습니다. 그래도 1년 반 정도는 도강을 하다가 정말로 그만두었습니다. 왜 자퇴했을까요?

이야기는 제가 태어나기 전으로 거슬러 올라갑니다. 제 생모는 대학원생의 젊은 미혼

모였습니다. 그녀는 제 미래를 위해 대학을 나온 양부모를 원했습니다. 그래서 저는 태어나자마자 변호사 가정에 입양되기로 했었죠. 하지만 제가 태어났을 때 그들은 마지막 순간에 여자 아이를 입양하기로 마음을 바꿨습니다. 대기자 명단에 있던 양부모들은 한밤중에 이런 전화를 받게 됩니다. "예정에 없던 사내아이가 태어났는데 입양 하시겠습니까?" 양부모들은 "물론입니다"라고 대답했습니다. 그런데 양어머니는 대졸도 아니고 양아버지는 고등학교도 졸업하지 못해서 친어머니는 입양동의서 쓰기를 거부했었습니다. 몇 달 후 양부모님이 저를 대학까지 가르치겠다고 약속한 후에야 친어머니는 입양동의서에 동의했습니다. 그것이 제인생의 시작이었습니다.

17년 후, 저는 대학에 입학했습니다. 그러나 저는 순진하게도 스탠포드의 학비와 맞먹는 값비싼 학교를 선택했습니다. 평범한 노동자였던 부모님이 힘들게 모아두었던 돈이 모두 제 학비로 들어갔습니다. 6달 후 대학생활은 그만한 가치가 없어보였습니다. 내가 무엇을 하고 싶은지, 또 대학교육이 그것에 얼마나 도움이 될 것인가 알 수 없었습니다. 양부모님들이 평생토록 모은 재산을 소비하고 있었습니다. 그래서 모든 것이 잘 될 것이라 믿고 자퇴를 결심했습니다. 당시에는 두려웠지만, 뒤돌아보았을 때 제 인생 최고의 결정 중 하나였던 것 같습니다. 자퇴 후엔 재미없던 필수과목들을 듣는 것을 그만두고, 보다 더 재미있을 것 같은 강의를 들을 수 있었습니다.

그렇다고 모두 낭만적인 것만은 아니었습니다. 기숙사에 머물 수 없었기에 친구 집에서 자기도 했었고, 5센트짜리 콜라병을 팔아 식사를 해결하기도 했습니다. 일요일이면 단 한번이라도 제대로 먹기 위해 7마일을 걸어 하레 크리슈나(Hare Krishna) 사원의 예배에 참석하기도 했습니다. 정말 맛있었습니다. 순전히 호기심과 직감만을 믿고 저지른 일들이 훗날 정말 값진 경험이 되었습니다. 예를 하나 들어드리죠.

당시 리드 칼리지는 미국 최고의 서체교육을 제공했던 것 같습니다. 학교 곳곳에 붙어있는 포스터와 서랍에 붙어있는 상표들은 손으로 아름답게 그린 서체 예술이었습니다. 정규과목을 들을 필요가 없으므로 서체수업을 들었습니다. 그때 저는 세리프와 산세리프체를, 다른 글씨의 조합간의 그 여백의 다양함을, 무엇이 위대한 글씨체의 요소인지에 대해 배웠습니다. 그것은 과학적인 방식으로는 도저히 표현해낼 수 없는 아름답고, 유서깊고, 예술적으로 미묘한 것이어서 전 매료되었습니다. 이 중 어느 하나라도 제 인생에 실질적 도움이 될 것 같지는 않았습니다. 하지만 10년 후 우리가 첫 번째 매킨토시를 구상할 때 그것들은 고스란히 빛을 발휘했습니다. 우리가 설계한 매킨토시에 그 기능을 모두 넣었으니까요. 그것은 아름다운 서체를 가진 최초의 컴퓨터였습니다.

만약 제가 그 서체수업을 듣지 않았다면 매킨토시의 복수서체 기능이나 자동 자간맞춤 기능은 없었을 것이고, 맥을 따라한 윈도우도 그런 기능이 없었을 것이고, 결국 PC에는 이런 기능이 지금까지 없었을 것입니다. 만약 학교를 자퇴하지 않았다면 서체수업을 듣지 못했을 것이고, PC에는 오늘날처럼 뛰어난 글씨체가 없었을 것입니다. 물론 제가 대학 시절에는 그것이 내 인생의 전환점이라는 것을 알지 못했습니다. 그러나 10년이 지난 지금은 그것이 분명하게 보입니다.

달리 말하자면, 지금 여러분은 미래를 알 수 없습니다. 다만 과거의 사건들만 연관시켜 볼 수 있을 뿐입니다. 그러므로 여러분들은 현재와 미래가 어떻게든 연결된다는 것을 알아야 합니다. 배짱, 운명, 인생, 숙명(karma) 등 그 무엇이든 믿음을 가져야합니다. 왜냐하면 현재가 미래로 연결된다는 믿음이 여러분 가슴을 따라 자신감을 줄 것이기 때문입니다. 아무리 험한 길이라도 말입니다. 그리고 그것은 인생의 모든 차이를 만들어냅니다.

두 번째 이야기는 사랑과 상실에 관한 것입니다.

저는 운이 좋게도 인생에서 정말 하고 싶은 일을 일찍 발견했습니다. 워즈(스티브 워즈니악)와 제가 차고에서 애플사를 세운 것은 20대 시절의 일입니다. 우리는 열심히 일하였고, 차고에서 2명으로 시작한 애플은 10년 후에는 4000명의 종업원을 거느린 2백억 달러의 기업이 되었습니다. 우리는 최고의 작품 매킨토시를 출시했고, 저는 30살이 되었습니다. 그리고 곧 저는 해고당했습니다. 어떻게 자기가 만든 회사에서 해고를 당할 수 있냐고요? 당시 애플이 점점 성장하면서 저는 저와 함께 회사를 경영할 유능한 경영자를 채용해야겠다고 생각했습니다. 처음 1년 정도는 그런대로 잘 돌아갔습니다. 그런데 언젠가부터 우리의 비전은 서로 어긋나기 시작했고, 결국 우리 둘의 사이도 어긋나기 시작했습니다. 그 때 회사의 경영진들은 존 스컬리의 편을 들었고, 저는 30살에 쫓겨나야만 했습니다. 그것도 아주 공공연하게 말입니다.

저는 인생의 목표를 잃어버리고 참담한 심정이었습니다. 전 정말 말 그대로, 몇 개월 동안 아무것도 할 수가 없었습니다. 선배 벤처세대의 명예를 실추시킨 것 같았습니다. 제게 넘겨진 배턴(baton)을 놓쳐버린 것 같았습니다. 데이비드 패커드(HP 공동 창업자)와 밥 노이스(인텔 공동 창업자)를 만나 이렇게까지 실패한 것에 대해 사과하고자 했습니다. 저는 실패의 본보기였고, 실리콘밸리에서 도망치고 싶었습니다. 그러나 제 맘속에는 무엇인가 천천히 다시 일어나고 있었습니다. 저는 여전히 저의 일을 사랑하고 있었습니다. 애플에서 겪었던 일들조차도 그런 마음들을 꺾지 못했습니다. 전 해고 당했지만 여전히 일에 대한 사랑은 식지 않았습니다. 그래서 저는 다시 시작하기로 결심했습니다.

당시에는 몰랐지만, 애플에서 해고당한 것은 제 인생 최고의 사건이었습니다. 성공에 대한 중압감은 초심자의 가벼움과 불확실함으로 대신하였습니다. 내 인생 최고의 창의력을 발휘하는 시기로 갈 수 있게 되었던 것입니다. 그 후 5년 동안 저는 넥스트와 픽사를 창업하였고, 지금의 아내가 되어준 그녀와 사랑에 빠졌습니다. 픽사는 세계 최초의 3D애니메이션인 토이스토리를 시작으로 지금은 세계에서 가장 성공한 애니메이션 제작사가 되었습니다. 세기의 사건으로 평가되는 애플의 넥스트 인수, 저의 애플 복귀, 그리고 넥스트 시절 개발했던 기술들은 현재 애플 르네상스의 중추적인 역할을 하고 있습니다. 또한 로렌과 저는 행복한 가정을 꾸리고 있습니다.

애플에서 해고당하지 않았다면 이 많은 일들이 일어나지 않았을 것입니다. 입에 쓴 약이었지만 저에게는 필요했던 것 같습니다. 때로는 인생이 배신하더라도 결코 믿음을 잃지 마십시오. 저를 계속 움직이게 했던 힘은 저의 일을 사랑하는 것뿐이었습니다. 여러분도 사랑하는 일을 찾아야 합니다. 여러분의 연인이 여러분에게 의미하는 것처럼 일도 마찬가지입니다. 일은 여러분 삶의 많은 부분을 채워줄 것이고, 여러분이 위대하다고 믿는 그 일을 하는 것만이 진정한 만족을 줄 것입니다. 위업을 달성하는 것은 당신의 일을 사랑하는 것뿐입니다. 그 일을 찾지 못했다면 그것을 찾으세요. 현실에 안주하지 마십시오. 진심을 다해 찾아내면 그 때는 알게 될 것입니다. 모든 위대한 관계들이 그러한 것처럼 시간이 갈수록 점점 더 나아질 것입니다. 그러므로 계속해서 찾아가세요. 안주하지 마십시오.

세 번째 이야기는 죽음에 관한 것입니다.

내가 열일곱 살이었을 때, 나는 이와 같은 문구를 읽은 적이 있습니다. "만일 당신이 매일을 삶의 마지막 날처럼 산다면 언젠가 위인이 되어 있을 것이다." 나는 그것에 강한 인상을 받았고, 이후 33년 동안 매일 아침 거울을 보면서 나 자신에게 말했습니다. "만일 오늘이 내 인생의 마지막 날이라면, 내가 오늘 하려는 일을 할 것인가?" 그리고 여러 날 동안 그 답이 '아니오'라는 것으로 이어질 때 나는 변화가 필요하다는 것을 알게 됩니다.

내가 곧 죽을 것이라는 생각은 내가 내 삶에서 결단을 내릴 때마다 가장 중요한 도구였습니다. 모든 외부의 기대들, 모든 자부심, 모든 수치스러움과 실패의 두려움, 그런 대부분의 것들은 죽음 앞에서는 모두 사라지고 오직 진실로 중요한 것만을 남기게 됩니다. 당신이 죽을 것이라는 것을 기억하는 것은 어떤 잃을 것이 있다는 생각의 함정을 피하는 가장 좋은 길입니다. 여러분은 죽을 몸입니다. 그러므로 여러분의 마음을 따라가지 못할 어떤 이유도 없습니다.

저는 1년 전쯤 암 진단을 받았습니다. 아침 7시 반에 검사를 받았는데 췌장에 악성종양이 발견되었습니다. 그때까진 췌장이라는 것이 무엇인지도 몰랐습니다. 의사들은 이것이 치료가 불가능한 종류의 암이라고 했고, 내가 길어야 3개월에서 6개월 밖에 살수 없다고 했습니다. 의사는 내게 집으로 가서 신변정리를 하라고 충고했습니다. 의사들이 말하는 죽음의 준비입니다. 그것은 내 아이들에게 10년 동안 해줄 것을 단 몇 달 안에 다 해야 된다는 말이었습니다. 그것은 임종할 때 가족들이 쉬워지도록 모든 것을 정리하란 말이었습니다. 그것은 가족에게 작별인사를 준비하란 것입니다.

나는 그 진단으로 시한부 인생을 살고 있었습니다. 어느 날 저녁 목구멍을 통해 내시경을 넣는 조직검사를 받았는데, 위장을 지나 장까지 내시경을 넣어 췌장에서 암세포를 채취하는 것이었습니다. 저는 마취상태였는데 후에 아내가 말해주기를 의사들이 현미경으로 세포를 분석하면서 울먹거리기 시작했답니다. 놀랍게도 수술로 치료가 가능한 희귀한 종류의 췌장암이었기 때문입니다. 나는 수술을 받았고 지금은 괜찮아 졌습니다.

이것이 내가 죽음에 가장 가까이 간 경우였습니다. 그리고 앞으로 수십년 동안은 그렇게 가까이 가지 않기를 바랍니다. 이런 경험을 해보니 죽음이 유용하다는 것을 머리로만 알고 있었던 때보다 더 확신을 가지고 말할 수 있습니다.

누구도 죽기를 원하지 않습니다. 하늘나라 천국으로 가기를 원하는 사람조차 죽어서까지 가기를 원하지는 않습니다. 하지만 죽음은 우리 모두의 숙명입니다. 누구도 거기에서 벗어나지 못합니다. 죽음은 바로 그런 것입니다. 왜냐하면 삶이 만든 최고의 발명이 죽음이니까요. 그것은 생명의 교체를 만들어내는 매개체입니다. 죽음은 신세대에게 길을 내주기 위해 구세대를 제거합니다. 지금 이 순간 신세대가 곧 여러분입니다. 그러나 머지않아 여러분도 구세대가 되어 사라질 것입니다. 너무 극단적으로 들렸다면 미안하지만 이것은 진실입니다.

여러분들의 시간은 한정되어 있습니다. 그러므로 다른 사람의 삶을 사느라 시간을 허비하지 마십시오. 타인의 생각의 결과물에 불과한 도그마에 빠지지 마십시오. 다른 사람들의 견해가 여러분 자신의 내면의 목소리를 가리지 못하게 하십시오. 그리고 가장 중요한 것은, 마음과 직관을 따라가는 용기를 갖는 것입니다. 그들은 당신이 진정으로 되고자 하는 것이 무엇인지 이미 알고 있을 것입니다. 그 외의 모든 것들은 부차적인 것입니다.

내가 어렸을 때, '지구백과'라는 놀라운 책이 있었는네 우리 세대에게는 바이블과 같은 것이었습니다. 그것은 이곳에서 멀지 않은 먼로 파크에 사는 스튜워트 브랜드라는 사람이 쓴 것인데, 시적인 감각을 가미해 책에 생명을 불어넣었습니다. 그 때가 70년대 중반으로 개인용 컴퓨터나 데스크탑 출판이 없었기 때문에 모든 것이 타자기, 가위, 폴라로이드 카메라로 제작된 것이었습니다. 말하자면 구글(Google)이 등장하기 35년 전의 책 형태의 구글 같은 것입니다.

스튜어트와 그의 팀은 몇 번의 개정판을 출판하였고 결국 수명이 다할 때쯤에 최종판을 내었습니다. 그 때가 70년대 중반이었고 제가 여러분의 나이 때였습니다. 최종판의 뒤쪽 표지에는 이른 아침 시골길의 사진이 있었는데, 여러분이 겁이 없다면 히치하이킹을 할 수 있는 풍경입니다. 그 사진 밑에 이런 말이 적혀 있었습니다.

'계속 갈망하라. 늘 우직하게'(Stay Hungry. Stay Foolish) 그것은 그들이 책 출판을 중단하면서 보낸 작별의 메시지입니다. '계속 갈망하라. 늘 우직하게' 제 자신에게 항상 그러기를 바랐습니다. 그리고 지금 새로운 출발을 위해 졸업하는 여러분에게도 그러기를 바랍니다.

'계속 갈망하라. 늘 우직하게' (Stay Hungry. Stay Foolish) 대단히 감사합니다.

10.2 스티브 잡스의 명언

아래 내용은 스티브 잡스의 어록이 담긴 조지 빔의 저서 '아이(I), 스티브'에 수록된 잡스가 남긴 10가지 명언이다. 잡스 명언들의 의미를 생각해보고, 이들이 애플의 혁신에 어떤 영향을 주었는지 토론해보자.

① 죽음은 인생에서 가장 멋진 발명이라고 생각한다. 죽음으로 낡아 쓸모없어진 모델의 시스템을 없앨 수 있다. (1985년 플레이보이)
② 창조적인 방식으로, 예술가로 살려면 뒤를 너무 자주 돌아보지 말아야 한다. 당신이 한 일, 당신이 어떤 사람인지를 기꺼이 받아들이고 또 이것들을 던져버릴 수도 있어야 한다. (1985년 플레이보이)
③ 컴퓨터는 가장 놀랄만한 도구다. 인간이 컴퓨터를 쓴다는 것은 걷다가 자전거를 타는 것과 마찬가지다. (1990년 영화 '메모리 & 이매지네이션')
④ 최고의 부자가 되는 것은 나에게 별로 의미가 없다. 밤에 잠자리에 들면서 대단한 일을 했다고 말하는 것, 그게 중요하다. (1993년 CNN머니/포천)
⑤ 사람들은 집중을 집중해야 하는 것에 '예'라고 말하는 것이라 여긴다. 그러나 집중은 그런 게 아니다. 수백 종류의 좋은 아이디어에 '아니오'라고 말하는 것이 집중이다. 나는 이루지 않은 것에도 이룬 것만큼의 자부심을 느낀다. 혁신이란 1000가지에 퇴짜 놓는 것이다. (1997년 애플 세계개발자콘퍼런스)
⑥ 지도자와 추종자를 가르는 것이 혁신이다. (2001년 '스티브 잡스의 혁신 비밀')
⑦ 내 모든 기술을 바꾸어 소크라테스와 오후를 함께 보내고 싶다. (2001년 뉴스위크)
⑧ 내 사업 모델은 상대방의 부정적인 성향을 통제했던 비틀스다. 비틀스를 이루는 각 멤버 4명은 균형을 이뤘으며, 이들 넷의 총합은 넷의 합계보다 컸다. 이것이 나의 사업관이다. 사업에서 대단한 일은 개인이 아닌 팀이 해낸다는 것이다. (2003년 '60분')
⑨ 나는 물건을 많이 사지 않는다. 결국엔 이 물건들이 터무니없다는 걸 알게 되기 때문이다. (2005년 인디펜던트)
⑩ 내 일은 사람들을 살살 다루는 것이 아니라 이들이 더 나아지도록 하는 것이다. (2008년 CNN머니/포천)

생각해보기

○ **스티브 잡스는 일, 돈, 사랑, 죽음과 관련된 아래와 같은 메시지들을 남겼다. 각각의 의미를 생각해보고 자신의 생각을 요약해보자.**

► 우리가 이룬 것만큼 이루지 못한 것도 자랑스럽다.

► 디자인은 어떻게 보이느냐가 아니라 어떻게 작동하느냐의 문제다.

► 실패의 위험을 감수하는 사람만이 진짜 예술가다. 늘 갈망하고 우직하게 나아가라.

► 대부분 사람은 원하는 것을 보여주기 전까지는 자신이 무엇을 원하는지도 모른다.

► 살아보니 돈은 중요하지 않더라. 매일 잠자리에 들 때 "오늘 정말 멋진 일을 했다"고 말할 수 있는 것이 중요하다.

► 다른 사람의 삶을 사느라 한정된 시간을 낭비하지 마라. 중요한 것은 당신의 마음과 직관을 따르는 용기를 내는 것이다. 이미 마음과 직관은 당신이 하고자 하는 바를 알고 있다.

► 진정으로 만족하는 유일한 길은 당신이 위대한 일이라고 믿는 일을 하는 것이고, 위대한 일을 하는 유일한 길은 당신이 사랑하는 일을 하는 것이다. 사랑하는 사람을 찾듯이 사랑하는 일을 찾아라.

✤ '생각해보기'에 대한 글쓰기 및 발표

의견정리

참고자료

연습문제

01. 스티브 잡스의 스탠포드 대학 졸업식 연설문을 듣고 본문의 번역문 내용과 비교하라.

02. 스티브 잡스의 스탠포드 대학 연설문에서 말한 'Stay Hungry. Stay Foolish'에 대한 자신만의 의미를 요약하라.

03. 세계적인 IT 기업의 CEO 관점에서 스티브 잡스와 빌 게이츠의 차이점을 설명하라.

04. 마이크로소프트와 애플의 회사 경영 철학에서 차이점을 설명하라.

05. ≪스티브 잡스≫(월터 아이작슨 저, 안진환 옮김, 민음사, 2011)에 있는 'Think different'의 의미를 애플의 제품들에서 찾아라.

06. 잡스는 제품의 디자인이나 홍보에서 단순함을 강조하였다. 이러한 생각이 반영된 것을 애플 제품이나 광고에서 찾아라.

07. 잡스의 프레젠테이션 기술은 모든 청중들에게 공감을 일으키는 것으로 잘 알려져 있다. 잡스의 프레젠테이션 기술의 특징을 설명하라.

08. 애플의 제품이 다른 경쟁사 제품과 차별화될 수 있는 요소로 어떤 것이 있는지 설명하라.

09. 애플의 최고 경영자로서 스티브 잡스가 보여준 자질이 무엇인지 설명하라.

10. 아래와 같이 잡스를 추모하는 그림, 사진, 동영상 등을 찾아보고 느낌을 적어보라.

실습과제

01. 스티브 잡스의 스탠포드 대학 졸업식 연설문을 보고 A4용지 1매 분량의 감상문을 작성하라.

- ► news.stanford.edu/news/2005/june15/grad-061505.html

02. 스티브 잡스의 전기인 아래 책을 읽은 후 감명 받은 문구들을 나열하고 그 의미를 요약하라.

- ► ≪스티브 잡스≫, 월터 아이작슨 저, 안진환 옮김, 민음사, 2011

03. 빌 게이츠의 하버드 대학 연설문(Bill Gates at Harvard University on June 7, 2007)을 들어보고 어떤 내용인지 요약하라.

제5부
정보기술 전쟁

CHAPTER 11

구글 성공의 양면성

CHAPTER 11

구글 성공의 양면성

학습목표

- ✤ 구글의 성장 과정과 주요 제품을 설명할 수 있다.
- ✤ 개인정보 보호 관점에서 구글의 정책 및 문제점을 설명할 수 있다.
- ✤ 구글의 '스트리트 뷰'에서 발생될 수 있는 개인정보 보호 문제를 설명할 수 있다.
- ✤ 저작권 보호 관점에서 구글의 정책 및 문제점을 설명할 수 있다.
- ✤ 구글의 유튜브에서 발생될 수 있는 저작권 문제를 설명할 수 있다.
- ✤ 구글의 도서관 디지털화 프로젝트에서 발생될 수 있는 저작권 문제를 설명할 수 있다.
- ✤ 구글의 리눅스 운영체제, 빅 데이터, G메일에서 발생될 수 있는 정보보안 문제를 설명할 수 있다.
- ✤ 정보보안 관점에서 구글의 정책 및 문제점을 설명할 수 있다.

11.1 구글의 성장 과정

11.1.1 성장 과정과 기업문화

1) 구글 소개

구글의 창업자는 스탠포드 대학교 박사과정의 래리 페이지(Larry Page)와 세르게이 브린(Sergey Brin)이다. 이들은 유대인이고 스탠포트 대학원에서 처음 만났다. 구글의 탄생은 스탠포드 대학의 영향이 크다. 스탠포드 대학에서는 박사학위 논문보다는 자유로운 학풍 속에서 혁신을 주도하고 창업을 추천했다. 페이지와 브린은 박사학위를 끝마치고 싶었지만 이런 학교 분위기로 인해 창업을 위해 자퇴하였다.

구글의 이름은 'googol'이라는 단어에서 유래되었으며, 10의 100제곱이라는 뜻으로 0이 100개인 천문학적인 숫자를 뜻한다. 이것은 네트워크의 광대함과 세상의 모든 정보를 정리하고 활용하겠다는 야심찬 목표를 반영하고 있다. 구글이 최고의 기업으로 성장하면서 Googling, Googlization, Googly, Googler 같은 다양한 뜻의 단어들이 파생되기도 했다. 구글은 세계최고 기업이면서 기술력을 가지고 있다. 2007, 2008년에는 Fortune에서 선정한 미국에서 가장 일하기 좋은 기업 1위로 선정되었다.

구글은 세계 최대 인터넷 기업이며, 제공하는 서비스는 유튜브, G메일, SNS인 구글 플러스, 브라우저인 크롬, 가상 저장공간인 드라이브, 앱 장터인 플레이, 스트리트 뷰, 번역, 전자지갑 등 다양하다. 전 세계 스마트폰의 절반 이상이 구글의 안드로이드 운영체제를 사용하고 있다. 인터넷 브라우저 시장에서도 구글 크롬이 마이크로소프트의 인터넷 익스플로러 사용자 수를 추월하였다.

순위	비즈니스 분야	엔지니어링 분야	일하기 좋은 기업 분야
1	구글	구글	구글
2	KPMG	IBM	제넨텍
3	PwC	마이크로소프트	웨그먼스 푸드마켓
4	언스트앤영	BMW	컨테이너 스토어
5	딜로이트	인텔	홀 푸즈 마켓
6	마이크로소프트	소니	네트워크 어플라이언스
7	프록터앤갬블	애플	SC존슨 앤드 선
8	J.P.모건	제너럴 일렉트로닉스	보스턴 컨설팅 그룹
9	애플	지멘스	메소디스트
10	골드만삭스	프록터앤갬블	WL 고어 앤 어소시에이츠

자료: 포춘(Fortune)

포춘 선정 미국 기업 분야별 순위(2008년)

2) 구글의 성장 과정

래리 페이지와 세르게이 브린은 1996년에 구글의 전신인 최초의 검색엔진 백럽(BackRub)을 개발했다. 백럽은 웹 사이트의 링크를 '역으로 추적한다'는 뜻이며, 구글(Google)이라는 검색엔진을 개발하는 바탕이 되었다. 이것은 사이트마다 웹페이지의 구성요소들을 분석하고 검색결과와 가장 연관성이 있는 페이지의 내용까지 고려해 그 결과를 종합적으로 계산하는 방식이다. 1997년에 구글닷컴이라는 도메인을 확보했고 1998년에 구글을 창업하였다. 구글은 모든 정보를 집대성하겠다는 목표를 가지고 만든 포털 사이트이며, 창업 당시에 매우 큰 1000기가 바이트의 하드디스크를 사용하였다. 구글은 2000년 7개국의 검색 서비스를 시작하고 10억 개 홈페이지의 검색 데이터베이스를 갖추었다. 그리고 구글의 핵심 수익을 제공하는 검색광고 애드워즈를 도입하였다. 이것은 검색결과 페이지의 우측에 검색관련 광고를 게재하는 것으로 구글의 독특한 광고 방식이다. 2001년에는 이미지검색 서비스를 시작하고 MS 오피스 문서 검색 기능을 추가하였다. 2002년에는 뉴스 서비스와 가격비교 서비스를 제공하기 시작하였다. 2003년에 구글 툴바 2.0을 발표했고 새로운 다른 광고 방식인 애드센스를 도입하였다. 2004년에 G메일의 베타서비스를 시작하고 구글 데스크톱 설치를 발표하였다. 그리고 미국 증시거래소인 나스닥에 상장하며 세계적인 회사로 자리를 굳혔다. 2012년에 발표한 '구글 안경(Google glass)'은 안경처럼 쓰는 스마트폰이다. PC를 사용하지 않아도 24시간 구글을 통해 정보를 주고받을 수 있으며 위치정보가 자동으로 제공된다.

구글은 성장하면서 다양한 사업을 추진하고 있다. 세계 저개발 국가들을 위한 공익사업에 투자하고 고효율 대체 에너지 개발 프로젝트도 추진하고 있다. 초대형 서버팜 운영을 위해 풍력발전에 4천만 달러를 투자하는 등 친환경 에너지 분야에 투자하고 있다.

3) 구글의 기업문화

구글은 세계 최고의 인재를 채용하고, 일하고 싶은 환경을 조성하여 직원들의 창의력을 발휘하도록 한다. 구글의 기업문화의 예로 즐겁게 일하는 것을 들 수 있다. 구글의 직원들은 자유로운 복장으로 출근하고 편안한 업무환경에서 근무한다. 직장은 특별한 장소가 되어야 한다는 기업문화를 가지고 있다. 직장이 단순히 실적과 이윤만을 중시하는 곳이 아니라 인생에 있어서 의미 있는 일을 하는 특별한 장소라는 경영방침으로 운영되고 있다.

구글에는 '20%의 규칙'이라는 것이 있다. 업무시간의 20%를 업무와 연관이 없는 자기계발을 위해 사용하는 것이다. 직원들은 업무시간에도 타부서 직원들의 도움을 받아 다양한 자기계발을 하고 회사 발전에 기여할 수 있는 능력을 키우고 있다. 또한 무엇이든 상관없이 자신이 좋아하는 프로젝트를 해야 한다는 철저한 직원 중심의 분위기가 조성되어 있다.

구글에는 3~4명이 한 팀으로 구성되어 과제를 해결하는 팀제도가 있다. 문제를 여러 개로 나누어 각 팀에 할당하고, 팀별로 해결안을 도출한 후 이들을 다시 결합한다. 다양한 해결방안 중 탁월한 해법을 최종적으로 선택해서 과제를 해결하는 방식으로 운영된다. 인트라넷을 통해 업무 노하우와 자료를 서로 공유하는 등 직무 관련 커뮤니티가 활성화되어 있다.

구글은 소통을 중요하게 생각하고 서로 협력하는 업무 분위기를 조성한다. 또 효율적이고 창의적인 직무성과를 달성하는 것을 목표로 하고 소수의 반대의견도 격려한다. 계획과 실행보다는 실험과 학습을 강조하고 도전문화를 정착하고 있다.

구글은 일과 놀이를 함께 할 수 있고 즐거움 속에서 혁신적인 아이디어가 나온다는 경영 철학을 가지고 있다. 구글 직원들은 전체 임금의 75%를 지급받는 12주의 유급휴가를 받고, 드라이클리닝, 세차서비스, 쇼핑, 세탁서비스 등도 지원받는 환경이 마련되어 있다.

11.1.2 구글의 기술

1) 검색 기술

구글의 핵심기술 중 하나는 검색 시 적용되는 '페이지 랭크'를 들 수 있다. 페이지 랭크는 인기 있는 페이지를 찾는 알고리즘이다. 해당 사이트가 다른 사이트에 얼마나 정확하게 연결돼 있는지를 파악하여 중요도를 평가한다. 그리고 사람의 판단에 따른 가치가 개입되지 않고 다른 사이트가 관련 내용으로 어느 정도 연결해 놓았는가를 집계해서 보여주는 방식이다. 이것은 중요도가 높은 페이지는 다른 많은 사이트로부터 링크를 받는다는 것에 바탕을 둔 것이다.

예를 들면, 페이지 A가 페이지 B, C, D, E로 총 4개의 링크를 설정하였다면 B는 A의 페이지 랭크 값의 0.25만큼을 가져온다. 오래되고 유명한 페이지가 우선적으로 보인다는 단점이 있지만 현재 이것이 가장 효율적인 랭킹 알고리즘인 것으로 알려져 있다. 아래 그림은 '페이지 랭크' 알고리즘의 개념을 나타낸 예이다.

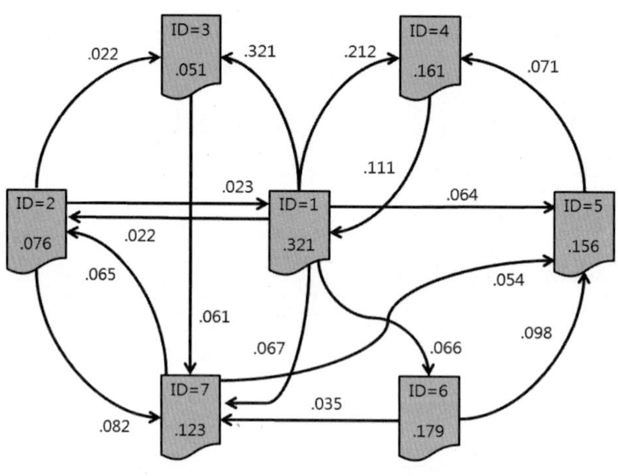

2) 개인정보 보호 기술

구글은 다양한 개인정보 보호 기술을 보유하고 있다. 대시보드, 테이크아웃, 크롬(Chrome)의 시크릿 모드 등이 대표적인 기술이다. 대시보드는 사용자가 구글 서버에 저장해 놓은 자신의 데이터를 직접 보고 제어할 수 있도록 설계된 서비스이다. 대시보드를 통해 사용자는 구글 제품에 대한 개인 설정을 관리할 수 있다. 또 구글은 사용자가 온라인으로 저장하는 정보를 자유롭게 관리할 수 있어야 한다고 생각한다. 테이크아웃을 통해 데이터를 구글 제품으로 가져오고 내보낼 수 있게 하였다. 각 서비스에 대한 백업은 전체적으로 한 번에 하거나 원하는 서비스만 선택할 수 있다. 백업을 하면 자신의 PC에 ZIP 파일로 다운로드 할 수 있고, 서비스 선택을 이용할 시 원하는 포맷으로 받을 수도 있다. 사생활 보호를 위해 다른 사람이 모르게 인터넷을 탐색할 때는 크롬의 시크릿 검색 모드를 이용할 수 있다. 사용자가 시크릿 모드에서 방문한 페이지와 다운로드 한 파일은 크롬의 인터넷 사용기록이나 다운로드 기록에 저장하지 않는다. 쿠키는 임시로 저장되었다가 크롬을 닫을 때 모두 삭제하는 방식으로 기능이 수행된다.

3) 스트리트 뷰

'스트리트 뷰'는 구글을 대표하는 중요한 기술 중 하나이다. 스트리트 뷰 촬영 차량과 세발자전거, 트롤리 등을 이용해 전 세계의 위치 정보를 수집한다. 스트리트 뷰 기능을 이용해 누구든지 필요한 위치정보를 파악할 수 있고 다양한 방면에 활용할 수 있다. 최근 스트리트 뷰 촬영으로 인한 사생활 침해문제가 발생하기도 하였다. 스트리트 뷰를 촬영하는 차가 위치기반 서비스를 사용하기 위해 공개된 Wi-Fi 네트워크 이름과 고유 라우터 번호를 수집하는 과정에서 웹 트래픽 데이터를 수집하기도 했다.

4) 구글의 광고 방식

구글에서는 애드워즈와 애드센스라는 광고 방식을 사용한다. 에드워즈는 광고주가 구글에 검색광고를 신청하며, 링크로 연결된 광고가 검색결과 우측에 표시되는 방식이다. 배너광고와 구분되는 새로운 방식의 광고이며, 클릭 수에 따라 광고비를 지불하므로 광고비에 대한 부담이 적다. 구글 홈페이지에서 검색을 하면 김색내용과 연관된 애드워즈 광고들을 볼 수 있다. 구글은 이것으로 상당한 수익을 벌어들이고 있지만 이 방식을 도입한 야후와 마이크로소프트는 실패하였다. 애드센스는 콘텐츠와 관련성이 높은 광고를 게재하여 광고 게시자에게 수익을 가져다주는 온라인 광고 서비스이다. 웹사이트 소유자가 에드센스에 가입하고 사용자가 에드센스 광고를 클릭하면 광고 게시자는 광고비를 지급한다. 이렇게 적립된 광고비를 구글과 웹사이트 제작자가 분배하는 방식이다.

5) 구글의 사업영역 확대

구글은 성장하면서 다양한 영역으로 사업을 확대하고 있다. 유튜브를 인수해서 사용자를 확대했고, 최고의 디지털 마케팅 회사인 더블클릭을 인수하였다. 또 G메일 서비스와 구글폰, 구글앱스 등 다양한 방면으로 사업을 확장하고 있다. 또 야후에 검색기술 라이센스의 제휴를 통해 수익을 얻기도 하였다.

구글은 모든 것이 구글화 된 세상을 만들고 있다. 구글 I/O에서 공개된 구글의 새로운 서비스에는 예측형 검색 및 실시간 길 안내, 음성인식 검색, 맞춤형 음악재생 목록추천,

3D 영상지도 등이 있다.

구글의 웹 브라우저인 크롬(Chrome)만 설치하면 마이크로소프트의 운영체제나 애플의 기기에서도 구글이 만든 다양한 서비스 플랫폼을 자유롭게 쓸 수 있다. 모든 길이 로마로 통했듯 모든 IT 기기들이 구글로 통하는 세상을 구현하려는 시도다. 구글은 검색, 안드로이드, 크롬, 맵스, 유튜브 등을 사용하여 인터넷에서 많은 사용자 데이터를 수집하였다. 구글은 이 모든 데이터를 한데 모아 다른 회사가 도전하지 못하는 달 탐사와 같은 프로젝트를 수행하고 있다.

구글은 사용자의 움직임을 분석해 적절한 메시지를 알려주는 '말하는 신발'을 선보였다. 신발에는 초소형 컴퓨터, 가속도계, 압력 감지센서, 자이로스코프, 블루투스 칩, 스피커 등이 장착되어 있다. 사용자의 스마트폰과 무선으로 연결되어 인터넷에도 접속할 수 있다. 신발은 지도 앱을 통해 사용자의 현재 위치와 움직이는 방향을 파악한다. 그리고 신발에 달린 스피커나 구글플러스 등 SNS를 이용해 사용자에게 메시지를 실시간으로 전달한다.

6) 구글의 서비스 활용

구글은 클라우드 서비스인 G 드라이브(구글 드라이브)를 통해 웹기반 문서저작도구와 저장 공간을 무료로 제공한다. 문서저작도구를 사용하여 구글 문서, 스프레드시트, 프리젠테이션, 양식(설문), 그림 등의 문서를 작성할 수 있다. G메일, 드라이브, 구글 플러스 등의 데이터 저장을 위해 15GB의 저장공간을 사용할 수 있다. 구글의 클라우드 서비스를 사용하여 파일을 공유할 수 있으며 공동으로 작업을 수행할 수 있다.

구글 문서는 워드프로세서의 대부분 기능을 사용할 수 있으며, 인터넷의 이미지를 바로 추가할 수 있다. 문서를 공유함으로써 다른 사람과 문서를 함께 수정할 수 있는 공동 작업 기능이 가능하다. 새로 작성된 문서는 자동으로 저장되며, 마지막으로 저장된 시간이 화면 오른쪽 상단에 표시된다.

구글 프리젠테이션은 발표나 강의용 문서를 작성하는 파워포인트 형태의 프리젠테이션 도구이다. 구글 스프레드시트는 엑셀처럼 표와 계산을 쉽게 처리할 수 있도록 만들어진 도구이며 엑셀과 사용법이 유사하다. 여기서는 구글 스프레드시트로 세미나 참석자들을 확인하는 문서를 작성하고, 세미나 참석자들이 온라인으로 출석을 체크할 수 있도록 공유 기능을 설정하는 방법을 설명한다.

(1) 구글 스프레드시트 활용

구글 드라이브에서 〈만들기〉 버튼을 클릭한 후 스프레드시트를 클릭한다. 스프래드시트 창에서 다음과 같은 시트를 작성한다.

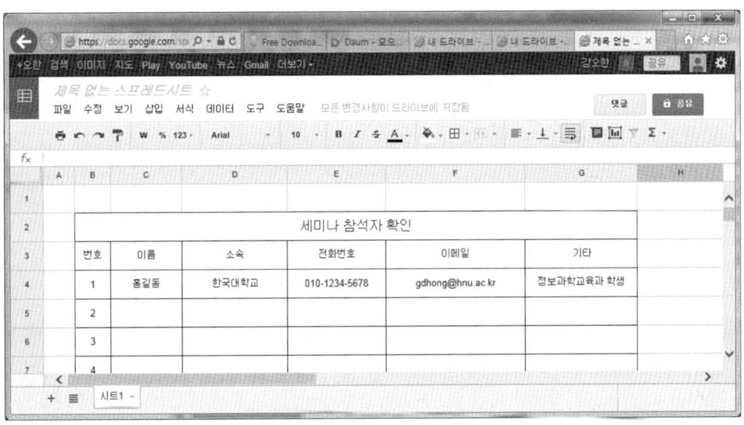

상단의 '제목 없는 스프레드시트' 부분을 클릭한 후 문서의 이름을 '세미나 참석자 명단'으로 수정한다. 우측 상단의 〈공유〉 버튼을 클릭하면 다음과 같은 창이 나타난다. 비공개로 설정된 권한을 변경하기 위하여 '변경...' 부분을 클릭한다. 공유를 위한 공개범위 설정 창이 나타난다.

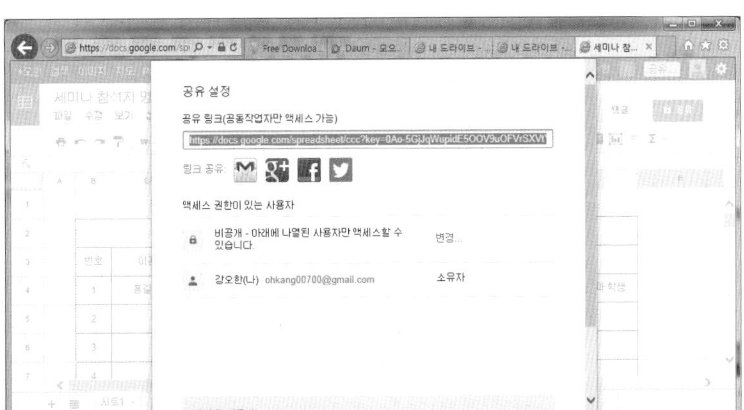

작성한 문서에 대한 링크를 알고 있는 사용자에게만 공개되도록 공개옵션을 설정한다. 그리고 문서를 공유한 사용자가 내용을 수정할 수 있도록 액세스 설정에서 '수정 가능'을 선택한다. 〈저장〉 버튼을 클릭하면 공유설정 화면이 다시 나타난다.

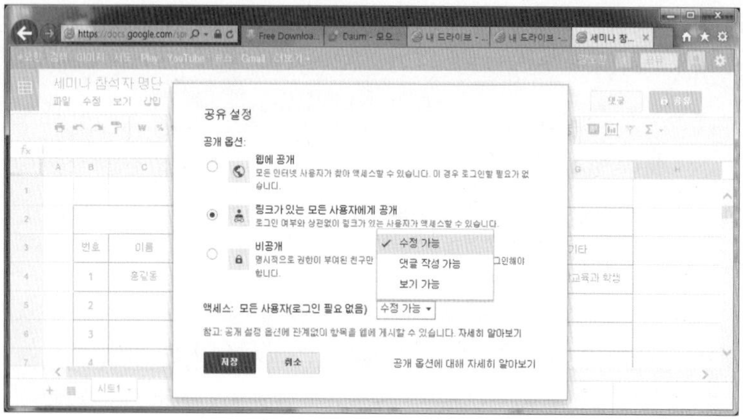

구글은 복잡한 URL을 단순화시켜 재설정하는 기능을 제공한다. 다음 창에서 Ctrl+C를 입력한 후 '공유할 링크'에 있는 URL을 복사한다.

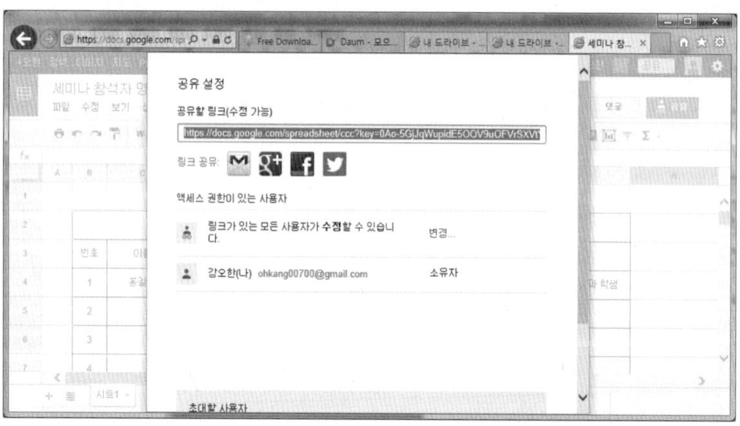

브라우저의 주소창에 goo.gl을 입력한 후 엔터키를 누른다. 다음 그림과 같이 Ctrl+V를 입력하여 위에서 복사한 URL을 "Paste your long URL here:" 부분에 붙여넣기 한다. 〈Shorten URL〉 버튼을 클릭하면 긴 URL을 단순화시켜 다시 설정한 URL이 생성된다. 단순화시킨 URL 밑의 'details'를 클릭하면 QR코드, 클릭수, 유입경로 등을 알 수 있다.

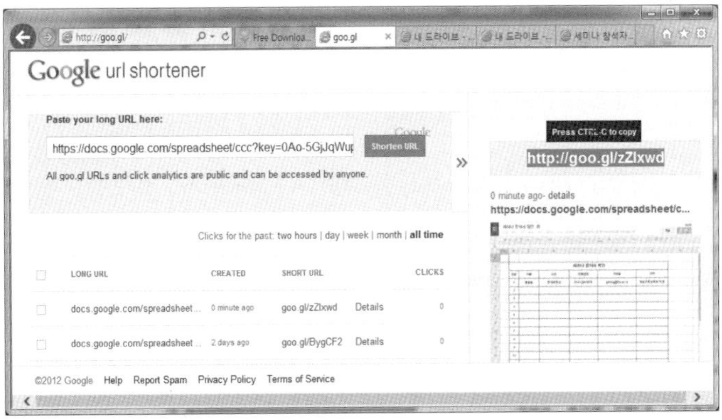

단순화시킨 URL을 브라우저에 입력하면 세미나 참석자를 확인하는 스프레드시트 문서가 나타난다. 세미나 참석자들에게 URL을 알려주고 세미나 참석자들이 온라인으로 자신의 정보를 직접 입력할 수 있도록 한다. 문서가 공유되고 수정할 수 있도록 설정되어 있어서 여러 명이 동시에 문서에 접근하여 데이터를 입력하고 수정할 수 있다.

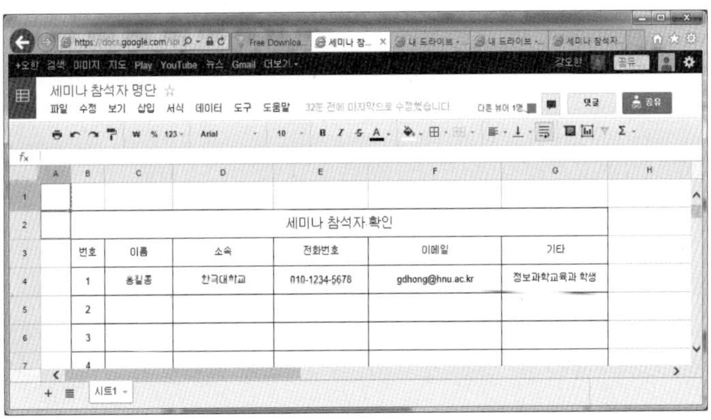

구글 드라이브에 접속하면 새로 작성한 스프레드시트 문서인 '세미나 참석자 명단'이 '내 드라이브'에 저장된 것을 확인할 수 있다.

11.2 개인정보 보호 문제

구글은 사용자가 구글의 서비스를 이용할 때마다 사용자 정보를 저장하여 개인정보를 과도하게 수집한다는 비난을 받고 있다. 포털 사이트에 입력하는 검색어의 종류, 휴대폰 연락처 목록, 주고받는 이메일의 내용, 스마트폰에 음성으로 하는 질문 등 엄청난 양의 데이터가 구글에 쌓이고 있다. 구글은 각종 서비스를 제공하는 대가로 사용자의 정보를 통해 광고수익을 얻고, 더 정교한 맞춤형 서비스를 만들어낸다.

구글의 모토가 '사악해지지 말자(Don't be Evil)'인 것도 이 같은 정보수집 능력과 관련이 있다. 구글은 지도 서비스인 '스트리트 뷰'를 위해 거리를 촬영하면서 인근 가정의 보안설정이 되지 않은 무선 네트워크를 통해 이메일 주소 등 개인정보를 수집했다가 미국 연방통신위원회(FCC)의 조사를 받았다. 또한 인터넷의 쿠키를 통해 개인정보를 수집하다 적발돼 '쿠키 게이트(cookie gate)'라는 별칭이 생겨났다.

기업 사용자를 위해 출시된 '구글 맵스 코디네이트'는 직원들의 현재 위치 등 개인정보를 수집해 직장 상사에게 알려준다. 직장 상사는 회사에 앉아서 외근 직원들의 위치정보와 업무 상태를 파악할 수 있다. 직원들의 스마트폰에 설치된 앱은 주기적으로 사용자의 위치를 회사로 전송한다. 업무가 시작되고 종료되었을 때도 앱을 통해 시간이 기록된다.

11.2.1 구글의 정책 및 도구

구글은 사용자에 대해 적절한 수준의 개인정보 보호 및 보안이 균형을 이룰 수 있도록 노력한다. 개인정보 보호원칙은 회사의 각 단계에서 결정을 내릴 때 올바른 기준을 제시하므로, 전 세계의 정보를 체계화하는 임무를 이행하는 동시에 사용자를 보호하고 경쟁력 강화에 도움을 줄 수 있다.

1) 개인정보 보호 정책

구글은 개인정보 보호를 위한 정책을 수립하고 다양한 도구를 활용하여 개인정보 보호에 노력하고 있다고 주장한다. 먼저 이에 대한 내용을 알아보자. 구글은 사용자가 자신들과 사용자 정보를 공유하면 이를 활용하여 유용한 서비스와 제품을 구축할 수 있다고 주장한다. 강력한 개인정보 보호 기준과 관행을 반영하는 제품을 개발한다. 개인정보 수집을 투명하게 관리하고, 사용자가 간편하게 개인정보를 관리하도록 도구를 개발하고 있다. 서비스를 맞춤 설정하는 데 사용되는 정보를 본인이 볼 수 있도록 한다. 구글이 보유하고 있는 개별 사용자 정보, 서비스 제공을 위해 정보를 활용하는 방식을 공개한다. 개인정보 보호와 관련하여 사용자의 의사를 표시할 수 있도록 선택권을 준다. 또한 보안 문제를 철저하게 관리하며, 안전한 인터넷을 만들 수 있도록 사용자, 개발자, 외부 전문가 등과 협력한다. 개인정보 보호법을 준수하며, 외부의 규제당국 및 업계 파트너와 협력하여 개인정보 보호 기준을 개발하고 구현한다.

2) 개인정보 보호 도구

(1) 대시보드 서비스

대시보드는 구글이 서버에 저장해 놓은 사용자의 데이터를 사용자들이 직접 보고 제어할 수 있게 하는 서비스이다. 대시보드를 통해 사용자들은 각 구글 제품에 대한 개인 설정을 관리할 수 있다. 대시보드가 지원하는 제품은 지메일, 캘린더, 문서도구, 웹히스토리, 유튜브, 피카사, 토크(Talk), 리더(Reader), 알럿(Alerts), 구글 래티튜드(Google Latitude) 등 총 20가지 정도이다.

(2) 테이크아웃 서비스

구글은 사용자가 온라인으로 저장하는 정보를 자유롭게 관리할 수 있도록 한다. 테이크아웃을 사용하면 데이터를 구글 제품으로 가져오고 내보낼 수 있다. 각 서비스에 대한 백업은 전체적으로 한 번에 할 수 있고, 원하는 서비스만 골라서 진행할 수도 있다. 백업을 하면 자신의 PC에 ZIP 파일로 다운로드 받을 수 있으며, 원하는 포맷을 지정하여 받을 수도 있다.

(3) 크롬의 시크릿 모드

다른 사람이 모르게 인터넷을 검색하려는 경우에는 크롬(Chrome)의 '시크릿 모드'를 이용할 수 있다. 사용자가 시크릿 모드에서 방문하는 페이지와 다운로드 하는 파일은 크롬의 인터넷 사용기록이나 다운로드 기록에 남지 않는다. 쿠키는 임시로 저장되었다가 크롬을 닫으면 모두 삭제된다.

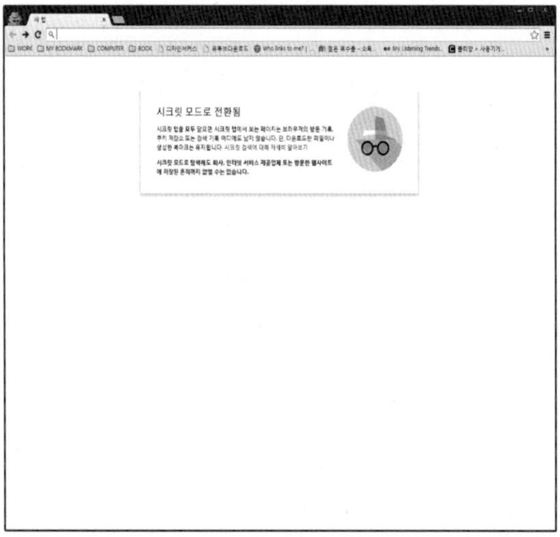

(4) 웹 기록 관리

계정에 로그인하고 검색 시 웹 기록을 사용하도록 설정한 경우에는 이전 검색어와 자신이 클릭한 결과를 볼 수 있다. 사용자는 개별 항목을 삭제하거나, 검색 기록을 일시중지하거나, 서비스의 사용을 모두 중지하도록 선택할 수 있다.

(5) 광고 환경설정 관리자

구글의 광고 시스템은 사용자가 검색이나 G메일 등을 사용할 때 사용자의 관심사를 바탕으로 광고를 게재한다. 사용자는 정보를 추가하거나 수정하여 어떤 광고를 수신할 것인지 선택하거나 광고가 보이지 않도록 선택을 해제할 수 있다.

(6) 스트리트 뷰 이미지 관리

'스트리트 뷰'에서는 개인의 사생활 보호를 위해 식별 가능한 얼굴, 자동차 번호판 등을 자동으로 흐리게 처리한다. 또한 인물, 자동차, 집 등이 찍힌 사진을 더 흐리게 처리하도록 요청할 수 있는 도구를 제공한다. 부적절한 콘텐츠를 포함한 이미지를 삭제하도록 요청할 수도 있다. 개인정보를 보호하기 위해 공공장소의 이미지만 표시한다. 스트리트 뷰 이미지는 촬영 이후 이미지를 처리하여 온라인에 게시하기까지 수개월이 소요된다. 즉, 스트리트 뷰에서 보는 이미지는 수개월에서 수년 전의 모습이다.

(7) 유튜브의 동영상 관리

유튜브에서 친구를 지정하여 아이디어를 공유하거나 동영상을 자신만 볼 수 있도록 관리할 수 있다. 동영상을 업로드 할 때 미등록 또는 비공개 동영상으로 선택하면 된다.

(8) 웹로그 분석 선택 해제

웹로그 분석은 페이지 조회 수, 최고 트래픽 시간 등의 웹사이트 방문자 관련 통계를 생성한다. 웹로그 분석을 사용하는 사이트에 방문할 때 웹 브라우저에 차단 기능을 설치함으로써 웹로그 분석에서 익명의 브라우저 데이터를 수집하지 못하게 할 수 있다.

11.2.2 구글의 문제점

1) 스트리트 뷰 촬영

구글은 다양한 도구를 사용하여 '스트리트 뷰' 서비스를 위한 데이터를 수집한다. 자동차를 사용하는 경우에는 15개의 렌즈를 장착하여 360도 사진 촬영이 가능하도록 한다. 또한 위치 추적을 위한 동작 센서, 데이터 저장을 위한 하드 드라이브, 시스템을 실행하는 소형 컴퓨터, 3D 데이터를 캡처하여 거리를 측정하는 레이저가 설치되어 있다.

구글은 차량으로 접근할 수 없는 장소를 탐험할 수 있는 자전거 기반 카메라 시스템을 개발하였다. 세발자전거로 공원, 트레일, 대학 캠퍼스, 스포츠 경기장 등을 촬영한다. 그리고 미술관과 같은 실내의 촬영을 위해 출입문을 손쉽게 통과하고 예술 작품 사이를 이동할 수 있는 트롤리를 개발하였다. 트롤리라는 아주 작은 밀차에 장비를 장착하고 이미지를 수집한다. 이와 함께 스노우 모빌에 스트리트 뷰 장비를 장착하는 등 다양한 방법으로 이미지를 수집한다.

2) 스트리트 뷰에서 사생활 침해

(1) Wi-Fi를 통한 개인정보 수집

'스트리트 뷰'에는 일반 도로의 이미지가 포함되어 있으며 이것은 자동차를 타거나 걸어서 이동할 때 보는 이미지와 동일하다. 전 세계 많은 도시의 이미지를 다양한 형식으로 제공하고 있다. 스트리트 뷰의 이미지를 촬영하는 자동차는 위치기반 서비스에 사용하도록 공개한 Wi-Fi 네트워크의 이름(SSID, Service Set Identifier)과 라우터 번호(MAC 주소)를 수집한다. 이 과정에서 구글은 개인정보에 해당하는 웹 트래픽 데이터를 저장하여 문제를 일으켰다. 구글은 인터넷 사용자들이 주고받는 이메일·메신저 내용, ID/PW, 인적사항 등의 개인정보와 위치정보를 불법적으로 수신하였다.

다음 그림은 구글 스트리트 뷰의 정보 수집 방식을 나타낸 것이다. 차량에는 거리영상의 위치정보 수집을 위한 장치가 부착되어 있으며, 이것은 노트북이나 스마트폰에서 송신되어 무선랜 접속장치(AP)로 수신된 정보를 받아들인다.

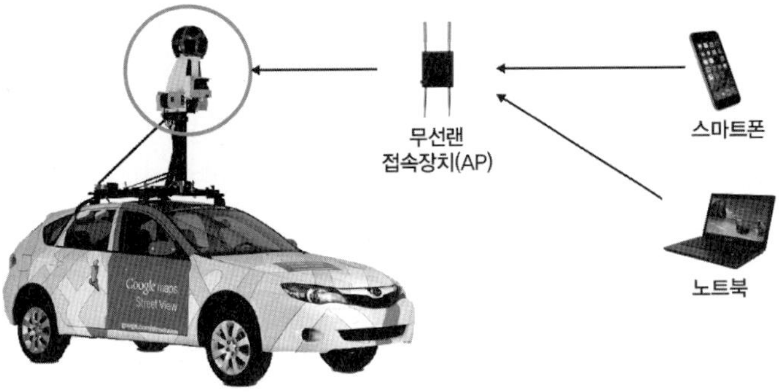

구글 스트리트뷰의 정보수집 방식

(2) 스트리트 뷰를 통해 찍힌 사진

비키니를 입고 일광욕 하는 사진, 알몸이 그대로 노출된 사진, 팬티가 노출된 사진 등이 자신도 모르는 사이에 스트리트 뷰 촬영 차량의 카메라에 찍히고 웹상에 업로드 될 수 있다. 이와 같은 사진에 나타난 사람들의 사생활이 노출되어 인권침해로 이어졌나. 최근에는 스스로 숨기고 싶은 모습까지 사진으로 포착되어 사생활 침해 논란이 이어지고 있다.

3) 개인정보 보호 강화

한 대학생이 구글에서 자기 이름을 검색한 후 설정된 링크를 따라가니 자신의 이름, 생년월일 등이 포함된 데이터베이스로 연결되었다. 이것은 구글의 검색로봇이 웹을 탐색할 때 웹호스트의 비공개 폴더까지 조사하여 검색엔진에 색인화 한다는 것을 의미한다.

개인정보의 노출로 인한 피해를 예방하기 위해 다양한 제도적·기술적 조치를 강구해야 한다. 기업이 광범위하게 개인정보를 수집 · 이용하는 행태를 개선하도록 개인정보 수집을 제한해야 한다. 이를 위해 아이핀(i-PIN) 사용을 활성화하고 주민등록번호의 수집 · 이용을 제한해야 한다. 또한 개인정보에 대한 유효기간을 설정할 수 있도록 제도화하고, 휴면계정에 대하여 일정기간이 경과되면 정보가 자동 삭제되도록 해야 한다.

애플리케이션을 사용한 예방도 추진해야 한다. 개인정보를 요구하는 기업에 대하여 자신만의 개인정보 데이터베이스를 통해 제공하고, 기업은 이를 통해서만 개인정보를 사용할 수 있도록 한다. 개인정보 보호 문제에 대한 근본적인 해결 방안은 개인정보에 대한 인식의 변화이다. 개인정보를 통한 맞춤형 서비스의 편리성이 있는 반면, 정보가 악용되어 원하지 않는 피해를 입을 수도 있다. 개인정보 보호의 중요성에 대한 지속적인 교육과 캠페인을 통해 정보가 올바르게 활용되는 사회로 발전할 수 있을 것이다.

11.3 저작권 보호 문제

구글은 종합적인 광고 솔루션을 만들어서 비즈니스 포트폴리오를 확장하였다. 구글 사이트에서 광고하는 구글 애드워즈 서비스, 블로그와 같은 외부 웹사이트에서 광고하는 구글 애드센스 서비스를 시행하였다. 그리고 주요 웹사이트에 배너광고 대행 서비스를 하던 버블클릭을 인수하였다. 구글이 이와 같은 광고 방식들을 제공함으로써 광고주는 사용자가 어디에 있든 접근할 수 있게 되었다. 구글은 콘텐츠를 디지털화하고 체계화하는 과정에서 콘텐츠 소유자들의 허락을 받지 않았다. 구글은 저작권이 있는 동영상을 불법적으로 유통하던 유튜브를 인수하여 서비스를 확장하고 있다.

11.3.1 구글의 저작권 관련 기술

1) 구글과 애플의 저작권 분쟁

구글은 2011년 8월에 모토로라 모빌리티를 인수함으로써 모토로라의 특허를 사용할 수 있게 되었다. 모토로라(구글)는 미국 ITC에 애플을 특허침해 혐의로 제소하였으며, 애플 제품에 대한 영구 수입금지 명령을 요청하였다. 모토로라가 애플 제품에 제기한 특허 침해는 e메일 알림 기능과 위치 기반 미리알림 기능, 미디어 플레이어 기능, 메시지 기능 등이 있다. 애플의 맥 컴퓨터와 아이폰, 아이패드 시리즈가 모두 특허를 침해했다고 주장하였다. 모토로라가 애플 제품에 제기한 내용은 애플의 '아이 메시지' 관련 기능이다.

모토로라의 이러한 법적인 제소는 애플에 대한 구글의 반격이다. 애플은 2011년 4월부터 삼성전자와 법정 싸움을 벌였다. 애플은 2012년 8월, 미국 산호세 법원에서 삼성전자가 애플의 특허를 침해했다는 판결을 이끌어냈다. 이것은 삼성전자와 애플의 스마트폰 시장 주도권 다툼이었지만, 사실 구글 안드로이드를 향한 애플의 공격이라고 할 수 있다.

2) 유튜브를 인수한 구글

구글은 2006년 온라인 비디오 사이트인 유튜브를 16억 5천만 달러에 인수하였다. 유튜브는 구글 협회와 이용계약 체결을 함으로써 협회의 관리저작물을 모두 사용할 수 있게 되었다. 그러나 소스복사로 게시물을 퍼가는 경우에는 협회와 별도의 이용계약을 체결해야 사용이 가능하다. 이러한 번거로움을 없애기 위해 유튜브는 대안을 마련하였다. 게시물이 송출되는 사이트의 URL을 복사하여 단순링크 방식으로 경로를 지정하고 게시물의 재생은 유튜브 사이트를 통하여 수행한다. 이 경우 카페나 블로그의 저작물이 이용된 것이 아니기 때문에 저작권 문제와 관련이 없게 된다.

3) 검색엔진과 웹크롤러

구글은 초기에 기능이 우수한 검색엔진과 웹크롤러를 가지고 있었지만 수익모델이 없었다. 검색엔진의 근간이 되는 웹크롤러는 인터넷상에 존재하는 웹 문서들을 추적하여 필요한 정보를 수집하는 기술이다. 이것은 검색시스템, 전자상거래 상품검색, 인트라넷 검색 소프트웨어 등 현재 대부분 인터넷 산업의 근간이 되는 핵심 기술이다.

4) 타겟 광고를 통한 검색 키워드

구글이 많은 돈을 벌기 시작한 것은 고투닷컴의 창업자인 빌 그로스를 만난 뒤였다. 그로스는 타겟 광고를 통해 검색 키워드를 수익화하는 방법을 고안하였다. 이 수익모델은 광고주들이 온라인 경매를 통해 가장 가치 있는 키워드를 확보하기 위해 경쟁하도록 한다. 키워드 광고로 얻은 수익을 활용해 더 많은 트래픽을 구매할 수 있고, 이를 통해 더 많은 광고를 노출하는 선순환 구조를 만들어 낸다. 구글은 2002년에 클릭당 지불하는 키워드 경매 서비스를 출시하여 수익이 급증하였다. 이와 유사한 광고모델을 개발하였던 오버추어가 2003년 야후에게 인수되었고, 야후는 구글을 특허침해로 법원에 제소하였다. 구글은 2004년에 오버추어의 특허를 영구적으로 사용하는 대가로 일반주식 270만 주를 야후에게 제공하였다.

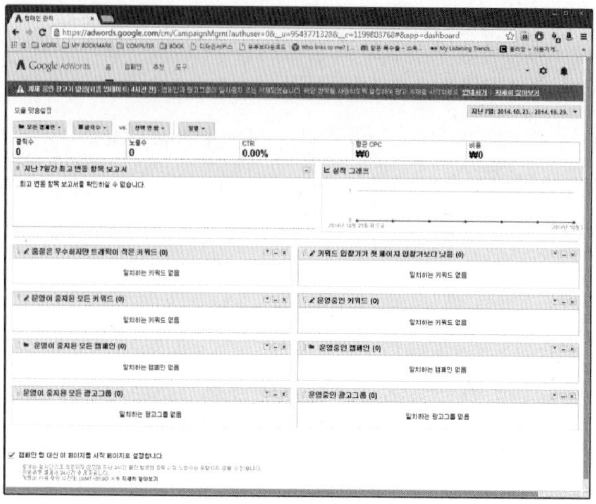

11.3.2 구글 정책의 문제점

'사악해지지 말자(Don't be evil)'라는 모토는 구글이 내세운 기업 철학 중 하나이다. 그러나 이미 IT 전문가들 사이에서는 이러한 모토가 깨어진지 오래되었다는 비판의 목소리가 나오고 있다. 구글이 개인의 사생활을 무시하고, 저작권을 훼손하며, 인터넷 세상을 지배하고 있다는 것이다. 구글은 실제로 정보수집, 배열, 처리 과정에서 불투명한 모습을 보이고 있다. 디지털 시대에 최대 권력자라고 할 수 있는 구글이 지원하는 서비스에 어떤 문제점이 있는지 알아보자.

구글의 저작권에 대한 원칙은 60여개의 구글 서비스에 대부분 적용된다. 특히 이용자들의 콘텐츠 생산이 활발한 구글플러스, 유튜브, 지메일, 구글드라이브 등은 저작권에 관한 특별한 추가약관이 없거나 이용권에 대한 언급이 없다. 이 약관대로라면 구글은 이용자들이 만든 콘텐츠를 자신이 원하는 대로 수정하거나 배포할 수 있다. 구글은 사용자의 정보를 이용해 수익을 만들어내고 있으며 타인의 자산을 존중하지 않는다. 구글은 조직적으로 상표권·저작권·특허권을 침해하고, 저작권 침해를 돕거나 그로부터 이익을 취하며 타인의 자산을 유용해서 새로운 비즈니스를 만들어 낸다. 구글은 자기 것은 열심히 보호하면서 반복적으로 타인의 지적재산권을 침해한다. 구글은 자기 것이 아닌 콘텐츠를 디지털화하고 체계화한다. 급진적인 무료 수익모델을 통해 다양한 제품을 쏟아내며 나름대로 가치를 지닌 경쟁제품과 콘텐츠를 제거시킨다.

1) 도서관 디지털화의 문제

구글은 저작권법을 무시하고 세상의 모든 책을 디지털화하고 검색 가능하게 만들겠다고 발표하였다. 구글 도서관 프로젝트는 8억 달러로 추정되는 비용을 들여 10년 동안 3200만권의 도서를 스캔하는 작업이다. 목표 도서의 75%는 이미 절판된 책이지만 여전히 저작권은 존재한다. 구글은 자신의 목적에 맞도록 저작권법의 '공정사용' 면제권을 재규정해서 책들을 복사하기 시작했다. 발췌는 한 문장, 한 단락 또는 한 페이지까지는 가능하지만 한 챕터나 책 전체를 의미하지 않는다. 도서는 디지털 형태로 변환되면 재배포가 용이해지고 비용도 저렴해진다. 구글의 네트워크가 해킹된다면 서버에 저장된 책들은 순식간에 전 세계로 유포될 것이다. 전체 도서를 디지털화하여 인터넷 서버에 저장함으로써 저작권 보유자들을 심각한 위험에 노출시킨다. 시간이 경과되어 노후화되고 낡은 도서를 디지털화하는 것은 콘텐츠를 보존할 수 있는 한 가지 방법이다.

구글은 스탠포드대학 도서관, 하버드대학 도서관, 뉴욕 공공도서관과 협약하였고, 이어서 다른 15개 도서관과 계약하였다. 구글의 도서관 프로젝트는 저작권자의 허락 없이 전 세계의 모든 책을 복사하려는 의도적인 시도이다. 2002년에 시작하고 2년 후에 도서검색 기능을 발표하였다. 미국의 작가협회는 2005년 구글에 대해 집단 소송을 제기하였다. 미국출판사협회(AAP)와 구글은 2008년 합의문을 발표하고 1억 2500만 달러를 일시불로 지급하였으며, 향후 추가수익을 분배하기로 하였다. 구글은 해외저작권 보유자나 저자에게 허가도 얻지 않고 책을 디지털화하여 이용함으로써 새로운 문제가 발생되고 있다.

2) 유튜브의 문제점

유튜브는 동영상 무료 사이트이며 자신의 영상을 전 세계 사람들과 공유할 수 있다. 유튜브에서는 영상을 쉽게 업로드 할 수 있고, 짧은 시간에 많은 사람들이 볼 수 있어서 사회적 영향력이 매우 크다.

유튜브는 콘텐츠의 접근성이 용이하다는 것이 장점이지만 동시에 단점으로 작용하고 있다. 이를 잘 나타내는 것이 저작권 문제이다. 누구나 제약 없이 영상을 업로드 할 수 있고 쉽게 볼 수 있기 때문에 저작권 관련 문제가 발생된다. 유튜브 사용자들은 저작권이 있는 동영상 클립을 일상적으로 업로드를 할 수 있지만, 영화나 TV 프로그램을 5분짜리 클립으로 분할하여 연속적으로 업로드 한다면 이것은 인용이 아니다. 유튜브에서 저작권 문제로 '저스틴 비버'의 뮤직비디오가 갑자기 사라지고, 세계적인 팝가수 '레이디가가'의 영상이 차단되기도 했다.

구글은 저작권 보유자들이 요청하면 저작권이 있는 동영상을 삭제하겠다고 한다. 하지만 이는 동영상이 재생된 후 저작권 보유자들이 항의하고 구글이 이것을 검토한 후에 가능한 것이다. 어떤 동영상이 삭제되더라도 이후에 다른 사용자가 똑같은 동영상을 업로드 할 수 있어서 이것은 근본적인 해결책이 될 수 없다.

11.4 정보보안 문제

구글은 검색 서비스뿐만 아니라, 크롬, G메일, 구글토크, 구글캘린더 등 60여 가지가 넘는 다양한 서비스를 제공하고 있다. 구글은 이러한 서비스를 통해 개인정보를 수집하고 있으며, 개인정보를 한곳에 모아서 볼 수 있는 개인정보통합서비스를 제공하고 있다. 이 서비스는 분산되어 있는 사용자의 정보를 한 곳에서 보고 관리할 수 있다는 장점이 있다. 그러나 이 정보들이 웹사이트 상에서 안전하게 보관되고 있는지는 확신할 수 없다. 구글 웹사이트에는 '구글의 행동을 인도하는 핵심원칙'이라는 부분이 있지만 여기에 사용자 데이터에 대한 보안 기준은 제시되지 않았다. 구글은 보안 정책을 우선순위가 높은 것으로 생각하지 않는다.

구글은 다양한 기술을 통해 보안 문제에 대처하고 있어서 개인정보가 일부분 안전하다고 할 수 있다. 그러나 구글의 보안 문제가 아직 안심할 수준은 아니다. 얼마 전 말레이시아에서 열린 해킹대회에서 구글의 크롬이 10대 소년에게 해킹당하는 일이 발생하였다.

11.4.1 구글의 정보보안 기술

1) SSL 암호화

구글이 2010년에 중국의 해킹을 받은 후 보안을 강화하고 새로운 보안 서비스인 SSL(Secure Sockets Layer) 암호화 방식을 도입하였다. 이것은 다음 그림에서와 같이 웹브라우저와 서버 사이에 데이터를 안전하게 주고받는 프로토콜을 제공하는 것으로, https로 접속되는 사이트를 암호화하는 기술이다. 인터넷 사이트의 주소 앞에 https를 붙여 암호화 서비스가 지원되는 것을 나타낸다. 이 기술은 웹 브라우저와 서버 사이에 전송되는 정보를 암호화함으로써 중간에 정보가 유출되더라도 다른 사람이 그 정보의 내용을 알 수 없도록 한다.

2) 2단계 인증 방식

이것은 계정에 대한 접근을 사용자 본인만 할 수 있도록 하는 보안절차이다. 로그인할 때 아이디와 비밀번호를 입력하는 방법과 함께 다른 기기를 사용하여 인증단계를 추가할 수 있다. 이와 함께 계정 내에서 사용자의 각 모바일 기기에 대한 개별적인 비밀번호를 생성할 수 있다. 이를 통하여 컴퓨터와 모바일 기기에서 계정으로 접근할 때 서로 다른 비밀번호를 사용할 수 있게 함으로써 보안 기능이 강화된다.

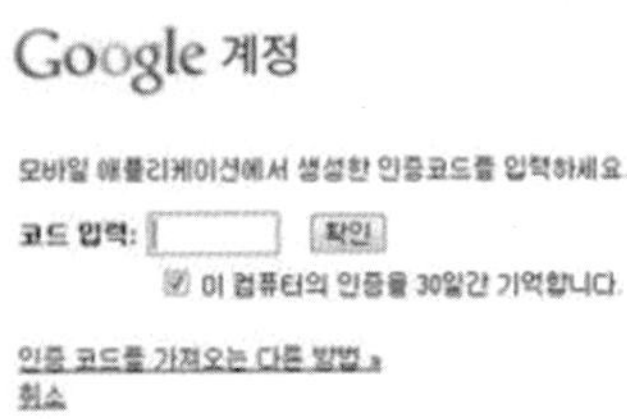

3) 세이프 브라우징

'세이프 브라우징' 기술을 적용하여 악성코드로부터 사용자들을 보호한다. 이것은 사용자가 방문하는 사이트에 대해 악성코드를 탐지하고 그 결과에 대해 경고해주는 기술이다. 사용자가 방문하려는 사이트가 이전에 악성코드를 배포한 내력이 있거나, 사이트 방문 시 사용자의 컴퓨터가 악성코드에 노출될 위험이 있다고 판단되면 경고 창을 나타내고 접근하지 못하도록 차단한다.

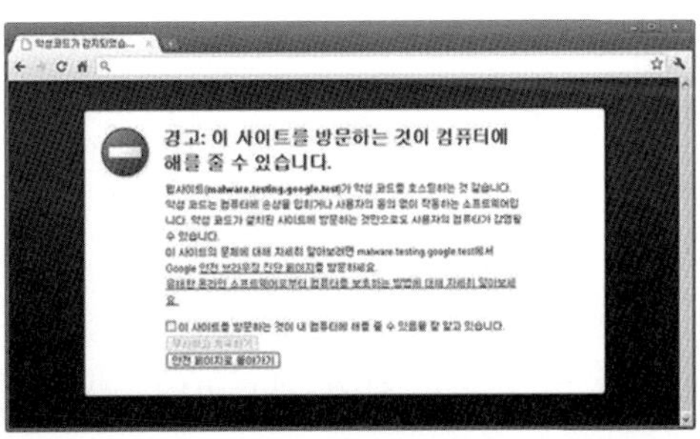

4) 샌드 박스

'샌드 박스' 기능을 사용하면 사용자의 컴퓨터에 악성코드가 자동으로 설치되는 것을 방지할 수 있다. 이 서비스는 크롬을 통해 제공되며, 다음 그림과 같이 하나의 탭에서 악성코드가 발견되면 다른 탭이나 컴퓨터에 영향을 주지 못하도록 하며, 악성코드가 발견된 탭을 끄면 악성코드도 같이 차단된다.

11.4.2 구글 정책의 문제점

구글은 제품이나 정책에서 보안과 관련된 다양한 부작용과 잠재적인 위험을 나타내고 있다. 세이프 브라우징의 경우 악성코드를 갖지 않은 웹사이트도 의심만으로 차단해버리는 문제가 있다. 한 시간 간격으로 업데이트가 되는 세이프 브라우징 기술이 실시간으로 유포되는 악성코드에 대처하는데 한계가 있다. 최근 구글이 시행하는 개인정보통합서비스의 경우 수많은 구글의 서비스 중에 하나라도 해커에게 노출되면 사용자의 모든 정보가 유출되는 통로가 될 수 있다.

구글이 오픈소스인 리눅스 운영체제를 사용하는 것도 보안의 위험성을 높이는 이유 중 하나이다. 오픈 소스의 경우 개발자와 사용자 모두가 프로그램의 소스를 공유하며, 프로그램의 문제를 감시자나 사용자의 제안을 통해 보완하고 있다. 해커와 같이 악의적인 목적으로 프로그램의 허점을 찾아 공격할 수 있다. 또한 보안상의 문제를 발견하지 못한 채 프로그램이 유포되어 오랜 시간이 지난 후에 문제가 노출될 수도 있다. 개발자와 감시자의 수준이 비슷하여 프로그램코드를 더욱 복잡하게 만들거나 버그에 취약하게 되는 경우도 있다.

구글의 분산형 저장 구조도 보안의 위험에서 벗어날 수 없다. 이것은 해커들이 한번 뚫기만 하면 모든 정보가 마음대로 조작될 가능성이 있다. 이러한 분산구조의 문제점은 어떤 정보가 유출되었는지 정확히 파악하기 어렵다는 점이다. 이런 경우에는 정보유출에 대해 적절한 대책을 세우는데도 어려움이 있다.

구글은 자신들의 광고이익을 창출하기 위해 사용자의 개인정보를 저장한다. 일반적으로 이메일을 이용하다 탈퇴하면 서비스 업체는 계정과 관련된 정보를 삭제한다. 그러나 G메일은 임시로 저장한 이메일까지 서버에 보관함으로써 개인정보가 유출될 위험에 노출되어 있다. 또한 G메일에서는 로봇이 스캔을 통해 사용자 메일을 열람한다. 일반적으로 사용자가 메일을 삭제하면 해당 이메일은 삭제와 동시에 영구적으로 삭제된다. 그러나 G메일에서는 최대 60일간 서버에 저장할 수 있고, 일부 자료는 일정기간 오프라인 시스템에 보관한다. 이와 같은 구글의 이메일 정보취급 정책으로 인하여 개인정보 침해의 가능성은 더욱 커질 수 있다.

구글이 제공하는 서비스에 대한 보안 문제에 대해 사용자들이 할 수 있는 일은 한정적이다. 그러나 다수의 사용자들이 힘을 합친다면 구글도 그 힘을 무시하진 못할 것이다. 사용자들이 자발적으로 구글의 보안정책을 감시하고 문제의 개선을 요구하는 노력이 필요하다. 또한 기업에게만 보안과 관련된 사항들을 요구하기 이전에 자신의 보안의식을 높여야 한다. 사용자는 자신의 정보가 웹사이트에서 어떻게 이용되는지 파악하고 보안에 대해 경각심을 가짐으로써 유출의 예방과 피해를 최소화할 수 있다.

생각해보기

○ 최근에 출판된 '두 얼굴의 구글'에서 저자는 아래와 같은 구글에 대한 다양한 숨겨진 내용을 수록하였다. 이들 중에서 자신의 생각과 일치하는 것, 일치하지 않는 것을 찾고 그 판단 근거를 토론해보자.

- 구글의 마스코트는 회사 앞마당에 전시되어 있는 티라노사우루스 렉스의 뼈대 모양이다. 티라노사우루스는 역사상 가장 무서운 포식자 중의 하나로, 세계의 정보를 집어 삼키겠다는 구글의 결심과 어울리는 상징이다.
- 구글은 검색광고 독점을 활용하여 자사의 지배력을 지도와 위치데이터, 모바일 운영체제, 동영상 스트리밍, 뉴스 등 다양한 영역으로 확장하고 있다.
- 구글은 웹에 올라와 있지 않은 정보도 디지털화하고 색인화 하였다. 여기에는 도서, 잡지, 카탈로그, 위성 이미지, 스트리트 뷰, 이미지, 영화, 동영상 클립, TV 프로그램 등이 모두 포함된다.
- 구글이 수집하는 개인정보는 나의 관심사, 방문 사이트, 시청한 동영상, 생산한 콘텐츠, 가족과 친구의 얼굴, 구매기록, 여행지, 관심장소, 단골집 등 다양하다. 이러한 개인정보는 검색, 크롬, 유튜브, G메일, 체크아웃, 지도, 스트리트 뷰, 래티튜드 등을 통해 이루어진다.
- 구글은 수집한 정보에 대해 투명하지 않으며, 수집한 정보에 대해 사용자들에게 거의 통제권을 허용하지 않는다.
- 구글의 네트워크가 보안에 취약한 이유는 빅테이블 형태의 파일 저장과 서버가 무료 오픈소스인 유닉스를 사용한다는 것이다.
- G메일의 위험성은 임시 메시지를 인터넷을 통해 구글의 서버에 저장하는 '자동저장'이란 기능이다.
- 구글의 기업목표는 '전 세계의 정보를 체계적으로 정리하고 누구나 자유롭게 이용할 수 있도록 하는 것'이었다.
- 기존의 검색엔진는 80대 20 원칙을 기반으로 한다. 이 원칙은 검색의 80%에 사용되는 검색어가 전체 검색어의 20%에 해당한다는 것을 의미한다.
- 구글은 인터넷의 광활함을 표현하기 위해 자신의 검색엔진의 이름을 10의 100제곱인 구골(Googol)로 부르려고 하였다.
- 조지 오웰의 암울한 소설 '1984'는 기술이 절대권력을 위해 악용되는 미래사회를 경고한다.
- 사람들은 검색 버튼을 누른 후 답변을 얻기까지 2초도 기다리지 못한다.
- 전 세계에 분산되어 있는 구글의 서버 대수는 약 25만대에서 50만대인 것으로 알려져 있다.

생각해보기

○ '두 얼굴의 구글'에서 저자는 아래와 같이 구글의 저작권에 대한 인식과 정책을 비판하였다. 아래 내용에 대하여 자신의 의견을 제시하라.

► "내 것은 내 것이고, 네 것도 내 것이다"라는 문구는 구글에게 잘 어울리는 표현이다. 구글은 자기 것은 열심히 보호하면서 반복적으로 타인의 지적재산권을 침해한다. 구글은 자기 것이 아닌 콘텐츠를 디지털화하고 체계화한다. 급진적인 무료 수익모델을 통해 다양한 제품을 쏟아내며, 나름대로 가치를 지닌 경쟁제품과 콘텐츠를 굴복시킨다. 구글은 불법 콘텐츠를 밀매하는 웹사이트에 광고를 실어 수익을 거둔다.

► 구글의 창업자들은 극단적인 말로 자신들의 행동을 정당화한다. "우리의 목표는 가능한 많은 사람들의 삶을 증진시킬 수 있는 서비스를 개발하는 것이다." 구글의 최고경영진들은 자신들의 목적이 돈이 아니라고 주장한다. 그러나 미국 내 시가 총액 상위 5대 기술회사 중에 구글은 가장 낮은 비율인 2.4% 세금을 납부했다.

✤ '생각해보기'에 대한 글쓰기 및 발표

의견정리

의견정리

참고자료

연습문제

01. 아래 그림은 구글의 정책, 제품 등에 대한 양면성을 나타낸 것이다. 구글의 양면성에 대한 예를 정책이나 제품에서 찾아 설명하라.

02. 구글에서 시행하고 있는 '20% 규칙'이 당신에게 주어진다면 어떤 일을 하겠는가?

03. 구글이 검색할 때 사용하는 '페이지 랭크' 기술을 설명하라.

04. 구글에서 사용하는 두 가지 광고 방식인 애드워즈와 애드센스를 설명하라.

05. 구글이 보안을 위해 사용하는 SSL 암호화, 2단계 인증, 세이프 브라우징 기술을 설명하라.

06. 구글이 사용하는 오픈소스 리눅스 운영체제, G메일, 분산형 저장구조 등에서 발생될 수 있는 보안의 문제점을 설명하라.

07. 구글이 개인정보 보호를 위해 사용하는 대시보드, 테이크아웃, 크롬의 시크릿 모드 기술을 설명하라.

08. 개인정보 보호를 위해 기업의 과도한 개인정보 수집을 제한해야 한다. 이를 위한 가능한 제도적·기술적 조치가 무엇인지 설명하라.

09. 구글의 스트리트 뷰에서 발생될 수 있는 개인정보 보호의 문제점을 설명하라.

10. 아래 사진들(출처: 9-eyes.com)은 구글 스트리트 뷰를 통해 찍힌 것이다. 다른 사람의

집을 넘어서는 범죄의 현장이나 탈옥한 죄수의 모습과 같이 사건 해결에 도움이 되는 사진도 촬영되었다. 이러한 스트리트 뷰의 사진으로 발생될 수 있는 순기능과 역기능을 사례를 들어 설명하라.

11. 구글에서 추진하고 있는 '도서관 디지털화' 프로젝트에서 발생될 수 있는 저작권 문제를 설명하라.

12. 구글 검색 시스템에서 보안의 취약점이 무엇인지 설명하라.

13. 구글은 2013년 구글 I/O에서 새로운 서비스인 예측형 검색 및 실시간 길 안내, 음성인식 검색, 맞춤형 음악재생 목록추천, 3D 영상지도 등을 공개하였다. 이들이 이전 서비스와 어떤 차이점이 있는지 설명하라.

실습과제

01. 구글 성공의 양면성을 이해할 수 있는 아래 책을 읽고, 저자와 생각이 다른 부분에 대해 자신의 의견을 제시하라.

▸ ≪두 얼굴의 구글≫ 박기성 역, 에이콘출판사, 2012

02. 구글의 사원채용 면접 문항으로 아래와 같은 것이 출제되었다. 아래 문항을 풀고, 면접관이 이 문항을 통해 확인하고자 하는 내용이 무엇인지 설명하라.

(1) 당신의 키가 5센트짜리 동전 크기로 줄어든 상태로 믹서 속에 빠졌다고 가정해보라. 부피는 줄었으나 밀도는 평소와 똑같다. 믹서 날은 60초 내에 움직이기 시작한다. 어떻게 살아남을 수 있는가?

(2) 비행기로 왕복 여행을 하는 동안 바람이 분다면 시간이 더 걸릴까, 덜 걸릴까, 아니면 똑같이 걸릴까?

03. 구글 어스를 설치하여 현재 수업하고 있는 대학교 건물을 찾아보아라.

04. 구글이 매년 샌프란시스코에서 개최하는 개발자 대회인 구글 I/O의 홈페이지에(developers.google.com/events/io)에 접속하여 금년에 공개한 구글의 새로운 서비스가 무엇인지 조사하라.

05. 구글의 G 드라이브(구글 문서도구)에 있는 스프레드시트를 사용하여 공유 문서를 작성하라. 작성된 공유 문서를 사용하여 친구들의 구글 서비스 사용 현황을 입력받도록 한다.

제5부
정보기술 전쟁

CHAPTER 12

정보기술과 특허 소송

CHAPTER 12

정보기술과 특허 소송

학습목표

- ✤ 산업재산권의 종류 및 권리를 설명할 수 있다.
- ✤ 저작권의 종류 및 보호기술을 설명할 수 있다.
- ✤ 마이크로소프트와 구글 사이에 발생된 저작권 소송의 내용을 설명할 수 있다.
- ✤ 마이크로소프트와 애플 사이에 발생된 저작권 소송의 내용을 설명할 수 있다.
- ✤ 트레이드 드레스(Trade dress)의 개념과 중요성을 설명할 수 있다.
- ✤ 삼성과 애플 사이에 발생된 스마트폰 특허 소송의 내용을 설명할 수 있다.
- ✤ IT 기기에 대한 특허의 중요성을 설명할 수 있다.

12.1 지적재산권

12.1.1 지적재산권의 분류

지적재산권(intellectual property rights)은 지적창작물에 부여된 재산권에 준하는 권리를 말하는 것으로 지식재산권이라고도 한다. 지적재산권은 보통 산업분야의 창작물과 관련된 산업재산권(특허권, 실용신안권, 상표권, 디자인권)과 문화예술분야의 창작물과 관련된 저작권으로 분류된다. 저작권 등록 업무는 한국저작권위원회가 수행한다. 지적재산권은 아래와 같이 분류할 수 있다.

① 산업분야의 창작물과 관련된 산업재산권(특허권, 실용신안권, 상표권, 디자인권 등) 또는 공업소유권

② 문화예술분야의 창작물과 관련된 저작권

③ 반도체 배치설계나 온라인 디지털콘텐츠와 같이 경제·사회·문화의 변화나 과학기술의 발전에 따라 새로운 분야에서 출현하는 '신지식 재산권'

1) 산업재산권

산업재산권은 경제활동과 관련된 사람의 정신적 창작물이나 창작된 방법을 인정하는 무체재산권을 의미한다. 산업재산권은 공업소유권이라고도 하며, 종류에는 특허권, 실용신안권, 상표권, 디자인권 등이 있다. 이것은 등록한 나라에 한하여 보호되므로 각국에 따로 출원해야 권리가 발생되며, 국내에서는 특허청에 등록하여 권리를 취득한다. 이것은 창작자에게 일정 기간 독점적·배타적 권리를 부여하며 그 기간이 지나면 누구나 이용할 수 있다.

특허권은 지금까지 없었던 물건 또는 방법을 최초로 발명하였을 경우 그 발명자가 갖는 권리이며, 특허권의 존속기간은 출원일로부터 20년이다. 실용신안권은 이미 있는 물건을 보다 편리하고 유용하게 개량한 경우 그 고안에 대한 권리이다. 실용신안권의 존속기간은 출원일로부터 10년이다. 상표권은 상표를 특허청에 등록하여 지정상품에 독점적으로 사용할 수 있는 권리이다. 상표는 문자·기호·도형, 색채, 상호 등으로 타인의 상품과 식별하기 위하여 사용되는 것이다. 디자인권은 물품의 형상·모양·색채 등을 아름답게 변경·개량한 경우 주어지는 권리이다. 제품의 외관에 미적 감각을 살려 기존 제품과 차별화한 것은 디자인권으로 출원할 수 있다. 디자인권의 존속기간은 설정등록일로부터 15년이다.

2) 저작권

저작권은 저작자가 자기 저작물을 통제하고 그로부터 이익을 얻을 수 있는 권리이며, 저작자의 권리를 보호하여 문화를 발전시키는 것을 목적으로 한다. 저작권에는 인격권과 재산권이 있으며, 지적재산권의 하나이다. 저작 인격권은 공표권, 성명 표시권, 동일성 유지권을 포함한다. 인격권은 저작자에게만 주어지며 양도나 상속할 수 없다. 보통 저작권은 저작물을 이용할 권리인 저작 재산권을 가리킨다. 국제법은 베른협약에 바탕을 두며, 저작권 내용은 나라마다 다르다. 사실을 전달하는 시사 보도는 저작권으로 보호받지 않으며, 정부 저작물인 법령, 고시·훈령, 판결 등의 저작물도 저작권이 없을 수 있다.

(1) 저작물

저작물은 어떤 아이디어를 독자적으로 표현한 창작물을 말한다. 지적·문화적 창작을 넓게 포괄하는데, 여기에는 문학작품, 논문, 강연, 작곡, 연극, 영화, 춤, 그림, 조각, 건축, 사진, 지도, 컴퓨터 프로그램 등이 포함된다.

어떤 지적 활동의 결과가 저작물로 인정받기 위해서는 인간의 사상과 감정의 표현이어야 하며, 창작성이 있어야 한다. 인간의 사상과 감정을 표현한 것이므로 줄거리나 주제 등과 같이 단순한 아이디어는 저작권의 보호를 받지 않는다. 저작물로써 인정을 받기 위한 요건의 창작성은 '남의 것을 모방하지 아니하고 자신의 독자적인 사상과 감정을 표현한 정도'를 말한다.

○ 저작물의 종류

다음은 저작권법이 예시한 저작물이다. 다음 예시 이외에도 다른 형태의 저작물이 존재할 수 있다.

- 어문 저작물: 소설, 시, 논문, 경연, 연설, 각본
- 음악 저작물 : 노래의 가사는 어문 저작물에 해당하며, 즉흥 연주에도 저작권이 성립됨
- 연극 저작물: 연극, 무용, 무언극
- 미술 저작물: 회화, 서예, 조각, 판화, 공예, 응용 미술 저작물
- 건축 저작물: 건축물, 건축을 위한 모형이나 설계도
- 사진 저작물: 사진, 사진과 유사한 제작 방법으로 표현된 것
- 도형 저작물: 지도, 도표, 설계도, 약도, 모형
- 영화 저작물: 영화, 비디오 게임, 컴퓨터의 화면
- 컴퓨터 프로그램 저작물: 특정한 결과를 얻기 위해 컴퓨터 내에서 직접 또는 간접으로 사용되는 일련의 명령으로 표현된 창작물이다. 단, 프로그램 언어와 알고리즘은 보호대상에서 제외된다.

(2) 저작권의 종류

저작권에는 저작인격권, 저작재산권, 저작인접권이 있다. 저작인격권은 저작물이 저작자의 정신적 창조물로써 저작자의 인격을 반영하는 것이라는 의미이다. 저작인격권의 종류에는 공표권, 성명표시권, 동일성유지권이 있으며, 양도나 상속이 불가능하다.

저작재산권은 저작물의 이용 허락과 그 대가를 받을 수 있는 재산적 권리이다. 저작재산권에는 복제권, 공연권, 공중송신권, 전시권, 배포권, 대여권, 2차적저작물작성권 등이 있으며, 자유로운 양도 및 제한이 가능하다.

저작인접권은 실연자, 음반제작자, 방송사업자에 해당하는 권리이다. 실연자는 실연을 녹음 또는 녹화하거나 사진으로 촬영할 권리를 가진다. 음반제작자는 음반을 복제·배포할 권리를 가진다. 방송사업자는 방송을 녹음·녹화·사진 등의 방법으로 복제하거나 동시중계방송할 권리를 가진다.

(3) 저작권 보호기술

① 디지털 워터마킹(digital watermarking)

멀티미디어 저작물의 불법복제를 막고 저작권자 보호를 위한 디지털 콘텐츠 저작권 보호기술이다. 즉, 디지털 콘텐츠에 저작권자의 고유마크(fingerprint)를 추가하는 기술이다.

② 디지털 지문, 디지털 핑거프린팅(finger printing)

사람의 지문을 디지털화한 것으로, 숨은 메시지를 디지털 시청각 자료에 삽입하는 것으로 저작물의 품질에는 영향을 미치지 않는다.

③ 디지털 추적표시(forensic marking)

디지털 추적표시 또는 사용자 추적표시 기술은 디지털 콘텐츠의 재생시점에 사용자에 관한 정보를 실시간으로 콘텐츠에 삽입한다. 이 워터마킹이 삽입된 콘텐츠가 불법 복제되어 인터넷 등에 유포될 경우에 삽입된 사용자 워터마크 정보를 콘텐츠로부터 추출하여 법적 제재 근거를 마련하는 기술이다.

(4) 저작권 위반 행위의 예

- 인터넷상에서 권리자의 허락 없이 저작권법에 보호되는 모든 파일이나 저작물을 무단으로 업로드 하는 것을 불법이다.
- 라이선스 사용료를 지불하여 합법적으로 받은 파일이라도 인터넷에 무단으로 업로드하면 불법이다.
- TV 프로그램이나 동영상 콘텐츠 등의 캡처화면을 비평하는 글과 함께 올리면 합법이지만, 캡처만 올려놓았을 경우는 불법이다.
- 다른 사람이 창작한 음악을 20초 정도로 편집해 블로그나 카페에 올리는 경우는 저작권 위반 행위에 해당된다.
- 저작권이 침해된 글이나 강연내용 파일을 무단으로 스크랩해가거나 다른 사람의 강연을 허락 없이 녹음해 인터넷에 올리는 경우는 불법이다.
- 저작권이 있는 가수의 노래를 직접 부르거나 음악에 맞추어 춤추는 동영상을 인터넷에 올리는 것은 저작권법 침해에 해당된다.
- P2P를 이용한 다운로드 시에 업로드가 동시에 된다면 처벌될 수 있다. 다운로드만 받을 경우에도 법무법인에 의하여 고소나 고발당할 수 있다.
- 블로그나 카페에 현금성 포인트를 제공하여 업로드를 조장하는 것은 해당 회원은 물론 사이트나 게시판 전체의 이용이 정지될 수 있다.

❍ 입시 사이트에서 대학교 시험지의 기출문제를 영리적 목적으로 무단 이용하는 것은 불법이다.

(5) 저작권의 존속기간

저작권은 저작자의 생존 여부가 명확하고 공표된 것에 한해서 그 저작자의 생존기간 및 사망 후 70년 동안 보호를 받는다(저작권법 제29조1항)

저작물 형태	저작권 존속기간
저작자의 생존 여부가 명확한 공표된 저작물	공표된 때부터 70년간 존속
무명/이명 저작물	공표된 때부터 70년간 존속
공동 저작물	마지막으로 사망한 저작자의 사후 70년간 보호
업무상 저작물	공표된 때부터 70년간 보호
창작 이후 50년 이내에 공표하지 않은 저작물	창작한 때부터 70년간 존속

(6) 저작권 보호 방안

저작권 보호방안으로 영역별 저작권 보호 방안과 이용허락표시제도(CCL: Creative Commons License)를 사용할 수 있다. 영역별 저작권 보호 방안에는 의식 교육적 측면과 법·제도·기술적 측면에서 생각할 수 있다. 의식 교육적 측면에서 저작권에 대한 인식 변화로 올바른 사회 풍토를 조성하고 저작권 관련 교육을 실시해야 한다. 법·제도·기술적 측면에서는 현행법 및 제도 강화, 저작권 보호기술 보완, CCL 활용, 공정 이용 제도 및 자유이용 사이트 활용, 저작권 보호를 위한 캠페인 및 클린사이트 지정 사업 운영 등이 있다. CCL은 자신의 창작물에 대하여 일정한 조건 하에 모든 사람들의 자유 이용을 허락하는 내용의 라이선스이다.

저작자 표시	비영리	변경금지
저작물 사용 허락	이차적 저작물 허락	동일 조건 변경 허락

공공누리(공공저작물 자유이용허락 표시제)는 다른 자유이용 라이선스와 달리 공공저작물에 특화된 라이선스이다. 공공저작물의 자유로운 이용을 촉진할 수 있는 표준화된 이용허락 제도의 도입과 유통체계 구축을 위해 도입되었다. 공공누리의 유형은 다음과 같다.

① 저작물의 출처 표시

이용자는 이용 공공저작물의 출처를 표시해야 한다. 출처 표시는 저작인격권의 하나로 인정되고 있으며 이용자의 입장에서도 신뢰할 만한 저작물을 이용하였다는 점을 알리기 위해 필요하다.

② 비영리 목적의 저작물에 이용

상업적 이용이 금지된 공공저작물은 영리행위와 직접 또는 간접으로 관련된 행위를 위하여 이용될 수 없다. 다만, 별도의 이용허락을 받아 공공저작물을 상업적으로 이용하는 것은 가능하다.

③ 저작물 변경 및 2차적 저작물 금지

공공저작물의 변경이 금지되도록 한다. 또한 내용상의 변경뿐만 아니라 형식의 변경과 원저작물을 번역·편곡·각색·영상제작 등을 통해 2차적 저작물을 작성하는 것도 금지 대상 행위에 포함된다.

○ 저작권 관련 허용 행위

- 라이선스 사용료를 합법적으로 지불한 파일들을 정당한 경로를 통해 미니홈피나 블로그 등에 사용한다.
- 권리자로부터 이용허락을 받거나 인용의 요건을 충족한 후에 사용한다.
- 언론사의 보도를 제목만 노출시켜 놓고 이를 클릭할 때 해당 언론사 사이트로 넘어가도록 링크를 설정한다.
- 다른 사람의 음악을 배경으로 하거나 직접 연주하면서 UCC를 만들어 친구와 공유한다.
- UCC의 경우 저작물 자유이용 사이트나 CCL 마크가 부착된 저작물의 이용한다.
- 동영상이나 음원 등 저작물 라이선스 사용료를 지불하고 다운로드 받아 자신의 컴퓨터에서 이용한다.

- 저작권자는 저작권 위반자들과 원만히 합의되지 않는 경우 정당한 법적인 절차를 거쳐 민사소송을 통하여 그 손해를 회복할 수 있다.
- 댓글이나 UCC 패러디물 제작을 통한 비평이나 풍자는 허락 없이도 자유롭게 할 수 있다.
- 초중고교에서 팝송 등을 수업자료로 활용하는 것은 합법이지만, 대학은 저작권료를 지불해야 한다.

12.2 IT 업체들의 특허 소송

특허 기술의 중요성을 알아보자. 구글이 개발한 안드로이드가 마이크로소프트(MS)의 새로운 수익원이 되고 있다. 구글은 스마트폰 운영체제(OS)인 안드로이드를 전 세계 스마트폰 제조사에 무료로 공급한다. 그 대신 온라인 장터에서 앱을 판매하고 모바일 광고를 통해 수입을 올린다. MS는 구글, 삼성전자, LG전자 등 안드로이드 스마트폰 제조사로부터 매년 1조원 정도의 특허료 수입을 얻는다. 구글이 개발한 안드로이드가 MS의 PC용 OS인 윈도의 특허 기술을 침해하여 MS는 이에 대한 특허료를 받는 것이다. MS는 안드로이드를 사용하는 전 세계 스마트폰 제조사를 상대로 특허료 협상과 소송을 진행하고 있다.

MS는 안드로이드 특허 협상으로 스마트폰 제조업체와 비슷한 돈을 벌어들일 수 있다. MS는 안드로이드 OS를 이용하는 온쿄, 벨로시티 마이크로 등과 특허료 협상을 끝냈으며, LG전자, 소니에릭슨, 도시바 등을 상대로도 협상을 시작하였다. 그리고 스마트폰 제조업체인 모토로라, 전자책을 판매하는 반즈앤노블 등과 특허 소송을 벌이고 있다.

스마트폰 OS 시장에서 점유율 6%로 하위권에 있는 MS는 스마트폰 제조사에 특허 협상과 소송을 제기해 실속을 챙기고 있다. 삼성전자에 스마트폰 1대당 10달러의 로열티를 요구했다. 대만의 HTC는 스마트폰 1대를 판매할 때마다 MS에 5달러의 특허료를 지불하기로 합의했다. MS가 2011년에 스마트폰 OS로 얻은 수익이 3000만 달러인데 HTC에서 받은 특허료는 그보다 5배 많다.

12.2.1 마이크로소프트, 구글, 애플의 특허 소송

MS는 한때 IT 업계에서 황제라고 불렸을 만큼 막강한 힘을 가지고 있었다. 하지만 이러한 MS에 대항하는 세력들도 많이 존재한다. 다음 그림은 구글, 애플, IBM, Sun, 리눅스 등의 세력으로부터 방어를 하고 있는 MS를 나타낸 것이다. MS와 이들 간의 법적 분쟁에 대해 알아보자.

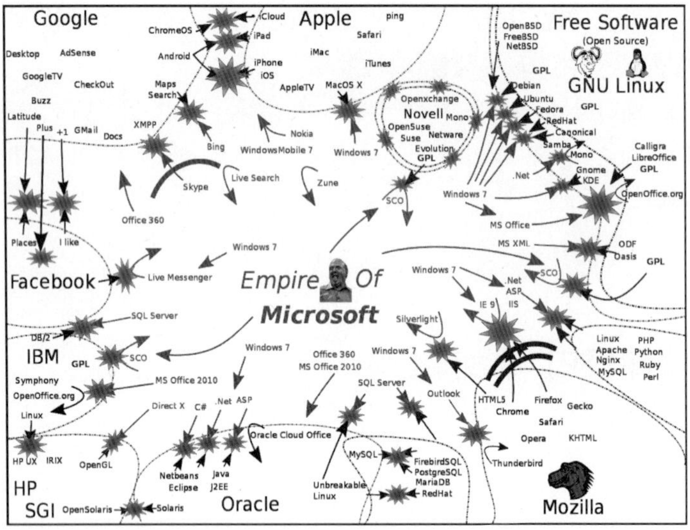

출처: www.oitai.org/software.html

1) 마이크로소프트와 애플

마이크로소프트는 초기에 윈도(Windows)를 도스(DOS)의 확장 소프트웨어 형태로 판매하였다. 현재와 같이 MS-DOS를 포함한 윈도는 1995년에 출시한 '윈도 95' 버전부터 시작되었다. 초기의 윈도는 일반 사용자용과 전문가용으로 나누어 두 가지 형태로 출시되었다. 일반 사용자용은 게임이나 시각 효과가 더 많이 지원되고 네트워킹이나 보안 등의 기능이 없다. 전문가용 버전에서는 시각 효과를 줄이고 네트워킹이나 보안을 강화하였다.

윈도 1.0은 도스의 확장 소프트웨어로 1985년 11월에 출시되었다. 윈도 2.0은 1987년 12월에 출시되었다. 이후 1990년에 출시된 윈도 3.0, 윈도 XP의 초석이 되었으며 네트워크용으로 이용되었던 윈도 NT가 1993년에 출시되고, 1995년 8월에 윈도 95가 출시되었다. 이후에도 윈도 ME, XP, Vista, 2003 등의 여러 제품군이 출시되었으며, 2012년 10월에 가장 최근 버전으로 윈도 8이 출시되었다. 다음 표는 MS의 윈도와 관련된 주요 제품의 발전과정을 년도별로 나타낸 것이다.

	마이크로소프트 윈도 관련 제품의 발전 과정
1975	▷ 마이크로소프트사의 설립 빌 게이츠, 폴 앨런이 '베이직 인터프리터' 개발을 위해 설립
1981	▷ MS-DOS의 첫 버전 등장 PC-DOS라는 이름으로 출시, 최신 버전은 8.0으로 2000년에 출시
1985	▷ Windows의 첫 버전 등장 도스의 확장 소프트웨어 개념으로 출시 Windows 95버전부터 Windows가 도스를 포함해서 출시 최신 버전은 2012년 10월에 공개된 윈도우 8

	마이크로소프트 윈도 관련 제품의 발전 과정
1989	▷ MS Office의 첫 버전 등장 맥 OS용으로 출시되었으며, 워드, 엑셀, 파워포인트를 포함 1990년에 윈도용으로 첫 버전이 출시 최신 버전은 2012년에 출시된 2013년 버전
1995	▷ Windows 95 버전 출시 MS-DOS를 포함한 윈도의 첫 버전 ▷ MSN.com 포털 사이트 서비스 개시 현재는 joinsmsn.com과 bing.com으로 분리되어 운영
1997	▷ Visual Studio의 첫 버전인 Visual Studio 97 베이직, C++, J++ 포함, 98년 출시된 6.0 이후는 J++ 삭제 최신 버전은 2012년에 출시된 Visual Studio 2012
2003	▷ MSN 다이렉트 스마트 워치 공개 날씨, 주식 등의 정보를 제공
2006	▷ 휴대용 미디어 플레이어 애플의 아이팟과 대항하기 위해 ZUNE 1세대 모델 출시 ▷ 빌게이츠 2008년 은퇴 선언
2010	▷ 태블릿 PC '슬레이트' 출시 키보드와 마우스에 최적화
2012	▷ Windows 8 출시 – 일반 사용자용: 윈도 8, 전문 사용자용: 윈도 8 프로, 태블릿용: 윈도 8 RT
2015	▷ Windows 10 출시 – 시작 버튼, 파일 검색, 데스크톱, 스팬 기능, 스마트폰 동기화, 3D 지도 기능

GUI 기반의 윈도가 출시되면서 MS는 전 세계 IT 업계의 최강자로 부상하게 된다. CLI 방식을 사용하던 80년대 중반 당시 GUI는 획기적인 방식이었다. 제록스(Xerox)에서 차세대 기술을 개발하기 위해 설립된 팔로알토 연구소에서 GUI를 처음 개발하였다. 그러나 GUI 방식의 중요성을 인식하지 못한 경영진에 의해 개발이 중단되었다. 여기서 처음 기회를 본 사람은 애플의 스티브 잡스였다. 애플은 제록스의 GUI를 모방하여 1984년에 매킨토시(Macintosh) 컴퓨터를 출시하였다. 애플의 매킨토시 개발에 MS는 하청업체처럼 참여하였으며, 이후 MS는 모든 PC에 설치하게 될 GUI 기반의 운영체제인 윈도를 출시하였다. 80년대 초에 MS는 애플의 하청업체 규모였지만 GUI의 등장으로 두 회사의 관계가 바뀌기 시작하였다. 애플은 MS가 GUI를 모방한 것으로 고소하였지만 7년간의 법정싸움에서 패소하였다. 이런 와중에 제록스는 애플이 MS를 고소한 것과 동일한 이유를 내세워 애플을 고소하는 사건이 벌어지기도 했다.

2) 마이크로소프트와 구글

2000년대 중·후반에 부각된 IT 업계의 대립은 MS와 구글의 관계에서 찾을 수 있다. 이들의 대립은 크게 두 가지 형태로 나누어진다. 하나는 MS의 기존 사업 영역에 구글의 사업이 확장되어 들어가면서 생기는 대립이다. 예를 들면, 구글의 클라우드 서비스들이 MS의 Office나 Exchange같은 기존 비즈니스 모델들에 도전하는 것이다. 구글의 모델이 빠르게 성장하고 있지만 규모에 있어서는 MS가 시장의 대부분을 점유하고 있다. 두 번째 형태는 구글의 인터넷 서비스에 대해 인터넷의 흐름에 뒤처진 MS가 반격을 시도하면서 생기는 대립이다. 예를 들면, 구글 검색에 맞선 MSN-Live-Bing으로 이어진 검색엔진이나 지도 서비스가 여기에 해당한다. 이 영역에서 MS는 대규모 투자를 하였으나 큰 성과를 보이지 못했다. MS는 이 과정에서 야후 인수를 추진하기도 했고, 온라인 검색과 광고 영역에서 야후와 전략적인 제휴를 맺었다.

MS와 야후가 구글에 맞서기 위해 손을 잡는다는 것은 IT 업계의 다양한 변화를 보여주는 좋은 예이다. 최근 이슈가 되고 있는 안드로이드 세력과 그 반대 세력 간의 분쟁에도 MS가 중요한 역할을 하고 있다. 시장의 주도권을 잡기 위한 이러한 IT 업체들 간의 분쟁은 지금도 매우 치열하게 진행되고 있다. 아래 그림은 MS, 애플, 구글 간의 분쟁관계를 나타낸 것이다.

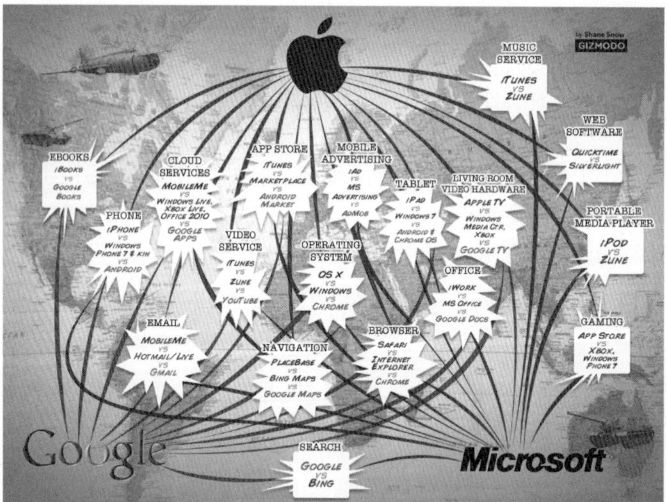

출처: GIZMODE

12.3 삼성과 애플의 특허 소송

12.3.1 연도별 중요 사건

우리나라와 미국에서 삼성과 애플이 스마트폰 관련 특허 소송을 제기해왔다. 2011년과 2012년에 아래와 같은 다양한 법정 사건들이 발생하였다.

미국(캘리포니아)		
2011년	4월	애플, 자사 제품 특허 침해로 삼성 제소
	6월	삼성, 4월 애플 제소에 대해 반소
	7월	애플, 삼성제품 4종 판매금지 가처분 신청
	12월	법원, 애플의 가처분 신청 기각
2012년	2월	애플, 특허 침해로 추가 제소 / 갤럭시 넥서스 판매금지 가처분 신청
	4월	삼성, 2월 애플 제소에 대해 반소
	6월	법원, 갤럭시탭 10.1, 넥서스 판매금지 가처분 명령 / 삼성, 가처분 집행정지 요청
	7월	법원, 갤럭시탭 10.1, 넥서스 판매금지 집행정지 요청 기각
	10월	삼성, 소송에 아이폰 5를 추가
	11월	애플, 구글 OS 젤리빈과 갤럭시노트 10.1 등 추가
2014년	3월	2차 소송 진행(1심: 삼성 1억2천만 달러, 애플 16만 달러 배상 평결)
	12월	1차 소송의 항소심 재판 진행(1차: 1조원 배상)

한국		
2011년	4월	삼성, 특허침해로 애플 제소
	6월	애플, 특허침해로 삼성 제소
2012년	3월	삼성, 특허침해로 애플 추가 제소

다음 그림은 스마트폰에 관련된 특허 소송에서 한국과 미국의 법원이 판정한 결과를 나타낸 것이다. 애플이 제기한 특허침해 사안에 대해 미국 법원은 삼성이 아이폰의 디자인 관련 특허를 모두 침해한 것으로 판정하였다. 그러나 국내 법원에서는 바운스백 기능만 침해한 것으로 판정함으로써 특허 침해에 대해 서로의 관점이 매우 다르다는 것을 알 수 있다. 삼성이 애플에 제기한 스마트폰 특허 침해에 대해 미국 법원은 침해한 것이 없는 것으로 판정하였다. 국내 법원은 삼성이 제기한 한 개의 기술에 대해 애플이 특허를 침해한 것으로 판정하였다.

	특허침해사안	미국	한국
애플이 제기한 특허침해사안	아이폰 디자인, 사각형 디자인	침해	비침해
	아이패드 디자인	비침해	해당없음
	아이콘 배열	침해	비침해
	바운스백(화면 끝 알림 기술)	침해	일부침해
	두드려 확대	침해	해당없음
	멀티터치 확대	침해	해당없음
삼성이 제기한 특허침해사안	무선자원 효율적 사용기술	비침해	침해
	시스템 파워설정방법	비침해	비침해
	모바일기기 MP3 재생	비침해	해당없음
	갤러리 위치 기억	비침해	해당없음
	이미지 전송하면서 표시	비침해	해당없음
	무선기기 데이터서비스 제공법	해당없음	비침해

한국과 미국의 소송 결과 비교

12.3.2 분쟁 제품 및 기술

1) 디자인 측면의 특허소송

애플이 주장하는 특허 침해의 핵심은 삼성이 애플 제품의 디자인을 모방하고 사용자 인터페이스 기술을 침해했다는 것이다. 삼성이 아이폰의 검은 평면의 사각형 스크린과 같은 디자인을 모방했으며, 사용자 인터페이스에 관련된 기술 특허를 침해했다고 주장하였다. 예를 들면, 손가락으로 화면을 끌어 당겨서 축소, 확대하고 손가락으로 스크롤하거나 넘기는 기술 등이 있다. 애플이 디자인에 예민한 것에는 소비자가 애플 제품을 선택할 때 디자인이 큰 비중을 차지하기 때문이다. 애플이 세계적인 기업으로 성장한 데는 단순하고 혁신적인 디자인이 중요한 역할을 담당해 왔다.

삼성의 주장은 스마트 기기의 디자인 선택에는 한계가 있어서 특허침해는 기본 디자인의 일정 부분을 변경함으로써 피할 수 있다는 것이다. 또 삼성은 검은 평면 사각형의 디자인은 애플이 개발한 새로운 디자인이 아니라 1968년 스탠리 큐브릭의 스페이스 오딧세이와 같이 이미 존재한 것이라고 하였다.

애플 아이폰 3GS　　삼성전자 GALAXY A

애플이 제기한 삼성의 트레이드 드레스 침해

애플은 삼성이 아이폰의 트레이드 드레스를 침해한 것으로 주장하였으며 그에 대한 세부사항은 아래와 같다. 애플의 이러한 주장에 대해 삼성의 주장은 아래 그림에 나타나 있다.

- ❍ 네 부분의 코너가 둥그런 직사각형의 모형이다.
- ❍ 앞면에서 핸드폰을 감싸는 테두리인 베젤 부분이 '블랙'이다.
- ❍ 앞면에 메탈로 된 프레임을 둘렀다.
- ❍ 디스플레이 아이콘의 네 코너가 둥글다.
- ❍ 스프링보드에 해당하는 네 가지 아이콘이 페이지와 분리되어서 넘겨도 그대로 남아 있다.
- ❍ 아이폰과 아이팟 터치의 위, 아래, 옆면의 베젤이 동일한 길이이며, 아이폰도 동일하다.

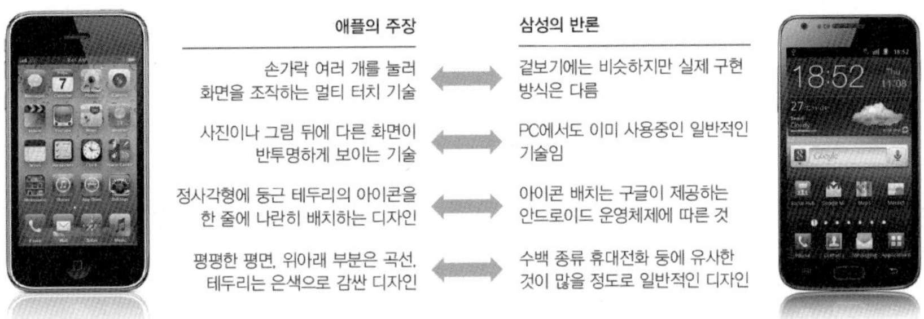

출처: 조선일보, 2011. 8. 11

갤럭시의 아이폰 트레이드 드레스(Trade Dress)

다음 그림은 애플이 주장한 트레이드 드레스 항목에 대해 삼성이 침해한 것으로 미국 법원에서 판정한 내용을 나타낸 것이다.

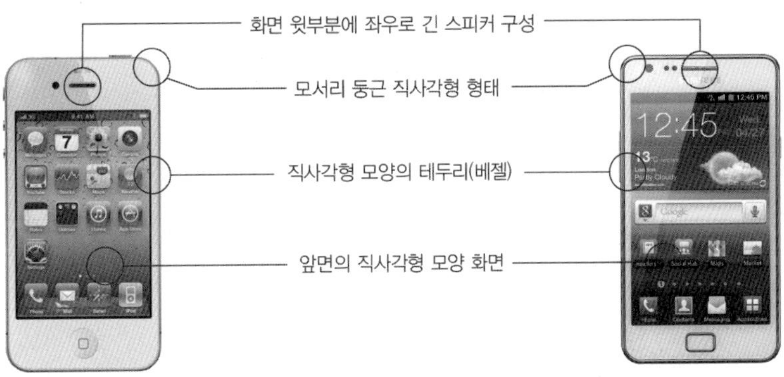

출처: 매일경제, 2012. 8. 28

삼성의 침해가 인정된 트레이드 드레스(Trade Dress) 항목

2) 기술적 측면의 특허소송

기술적인 측면에서의 소송은 삼성이 애플에게 특허침해 소송을 제기한 것이 많다. 삼성은 애플이 삼성의 3G 통신기술 특허를 침해했다고 주장했다. 2011년 9월 네덜란드 법정에서 애플이 삼성의 통신특허를 침해했다고 판정하였다. 그 이후로 애플의 통신특허 침해여부는 더 이상 논란이 되지 않았다. 삼성의 통신기술 특허가 표준특허이기 때문에 프랜드(FRAND: Fair, Reasonable and Nondiscriminatory) 규정에 따라야 한다. 이 경우에 특허권자의 권리가 프랜드 규정 하에서 어느 정도 보호될 수 있는 것인지에 관한 내용이 중요하게 된다.

프랜드는 '공정하고 합리적이며 비차별적'인 특허 사용을 뜻한다. 이것은 공정한 업계 경쟁과 시장발전을 위해 제정된 것으로 특허권자는 표준기술을 특정 경쟁사에게 사용하지 못하도록 강제할 수 없으며 라이선스 협상을 통해 분쟁을 해결해야 한다. 따라서 특허 보유 업체가 다른 업체에 의무적으로 공개는 하되 다른 업체들도 합리적인 사용 대가를 지불해야 하는 것이다. 애플은 삼성이 프랜드 규정을 따르지 않았다고 주장하고 있다. 네덜란드 법원은 애플이 삼성의 통신특허를 침해한 사실을 인정하였다. 그러나 표준특허의 프랜드 규정에 따라 로열티만 협상하면 누구나 쓸 수 있다고 하고 삼성의 판매금지 가처분 신청을 기각했다. 다음 표는 삼성이 애플에 제소한 기술에 관련된 특허의 내용이다.

등록번호	발명의 명칭
7706348	· 부호분할다중접속 이동통신 시스템에서 전송할 정보의 부호화/복호화를 위한 장치 및 방법
7486644	· 패킷 데이터 전송을 지원하는 이동통신 시스템에서 제어정보를 송수신하는 방법 및 장치
6771980	· 스마트폰에서 발신 방법 · 자카드식 직기용 안내.로드
6879843	· 디지털 오디오 데이터 기록 및 재생이 가능한 이동무선 단말기 및 그 제어방법
7450114	· 디지털 문서 처리 · 이미지를 랜더링(rendering)하기 위한 방법 · 그래픽 객체들을 처리하기 위한 시스템 및 컴퓨터 프로그램 저장 매체 · 디지털 문서 처리, 디지털 문서 처리용 시스템 및 방법

미국의 법원은 스마트폰의 기능과 디자인 측면에서 기술 침해여부를 판단하였으며, 갤럭시 S1· S2에 대하여 대부분 침해한 것으로 판단하였다. 2012년 중반까지 애플이 제기한 법정 소송은 대부분 삼성 스마트폰의 구 모델에 관한 것이었다. 삼성 스마트폰의 새로운 모델인 갤럭시 S3의 특허침해에 대한 애플의 주장과 그에 대한 삼성의 반론은 다음과 같다.

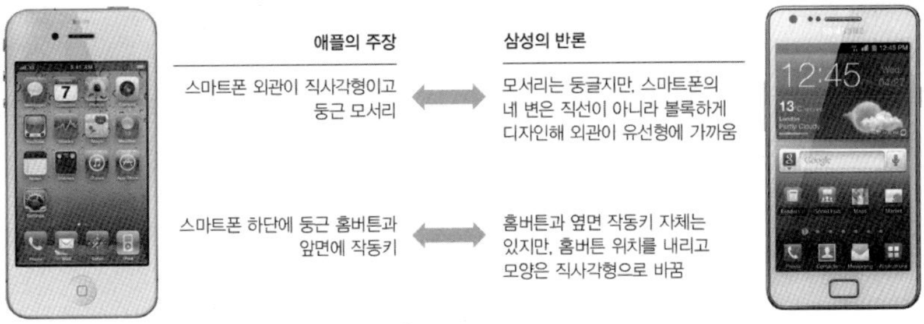

출처: 조선비즈닷컴, 2011. 8. 28

갤럭시의 아이폰 트레이드 드레스(Trade Dress)

	애플이 주장하는 특허 기술	갤럭시 S1, S2	갤럭시 S3
기능	화면에서 사진 검색 시 튕김 효과(바운스백)	침해	없음
	화면에서 엄지와 검지로 특정부분 확대(핑거투줌)	침해	있음
	화면에서 두 번 터치로 문서 확대	침해	있음
디자인	스마트폰 외관이 직사각형이고 둥근 모서리	침해	애매함
	스마트폰 하단에 둥근 홈버튼과 앞면에 작동키	침해	애매함
	태블릿PC 외관이 직사각형이고 둥근 모서리	비침해	해당 없음
	화면에서 바둑판 모뎀 아이콘 배열	침해	있음

출처: ChosunBiz.com, 2012.8.28

3) 스마트폰 기술 전쟁

전 세계적으로 스마트폰 기술에 관련된 분쟁이 계속 발생되고 있다. 아래 그림은 크게 4개의 진영으로 나누어진 스마트폰 업계 사이의 분쟁 관계를 나타낸 것이다. 구글을 포함한 안드로이드 OS를 사용하는 스마트폰 업체들이 가장 규모가 큰 진영을 형성하고 있다.

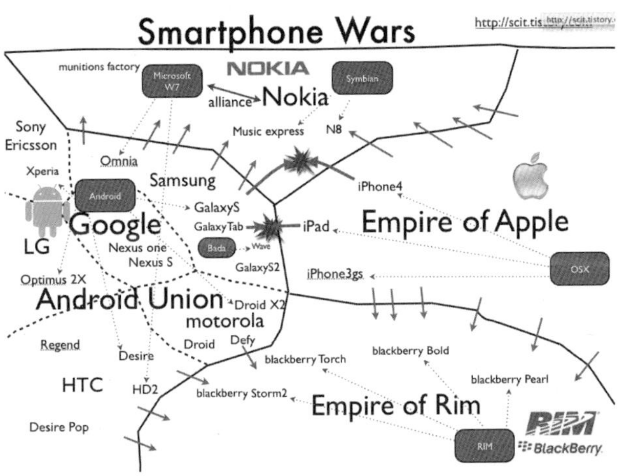

출처: scit.tistory.com

생각해보기

○ **아래 내용은 구글이 행하고 있는 불법적인 저작권 문제에 대해 대응방안을 기술한 것이다. 글을 읽고 국내 포털 업체들에 의해 발생되는 저작권 문제들을 조사한 후 해결방안이 무엇인지 알아보자.**

► 구글은 세계에서 가장 강력한 기업이고, 자신들이 하는 일을 숨긴다는 것이 더욱 우리를 불안하게 한다. 구글 자행하고 있는 불법적인 저작권 관련 문제를 해결하는 방안은 무엇인가? 먼저 우리 스스로가 문제점을 인식하고, 투명성과 책임감을 요구하며, 견제와 균형을 마련하고, 구글이 법·규제·규칙을 준수하도록 만들어야 한다. 개인주의, 법에 의한 지배 그리고 재산권의 중요성을 이해하고 있는 모든 사람들이 나서야 할 때이다. 공공과 산업계 그리고 제한적인 정부의 조치에 의한 다중적이고 혼합된 압박이 필요하다. 인터넷 사용자, 웹매체 기업, 온라인 광고주들이 구글로 하여금 더 투명하고 책임감 있는 방식으로 행동하도록 설득해야 한다.

► 단일조직이 모든 사적·공적 정보를 입수하고 저장하는 것은 매우 위험한 일이다. 그러한 독점적인 정보가 우리의 사회·경제·문화의 발전적 변화를 거스르는 강력한 무기로 변할 수 있다. 우리는 프라이버시 법안을 통과시켜 구글을 견제하여야 한다. 오프라인상에서 법안이 있듯이, 온라인상에서도 공정한 법안이 체계화되어야 한다. 웹의 성공에 찬사만 보내지 말고 모든 사람들이 나서서 그 기술을 통제할 수 있는 힘을 키울 필요가 있다.

생각해보기

○ **최근에 출판된 '두 얼굴의 구글'에서 저자는 아래와 같은 마이크로소프트에 대한 내용을 수록하고 있다. 이에 대해 자신의 생각을 발표해보자.**

▸ 마이크로소프트는 1990년대 후반에 자기보다 약한 경쟁상대를 무자비하게 짓밟는 것으로 유명하였으며, 기술 산업 주변에서 '악의 제국'이라는 별명을 얻게 되었다. 마이크로소프트는 윈도를 통해 다른 부문의 제품까지도 강압적으로 짓밟으려고 하였다. 그 대상인 기업이 인텔, 선마이크로시스템즈, 리얼네트워크, IBM, 애플 등이었다.

▸ 마이크로소프트는 데스크톱 운영체제 시장에서의 독점적 지위를 이용하여 컴퓨터 제조업체들에게 넷스케이프를 설치하지 말도록 강요하여 고소당하였다. 미국에서는 한 시장에서 독점적 지위를 누리는 것은 불법이 아니다. 그러나 그 독점적 지위를 이용하여 다른 시장에서의 점유율을 높이려고 하는 것은 불법이다. 마이크로소프트는 인터넷 익스플로러와 윈도를 통합하였다. 그 결과 악성 바이러스가 익스플로러를 통해 시스템에 침투할 수 있었다. 이것은 마이크로소프트의 독점 행위로 소비자가 입은 피해라고 할 수 있다.

생각해보기

○ 아래 글을 읽고 IT 기기에서 디자인 관련 특허인 '트레이드 드레스(Trade dress) '의 중요성을 생각해보자.

디자인이 아니라 이미지와 정체성이 문제다. (출처: 조선일보, 2012.8)

삼성과 애플 소송의 결과가 나왔다. 삼성이 애플의 아이폰 디자인을 베꼈다는 것이 미국 법원 배심원들의 평결이다. 이에 대해 많은 사람이 전문가가 아닌 배심원들의 정확성에 의문을 제기하고, 이런 평결이 애국심의 산물일 것이라는 평을 내놓았다. 문제가 된 것은 디자인이니, 향후 삼성은 디자인 전문가를 보강하여 문제를 해결해야 한다는 조언도 했다.

이번 소송에서 핵심 이슈는 분명 디자인이었다. 하지만 여기서 말하는 디자인은 디자이너의 디자인이 아니라 소비자가 느끼고 체험하는 제품의 이미지나 정체성과 관련된 디자인이다. 우리는 '각이 둥근 네모 모양의 휴대전화가 어떻게 특허가 되느냐'고 따지지만, 이것은 논란이 되는 디자인 특허의 본질을 이해하지 못한 데서 나온 지적이다. 분명 미국 법원은 A와 B가 각각은 달라도 전체적으로 흉내를 냈다면 디자인 특허를 침해했다고 보는 것이다. 이것을 법적 용어로 '트레이드 드레스(Trade Dress)'라고 한다. 제품 전체의 포장·용기·형태·색깔 등을 종합해서 그 제품만의 독특한 디자인 특성을 그 제품의 정체성이자 핵심 디자인 특허로 보는 것이다. 만일 다른 제품이 이런 이미지를 조금이라도 유사하게 느껴지게 했다면 특허 보호 대상을 훔쳤다고 간주한다.

여기서 중요한 것은 디자인 전문가의 생각이 아니라 소비자, 즉 일반인이 그 제품에 대해 어떻게 느끼는가이다. 기술적으로 완전히 다르다고 하더라도 겉으로 보이는 이미지나 느껴지는 감성에서 비슷하다면 그것은 베낀 것이다. 이는 소비자 심리의 문제이다. 물리적인 디자인이 소비자 개인의 심리와 감성적 체험으로 연결되는 부분이다.

제품의 정체성과 이것을 디자인적 이미지로 전환하는 것을 전혀 고려하지 않은 국내 기업의 입장에서는 기가 막힐 것이다. 하지만 소비자 입장에서 보면 디지털 제품의 핵심은 숨어 있는 기술이 아니라 이것을 어떻게 느끼고 보는가의 문제이다. 이제 기업이 초점을 두어야 할 것은 제품의 기술적 구성도 중요하지만 소비자가 제품을 통해 느끼는 이미지와 정체성이다. 특정 제품의 디자인이 소비자에게 어떤 이미지로 다가오는지, 어떤 의미를 부여할 수 있도록 하는지를 살펴야 한다. 선진국 기업들은 제품 디자인에서 창의력을 강조한다. 남들과 다른 제품은 단순히 특이한 디자인이나 앞선 기술을 적용한 것이 아니라 소비자들이 뚜렷한 정체성으로 받아들일 수 있는 제품이다. 이에 비해 국내 기업들이 쏟아내는 수없이 많은 제품이 비슷비슷하게 느껴지고 그것이 그것처럼 보인다면, 이제 기술의 문제가 아니라 아무런 정체성도 없는 제품을 베껴낸다는 비난을 피하기 어려울 것이다.

생각해보기

애플의 디자인이나 기술은 특별히 뛰어나지 않다. 단지 남들과 분명히 차별되는 제품의 정체성을 디자인과 일반적 기능으로 구현한 것이다. 그를 통해 소비자들이 제품의 정체성을 뚜렷하게 느끼게 했다. 자랑스러운 우리의 기업들이 전자·자동차 등의 제품에서 쉽게 구현하지 못하는 특성이다. 정체성이 뚜렷이 부각되지 못하는 제품이라면 아무리 앞선 기술이 적용되고 멋진 디자인으로 꾸며진들 어디선가 본 듯한, 어떤 것을 따라 한 듯한 '카피캣(복제품) ' 수준의 제품이 되고 만다. 중국의 '산자이(복제 짝퉁) '와 그리 다르지 않은 제품을 우리의 일류 기업이 여전히 만들고 있는 것일 뿐이다.

❖ '생각해보기'에 대한 글쓰기 및 발표

의견정리

참고자료

연습문제

01. 마이크로소프트 Windows 8이 이전 버전과 다른 점이 무엇인지 설명하라.

02. 마이크로소프트와 애플 사이에 발생된 GUI 관련 분쟁에 대해 설명하라.

03. 모토롤라와 애플 사이의 특허 분쟁에 대한 내용과 그 결과를 설명하라.

04. 마이크로소프트와 구글 사이에 발생된 인터넷 검색에 관련된 분쟁에 대해 설명하라.

05. 아래 그림에서 마이크로소프트와 Free Software(GNU, Linux) 사이의 분쟁 내용을 설명하라.

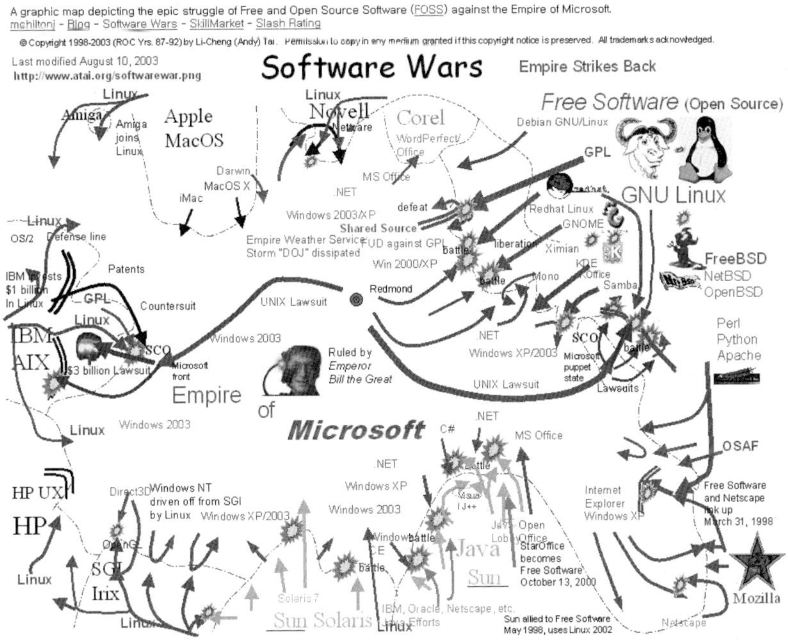

06. 스마트폰 운영체제를 기준으로 세계 스마트폰의 시장 점유율을 조사하라.

07. 삼성이 제소한 애플 스마트폰의 특허 침해에서 기술적인 내용은 무엇인가?

08. 애플이 주장하는 아이폰의 '트레이드 드레스(Trade Dress)'에는 어떤 것이 있는가?

09. 애플이 삼성의 갤럭시 S3에 대해 특허 침해를 제소한 내용은 무엇인가?

10. 유럽에서 발생된 삼성과 애플 사이의 스마트폰 특허 소송을 설명하라.

11. 삼성과 애플의 스마트폰 특허 소송에 대해 국내 법원이 판결한 내용을 설명하라.

12. 애플은 최근에 아이폰 4S의 아래 기능들에 대한 특허를 삼성 갤럭시 S3가 침해하였다고 주장하였다. 이에 대한 특허 소송의 진행 상황과 삼성의 대응방안이 무엇인지 설명하라.

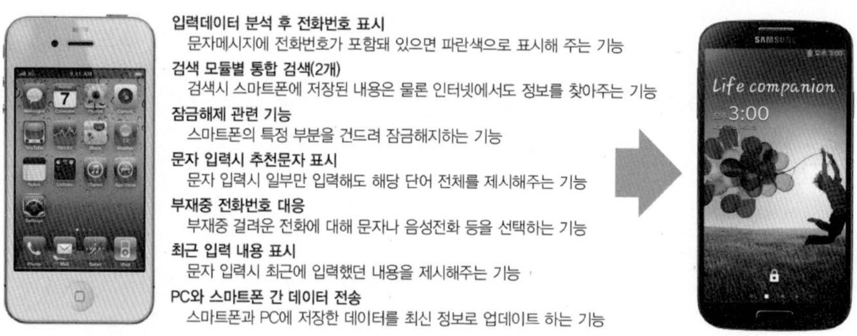

13. 스웨덴의 통신장비업체인 에릭슨은 2012년말 미국에서 삼성전자를 상대로 특허 침해 소송을 제기하였다. 애릭슨은 삼성전자가 프랜드(FRAND) 조항을 합의하지 못했다고 소송을 제기하였다. 이 소송 관련 프랜드 조항에 해당하는 특허가 무엇인지 설명하고, 소송 진행상황을 조사하라.

14. 산업재산권에 해당하는 특허권, 실용신안권, 상표권, 디자인권을 정의하고 각각에 대한 권리의 발생과 소멸에 대해 설명하라.

15. 자신이 행하였던 저작권 위반 행위의 사례를 나열하고 이를 방지하기 위한 대책을 설명하라.

16. 아래 그림은 스마트폰에 대해 애플이 고소한 내용과 삼성의 반론을 나타낸 것이다. 트레이드 드레스 관련하여 대부분 항목에서 삼성이 기술을 침해한 것으로 판정되었다. 각 항목에 대해 삼성의 반론에서 부족한 부분이 무엇인지 설명하라.

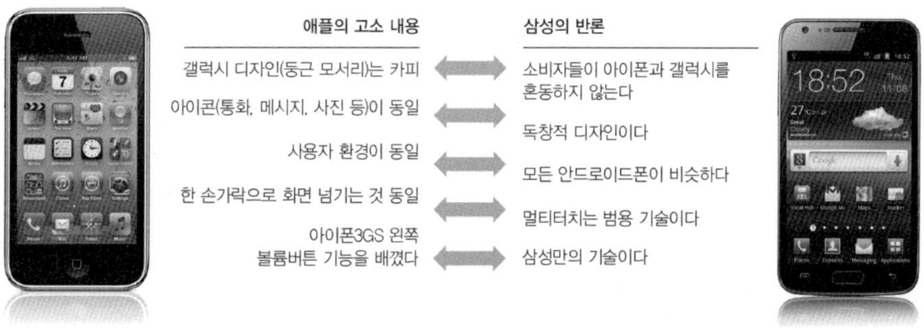

17. 세계적인 휴대폰 업체인 노키아(Nokia)가 2014년 6월 마이크로소프트에 합병됨으로써 스마트폰 시장에 큰 변화가 일어났다. 노키아가 휴대폰 사업에서 몰락한 원인이 무엇인지 조사하라.

18. 중국의 스마트폰 업체인 샤오미와 화웨이(Huawei)의 약진이 2014년부터 두각을 나타내고 있다. 이들 업체의 빠른 성장과 제품 경쟁력 확보의 배경이 무엇인지 조사하라.

제5부
정보기술 전쟁

CHAPTER 13

정보통신 용어 및 참고자료

CHAPTER 13

정보통신 용어 및 참고자료

13.1 용어 설명

API(Application Programming Interface)

운영체제나 프로그래밍 언어가 제공하는 기능을 응용프로그램에서 쉽게 사용할 수 있도록 만든 인터페이스를 의미한다. 예를 들면, 윈도 API는 윈도 운영체제들이 사용하는 API이며, C 또는 C++ 프로그램에서 직접 운영체제와 상호작용할 수 있도록 기능을 제공한다. 자바 API는 자바를 사용하여 응용프로그램을 쉽게 구현할 수 있도록 한 클래스 라이브러리의 집합이다.

BcN(Broadband convergence Network)

방송, 통신, 인터넷 등을 통합하여 광대역 멀티미디어 서비스를 안전하게 제공할 수 있는 품질 보장형 통합망이다.

BPS(Bit Per Second)

전송속도를 나타내는 BPS는 1초에 전송할 수 있는 비트(bit)의 수를 나타낸다. 1Mbps는 100만 bps로 500MB 동영상을 약 한 시간 안에 다운로드 받을 수 있는 속도이다.

BYOD(Bring Your Own Device)/BYOY(Bring Your Own Technology)

개인 소유의 스마트폰, 태블릿PC, 노트북 등의 IT기기를 업무에 활용하는 것이다. BYOD의 발전된 형태인 CYOD(Choose Your Own Device)는 자신이 사용할 기업용 제품을 선택해서 사용하는 것이다.

CDMA(Code Division Multiple Access)

코드분할 다중접속은 이동 통신에서 코드를 이용한 다중접속 기술이며, 1996년 한국에서 최초로 상용화되었다. 코드를 이용하여 하나의 셀에 다중의 사용자가 접속할 수 있도록 한다. CDMA 외에 다중접속의 방법에는 시분할 다중접속(TDMA: Time Division Multiple Access), 주파수분할 다중접속(FDMA: Frequency Division Multiple Access)이 있다.

DMB(Digital Multimedia Broadcasting)

'디지털 멀티미디어 방송'은 음성·영상 등 멀티미디어 신호를 디지털 방식으로 변환하고 이를 휴대용 IT 기기에서 방송하는 서비스를 말한다. 이동 중인 개인 단말기에서도 영상과 음성을 전송받을 수 있어서 휴대폰과 내비게이션에 많이 탑재된다.

FTTH(Fiber To The Home)

전화국에서 대형건물의 통신실까지 광케이블을 깔아놓은 것을 FTTO라 한다. 이를 더 연장하여 가정까지 광케이블을 설치하는 것이 FTTH이다. FTTH가 구축되면 단말장치만 업그레이드하면 영화 한편을 담은 1기가급 정보를 몇 초만에 주고받을 수 있다.

GNU(GNU is Not UNIX)

무료 소프트웨어 재단(FSF)에서 개발하여 무료로 배포하고 있는 유닉스 운영체제 호환 컴퓨터 프로그램이다. 이와 관련하여 GNU 소프트웨어, GNU 프로젝트 등이 사용된다.

HSDPA(High Speed Downlink Packet Access)

고속하향패킷접속은 휴대폰을 통해 초고속으로 데이터를 전송하는 기술이다. 3세대 이동통신인 WCDMA(Wideband CDMA)보다 한 단계 앞선 기술로 3.5세대로 불린다. 시속 250Km로 움직이는 차안에서 서비스가 가능하며 하향으로 최대 14.4Mbps, 상향으로는 2Mbps의 속도를 제공한다.

I-PIN(Internet Personal Identification Number)

인터넷상의 개인 식별번호를 의미하는 것으로 인터넷 홈페이지에서 회원가입시 주민등록번호를 사용하지 않고도 본인임을 확인할 수 있도록 만든 것이다. 즉, 인터넷상에서 주민등록번호의 유출과 오남용 방지를 목적으로 주민등록번호를 대신하여 사용하는 개인 식별번호이다.

IPv6(Internet Protocol version 6)

IPv6는 IPv4를 확장한 차세대 인터넷 주소 체계이다. IP는 인터넷상의 컴퓨터들이 통신하는 데 사용되는 프로토콜이다. 인터넷상의 각 컴퓨터는 서로 구별될 수 있도록 고유한 주소를 갖는다. IPv6에서는 IP 주소공간을 128비트로 확장하여 주소의 개수를 증가시켰으며, 패킷 처리에 대한 오버헤드를 줄이기 위해 새로운 헤더 구조를 사용한다.

ITS(Intelligent Transportation Systems)

지능형 교통 시스템(ITS)은 전자·정보·통신·제어 등의 기술을 교통체계에 접목시킨 지능형 교통 시스템이다. 가속화되고 있는 지식정보화 사회에 적합한 신속·안전·쾌적한 차세대 교통체계를 구현하는 것이 목적이다.

LTE(Long Term Evolution)

LTE는 2세대인 CDMA(코드분할다중접속), 3세대인 WCDMA(광대역부호분할다중접속)와 CDMA2000(코드분할다중접속) 기술에 이어 나온 것으로 3세대 이동통신을 장기적으로 진화시킨 기술이라는 뜻에서 붙여진 명칭이다. 다운로드 100Mb, 업로드 50Mb로 송신할 수 있어서 이동통신망에서 대용량의 동영상도 빠르게 송수신할 수 있다.

MAC(Media Access Control) 주소

컴퓨터 네트워킹에서 '매체 접근 제어(MAC)' 주소는 대부분의 네트워크 어댑터(NIC)에 부착된 고유한 식별자이다. 이것은 특정한 네트워크 어댑터의 이름처럼 동작하는 숫자이다.

MEMS(Micro Electro Mechanical System)

미세전자 제어기술은 미세 기술로써 기계 부품, 센서, 액추에이터, 전자 회로를 하나의 실리콘 기판 위에 집적화한 장치이다. 소형화된 전자 회로뿐만 아니라 소형 암, 기어, 스프링과 같은 기계 부품에 통합되는 전문화된 실리콘 칩이며, 데이터를 처리하는 능력과 특정한 종류의 센서 형태로 데이터를 저장하는 능력이 있다.

MMDBMS(Main Memory Database Management System)

응용프로그램의 구동과 동시에 데이터베이스의 일부 또는 전부를 주기억장치에 상주시켜 운용하는 데이터베이스 관리시스템이다. 빠른 데이터 처리와 고성능 트랜잭션 처리가 가능하므로 실시간 데이터 처리가 필요한 분야에 많이 적용된다.

MPI(Message Passing Interface)

'메시지 전달 인터페이스'는 분산 및 병렬 처리에서 정보의 교환에 대해 기술하는 표준이다. 병렬 처리에서 정보를 교환할때 필요한 기본적인 기능들과 문법, 그리고 프로그래밍 API 에 대해 기술하고 있지만 구체적인 프로토콜이나 각각의 구현에 대한 것에 대해서는 기술하지 않는, 하나의 거시적인 테두리를 정해주는 표준으로 이해 할 수 있다.

Open Graph

페이스북이 2010년에 발표한 핵심 전략이며, 페이스북을 중심으로 각자의 그래프, 즉 각자의 사회 연결망을 가진 외부 웹사이트들이 하나로 연결된 상태를 가리키는 것으로 페이스북이 플랫폼의 역할을 한다.

OTP(One time password)

기존의 고정된 패스워드 대신 무작위로 생성되는 일회용 패스워드를 이용하는 비밀번호 시스템이다. 금융권에서 온라인 뱅킹 등의 전자 금융 거래에서 사용되며, 사용자는 일회용 비밀번호를 생성하는 하드웨어인 OTP 생성기를 이용한다.

P2P(Peer to Peer)

인터넷을 통해 서로 다른 컴퓨터에 저장된 문서, 음악, 동영상 파일을 공유할 수 있게 해주는 기술이다. 서버 없이 컴퓨터와 컴퓨터를 직접 연결하여 파일 등을 공유할 수 있는 기술이다. 인터넷을 통해 음악파일(MP3)을 공유할 수 있게 해주는 '냅스터(Napster)', '소리바다' 등이 대표적인 사이트이다.

PDA(Personal Digital Assistant)

정보의 수집·저장·작성·검색·통신기능 등이 결합된 개인용 휴대 단말기이다. 일정관리, 주소록, 메모장 등의 프로그램을 기본으로 제공한다. PC와 연결하여 데이터를 교환할 수 있으며, 인터넷 접속이나 애플리케이션 설치가 쉽다.

PSTN(Public Switched Telephone Network)

공공 통신사업자가 운영하는 공중 전화교환망이며, 음성 전화나 모뎀을 사용한 자료교환 서비스를 제공한다. 가정이나 사무실의 전화기는 가입자 회선을 통하여 전화국의 교환기에 접속된다.

RFID(Radio Frequency Identification)

RFID는 주파수를 이용해 ID를 식별하고 정보를 관리할 수 있는 차세대 인식 기술이다.

고속도로 하이패스, 교통카드 결제 시스템 등과 같이 사물, 인간의 위치 파악과 움직임에 대한 정보를 실시간으로 확인하고 반응할 수 있다.

RSS(Really Simple Syndication, Rich Site Summary)

이메일 목록처럼 헤드라인만 보여주고, 클릭을 하면 해당 페이지로 들어갈 수 있게 해 주는 서비스다. 웹사이트 운영자는 별도로 콘텐츠를 구성하거나 이메일 발송 작업을 하지 않고도 사용자들에게 정보를 전달할 수 있다. 사용자는 웹사이트를 일일이 방문하지 않아도 새로운 내용이 업데이트 될 때마다 한 자리에서 쉽게 알 수 있다.

SCADA(Supervisory Control and Data Acquisition)

통신 경로상의 신호를 사용하여 원격장치의 상태정보 데이터를 원격소장치로 수집, 수신·기록·표시하여 중앙제어시스템이 원격장치를 감시하고 제어하는 시스템이다. 발전·송배전시설, 석유화학 플랜트, 제철공정 시설, 공장 자동화 시설 등 다양한 원격지 시설 장치를 중앙집중식으로 감시하고 제어하는 시스템이다. 예를 들면, SCADA 시스템은 전력분야의 스마트그리드(SmartGrid) 환경을 구축하기 위한 핵심 구성요소이다.

SLA(Service Level Agreement)

서비스 공급자와 고객 사이에 핵심 서비스 목표를 정의하고 상호 책임 사항에 대하여 협의하여 작성된 문서를 기반으로 IT 인프라 및 서비스 수준의 품질을 관리하면서 점차적으로 서비스 품질을 향상시키는 방법이다.

SMS(Short Message Service)

휴대전화를 이용하는 사람들이 별도의 장비를 사용하지 않고 휴대전화만으로도 짧은 문장의 메시지를 주고받을 수 있는 서비스이다. 단문 메시지 서비스라고도 한다.

SoC(System on Chip)

시스템온칩은 여러 가지 반도체 부품을 하나로 집적하는 기술이나 이러한 기술이 적용된 기기를 의미한다. 반도체 기술이 발전되면서 마이크로프로세서, 램, 멀티미디어용 부품 등이 하나의 반도체 칩으로 통합되어 시스템을 구성한다.

SSID(Service Set Identifier)

'서비스 세트 식별자(SSID)'는 무선랜을 통해 전송되는 패킷의 헤더에 포함된 고유한 식별자이다. 무선랜 클라이언트가 '기본 서비스 영역(BSS, Basic Service Set)'에 접속할 때 각 무선랜을 다른 무선랜과 구분하기 위해 사용된다. BSS는 IEEE 802.11의 가장 기본적인 네트워크 구성단위이다.

SWOT(Strengths, Weaknesses, Opportunities, Threats) 분석

강점, 약점, 기회, 위협의 4가지 요소를 사용하여 자기역량 및 환경적 요소를 비교하는 것이다. 내부환경을 분석하여 강점과 약점을 발견하고, 외부환경을 분석하여 기회와 위협을 발견하고 요인을 분석한다.

TCO(Total Cost of Ownership)

하드웨어, 소프트웨어, 교육, 관리비용 등을 모두 통합한 비용을 의미이다. 1997년 가트너 그룹에서 발표한 개념이다.

TCP/IP(Transmission Control Protocol/Internet Protocol)

인터넷에 연결된 컴퓨터들 사이의 정보전송을 위한 표준 프로토콜이다. TCP는 전송 데이터를 일정 단위로 나누고 포장하는 것에 관한 규약이고, IP는 직접 데이터를 주고받는 것에 관한 규약이다.

Thin Provisioning

'씬 프로비저닝'은 스토리지 가상화를 이용하여 스토리지에 남아도는 용량이 없이 꼭 필요한 만큼, 필요한 때 사용할 수 있도록 스토리지를 슬림화하여 용량 활용도를 최대한으로 높이는 기술이다. 여러 개의 스토리지를 적절하게 배분하여 사용할 수 있으며, 여러 개의 하드디스크를 단순형태로 묶어서 작은 용량의 하드디스크를 크게 확장하여 사용할 수도 있다.

U-헬스(Ubiquitous-health)

정보통신 기술과 보건 의료를 연결하여 언제 어디서나 예방·진단·치료·사후 관리의 보건 의료 서비스를 제공하는 것이다.

UBcN(Ultra Broadband convergence Network)

초광대역 융합망은 융합화·지능화·실감화·개인화되고 있는 미래의 방송통신 서비스 수요를 충족시키기 위한 정보통신망이다. 전국 어디에서나 양방향 및 맞춤형 서비스 이용 환경을 조성할 수 있다.

USN(Ubiquitous Sensor Network)

다양한 위치에 설치된 태그와 센서노드를 통해 사람·사물·환경 정보를 인식하고 그 정보를 무선으로 수집해 언제, 어디서나 자유롭게 이용할 수 있도록 구성된 네트워크 망이다.

개인정보 보호 마크제도

인터넷 사이트의 개인정보 보호 및 관리 수준을 평가하여 일정 요건을 충족한 사이트에 대하여 마크를 부여하는 제도로 한국정보통신산업협회가 주관하고 있다.

개인정보 분쟁 조정제도

개인정보 침해로 피해를 입은 개인이나 사업자가 분쟁조정을 신청할 수 있는 제도이다. 처리절차는 사건의 접수 및 통보, 사실 확인 및 당사자 의견청취, 조정 전 합의권고, 위원회의 조정, 조정의 성립, 효력발생으로 구성된다.

공개키 암호화 기법

암호화는 데이터 전송 시 불법적으로 데이터가 손실되거나 변경되는 것을 방지하기 위해 데이터를 변환하여 전송하는 기술이다. 공개키 암호화 기법 중의 하나인 RSA는 비대칭형 암호화 방식이며, 공개되는 공개키(public key)와 본인만 사용하는 비밀키(private key)로 구성된다. 전자 문서의 디지털서명, 부인봉쇄 등에 사용된다.

기계학습(machine learning)

컴퓨터가 학습할 수 있도록 하는 알고리즘과 기술을 개발하여 적용함으로써 막대한 양의 데이터를 통계 처리해 새로운 패턴을 찾아낼 수 있도록 한다. 인공지능 분야의 예를 들면 기계 학습을 통해 문자인식이 가능하며, 이메일이 스팸인지 아닌지를 구분할 수도 있다.

네카시즘(NeCarthyism)

루머의 진위여부와 상관없이 익명성을 이용해 인터넷상에서 무차별적으로 악성 댓글과 신상털기로 루머의 대상을 공격하는 사이버 폭력이다.

네티켓

통신(network)과 예의(etiquette)의 합성어로 인터넷 공간에서 사용자들이 지켜야 할 예의를 의미하는 용어이다.

디지털 워터마킹(digital watermarking)

멀티미디어 저작물의 불법 복제를 막고 저작권자 보호를 위한 디지털 콘텐츠 저작권 보호기술이다. 디지털 콘텐츠에 저작권자의 고유마크(fingerprint)를 집어넣는 기술이다. 즉 저작권 보호기술(DRM: Digital Right Management)을 의미한다.

디지털 컨버전스(Digital Convergence)

하나의 기기나 서비스에 모든 정보통신기술이 융합되는 현상이다. 종류가 다른 미디어가 단말기나 네트워크에 관계없이 융합되어 새로운 형태로 나타나는 것을 의미한다.

랜더링(rendering)

2차원의 화상에 광원·위치·색상 등 외부의 정보를 고려하여 사실감을 불어넣어서 3차원 화상을 만드는 컴퓨터 그래픽 기술이다.

롱테일 법칙(Long tail theory)

파레토 법칙에 반대되는 개념이다. 인터넷 이용자가 늘어나면서 온라인 거래가 활성화되고, 예전에는 잘 팔리는 제품만 진열되어 있어서 상대적으로 팔리지 않았던 비인기종목들이 누군가의해 꾸준히 팔려 매출에 기여하고 있다는 데서 나온 개념이다. 80%의 사소한 다수가 20%의 핵심소수보다 뛰어난 가치를 창출한다는 것으로 역파레토 법칙 또는 긴꼬리 법칙이라고 한다. 파레토 법칙(Pareto's law)은 백화점 매출의 80%는 명품을 구입하는 고객 20%에 해당한다는 것으로 2대8법칙이라고도 한다.

매시업(Mashup)

웹의 정보 및 서비스를 융합하여 새로운 형태의 서비스 및 소프트웨어를 만드는 것이다. 예를 들면, 구글 지도에 부동산 매물 정보를 결합한 서비스인 '구글 하우징 맵스'이 있다.

멀웨어(malware)

악의적인(malicious)과 소프트웨어(software)의 합성어로 개인정보를 빼돌리는 악의적인 소프트웨어를 의미한다. 스마트폰의 특성을 활용해 통화를 도청하거나 위성항법장치(GPS)로 위치를 추적하기도 하며, 이렇게 수집된 정보를 피싱공격이나 신분도용에 악용되기도 한다.

멀티태스킹(multi-tasking)

다중처리라고 하며, 컴퓨터에서 외관상 동시에 다수의 작업을 처리할 수 있도록 하는 방식이다. 한 개의 CPU를 가진 개인용 컴퓨터가 특정 순간에 수행할 수 있는 태스크의 개수는 하나이다. 그러나 스케줄링을 통해 사용자에게 병렬 연산이 이루어지는 것과 같은 환경을 제공한다.

메신저 피싱

인터넷 또는 스마트폰 메신저에 접속한 후 돈을 요구하며 송금을 유도하는 사기수법이다.

메트칼프의 법칙(Law of Metcalfe)

네트워크의 규모가 커짐에 따라 그 비용의 증가 규모는 점차 줄어들지만 네트워크의 가치는 기하급수적으로 증가한다는 법칙이다. 이 법칙은 무어의 법칙(Moore's Law)과 함께 인터넷 비즈니스의 특징을 설명하는 중요한 키워드로 알려져 있다.

미디어 리터러시(media literacy)

정보 해독력을 의미하는 용어로 미디어가 제공하는 정보를 객관적으로 판단하고 이용하는 능력을 의미한다.

밈(Mime)

동영상이나 재미있는 농담 등이 인터넷 사용자들을 통해 빠르게 전파되는 현상이다.

병렬처리

동시에 복수의 명령이나 데이터를 처리하는 방식이다. 다수의 프로세서를 네트워크나 버스에 접속해서 명령이나 데이터를 동시에 보내어 처리한다.

보이스 피싱

무작위로 대상자를 선택하여 전화를 건 후 유명기관을 사칭하고 허위사실을 말하며 송금을 유도하는 사기수법이다.

브로드밴드(broadband) 네트워크

광대역 네트워크라고 하며, 주파수 분할 다중화 기법을 이용해 하나의 전송매체에 여러 개의 데이터 채널을 제공하는 방식의 네트워크이다. 협대역(narrowband), 베이스밴드(baseband)와 대비되는 의미로 사용되며, 때로는 초고속 인터넷을 의미하기도 한다. 이와 유사하지만 구분되는 용어로 광대역 통합망(BcN: Broadband convergence Network)이 있다. 광대역통합망은 방송·통신·인터넷 등의 통합 광대역 멀티미디어 서비스를 안전하게 제공하는 통합 네트워크이다.

블루투스(Bluetooth)

블루투스는 개인 근거리 무선 통신을 위한 산업 표준으로 1999년 발표되었다. IEEE 802.15.1 규격을 사용하며, 전 세계 공용의 무선 주파수를 이용하여 기기들이 통신한다.

사이버 거래 중독

쇼핑, 주식거래 등에 빠져 직업 상실이나 가정파탄의 곤경에 처하며, 쇼핑이나 주식거래 등을 하지 않을 경우 신체적 불안감, 우울, 초조함에 빠지게 되는 인터넷 중독 유형이다.

사이버머니

물리적으로 눈에 보이지는 않지만 실제 돈과 같은 효력을 발휘하며 인터넷에서 사이버 금융거래와 쇼핑을 위한 지불 수단으로 사용되는 가상 화폐이다.

삼진아웃 제도

상습적인 불법저작물 게시자와 특수유형의 온라인서비스제공자(OSP)를 규제하기 위하여 3회 이상 경고를 받은 자에 대하여 6개월 이내의 기간 동안 해당자의 계정을 정지시킬 수 있도록 한 제도이다.

상황인식(context awareness) 기술

사람의 의도를 미리 파악하여 그에 맞게 반응하도록 하는 소프트웨어 기술이다. 즉, 사람이 필요로 하는 것을 미리 파악하여 컴퓨터 프로그램이 작동하는 것으로 사람을 예측하는 기술이다. 예를 들면, 소비자가 구매하는 모든 정보를 데이터화하여 구매 성향을 파악한 후 그 사람의 성향과 취향에 매치되는 광고를 노출시켜 줄 수 있다.

소셜 네트워크 서비스(Social Network Service)

커뮤니티 형태의 웹사이트로 웹2.0, UCC 등과 함께 새로운 인터넷 흐름으로 나타난 온라인 인맥구축 서비스이다.

소셜 네트워크 서비스(SNS)

인터넷을 기반으로 정보공유, 자기표현 등을 통하여 타인과의 관계를 형성하고 관리할 수 있는 서비스이다. 친구, 선후배, 동료 등 지인과의 인맥 관계를 강화할 수 있는 것으로 인터넷 상에서 폭넓은 인적 네트워크를 형성할 수 있도록 해주는 서비스이다.

소셜커머스(Social commerce)

소셜 네트워크 서비스(SNS)를 통하여 이루어지는 온라인 공동구매 방식의 전자상거래이다.

스마트포노이드(smartphonoid)

정보통신 기기인 스마트폰과 일심동체가 돼서 한시도 몸에서 떼지 않는 신감각 인류라는 의미의 용어이다.

스마트폰 포비아(공포증), 스마트폰 소외족

스마트폰 입문 과정에서 생기는 극단적인 스트레스를 의미하는 것으로 스마트폰을 구입했지만 기능을 잘 몰라 어려움을 겪는 것을 의미하는 용어이다.

스케일 아웃(Scale out)

접속된 서버의 대수를 늘려 서버의 처리 능력을 향상시키는 것이다. 서버의 처리 능력을 확장하는 또 다른 방법에는 스케일 업이 있다. 스케일 업은 서버 자체를 증강하여 처리 능력을 향상시키는 것으로 프로세서 자체를 고성능 모델로 바꾸는 것이다.

시멘틱 웹(Semantic Web)

컴퓨터가 데이터를 이해, 분석, 추론하여 정보를 만들어내는 기술이다.

악성코드

트로이 목마 등과 같이 컴퓨터 시스템에 피해를 주고자 악의적으로 만들어낸 프로그램이다.

얼리 어답터(early adopter)

남들보다 신제품을 빨리 구입해서 사용하고, 평가하며, 정보를 제공하는 소비자 그룹을 지칭한다.

에스크로 서비스(결제대금예치 제도)

사업자가 소비자의 결제대금을 예치하고 있다가 상품배송이 완료된 후 통신판매업자에게 대금을 지급하는 전자상거래 보호제도이다. 웹 사이트 운영업체에 e-Trust 인정마크를 부여하여 전자상거래에서 소비자를 보호할 목적으로 한국전자거래진흥원에서 시행하는 제도이다.

오픈 마켓(open market)

쇼핑몰 운영업체는 인터넷에 장터를 제공하고, 그 안에서 일반 소비자끼리 자유롭게 거래를 하는 방식의 인터넷 쇼핑 시장이다.

와이브로(WiBro: Wireless Broadband Internet)

2.3㎓ 휴대인터넷의 명칭으로 휴대형 무선단말기를 이용해 시속 60㎞로 이동하는 상태에서도 고속 전송속도로 인터넷에 접속하여 다양한 콘텐츠를 이용할 수 있는 기술이다.

옵트-인(opt-in) 제도

통신을 미리 받아 보겠다고 허락한 사람에게만 전자 우편을 보내도록 하는 방식이다.

와이파이(Wi-Fi)

전기전자기술자협회(IEEE)가 결정한 무선랜 표준안으로 IEEE 802.11로 표기된다. 주파수 대역은 2.4GHz이며, 1999년에 무선 LAN 표준으로 승인되었다. 무선은 11Mbps의 속도를 제공하며, 최적의 조건에서는 반경 500m 이내에서 어디서나 사용할 수 있다.

웨일링(Whaling)

주요인물이나 기업 내 고위직을 표적으로 삼아 프로파일을 자세히 조사한 후 그 정보를 바탕으로 피해자가 속아서 클릭하도록 피싱 이메일을 작성하여 발송한다.

웹 2.0(Web 2.0)

블로그(Blog), 위키피디아(Wikipedia)와 같이 누구나 손쉽게 데이터를 생산하고 인터넷에서 공유할 수 있도록 한 사용자 참여 중심의 인터넷 환경이다.

웹크롤러

검색엔진의 구축 등을 위하여 인터넷상에 존재하는 웹 문서들을 추적하여 필요한 정보를 수집하는 프로그램이다. 인터넷 산업의 근간이 되는 핵심 기술로 짧은 시간에 최대한 많은 정보를 수집하는 것이 필요하다.

위성위치확인시스템, 위성항법장치(GPS: Global Positioning System)

위성에서 보내는 신호를 수신해 사용자의 현재 위치를 알 수 있는 시스템이다. 항공기, 선박, 자동차 등의 내비게이션 장치에 주로 사용되며, 최근에는 스마트폰, 태블릿 PC 등에서도 많이 활용되고 있다.

위젯(widget)

달력·시계·날씨 등 각종 기능을 필요할 때 바로 사용할 수 있도록 자주 사용하는 기능만을 모아 바탕화면 한쪽에 배치해 놓은 도구모음이다. 애플이 컴퓨터 바탕화면에 메모장, 계산기 등이 나타나도록 서비스를 제공한 것이 시초가 되었다.

위치 기반 서비스(LBS: Location Based Services)

모바일 기기를 통해 길안내, 친구찾기와 같은 다양한 생활 정보를 실시간으로 받아 삶의 질을 향상시키는 서비스이다.

위키(wiki)

웹 브라우저를 이용하여 간단한 마크업 언어를 통해 쉽게 내용을 추가하고, 고치고 삭제할 수 있는 웹사이트이다. 위키 소프트웨어를 이용하며, 협업을 통해 운영된다.

유비쿼터스(Ubiquitous)

'언제 어디에나 존재한다'는 뜻의 라틴어로, 사용자가 컴퓨터나 네트워크를 의식하지 않고 장소에 상관없이 자유롭게 네트워크에 접속할 수 있는 환경이다.

유틸리티 컴퓨팅(Utility Computing)

서버, 스토리지 등 컴퓨팅 자원을 보유하지 않은 채 가스나 전기처럼 사용량에 따라 요금을 부가하는 방식이다.

인터넷 실명제

익명성을 악용해 불법 선거운동을 못하도록 하자는 취지에서 17대 국회의원 선거부터 도입된 제도로 인터넷에서 이름과 주민등록번호를 확인한 후 글을 게시할 수 있도록 하는 제도이다.

인포데믹스(Infodemics)

정보(information)와 전염병(epidemics)의 합성어로, 부정확한 정보나 루머들이 인터넷이나 IT기기를 통해 전염병처럼 빠르게 전파됨으로써 개인의 사생활 침해는 물론 경제, 정치, 안보 등에 치명적인 영향을 미치는 것을 의미한다.

임베디드 소프트웨어(embedded software)

셋톱박스, 휴대폰, 디지털 TV, 게임기 등 각종 IT 기기에 내장되어 기본 기능을 수행하는 내장형 프로그램이다. PC처럼 별도의 운영체제를 가지고 그 위에 소프트웨어를 따로 설치해 사용하는 것이 아니라 제품 자체에 '끼워져 있다'는 의미이다.

잊혀질 권리(right to be forgotten)

온라인 사이트에 자신과 관련된 정보의 삭제를 요구할 수 있는 권리이다. 2012년 1월 유럽연합(EU) 집행위원회의 데이터보호법(Data Protection Regulation) 개정안에 사용자 정보의 삭제를 요구할 수 있는 권리가 포함되었다.

자바(Java)

자바는 썬 마이크로시스템즈의 제임스 고슬링(James Gosling)이 개발한 객체 지향적 프로그래밍 언어이다. 자바 컴파일러는 자바로 작성된 프로그램을 바이트코드라는 바이너리 형태로 변환시킨다. 이 바이트코드는 '자바 가상 머신(Java Virtual Machine)'이라는 특수한 가상 기계가 있으면 모든 플랫폼에서 동일한 형태로 실행된다. 따라서 자바 프로그램은 CPU나 운영 체제의 종류에 관계없이 JVM이 설치된 시스템에서는 어디서나 실행될 수 있다.

저작권

인간의 사상 또는 감정을 표현한 창작물로써 기존의 창작물을 복제하지 않고 만들어 낸 새로운 창작물에 대하여 발생하는 권리를 나타낸다.

좀비 PC

악성코드의 감염으로 인하여 본인도 모르게 다른 사람에게 조종당하며, 다른 컴퓨터를 공격하는데 악용되는 PC를 의미한다.

좀비폰(Zombie Phone)

해커가 스마트폰 앱 등을 사용해 악성코드를 설치한 휴대전화이다. 해커의 명령에 따라 각종 기능을 실행시킬 수 있으며, 데이터를 훔치거나 파괴하고 통신망에 과부하를 일으키는 공격에 이용될 수 있다.

증강현실(augmented reality)

실세계에 3차원 가상물체를 겹쳐 보여주는 기술로, 실제 환경에 가상의 객체를 추가함으로써 사용자가 실제 환경보다 실감나는 부가정보를 제공받을 수 있다. 예를 들면 길에서 스마트폰으로 주변을 비추면 인근 상점의 위치 및 전화번호, 지도 등의 정보가 입체영상으로 표시되고, 하늘을 비추면 날씨정보가 나타나는 등 다양한 분야에 적용되고 있다.

지리정보시스템(GIS: Geographic Information System)

컴퓨터를 이용하여 지도 및 지리정보를 작성 및 관리하고, 이를 기초로 데이터를 수집·분석·가공하여 교통, 통신과 같은 지형과 관련되는 모든 분야에 적용하기 위해 설계된 종합 정보 시스템이다.

지연인출제도

금융감독원에서 보이스 피싱의 피해방지를 위해 2012년 6월부터 시행한 제도이며, 300만원 이상 현금 입금된 통장에서 자동화기기를 통해 출금할 경우, 입금된 때로부터 10분이 경과된 후에 인출이 가능하도록 한 제도이다.

집단지성

"우리는 개인보다 현명하다."는 생각에서 출발한 개념이다. 어디에나 분포하며, 지속적으로 가치가 부여되고, 실시간으로 조정되며, 역량의 실제석인 동원에 이르는 지성을 의미한다.

코덱(CODEC)

컴퓨터상에서 각종 문서나 오디오·비디오를 압축하거나 해제하는 규약으로, 압축기(compressor)와 해독기(decompressor)의 앞 글자를 따서 만든 것이다. 이와 함께 아나로그 신호를 디지털 신호로 변환하는 코더(Coder)와 반대로 변환시키는 디코더(Decoder)의 합성어로 부호기와 복호기의 역할을 동시에 수행하는 장치를 의미한다.

코드분할 다중접속(CDMA: Code Division Multiple Access)

이동통신에서 다수의 사용자들이 동시에 시간과 주파수를 공유하며 사용하는 다중접속 방식의 하나이다. CDMA는 아날로그 형태인 음성을 디지털 신호로 바꾼 후 여기에 난수를 부가, 여러 개의 디지털 코드로 변환해 통신을 하는 방식이다. 휴대폰이 통화자의 채널에 고유하게 부여된 코드만을 인식함으로 통화 품질이 좋고 통신 비밀이 보장된다는 장점이 있다.

쿨링오프제(cooling off)

청소년이 게임을 시작하고 2시간이 지나면 자동으로 종료되며, 10분 후 1회에 한하여 재접속을 할 수 있도록 하는 청소년 게임 제한 제도이다.

키보드 워리어

인터넷 상에서는 거침없는 내용의 게시물을 올리는 등 활발하게 활동을 하면서도 막상 실제 생활에서는 전혀 힘을 쓰지 못하는 소심한 성격을 가진 이들을 가리키는 용어이다.

크라임웨어(Crimeware)

온라인상에서 불법활동을 조장하기 위해 만들어진 컴퓨터 프로그램으로 공격용 툴킷이라고도 한다. 스파이웨어, 브라우저 하이재커, 키로커 등을 말하며 피싱킷이라는 공통점이 있다. 인터넷에서 바로 사용할 수 있으며 키로커를 은밀히 설치해 불법적으로 정보를 수집한다.

탈억제 효과

평소에서 소심하고 말이 적은 사람이 컴퓨터를 사용할 때 자신의 감정을 개방적으로 표출한다. 이와 같이 사이버 공간에서 빈번히 과도한 감정표출로 무례한 언어를 거침없이 사용하는 현상이다.

트윈슈머(Twinsumer)

인터넷에서 물품을 구매할 때 다른 구매자가 기록한 후기를 보고 물품을 판단하여 구매하는 소비자를 지칭하는 용어이다.

파밍캅

파밍은 악성코드를 이용자의 컴퓨터에 감염시켜 은행 사이트에 접속하면 강제로 가짜 은행 사이트에 접속시켜 금융거래 정보를 빼낸 뒤 이용자의 예금을 인출해 가는 수법이다. 이러한 파밍을 예방하기 위한 프로그램이 파밍캅이다.

파이썬(Python)

파이썬은 1991년에 발표된 고급 프로그래밍 언어로, 플랫폼 독립적이며 인터프리터 방식, 객체지향적, 동적 유형의 대화형 언어이다. 파이썬은 비영리의 파이썬 소프트웨어 재단이 관리하는 개방형, 공동체 기반 개발 모델을 가지고 있다.

파이프라인 처리

하나의 프로세서를 서로 다른 기능을 가진 여러 개의 서브프로세서로 나누어 각각의 서브프로세서가 동시에 다른 데이터를 처리하도록 설계하는 방식이다. 명령어 파이프라인, 연산 파이프라인 등이 가능하다.

프리웨어(freeware)

무료로 배포되어 사용자가 요금을 지불하지 않고 사용할 수 있는 소프트웨어이다. 사용자가 요금을 지불할 필요는 없지만 영리를 목적으로 배포할 수는 없다.

핵티비즘(hacktivism)

해커(hacker)와 행동주의(activism)의 합성어로 정치, 사회적 목적을 위해 자신과 노선을 달리하는 정부나 기업·단체 등의 인터넷 웹 사이트를 해킹하는 행위이다.

호킹 복사(Hawking radiation)

중력이 너무 커서 빛조차도 빠져나갈 수 없는 천체인 블랙홀도 입자를 방출하여 질량과 에너지가 감소하게 되고 블랙홀 자체도 증발해 없어질 수 있다는 이론이다. 영국의 이론물리학자 스티븐 호킹이 1975년 발표하였다.

13.2 참고자료

가. 도서

1. ≪Super IT Korea 2030: 만물지능혁명국가≫ 하원규, 황성현 공저, 전자신문사, 2011
2. ≪2011 한국인터넷백서≫ 한국인터넷진흥원, 2011
3. ≪2012 한국인터넷백서≫ 한국인터넷진흥원, 2012
4. ≪2012 국가정보화백서≫ 행정안전부·방송통신위원회·지식경제부, 2012
5. ≪2012 IT시장 백서≫ KRG, 2011
6. ≪컴퓨터 IT 용어 대사전≫ 전산용어사전편찬위원회, 일진사, 2012
7. ≪인터넷 윤리≫ 인터넷윤리실천협의회, 이한미디어, 2012
8. ≪정보통신 배움터 개정3판≫, 정진욱 외4인 공저, 생능출판사, 2011
9. ≪컴퓨터와 IT 기술의 이해≫ 최윤철, 한탁돈, 임순범 공저, 생능출판사, 2009
10. ≪스티브 잡스≫ 안진환 옮김, 민음사, 2011
11. ≪스티브 잡스의 공감 영어≫ 장석교, 다락원, 2007
12. ≪인사이드 애플≫ 임정욱 역, 청림출판, 2012
13. ≪두 얼굴의 구글≫ 박기성 역, 에이콘출판사, 2012
14. ≪구글의 배신≫ 황희창 역, 브레인스토어, 2012
15. ≪구글 파워≫ 배현 역, 애플트리테일즈, 2009
16. ≪구글 이후의 세계≫ 이영기 역, 웅진지식하우스, 2011
17. ≪당신은 구글에서 일할 만큼 똑똑한가?≫ 타임비즈, 2012
18. ≪Google 신화와 야망≫ 고영태 옮김, 일리, 2009
19. ≪디지털 워≫ 전용범 역, 이콘, 2012
20. ≪소셜네트워크가 만드는 비즈니스 미래지도≫ 김중태저, 한스미디어, 2010
21. ≪소셜리더가 되라≫ 김대중 저, 다음생각, 2011
22. ≪한 권으로 끝내는 소셜 네트워크≫ 옵스큐어, 정보문화사, 2011
23. ≪10억짜리 꼼수 소셜마케팅≫ 손정일 저, 라온북, 2012
24. ≪페이스북 이펙트≫ 임정민, 임정진 옮김, 에이콘출판사, 2010
25. ≪페이스북 무엇이고 어떻게 활용할 것인가≫ 구창환 외 2명, 더숲, 2010
26. ≪집단 지성이란 무엇인가≫ 이순희 옮김, 21세기북스, 2009
27. ≪미디어의 이해: 인간의 확장≫ 김상호 옮김, 커뮤니케이션북스, 2011
28. ≪빅데이터와 SNS 시대의 소셜 경험 전략≫ 배성환 외3인 공저, 에이콘출판사, 2012
29. ≪빅데이터 혁명≫ 권대석 저, 21세기북스, 2012

30. ≪제3의 물결≫ 원창엽 역, 홍신문화사, 2006
31. ≪빌게이츠@생각의 속도≫ 안진환 역, 청림출판, 1999
32. ≪IT융합기술(IT-BT-NT-CT-ET-ST)≫ 한국전자통신연구소, 2007
33. ≪생활 속 IT 교과서≫ 오선숙, 백옥희, 정해임 공저, 전자신문사, 2012
34. ≪훤히 보이는 스마트 IT≫ 박종현, 김문구, 이지형 공저, 전자신문사, 2012
35. ≪SNS 100배 즐기기≫ 최재용, 이강석, 박사영, 오홍균, 매일경제신문사, 2010
36. ≪구글의 아침은 자유가 시작된다≫ 이경식 역, 알에이치코리아, 2015
37. ≪핀테크 전쟁≫ 이미숙 역, 예문, 2015

나. 웹 사이트

- 한국정보화진흥원 인터넷중독대응센터
  www.iapc.or.kr
- 한국인터넷진흥원
  www.kisa.or.kr
- 국내 슈퍼컴퓨터
  blog.naver.com/hellowkorea?Redirect=Log&logNo=50121519118
- 스마트폰과 GPS의 결합
  news.chosun.com/site/data/html_dir/2012/07/06/2012070601336.html
- IT 관련 뉴스
  www.itworld.co.kr/news, itreport.co.kr/413
- IT 관련 최근 동향
  bigcomputing.delighit.net
- 다중접속 기술
  ko.wikipedia.org/wiki/CDMA
- 개인정보침해신고센터
  www.1336.or.kr
- 한국저작권위원회
  www.copyright.or.kr
- 아바타(Avatar, 2009)
  www.avatarmovie.com
- 웹 2.0
  nodotos.tistory.com/category/Marketing/Study

- 소셜 관련 글

  ebizstory.com/626
- 애플 성공 스토리, 스티브 잡스 10계명

  blog.naver.com/greengtec?Redirect=Log&logNo=60170728676
- 아이폰 이미지

  cafe.naver.com/appsgiftcard/1364
- 스티브 잡스

  xtm_tv.blog.me/130142367459
- 스티브 잡스와 애플

  navercast.naver.com/contents.nhn?contents_id=6409
- 유튜브 관련 저작권 기사

  blog.bsmind.co.kr/840
- 유튜브의 저작권 법정공방

  www.zdnet.co.kr/news/news_view.asp?artice_id=20100319080114&type=det
- 구글 스트리트뷰 사진

  cafe.naver.com/arisusarang/11622
- 구글 한국 블로그

  googlekoreablog.blogspot.kr
- 구글코리아 정책 및 원칙

  www.google.co.kr/intl/ko/policies
- 삼성-애플 소송 일지

  www.vop.co.kr/A00000534645.html

다. 동영상

- 비트 코인

  www.youtube.com/watch?v=gFarg2lgp4M
- TGiF

  www.youtube.com/watch?v=vcJhd5RwAC4
- 스마트 TV 광고

  www.youtube.com/watch?v=_-6odn2hgRo

  www.youtube.com/watch?feature=endscreen&v=RkAVHXsSD1c&NR=1

  www.youtube.com/watch?v=IJmaj_iKFZo

- U-Class

  www.youtube.com/watch?v=jFNjhB8m6rA
- 클라우드 컴퓨팅 소개

  www.youtube.com/watch?v=Gm0gU1wrWuw

  www.youtube.com/watch?v=K78IWaq1gNQ
- 구글 무인자동차의 주행

  www.youtube.com/v/cdgQpa1pUUE
- 운전면허를 취득한 구글의 무인자동차

  www.youtube.com/watch?v=Uft7FB-g0jI&feature=player_embedded
- 증강현실

  www.youtube.com/watch?v=b64_16K2e08

  www.youtube.com/watch?v=RC6_XpBW6ww
- 아이폰 4S의 음성인식 기술

  www.youtube.com/watch?v=TbJldUklxzs
- 스마트폰 음성인식 기술

  youtu.be/5t8JXhpcUGc

  youtu.be/7ZydKtCaB94
- 인터넷의 역사

  www.youtube.com/watch?v=9hIQjrMHTv4
- 집단지성

  www.youtube.com/watch?v=-IraNz-os3w
- 개인정보 보호

  www.youtube.com/watch?v=CsP73WbTECI&feature=related
- APT 공격

  www.youtube.com/watch?v=BdV-3gaZlxU
- 페이스북

  www.youtube.com/watch?v=kKKff6kEPhg&feature=relmfu
- 트위터

  www.youtube.com/watch?v=Xe0lX0CyAuc&feature=relmfu
- 유튜브 조회수 순위

  www.youtube.com/charts/videos_views?gl=US&t=a
- 유튜브

  www.youtube.com/watch?v=xibQbeTLMfU

- 에어비앤비

  www.youtube.com/watch?feature=player_embedded&v=SaOFuW011G8

- 릴레이라이즈

  www.youtube.com/watch?feature=player_embedded&v=ZuW1CicTqeg#!

- 스티브 잡스의 스탠포드 대학 졸업식 연설문

  news.stanford.edu/news/2005/june15/videos/53.html

- 매킨토시 광고

  www.youtube.com/watch?v=OYecfV3ubP8&feature=youtu.be

  tvpot.daum.net/clip/ClipView.do?clipid=32840478

- 플립북

  youtu.be/xSrDnIVgVv0

- 토이스토리의 원리

  youtu.be/kCnqypS9xbk

- 구글 스트리트 뷰 제작 과정

  youtu.be/PQGrIsYUm4c

찾아보기

ㅈ

P

R

S

T

U

V

W

3

저자와의 협의에 의해
인지를 생략합니다.

정보기술응용

강오한 지음

초판발행 : 2013. 3. 8
제2판2쇄 : 2016. 2. 19
발 행 인 : 김 승 기
발 행 처 : (주)생능출판사
신고번호 : 제406-2005-000002호
신고일자 : 2005. 1. 21
I S B N : 978-89-7050-823-8(93000)

10881
경기도 파주시 광인사길 143
대표전화 : (031) 955-0761 FAX : (031) 955-0768
홈페이지 : http://www.booksr.co.kr

파본 및 잘못된 책은 바꾸어 드립니다.

정가 21,000원